国外城市规划与设计理论译丛

理解城市

——城市设计方法

[澳]亚历山大·R·卡斯伯特 著
邱志勇 杨 凌 董 宇 译
杨 莉 校

中国建筑工业出版社

著作权合同登记图字：01-2012-8000号

图书在版编目（CIP）数据

理解城市——城市设计方法／[澳]卡斯伯特著；邱志勇，杨凌，董宇译．北京：中国建筑工业出版社，2015.10
（国外城市规划与设计理论译丛）
ISBN 978-7-112-18503-0

Ⅰ.①理… Ⅱ.①卡…②邱…③杨…④董… Ⅲ.①城市规划-建筑设计-研究 Ⅳ.①TU984

中国版本图书馆CIP数据核字（2015）第227928号

Understanding Cities: Method in Urban Design / Alexander R. Cuthbert, ISBN-13 978-0-415-60824-4

责任编辑：董苏华　　责任设计：董建平　　责任校对：张　颖　姜小莲

国外城市规划与设计理论译丛
理解城市——城市设计方法
[澳]亚历山大·R·卡斯伯特　著
邱志勇　杨　凌　董　宇　译
杨　莉　校
*
中国建筑工业出版社出版、发行（北京西郊百万庄）
各地新华书店、建筑书店经销
北京嘉泰利德公司制版
北京君升印刷有限公司印刷
*
开本：787×1092毫米　1/16　印张：21½　字数：398千字
2016年6月第一版　2016年6月第一次印刷
定价：79.00元
ISBN 978-7-112-18503-0
（27484）

目　录

图版目录

	城市设计
	设计城市 （定位 / 来源）
导言	关于主流 / 先建理论框架和定义的批判
理论	社会与政治变革。资本主义的发展。后现代主义 / 形态
历史	空间与社会。城市景观。城市形态与设计。
哲学	社会公正。场所现象。符号学与意义。
政治	公共空间。结构的意义。民主 / 空间。
文化	城市空间 / 文化环境。消费 / 公共领域。
性别	性别象征。无性别歧视的城市。城市景观。
环境	可持续性、保护，继承。动物园都市。
美学	美学理论与意识形态。作为艺术的人工制品。“公共艺术”。
类型学	建筑、自然及理性主义。城市形态。
语用学	设计行业。规定的知识。研究类型学。

三部曲——内容矩阵	
城市形态 （理论）	理解城市 （方法）
理论问题和难题。科学与逻辑。	关于城市设计的元方法论的命题。
关于主流的具体评论。空间政治经济学的利益。全球化。	理论：方法：异源性。自然科学相对于社会科学。“城市”设计。
历史的内涵。历史的唯物主义理论。年表、类型学、乌托邦、片段。	历史与进步。记录历史。主流原型。未来历史。
范例——维也纳、法兰克福、芝加哥、巴黎。符号学、感知现象学，马克思政治经济学。	元方法一维也纳、法兰克福、芝加哥、巴黎，洛杉矶。
意识形态与力量，城市规划，公共范畴。	意识形态与政治。土地租赁。国家。城市规划。公共范畴。
现代主义。后现代主义，真实性，象征主义。新乡土主义 / 城镇化。	资本、文化，符号。城市象征。纪念物。新城市主义。品牌化。
性别与社会。父权制，资本。性别空间。性别与城市设计。	历史关联。女权方法。漫游。性别与城市设计。
自然、发展与城市。可持续城市。可持续城市设计。	现存资本主义与自然资本主义。城市密度与形态。可食城市。
对象 / 体验。城市形态。语境主义。理性主义。符号资本。	美学创作 / 评判。弗洛伊德，索绪尔，马克思。规则与设计。
分类学、类型学、形态学，体系。社会类型学与形式类型学。	全球化，特大型项目和奇观。标志性空间与新社团主义。
文化资本。职业介入。知识体系。空间。教育。	辩论的力量。1945 年之前与之后的宣言。城市主义与宣言。

表格目录

献给亚由（Ayu）

前　言

本书通过解构城市设计，旨在赋予其新的生命。同时，在解构过程中，本书提出了在新千年伊始所有受过教育的城市设计师都应该了解的知识结构。作为过程，解构的发生主要在于想象的内在性，其次是物质世界的集合。它涉及希望、爱、反思、纪念物和神话、欲望、死亡、空间、雕塑、意识形态、街道名称、圆柱和卵石路、记忆、建筑和理解。从这些元素（以及其他的元素）中，能够产生一种化学反应，它们都来自城市形态的无常与稍纵即逝。也只有那时，城市的设计才会变成交换的目标、令人绝望或钦羡的目标，以及进行城市想象的社会生产的目标。但在过去的一个世纪中，城市设计在很长时间只限于部分团体的行为，而现在我们则需要寻求兴趣和专业之外的共同的传承。

《理解城市》是一个始于 2001 年的研究项目的结题之作。这项课题就是完成三本书，或者更准确地说，一本书的三卷。目的就是以我的个人方式解释城市设计这一富有创造性过程的基本特征。我此生大多数时间都从事这一学科的工作——我先后在苏格兰、希腊、美国、中国香港和澳大利亚进行相应的实践和教育研究。第一卷为《设计城市》（2003），呈现了一个主流之外的哲学立场和城市设计知识框架。这本书由一些读物编辑而成，但它与众不同，其创作意图不仅仅是在出版商许可的范围内集聚尽可能多的关于城市设计的文章，更是能够让这些文章表述自身的意义。在《设计城市》一书中，这一过程被倒转。书中选择的文章所支持的理论模型，都是以空间政治经济学为基本取向。这样做的目的是提出对主流城市设计的批判，同时也表达了对变革的需求。随之而来的就是城市设计在普遍社会科学领域，尤其在空间政治经济学中扮演更深入、更专业的角色。后两卷则通过暗示，尝试在理论和方法方面分别进行阐释。

第二卷为《城市形态》（2006），它涵盖了第一卷中所介绍系统的大部分结构特点，涉及由 10 个明确的元素构成的理论问题，而这些都代表了对新知识的包容性框架。第三卷为《理解城市》，则是一部关于方法，或更确切地说，是关于元方法的书。这三卷书的目的是通过提出一个综合的知识结构并赋予这个学科新的身份，提升我们对城市设计的了解。但愿，一种新的尊重感会随之而来，并伴随着理论和实践更加深入。在这一过程中，该观点自发地将城市设计与建筑学和城市规划地位等同，而不是被纳入它们的利益当中。而且，它还应该最终从我们的集体记忆中将不可推卸的想法抹去。建筑学认为城市只是一个较大的建筑，而城市规划认为我们需要做的是创造另一套设计导则来向前发展。写作的过程中，如同在许多科学中，是很有必要去证明许多传统意义上故弄玄虚的假设是毫无根据的，特别是那些不可能合法化的意识形态和宣言。我认为由于这些故弄玄虚，城市设计有意或无意地被与之相关联的城市环境学科侵占以满足它们自身目的。要消除这种混淆，就要明确地要求这些相近的学科具有类似自我评估的过程，可目前这个过程已经失去了部分的权力 / 知识。为此服务的专业也同样如此，因为对于它们来说领域就意味着存在。变化的整体过程通常遇到很大的阻力，因为如同整个领域一样，这一过程被认为标志着一个转变期。正统观念在理论、实践和教育方面遭受了挑战，体制框架也在全部三个领域受到质疑，而且有可能保持了几十年的个人信仰也被认为难咎其责。

尽管存在如此明显的阻力，如同在科学领域中，新理论的发展所必需的改变并不意味着缺乏对指引我们掌握现在知识的尊重，如同爱因斯坦的相对论并没有对牛顿的万有引力定律表示丝毫的不敬。然而，这是一个简单的事实，对于任何发展的理论，必须证明先前的理论是无根据的，而且，在这个过程中理论通常会被逐条驳倒。解构不会意味着旧有范式的整幢大厦和有关的所有假设都成为冗余之物。新的理论简洁地阐明了我们看待世界的方式。然而，与科学不尽相同的是，由于实质理论的缺失，城市设计中并没有多少需要推翻的地方。于是，在挑剔其历史时，大多数旧有理论必须重组而不是摒弃——尽管历史的终结已经与我们同在，甚至出现“历史终结的终结”（Fukuyama，2006；Kagan，2008）。换言之，理论仅仅和目前的重新定义有关联。城市设计也是如此，虽然在《城市形态》一书中，我努力表达一个渗透在很多城市设计思想中的普遍的不连贯性。这是由于城市设计中存在一些孤立的理论，而这些理论具有相当低的可反驳性，但城市设计本身却没有独立的理论（Cuthbert，2006）。一直以来并没有任何逻辑能将这些碎片结合在一起。在基本观察过后，所有三本书，包括这一本，一直专注于一些确定性的指导性命题。

1. 第一个命题是主流城市设计自我指涉，它既不受学术上外部权威的影响，也不向其承诺。

2. 第二个命题是城市设计必须以社会科学为源泉，并在此领域重新自我定位，尤其在城市社会学、地理学和经济学方面。

3. 第三个命题是，一个学科为了成为科学，必须成为要么真实、要么理论的探究对象。

4. 第四个命题是城市设计的理论对象是公民社会，它真正的对象是公共范畴。

5. 第五个命题是我们对于设计结果产生的认识必须改变，从现代主义、艺术学院对形式的痴迷、尤里卡原则对主/信徒的崇拜，转变为一个地区的城市形态和空间与经济和社会进程不可分割的有机产物。

（Cuthbert，2006）

在深入考虑这些命题后，我得出如下结论，尽管没有社会理论的基础，城市设计实践是如此危险地接近社会技术。因此，它也剥夺了允许伦理和道德支柱存在的良知。于是，我加快补充的这些内容并不是对设计者自身承诺所进行的反思。如果被采纳，这种情况会有效地将城市设计定位在从任何实质理论移除的几个领域。

作为结果，城市设计的理论基础充斥着普遍的无政府状态，却留下具有权威的错觉盛行于实践中。只要愿意，任何人，只要他以任意的形式参与了城市建设，都可以称自己为城市设计师，并且这一事实无可争辩。因此，建筑师、规划师、工程师、景观建筑师、律师、测量师都可以泰然地自称为城市设计师。我对此并不满意，于是这也成为我创作以上这些书的主要动力。我也意识到这其中众所周知的难解之结，就是批评一个职业的领域性，并提出独立自由的城市设计知识，与此同时另一个又即将创建，这些也因此都加剧了而非缓解问题。这一难题的答案是，虽然一个新的职业可能具有消耗性，新的知识却绝对不会。任何自称属于这个学科的人都应该了解影响它的规律、控制它的意识形态、几千年来建立的明确内容，以及更为重要的，他们在自己专业知识的整体模式中的地位。（因此）为了让每个人能为自己决定这一点，正是需要促进一种最坏的无政府状态。

三部曲的创作耗时大约 9 年。在这个过程中，我自己也受益良多，修订了我自己的某些观点并采用了一些。因此，对于我在学习过程中导致的某些文本的整体不一致，而这些又无法删除的，我自认是我的过失。在本卷中我将尽一切努力去纠正这些反思，也使我的作品能保持对内容进行自我评判的能力。总之，有两点是非常重要的。首先，我并不主张我对主流城市设计的评判不能以其他很多不同的方式进行，因此我的作品仅仅提供了一套概念体系，供大家讨论和反驳。只有这样，我们才能在实质理论的基础上发展。事实上，写作已经让我自感卑微，因为其核心成就就是向自己证明我知识的局限性。其次，对于那些声称我终于将城市设计完全从设计问题和设计知识中移出的人，我将对我对此情况的夸大而自认不妥。但是我从事城市设计的教学已有 25 年,并自认首先我就是一个“设计师”字面意义所表述的设计师。在所有事情里，一个好的设计被置于我事业的首位，除非我感觉是自己的才能岌岌可危，毕竟在思想的领域有太多需要分享，而且城市设计作为一门学科，必须站在那些可以告知和启发我们设计决策的社会和城市理论的基石之上。

致　谢

我谨在这里向所有对项目作出贡献的诸位表示感谢。这三卷书都在很大程度上受益于传统的政治经济学，其中最为重要的就是伦敦政治经济学院这座方舟，因为它甘冒风险授予一个建筑师博士学位。还有许多人，那些使我受益匪浅的理论家，虽然他们也许无法意识到他们对此书的影响，但我希望我的贡献是对他们卓越领导地位的些许证明。为此我对艾伦·斯科特（Allen Scott）、曼纽尔·卡斯特利斯（Manuel Castells）、让·鲍德里亚德（Jean Baudrillard）、马克·戈特迪纳（Marc Gottdiener）、罗布·克里尔（Rob Krier）、塔里克·阿里（Tariq Ali）、法兰兹·法农（Franz Fanon）、罗兰·巴特（Roland Barthes）、皮埃尔·布尔迪厄（Pierre Bourdieu）、曼弗雷多·塔夫里（Manfredo Tafuri）、阿尔多·罗西（Aldo Rossi）、尼尔·史密斯（Neil Smith）、查尔斯·詹克斯（Charles Jencks）、迈克·迪尔（Mike Dear）、马克·波斯特（Mark Poster）、米歇尔·福柯（Michel Foucault）和其他不胜枚举的人表示感谢。他们当中的大多数人在批判思维领域制定的卓越标准令我高山仰止。此外，很多小说家的想象也使我获益良多，我在如下作者的作品中找到极大的安慰与灵感，他们是乔治·塞巴尔德（George Sebald）、蒂姆·温斯顿（Tim Winston）、萨尔曼·拉什迪（Salman Rushdie）、唐·第里欧（Don Dellilo）、艾尔弗雷德·耶利内克（Elfriede Jelinek）、帕特·巴克（Pat Barker）、加布里埃尔·加西亚·马尔克斯（Gabriel Garcia Marquez）、马里奥·巴尔加斯·尤萨（Mario Vargas Llosa）、伊恩·蓝金（Ian Rankin），以及很多我素未谋面却视为益友的朋友。在完成这三部曲的前两部作品的过程中，我还从牛津的布莱克维尔（Blackwell）出版社的工作人员处获得了堪称典范的专业支持，同时我对牛津学术出版的传统如此轻易消失而感到伤心不已。

同时，我也要对新南威尔士大学我的同事表示感谢。感谢他们多年以来，至少我认为，在研究生的城市设计领域的示例项目的品质管理——感谢乔恩·朗（Jon Lang）教授、詹姆斯·威里克（James Weirick）教授、布鲁斯·贾德（Bruce

Judd）博士，以及故去的保罗·雷德（Paul Reid）教授。而在我身边，我与杰夫·亨德森（Jeff Henderson）教授、哈里·迪米特里乌（Harry Dimitriou）教授、尼克·迈尔斯（Nick Miles）、杰米·辛普森（Jamie Simpson）、迈克·卡斯伯特（Mike Cuthbert）、基斯·麦金内尔（Keith McKinnell）、米歇尔·邦兹（Michael Bounds）、克里斯·艾贝尔（Chris Abel）、约翰·泽比（John Zerby）、兰斯·格林（Lance Green）多年的友谊使得我走到今天。除此之外，还有几位在本书完成过程中起到了至关重要的作用，为此我对他们充满感激，他们是劳特利奇（Rouftedge）出版社的亚历克斯·霍林斯沃斯（Alex Hollingsworth）、路易斯·福克斯（Louise Fox）、艾玛·布朗（Emma Brown）、西沃恩·格里尼（Siobhan Greaney）和佛罗伦萨制作有限公司的罗西·怀特（Rosie White）与路易斯·史密斯（Louise Smith）。朱尔斯（Jules）、安吉（Ange）、索菲亚（Sophia）与莎拉·柯比（Sarah Kirby），感谢你们在我困难时期给予我的支持和友谊。吉姆（Jim）与桑德拉·巴格诺尔（Sandra Bagnall），谢谢你们。最后，我要衷心感谢三个特殊的人，你们的慷慨是我无以为报的，感谢菲利普·凡·赞登（Philip Van Zanden）博士，没有你，这本书将不可能完成。感谢我伟大的苏菲派朋友，珍·卡文迪什（Jean Cavendish）博士，感谢你的典范生活。感谢我美丽的夫人亚由（Ayu），你是巴厘岛给予我的恩赐。通常对文本的认可度本书同样存在——所有遗漏的错误都是我的责任。

——亚历山大·R·卡斯伯特（Alexander R.Cuthbert）

甘达普拉，巴厘

2010 年 10 月

导 言

“方法”并不与“工具箱”同名，它不是面临一系列客体时所采用的程序或常规，而应该是我们理解和掌握所关注的客体的方法时所赋予的名称……我们如何和世界接触，如何理解它并赋予它意义？我认为，这不是绝对的认识论问题，而正是，或应该是，在伦理、美学和政治等方面需要仔细审查的东西。方法开始于形态而非内容。也正是它保障了知识产品。

——本·海默尔（Ben Highmore）

理解城市

在《设计城市》这本书里我已经勾画出一个理论框架，在《城市形态》第三卷中完成了其详细的含义之后,《理解城市》自然而然就会从“我们应该考虑什么”这一问题扩展到“我们应该怎样考虑”，或者更明确地说是“我们应该怎样认识思考”的问题。在开篇伊始需要澄清,我所采用的方法论的基本理论与我之前在《城市形态》中用于理论的基本方法是一致的。在这里，我并不想借助资金、管理和建造的功能性步骤来探讨方法论，它们在房地产和建造管理原则（Klein，2007）、城市设计中的技术和标准（Gindroz，2003；Eran and Sold，2005）、城市规划中的研究方法（Bracken，1981）和在项目管理中用来实施规划政策的城市设计控制机制（Goodchild，1997；Sendich，2006）等方面，或者，具体来说，在城市设计导则层面，有详尽的探讨。后者是城市设计论文所喜好的主题，已被挖掘得几乎再也没有什么内容可谈了。

相反，我打算概述那些组织我们思考的整合方法，而不是用固有的策略将工作完成，也就是米歇尔·德·塞杜（Michel de Certeau）所称之为的“异源性”（heterogeneity）过程——“一种元方法论（metamethodology），它鼓励异源性，允许它异性的激增”（Highmore，2006：8）。因此，作为方法，这本书不关注城市设计项目中要做什么，而是对所做的思考。为了区别元方法论和方法论，我感觉有必要来一次语言学的突破，并借用德·塞杜所用的“异源”替代元方法论。对于一些纯化论者而言，这个词并不令人满意，因为德·塞杜对它的定义是作为“对另一方的话语”。如果按照元方法论是“对话语的话语”这层意思来理解，我的用法还算合理，我向原教旨主义者道歉，出于某些原因他们可能会不开心我会作出如此的解释。只要适当，我依然会用“方法”一词指代设计行业用于组织城市项目的主流设计方法、“实践”（或技术）以及步骤。冒着使问题更加令人困惑的风险，我将适时地使用“方法”这一通用词汇，表示这个术语的所有不同变化。在运用中，这些意思的区别会逐渐明朗。

因此，我将继续我的轨迹，依然使用前面所介绍的区分方式，也就是说阐述一种理论及城市设计的异源，而不是在城市设计中创造新理论。基于此种目的，我会尽可能地围绕《城市形态》中的具体内容，每章都以书里已经探讨过的概念和观点展开探讨。在这一过程中，在有充分的论述理由的情况下，对每个主题的重点的重新分配会有所不同。另外，和资本形成的历史一样，城市设计的理论化也受制于发展的不平衡。将空间政治经济学应用到异源性的所有方面也是如此。换一种说法，能够呈现出一致、平稳的方法既不可能，也无法确保。正如在《城市形态》一书中已经表明的那样，有些区域渗透了关于历史、文化、保护等观点，而另一些领域，比如美学，不是异常令人费解，就是对既定理论框架有着巨大的抵抗力。当然，这种情况是早已预料到的，在后面的内容中也很可能不会有什么不同。因此，那些寻找公式性分类或步骤，以便使自己的项目可以更好的城市设计者，现在就可以停下来，不要再读这本书了！对于那些准备好接受挑战，习惯于批判式自我反省的读者，请继续读下去。

章节总结

本书写作的总体指导原则是每一部的结构都可以以三种方式阅读：可以独立成章，可以一并构成系列，也可以平行阅读。因此，这一部书不仅是三部曲的最后一部，它的结构和焦点也同样来自前两部书。发表在《设计城市》中的论文将作为背景数据原型，用来探讨不同的异源性。如同在《城市形态》一样，每篇提到的《设计城市》中的文章，用“DC”来指代，并标明来源部分及页码，比如，DC8：275 意思是《设计城市》第八章（美学），第 275 页。同样，《城市形态》中所包含的丰富的理论问题和争论可以作为来源指南，很多要探讨的不同异源都源发于此，虽然我自己的知识，从这本书的创作开始，偶尔会修正这种来源关系。引用《城市形态》因此也采用了同样的标记，比如 FOC8：171 意思是引用于《城市形态》，第八章（美学），第 171 页。

第一章：理论 / 异源性。与整体采用的形式偏离非常之少，以“理论 / 方法”作为几个主要理论问题的标题。这在以前的著作中提及过，但并未进行过探讨，也是这一章的核心。对很多读者来说这样做的原因是显而易见的。在这里，“城市设计的方法”以悖论开始——因为我们不能只是简单地提出方法问题而不去对特定理论在方法论的分支作出澄清。最重要的区别很显然是来自自然和社会科学与所探讨的或者可能异乎寻常地跨界的城市设计地位的不同。科学哲学家保罗·费耶阿本德（Paul Feyerabend）的著作在这里就显得格外突出。考虑到城市设计理论当前的状况，他关于科学的无政府主义观点显得恰如其分。对这一问题的探讨将集中在 1985 年前后的争论，是关于是否可能有一门“城市社会学”，及自那之后知识将我们引领到哪里的问题。我们将要谈一下方法的含义，审视核心主流理论，并依据其自身应对城市设计异源性的能力去进行思考。

第二章：历史。首先综述“进步”的概念，它在现代文明的塑造和建设进程中起到巨大的影响，没有它，生活可能甚至比现在还要更加的混乱。从国民经济到家庭预算，我们满心认为我们在朝着某个方向前进，但实际真的如此吗？其次，探讨“书写”历史，记忆、手工艺品和文本构成了我们历史异源的基本资源。为了简单起见，“文本”这一概念用来指代比如艺术、电影和书面的证据。第三，分析主流城市设计历史的写作方法，以便揭示为了构建我们现在所看到的城市设计历史，由某些主要支持者所配置的异源，并采用曼弗雷多·塔夫里来自政治经济学的一个有影响的例子与之相对比。

第三章：哲学。进一步探讨历史分析的方法，包括试图分离两个学科时所遭遇的所有固有的困难。各种城市设计研究方法包括的哲学异源会在这一章进行讨论，提出彼此隐含的方法中的方向。这一章将会提到，城市研究和城市形态尤其会受到不同学派思想的极大影响，这些学派包括维也纳派、法兰克福派、魏玛派和芝加哥派，集中探讨巴黎学派和洛杉矶学派。探讨城市空间哲学，尤其是根植于特定地理的城市空间哲学后，我们研究了以符号学、现象学和政治经济学为基础的学科，它们是研究城市设计哲学的中心问题。为了确立这些观点，对最有影响力的学者们的方法途径进行了研究。

第四章：政治。就政治活动的场所、公民社会以及公共范畴在城市形态的方法论意义方面进行了考察。在这里，我们总体分析了资本被如何从空间榨取出来的方法，对所有城市设计形态都极为重要的过程。然后检验了这一过程得以完成的中心机制，也就是租金。之后，回顾了国家合法化，它是从城市空间合法获取利益的主要思想意识形态，以此表明它对城市设计的影响。然后继续讨论了可以分析我们称之为公共空间的实际方法，公共空间的概念是非常难以隔离开单独考虑，并很难定义的。

第五章：文化。以回顾文化表征和商品生产的联系开始，分析了文化与用来捆绑这些概念的方法之间的关系——关于标识、象征和品牌的品位与风格的提升。由于城市设计是文化价值借以在空间确立的主导方法，两个主要的方法被用来作为例子，即，将纪念物作为“符号”，将新城市主义作为“品牌”。并分析了建造纪念物的设计意义，就一系列广泛的例子而言，强化了其作为主要的有效设计机制在由纪念物所代表的符号系统的构建和解构中的作用。第二种方法用来说明通过品牌化进行文化传递的方法是新城市主义的工作事项，也是如今运用的主导设计哲学，被全球成千上万的实践和机构所采用。

第六章：性别。集中探讨城市设计方法中性别的通用含义。这方面的例子是亨利·德·圣西门（Henri de Saint Simon）、夏尔·傅立叶（Charles Fourier）和罗伯特·欧文（Robert Owen）。这些以及其他一些工程影响虽小但意义重大，它们带来了必要的暗示性别平等的空间变化，这种影响一直持续到 20 世纪。在这一背景下，最近的科学进行了先天本性和后天教育关系的研究，提出是否有女性大脑这样的东西，因此，有了令人烦恼的、关于是否可能有女性研究方法和设计这种东西的问题。无论有或没有，在城市设计中（因此对设计含义来说）一种无所不在的表明性别差异的异源是查尔斯·波德莱尔（Charles Baudelaire）的“漫游者”（flâneur）的异源。这个有着各种伪装的概念，被作为一种可以容纳城市设计的主观经验及承载性别差异的社会意义的有效方法来进行研究。

第七章：环境。自然和城市设计之间关系的方法含义被探讨。考虑到当前盛行的（非）自然资本的状态，自然资本主义的承诺成为非常可疑的异源。我之后探讨自然生态及密度和城市形态之间关系的某些基本原理的方法，又详细考察了三种城市设计异源概念，即垂直建筑、可食城市和新城市主义。这一章得出结论都回避了关于城市分化和城市合并的一些争议，而是采取摩天大厦、郊区和城市形态类型学等类型挑战我们的思维方式。

第八章：美学。探讨了全球化和跨国城市实践背景下城市形态和文化的全部美学内涵。讨论了体现 20 世纪美学主导地位的城市设计中的两个主要运动，即语境主义和理性主义，以展示可能得出的对过程的推断，包括两者的失败，得出用于20世纪城市主义问题的美学词汇。占据主导的象征性资本、规章和主题异源性含义的出现继续了《城市形态》第八章中的理论内容，表明了21世纪初的主导话语。

第九章：类型学。以全球化概念作为资本主义企业主导形态开篇，验证了作为实践体系的资本主义是如何以与之前不同的生产模式方式对空间产生影响的。接下来描述了城市空间作为商品化产品的形式化生产，特别将专业化公司作为这一过程的同谋。然后对全球化出现的发展类型和空间结构做了整体评估，将奇观空间作为资本主义商品生产的圣像。这一章也包括了世界的另一半，它们甚至无法踏入已成为固定资本的城市环境，无法享受财富积累所带来的福利，这就是贫民区、半贫民区和超贫民区，它们被法农称之为“地球上的不幸者”（The Wretched of the Earth）（Fanon，1963），在这些迅速增长的人群聚居区域，城市设计采取了令人难以置信的形态和空间，挑战着我们所有关于城市空间及其构成的观念。

第十章：语用学。对在环境和城市设计层面上已经指导设计实践的异源性的回顾，并与这一研究结合，主要集中在20世纪。继续探索异源性是“关于思考的思考”的观点，宣言代表着跨越城市环境原则的主导概念。对辩论的力量以及宣言所包含的抗议和反抗的双重概念进行了研究。随后研究了城市发展和社会变化领域，对宣言在艺术和建筑领域的广泛使用进行了调查。揭示了宣言在城市设计范畴的影响，这一领域并不以其辩论特性为人所知，然而却受到那些关注公共领域、意识形态和政治的宣言的极大影响。

第一章
理论／异源性

如果一种理论最初不显得荒谬，那么这种理论就是没有希望的。

——阿尔伯特·爱因斯坦（Albert Einstein）

我不认为给了我们感官、推理能力和聪明才智的上帝会希望我们不去使用这些能力。

——伽利略·伽利雷（Galileo Galilei）

引言：直觉、经验和科学

方法论渗透在所有学科和知识领域。很多情况下，它甚至高于理论思想本身。世界一直前行成就所做之事，其过程本身往往要比思考事物缘何如此发生具有更大意义。涵盖建筑设计、景观建筑、城市设计及城市规划的城市环境设计原则也是如此。所有的设计都是在各自专业领域范围之内，受到实践经验、伦理道德、意识形态和宪章、皇室或其他方面的影响，几千年来，它们以各自的风格发展演化成我们如今所见到的体系。城市规划可能是一个例外，其发展超出了以技巧为基础的实践，创作过程往往无从解释。在把自然界的原材料塑造为成品的过程中，生产方法很大程度是固有的，与理论探究是不相关的。

然而，这并不意味着在这些领域缺乏对人类行为的理论及方法论的探讨。我们已经从历史中继承了一整套来自观察、想象、直觉及经验的论著。它始于约公元前 27 年马尔库斯·维特鲁威·波利奥（Marcus Vitruvius Pollio）的名著《建筑十书》(De Architectura)，随后出现了大量的论著，其中的佼佼者包括塞巴斯蒂亚诺·塞利奥的《论建筑》(Regole Generali d' Architettura)（Sebastiano Serlio, 1537)、迪昆赛的《建筑学辞典》(Dictionaire d' Architecture)（Quatremere De Quincy, 1825)、吉尔伯特·莱恩·梅森的《论意大利伟大画家笔下的景观建筑》(On

The Landscape Architecture of the Great Painters of Italy）（Gilbert Laing Meason，1828）、卡米洛・西特的《依据艺术原则建设城市》（City Planning According to Artistic Principles）（通常根据英文版译为《城市建设艺术》——译者注）（Camillo Sitte, 1899）（此书出版应为 1889 年——译者注），巴奈斯特·弗莱特·弗莱彻的《比较方法的建筑历史》（A History of Architecture on the Comparative Method）（Bannister Flight Fletcher，1897）也是一部经典之作，他们的作品仍然影响着城市设计实践和学术研究。尽管这些作品都是博采众长的经典之作，但却与任何有文献记载的知识领域毫不相关。如今，城市设计仍然因为缺乏具有社会身份意义的自我阐述，行动和过程无法得到合理认同。目前为止，虽然有大量关于城市设计科学发展的讨论，但主流的城市设计“理论家”很少（甚至没有）去尝试在城市设计的整体框架内建立原则，甚至未能提出具有挑战意义的声明，说明城市设计为何不能在科学发展的领域中，也就是在自然科学和社会科学领域中，占有一席之地。

在试图解释自然和我们生存的世界的时候，几千年来科学一直处于人类创造力的最前沿。早在苏美尔、中国、印度和非洲这些古文明发祥地，对知识进行有逻辑而非仅凭直觉的探索就已经开始了。这是理性进程的起源，多如繁星的发现最终使尼古拉・哥白尼（Nicolaus Copernicus）理论性地确立人类在宇宙中的正确位置，他的学生伽利略也在 1630 年出版的《对话》（Dialogue）中提出相关的证据。跟随这两位伟人，欧洲开始了科学革命的启蒙运动，这场运动至今一直主导着“方法”论的思想。因此我们必须从科学入手进行研究，分析城市是如何形成及科学过程对城市产生的价值。

科学方法

> 要求在政教分离的时候就把科学和国家分离已经为时过晚了，我们目前也早已习惯了政教分离的状态。科学只是人类在应对生存环境所发明的众多工具中的一种，它并不是唯一的工具，也不是永远正确的，但它却变得如此强大和进取，如此的危险，使我们不能任其发展。
>
> ——保罗・费耶阿本德（Paul Feyerabend）

> 所有科学最伟大的目标是以最少量的假设和公理，通过逻辑推理演绎，使之适用于最大数量的以观察试验为依据的事实。
>
> ——阿尔伯特・爱因斯坦（Albert Einstein）

大多数专业人士认为科学代表理性、真理、逻辑、事实、推理演绎和证据（Kuhn，1962）。它向我们提供有关我们周围世界不容辩驳的信息，它代表着当前可论证知识的状态，除了其他科学家，无人有权反驳。由于在诸多领域的权威及伟大成就，科学被认为具有特殊价值。例如，它发现了生命的基因基础，以技术进步推进了文明的进程，治愈或改善大量的疾病，因此，赋予科学特权我们并不觉得惊异，至少从启蒙运动后我们就已经将其作为救星，利用化学、生物、物理、天文和其他不同领域的知识解决人类问题。“科学”这一称谓被应用在其他的知识领域，通过建立与科学的联系增加可信度。因此，从广义范畴，我们有了自然科学和社会科学的分类，社会科学被披上了科学的面纱，虽然实际上它或许并不具有自然科学方法的复杂性和适合度。

那么究竟什么是科学的方法？如果考虑到其研究所涉及现象之广博，到底能不能有这样一种东西可以称之为科学方法呢？通常认为，科学和其他理论（比如通常所说的宗教，尤其是神创论）的区别在于前者讲究证据而后者依靠信仰，或者说是理性和信念的不同。科学起源于对宇宙局部的观察，然后提出与观察相符的假设，这些假设以几个主要的支持观点为基础。通过提出预期假设，由于假设是可以得到检验的，并以其是否能对所观察现象进行解释为基础进行修正。以证据和假设为基础，对理论进行检验的方法就是我们说的假设推理演绎法，这个方法被视作解释宇宙普遍有效的手段被大力推广并应用于自然科学中（图 1.1）。

这种对科学的正统看法被称作是“实证主义”或“经验主义”，其涉及面之多以及实践之广，和冷战结束后用以描述全球经济的“资本主义”这个词很相似。最近，尽管存在对此的怀疑，实证主义者坚持认为科学方法存在着一致性，把其用于对自然的研究和用于对人的研究同样有效。既然人是自然的一部分，科学的任务是研究自然，因而同样的研究方法可以适用于整个人类活动，只需要根据针对所研究内容的差异做出一些调整。这种普遍采用的研究方法依据使用者对过程的拆解，分为六个主要阶段：

- 陈述问题
- 形成观点
- 提出假设
- 验证假设（或预测）
- 巩固理论
- 应用于解决实际问题

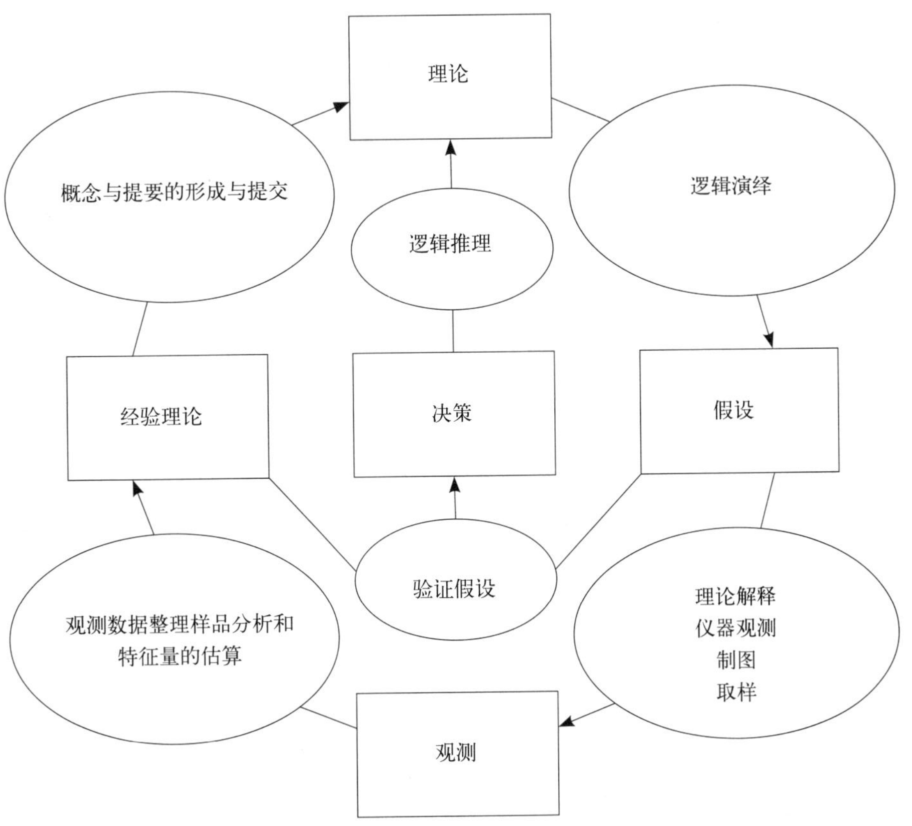

图 1.1　科学程序模型

资料来源：J.C.Moughtin，R. Cuesta and C.A.Sarris，*Urban Design*，*Method and Technique*. Oxford：The Architectural Press，2003，p.7，Fig.1.3

同样的系列可以简化为观察、假设、预测和试验，对结果进行反馈以便修正最初的假设，因此能够完善理论。这样得出的结果被看成是“自然法则”，并被认为是普遍有效的。

矛盾的是，对于实证主义者来说，科学的一个中心特质是讲求真理，并且这种真理能够得到实证，其必定也是可以被证伪的。通过研究过程的本质，这一事实对所有人来说必定是不言而喻的。由此产生一些原则：所有的理论都是有时效性的；最好的理论由于难以被驳倒，因而能够经受住时间的考验；所有的真理都是相对的。考虑到这种相对性，在形而上学的重要性和想象力运用等方面，科学受限于证据的缺乏。没有证据，科学是不能接受任何其他现实的。由于科学经常被证伪，因此能够表明科学的真理只是“真实世界”的部分写照。

即使在这样的世界观之下，具体科学方法的操作和效力也具有极大差异，至少有三种源于自然科学的适合方法是可以被采纳的：

1. 科学研究始于纯粹的观察，概括和归纳理论均来源于此。

2. 科学研究始于实验性理论，被用于解释观察到的现象，并被检验这种理论是否可以被接受。

3. 由于观察到的不具有规律性的现象是由隐藏的机理所造成的，所以有必要建立机理模型来寻找这些现象存在的证据。

（Blaikie，1993：3）

在对所陈述的理论进行实证以便检验其真实性的过程中，就推理方面而言，归纳法和推理演绎之间存在很多矛盾，这就意味着实际上它们都是同一研究过程的一部分。除此以外，我们可以确定六种古典主义立场（classical position），如同前面所述，它们记录着调查策略的变化和（或）用于分析的研究方法（Blaikie，1993：9）。它们是：

实证主义	批判理性主义
否定论	经典阐释学
历史主义	解释主义

尽管它们存在差异，布莱基（Blaikie）认为实际上只有一个主要立场，也就是实证主义，其他都是对此立场的反应而非新的理论。在回答自然科学使用的方法是否同样适用于社会科学这个问题上，只有实证主义的答案是肯定的。否定论的答案是“否”，历史主义和批判理性主义的答案是肯定和否定参半，最后两派的答案是“否”。而解释主义不仅坚持否定立场，还认为自然科学和社会科学是性质不同的活动，因此需要完全不同的研究方法。使问题更复杂的是，卡尔·波普尔（Karl Popper）指出“形而上学”在理论建立方面也起到了很重要的作用（Popper，1959；Simkin，1993）。

因此，这对近期理论造成的影响就是，如今很多学者对于把“科学”这一词作为有意义的描述符号来形容理论或方法时，都持非常谨慎的保留意见，“对于科学，除了说它是系统的、严密的、自我批判的，并且物理和化学是其典型例子，对于什么样的方法才具有科学特征，大家观点各异”（Sayer，1984：14）。

另外，尽管波普尔宣称科学证据是不可能的，理论是无法被证明，只能证伪的。查尔莫斯（Chalmers）认为如下的说法也是不对的，“可以找出强有力的实例使人相信，即使有我们认为的事实存在，对于科学知识而言，我们还是既无法确凿地证明其真实，也无法确切地证明其有误”（Chalmers，1999：11）。因此，才有了费耶阿本德（Feyerabend）著名的关于理性原则（即科学）的断言：“只有一个原则是在人类发展的各个阶段、任何情况下都成立的，那就是‘怎么都行’（anything goes）”（Feyerabend，1975：5）。这种说法并非是全盘否认的借口，费耶阿本德的此番言论是在他一生从事哲学和科学实践史研究的语境之下提出的（Feyerabend，1987，1995），因而它并非是使无知盛行的口号。相反，正如他在《反对方法》（Against Method）中通篇阐述的那样：“人类的无政府主义状态要比有法律秩序约束的状态更能鼓励进步”（Feyerabend，1975：5）。其他类似文章也探讨了相同的主题，比如《摒弃方法》（Abandoning Method）（Phillips，1973）、《方法之上》（Beyond Method）（Morgan，1983）、《方法之后》（After Method）（Lay，2004）。费耶阿本德的后现代观点在“作为超级市场的科学”中也被提及（Preson，1998）。

后果就是，可能始自大卫·休谟（David Hume）对于科学只有一种还是存在多种的争论持续了至少50年，但是社会科学早已成为一种通用术语深入人心。问题不止于此，在社会科学这一词汇下，还有经济科学和政治科学，后者包括历史唯物主义，也被看成一种科学。沿着这一思路深入，例如，融入马克思主义，它正是历史唯物主义的一个支脉。马克思（Marx）的思想并不仅限于政治哲学，一些人（包括他自己）也把其视作科学（Althusser，1965；Althusser and Balibar，1970）。在这个例子中，争论很显然是有利于此观点的，因为唯物主义涉及物质。“物质”是由什么构成的一直是科学和马克思主义的共同焦点。科学在历史层面对社会发展起到的媒介作用毋庸置疑。“因此，科学和社会的发展依照科学信仰已经被确定，包括社会层面”。马克思主义在两个方面关注科学：首先，关注分析的实际步骤，尤其在经济领域；第二，关于研究调查的主题，“对于马克思而言，社会实践是条件，但并非是自然科学的目标，本体论和认识论构成了社会科学的领域”（Hacking，1983）。不过，在涉及物质、历史和科学的联系，以及作为上层建筑或经济基础一部分的哲学问题时，自然科学和社会科学的研究方法必须走不同的道路，这一点已经达成共识。既然城市设计是我们研究的目标，它聚焦于市民社会和城市空间，所以我们现在必须发现自然科学到科学的某种扩展和社会方法论。

社会科学的方法

前面所述问题表明我们在科学上能采用的最好的观点是从“纯科学”和实证主义的一端出发，经过中间一系列可能的研究方法，到达更加精细的社会科学研究方法的另一端。表 1.1 清楚地表明了现实主义和构成主义所持方法论的不同。然而，尽管有些社会科学学者坚持用大量的“数据”来证明自己的观点，但是，由于定量分析是自然科学研究的特征，而社会科学更侧重定性分析，对采用何种分析方法的妥协退让程度，构成了两派之间显著的不同。显而易见，丰富多彩而又主观性极强的社会研究永远不能只凭在调查问卷中打勾来实现，把世界简化为数字在很多学者看来依然有着合法的色彩。我们看一看社会是怎样构成的，人类关系的主观性其实决定了我们要用完全不同的思路进行思考（Millet，2004；Hay，2005）。例如，在政治和经济的划分中，政治中所存在的“经济”是政治经济学存在的理由，可以这样认为，每个经济决定的同时也是政治决定，因为没有

方法论选择：现实主义和构成主义 表 1.1

问题	立场	
现实本性	现实主义	构成主义
	单一	多维
出发点	理论	观察
	技术语言	非专业语言
	外部	内部
语言的作用	与现实一致	社会行为的构成
外行描述	不相关	很重要
	可纠正	真实的
	超越情景的	情景决定的
社会科学描述	可从社会背景中归纳	具有时间空间的特定性
研究者	主观到客观	主观到主观
	独立	参与
	外部专家	合作方
客观性	绝对论者	相对论者
	静止的	运动的
理论的认知	相似	一致
	政治的	实用主义的
研究目的	解释	了解
	评价	改变

资料来源：N.Blaikie，*Approaches to Social Enquiry*. Cambridge：Policy Press，1993，p.216

哪种经济决定是不会同时在政治上影响人的实际生活。在其他的诸如社会阶层的构成、城市等概念中，也同样可以运用此方法加以划分。

因此就自然科学和社会科学的研究方法而言，它们之间没有一成不变的分界线。批判理论、现实主义和结构主义理论都主张两者之间方法上的联系，而阐释学和女权主义拒绝承认它们之间存在任何有意义的影响。在这五种方法论之间，布莱基（1993）认为自然科学到社会科学的过渡受到古典阐释学的影响，古典阐释学演化为现代阐释学，在现代城市研究中有着特殊地位。它们基本的差异在于，“人对技术的兴趣使得人利用实证主义的实证分析法获得自然科学方面的工具性知识，而在实用主义方面的兴趣使人利用阐释学方法获得更加实用的知识”(Demeterio，2001：56)。作为社会理论和社会科学的方法论，阐释学不是所有学科中最容易的，从这一领域中最重要人物的作品中就能够看出来（Heidegger，1952；Ricoeur，1981；Thompson，1981；Bubner，1988；Gadamer，1989；Kogler，1996）。此外，阐释学既包括现象学，也包括解释主义，它们都涉及文本的含义及在特定文化背景和意识形态下对文本的解读。现象阐释学领域的主要理论家是保罗·利科（Paul Ricoeur），他与尤尔根·哈贝马斯（Jurgen Habermas）（及费耶阿本德）的观点相同，认为科学是许多自认为合法叙述的一种，因此有必要对其进行解构、定位，以揭示科学本真（FOC3：69—72）。

阐释学在《新剑桥英语词典》中的定义是“涉及诠释，尤其是对圣经及文学文本的阅读”。阐释学因此与文本分析、探索意识形态的文献、经验及构成人类历史的事件有关。同样，阐释学对文本的诠释也类似于对城市的形成及结构的诠释。如果把城市环境看作是“文本”，就可以对其进行解读和能够理解的解构、注释和意义启示。阐释学可以追溯到黑格尔（Hegel）[马克思对其喜爱程度不亚于亚当·斯密(Adam Smith)被憎恶的程度],随后又有施莱尔马赫(Schleiermacher)和伽达默尔（Gadamer）。而现代阐释学的动力源自哈贝马斯，他是法兰克福社会研究学院的中坚力量（参见下一章，及 FOC3：56—58）。该学院创建于 20 世纪 20 年代中叶，正值哈贝马斯出生之后，被认为是 20 世纪此类院校的佼佼者，其地位如同包豪斯（Bauhaus）在艺术和建筑方面的地位一样重要。学院培养了在城市研究中作出重要贡献的两个人物——瓦尔特·本杰明（Walter Benjamin）和西奥多·阿道尔诺（Theodor Adorno）。哈贝马斯最重要的作品是《走向一个理性社会》(Towards a Rational Society)(1971)和《知识与人的利益》(Knowledge and Human Interests)（1972）。经典阐释学是以施莱尔马赫的著作为基础，试图以客观的态度对社会进程做出常识性理解。当代的阐释学源自马丁·海德格尔

(Heidegger)，他认为客观是不可能的，因为诠释的所有形式都已经锁定在历史和文化里了。海德格尔认为文本构成了话语，以文字的形式作为媒介，并与语言的概念、意义、解构及文字等相联系。因此，阐释学的研究与自然科学和理性只有极少的历史关联性。

在很大程度上，女权主义也同样认为，但所持理由不尽相同。道理很简单，这种差异并非来自对理性的态度，而是源于性别的不同。方法论目前表现为四种形式——批判理论（Habermas）、现实主义（Bhaskar）、结构主义理论（Giddens）和现代阐释学（Gadamer），均来自自然科学。严格来说，女权主义只是在以男性为中心的科学献祭里偏离出并比较激进的一支，当然，我清醒地知道，到目前为止，我尚无法列举出一位对社会科学做出过贡献，其观点能够在男性主导的科学实践中足以抗衡的女性。女权主义的立场就无可避免地认为由于否定性别差异对自然科学和社会科学所能造成的影响，以男性为主导的世界观扭曲了所有的人类经验。例如，在安德鲁·赛耶(Andrew Sayer)现实主义优秀论著《社会科学的方法》(Method in Social Science）中，对女权主义只提到过一次，简单的只用一句话提及“马克思主义学习了女权主义理论”(Sayer，1984：72)。这发生在25年前，最近仍毫无改观，例如在《社会学理论与社会变革》(Social Theory and Social Change) (Noble，2000）一书中，女权主义根本就没有被提及。

对女权主义的忽略至少部分原因是认为女权主义只提供了一种视角，而非社会科学的“理论”。我在《城市形态》(FOC6：127）中详细探讨了就其与理论的关系而言女权主义所处的地位。虽然大多数方法论都属于它的批判范畴并要认真调整，女权主义依然被称作是“视角范例”，而非合理范例（Fulbrook，2002：40)。以女权主义历史为背景，富尔布鲁克（Fulbrook）写道：

> 如果我们花一点时间看一下女性历史，我们会发现大量不同的历史方法：女性马克思主义、后结构主义拉康式传统下的女性心理分析、自由女权主义，等等，对于无趣的外行来看，她们关注的都是同一个主题：女性。但实际她们是用有关性别的理论概念以不同的方式来构建这一主题。
>
> （Fulbrook，2002：4）

因此，对女权主义的定义更多是凭借女性选择采用的理论和她们在分析中使用的独特方法，虽然她们使用的理论和方法与男性并没有什么太大的不同。由于所用称谓的不稳固，如“男人”和“女人”的用法，以及个体对身份角色的认同和她们在社会上被塑造的角色，女权主义也落入性别的陷阱。女权主义无法逃开性别问题，这就难免会把女性单独划分出来作为独立于性别的一个分类。女权主义的主要代表人物支持过很多不同的方法论立场：西蒙·德波优娃（Simone De Beauvoir，1972）倡导法国女权马克思主义，把女性被压迫看作是男权资本主义的恶果。换句话说，女性的屈从是因为在家庭生活中的劳动得不到报酬，在资本主义自由经济状态下，这一经济群体并未得到认可。凯特·米利特（Kate Millett）把女性作为独立的社会阶级，性政治在她对女性从属地位的分析中占有中心地位。劳拉·穆尔维（Laura Mulvey）的兴趣在于探究男权社会是如何在性上把男人和女人模式化的。“穆尔维的目标是有意识地寻求解构男性中心论下男权的基本状态……穆尔维的分析试图说明，男性对女性形体的关注无所不在，这种行为背后既是心理过程的结果，也是文化形成的结果”（Lewis，2002：194；Mulvey，1996，2006）。这里提及的每一种不同立场都构成一种异源，不仅包含妇女解放运动应该如何实现，在社交空间应如何执行的信息，更涉及应如何看待更加隐秘的女性运动，如对抗性社会主义女权主义、后殖民女权主义、观众型后现代女权主义、庆祝型后现代主义（Lewis，2002：212）。

因此，很显而易见的是当我们从自然科学转向社会科学，转变的不仅仅是基于问题“本质”而采用的方法，在女权主义的例子和性别问题上，更是一种意义深远的政治（意识形态）转变。总而言之，女权主义和社会生态学以很好的实例向我们展示了在社会科学中，科学方法原型围绕不稳定的混合意识形态这一高度复杂的问题。这里每一种关于城市环境“思考的思考”（thinking about thinking）信息都是有深远意义的，空间问题是我们考虑的中心问题，为采用怎样的方法提供了另一种思考维度：城市设计的中心目标是“关于”什么样的空间的问题。

科学和城市

如我们所见，科学依然按“等级划分”为自然科学和社会科学。如果按照环境专业的兴趣，社会科学可以进一步分成两个主要部分，即空间社会科学和非空间社会科学。广义的说，这种分类实际把社会科学推进了一大步，诸如马克思、杜尔凯姆（Durkheim）、韦伯（Weber）和齐美尔（Simmel）等业内大师的研究都不曾关注过空间。实际上正是他们使社会内容脱离形式而变得抽象，他们选择研究社会进程却忽视了与城市结构的直接联系，更不用说空间布局和形态。正如赛耶所指出的：

社会进程不是发生在针尖上，物体都要占据空间，两个或多个物体是不能同时占据同一空间的……因此，虽然具体研究可能对空间形式本身的兴趣不大，但是如果想要理解具体事物的偶发性及它们所能产生后果的不同，就一定要把空间纳入考虑之中……再者，社会科学能够应对形态可以任意布局的系统，以便掌控和利用随机发生的因果机制，不管它们是新城还是交流系统。

（Sayer，1984：134—135）

城市环境的关注点是空间，区分不同城市环境的唯一关注点是“城市”。对于学术界及其从业者，这个词除了表达城市的意思之外再没有其他含义了，它的用法就是把规划限定为城市规划，把设计限定为城市设计，把地理限定为城市地理。大多数城市设计者对路易斯·沃斯（Louis Wirth）的经典论文《都市主义的生活方式》（Urbanism as a Way of Life）（1938a，1938b）可能不熟悉，这是第一次试图从人类的生活经验中提取“城市”这个词的真正含义。赫伯特·甘斯（Herbert Gans）的论文《都市及郊区化的生活方式》（Urbanism and Suburbanism as Way of Life）更为人所熟知（Gans，2005，初现于 1962）。卡斯特利斯的文章《城市问题》（The Urban Question）在思想上借鉴了阿图塞（Louis Althusser），很多灵感也来自他。这篇文章的副标题是“马克思主义方法”，在序言中卡斯特利斯这样写道：

这种理论上的偏爱（或冒险）为城市分析形成难题。因为在这一领域，马克思主义传统是不存在的，而理论的发展一定要与对新问题的认识相联系，这些问题又是由日常经验形成的。

（Castells，1977：vii）

然而，他采用的理论研究方法从开始就反映了马克思结构的浸染，是以阶级斗争、意识形态、压迫、政治、资本发展等问题为研究对象的。

把历史唯物主义和政治经济学运用到城市和社会空间问题的研究方法是 20 世纪 60 年代后缓慢出现的，1968 年巴黎暴乱使之兴起。空间社会学和非空间社会学的划分由于“城市”这一词进入社会学而变得更加精妙复杂。这种划分最初由一些理论家采用，包括拉玛什（Francois Lamarche）、洛伊坎（Jean Lojkine）、卡斯特利斯等。但无可否认，卡斯特利斯于 1972 年以法语发表的具有影响力的《城市问题》，把所有的问题都压缩进一部著作：第一次对“城市”一词提出质问；把城市社会学作为社会科学的一个新分支（Saunders，1976；Gottdiener，1975；

Hashimoto，2002）。那一时期探讨的基本问题是——它是怎样的科学？它要求怎样的理论？其研究目标是什么？合理的城市分析是什么构成的？“城市”的内涵到底是什么？卡斯特利斯将科学方法的问题归纳如下：

> 城市社会学有真正的目标吗？
> 如果有，它也是“城市”的理论目标吗？
> 如果没有，城市社会学是否仍然有真正的可以被称之为“城市”的目标？

佩克万斯（Pickvance）进一步指出卡斯特利斯的方法是通过以下问题来检验科学和城市社会学的关系：

> 城市社会学在过去有过理论目标吗？
> 它在未来会有城市理论目标吗？
> 城市社会学是否有真正的城市目标？
> 如果它既没有城市理论目标，又没有真正的城市目标，其力求寻找理解的（非城市）理论和真正的目标是否能够被发现，从而成为科学城市社会学的基础呢？
>
> （Pickvance，1976：4）

在卡斯特利斯的论文《是否有城市社会学》（Is there an urban sociology）中，他声称城市社会学没有理论目标（Castells，1976）。“城市主义”一词，虽然构成了这一学科的理论基础，但却不是理论上的定义。它是一种社会文化，卡斯特利斯指出上文所提到的沃斯的论文也提及这一点。这使他得出结论，认为城市社会学没有真正的具体目标。一方面，部分原因是“城市”这一词所具有的伞形地位，另一方面，它逐渐失去了与“乡村”一词对比时的关联。在现代资本主义的各种有效关系中，城市与乡村一直是个统一体，把它们彼此分开是没有意义的。卡斯特利斯还指出城市社会学倾向于解决两种问题，也就是空间关系问题（relationships to space），和他所称为的“公共消费过程（the process of collective consumption）”的问题（Castells，1976：74）。

卡斯特利斯的目的是改变通常对生产力的强调，把经济分析的研究方法转向对消费的研究。规划实践是把土地作为二维基体进行土地的各种使用，卡斯特利斯方法与规划实践不同，目的是在某一政治经济空间内把经济、社会和空间的功能整合（FOC9：226—229）。同时，他指定“城市”作为公共消费的场所，是人们日常生活、抚养子女、休闲、举行庆典和繁衍之地。城市的这一功能被进一步分解成简单的复制，也就是居住以及与之密切相关的活动复制的延伸，如教育设施、公园、花园、医院等场所。关键之处在于城市的活动是地方性的、以场所为基础的、非流动性的并根植于社会功能的复制和每个家庭。目前，女权主义家庭生产模式这一术语大致与卡斯特利斯对城市的定义相似。由于卡斯特利斯并未认可“乡村”一词有任何特殊的意义，这样按照定义，其他的经济上的功能都是非城市的、以市场为基础的活动。城市设计首要关注公共领域，在卡斯特利斯定义的中心任务是在城市功能和非城市功能之间建立必要联系。定义的其他任务，我觉得具有同样重要意义，是象征性形式的建立，在这点上，我指的是卡斯特利斯对社会变革、城市规划和城市设计的定义（FOC1：17）。就这部著作的主旨来看，是很难把城市设计从社会功能分裂出来，而这些又和其他过程交织一起，尤其是城市规划。我在其他文章探讨过，目前为止，对城市设计的定义实际上都是重复赘述，对我们毫无帮助。卡斯特利斯论述的突出之处在于试图把各种功能统一结合，我选此内容作为三部曲中第二卷和第三卷的出发点：

> 我们把城市的社会变化称作是对城市含义的重新定义；我们把城市规划称作协调城市功能对共享城市含义的适应；我们称“城市设计”为在某一城市形态上，表达接受城市含义的象征性尝试。
>
> （Castells，1983：303—304）

卡斯特利斯认为每个空间特点都是具有独特重要性的。城市和非城市功能的主要区别是至关重要的。城市功能是以场所为基础的，而非取决于时间和空间。工业具有全球移动性，其活动可能跨越数个国家，比如汽车制造工业。这进一步侵蚀了“乡村”的概念，因为城市功能是彼地发生的，“乡村”成为工业的主要场所，如采矿、林业、农业、电站等工业。再者，这些工业由于经济环境、劳动力市场等转变而可能被解散或重建。因此这就暴露出对城市和乡村的传统定义缺乏严谨的分析。

另一个比较重要的方法论上的区别是城市系统管理。综合来看，城市规划是国家土地资源规划和为公共消费提供场地的中间机构，它是围绕着资本兴趣来实现的，实际上城市规划行业也是偏向大的资本利益，因此它永远不可能真正代表人民利益。集体利益只能通过卡斯特利斯所说的“城市社会运动”来实现，但是由居民群众自发集结抗议又被认为是非正义行为，如抗议机场噪声、毁坏自然环境、污染等等。这一切要求与环境有关的行业重新考虑自己的社会作用——自己的工作是什么，以及在建造城市时如何作为社会正义的角色。城市设计者不应该像麦克洛克林（McLoughlin）时期的设计者一样对社会不公置身事外，并假装他们在整个设计中保持价值观中立的角色，尽管如今也差不多是如此立场。卡斯特利斯推动了空间生产力的社会学分析方法以及城市规划的社会学动力（他定义为“一种阶级政治实践的形式”）（Castells，1976：277）。由于和城市规划有关，城市设计理念的重要性是被从业者定义的形态、空间、透视和美学的需要，但应该考虑到：

> 因此对空间转换，必须在社会结构中作为规范转换而进行分析。换言之，与被考虑的空间单元相比，我们应该看到按照研究的需求如何定义社会结构的基本过程构成。
>
> （Castells，1976：31）

对新事物而言，这种表达不仅可以产生空间和场所功能的不同，它同时会重塑系统固有的含义，并将之转化为新的象征和必要的需求。这一变化是卡斯特利斯方法的一个弱点，尽管他很了解城市象征、结构含义、符号学和价值。后来他提到通过城市象征涵盖城市空间和形态的整个象征框架，研究得并不好。尽管如此，他的贡献依然是巨大的，激发了其他人对问题进一步的探讨。

在 10 年后，争论的热点开始降温，从 1985 年开始，对城市社会学的第二次评论开始转向基础经济进程（即生产、消费、管理和交易）、权力的概念、社会冲突、内部自律和比较研究方面（McKeown，1987；Milicevic，2001；Perry and Harding，2002）。在方法论上，新城市社会学尽管仍在继续，如卡斯特利斯的城市社会运动研究著作《城市和草根》（The City and Grassroots）（1983），但对后现代分析和方法论研究的趋势开始更加广泛。米利塞维奇（Milicevic）认为 1985 年后的特点是在社会运动中很多领导者定义激进主义，如他们对左翼的同情程度、是否成为工党（Harloe，Pickvance and Paris）或共产党（Lojkine and Preteceille）等政治组织成员。米利塞维奇还认为哈维（Harvey）和卡斯特利斯放弃了马克思主义方法。虽然卡斯特利斯的立场确实离开了马克思主义，但直到现在哈维一直遵循着马克思主义，他的唯物主义视角很明显（Harvey，2003，2007）。哈维甚至在他的最“后现代”的作品《后现代的状况》（The Condition of Postmodernity）（Harvey，1989）中依然沿袭历史唯物主义，这是对环境领域研究人员产生重大影响的一部书，比起对建筑形态异想天开的贡献，他们更深刻理解后现代时期。最近，卡斯特利斯又提出了城市社会学新的理论视角（Castells，2000）。

城市设计异源性

在这一节，我们要探讨三种异源性，人类的大量知识与它们有关，它们是自然科学、社会科学和源于城市社会学的科学观察。但是这些知识也只是一部分，因为这些知识并不包括或者不承认具有神秘色彩的不以证据为基础的学问，如神秘主义、宗教，巫术、神话和魔法。这表明了一种明显的偏见，因为主流共识认为科学是理性的衡量标准，用假设的方法进行研究是有效力的。当然，我们不该忘记提醒大家认同“科学之外无知识，只不过是一个信手拈来的童话故事”（Feyerabend，1975：113）。

正如我们所知道的，城市设计是一个古已有之的社会实践，至少开始于5000年前古埃及建造吉萨（Gizeh）金字塔的时期。古埃及人相信对某种东西命名就会使之存在，而城市设计直到20世纪通过正名才被认可为一门学科（Cuthbert，2007，p.180—181）。然而与建筑设计、城市规划、景观建筑和工程学等学科不同，也不像如医学、法律等其他领域，它还没有确立成为一种职业。其中的一个原因是除了笼统地说它是“大建筑”，很难确切地说它是什么，也很少有人试图去说明它是什么。或许就这样不清不楚要比想明白一切更加容易，因此问题就一直持续到现在。当我们试图分解“城市设计”时，我们发现“城市”这个词本身没有多大的意义，与“设计”结合一起使用，只要和城市化有关，甚至是与之无关的，都可以通过它来表达。

城市设计是否成为一种被确立的职业，是否被认可成为一种学科或领域并不妨碍其与科学在我们上述提到的三方面的联系。仔细阐述早期存在的认识论，它更可能认为，自然科学在过程、量化方法和政治中立等方面提供了功用性；社会科学在内容、定性研究方法方面提供了合法性；而城市社会学把两者结合一个之前并不存在的研究领域。并且，由于和建筑设计、城市规划这些学科密切联系和交叉，把城市设计包含在建筑设计和城市规划中，在本文中是无法避免的。如果我们以理性的科学过程为开头，就能立刻确认它们之间颇为重要的联系。早在1953年，卡尔·波普尔在《历史主义的贫困》（The Poverty of Historicism）中就预料到城市规划者会遇到的问题，这是早在狭隘的扭曲的功用主义没有形成的1969年之前：

> 但是把全部的规划和科学方法结合起来要远比我们知道的困难得多。规划者忽略了这一事实，要集中权力是容易的，但是要把分散在每个个体头脑中的知识集中起来是不可能的，而将所有知识的集中对于明智地运用权力来说是必要的。这一事实具有影响深远的后果：无法确定这么多个体的头脑中到底有什么，就必须通过消除个体差别来简化问题，就必须通过教育和宣传进行控制，把兴趣和信仰固定模式化。试图对思想加强权力控制就断绝了了解人们真正所想的最后途径，显然是与思想的自由表达背道而驰的，尤其与批判思维不相容。
>
> （Popper，1957：89—90）

从波普尔的陈述，我们可以知道科学并非是受到普遍法则和实践支配的价值观中立的活动，科学无可避免的与其他如政治、知识、自由、信仰、宣传和批判思维等非量化的社会结构和意识形态相缠结。已经可以推测出的是规划和环境学科中的科学方法本身是有一定问题的，然而环境学科选择了另一条轨迹，并在20世纪70年代和80年代运用一般系统理论开始盛行，尤其是在城市规划这一职业领域。由于规划过程的全部认识论与预测的理念密切相关，科学方法被规划应用于计划远景、预测发展、评估潜在后果等方面。很显然，规划和科学在某一点一定会交叉。在1970年，布莱恩·麦克洛克林完成了他的经典之作《系统方法在城市和区域规划中的应用》(Urban and Regional Planning：A System Approach)。来自科学家路德维希·冯·贝塔朗菲（Ludwig Von Bertalanffy）的系统方法理论迅速成为城市规划的圣杯。

> 我们立刻看出运用预测的方法是有问题的，它通常与科学方法密切相关，尤其与理论建设有关，因为对所探讨现象缺乏基本认识是不可能对之预测的。
>
> （McLoughlin，1970：167）

这个规划理论观点的基础当然是数据库的建立，麦克洛克林认为这是规划过程中最重要的部分。另一个是模型建立，或称作对城市和地区特定特点的模拟。有了这两个工具，科学对于因果关系过程的洞察就有了保障。缺少这些中心特征，规划的整个结构就会动摇，因为错误的预测会导致灾难。科学能提供明确性，并在政治上中立以保证研究过程的中立，因为科学和政治看起来是完全不同的人类活动领域。圣杯就在眼前，规划者们可以消除自己的偏见，因为依靠理性的模型，他们可以把观点（主观的）进行量化处理（客观的）。理性会盛行，做出的决定也会没有偏见和偏袒。最后，民主变化模型被引入规划过程，昔日无秩序的主观状态会被消除，这就是麦克洛克林称之的“对错误进行控制的规则”(图 1.2)。但这也是致命的错误所在，麦克洛克林在其后的职业生涯都在纠正这一错误。1976 年，赛耶在他的《城市模型批判》(Critique of urban modelling) 中指出了系统研究方法的错误，斯科特和罗维斯（Scott and Roweis）(1977) 紧随其后，完成了主流规划意识形态的批判作品《重新审视城市规划理论和实践》

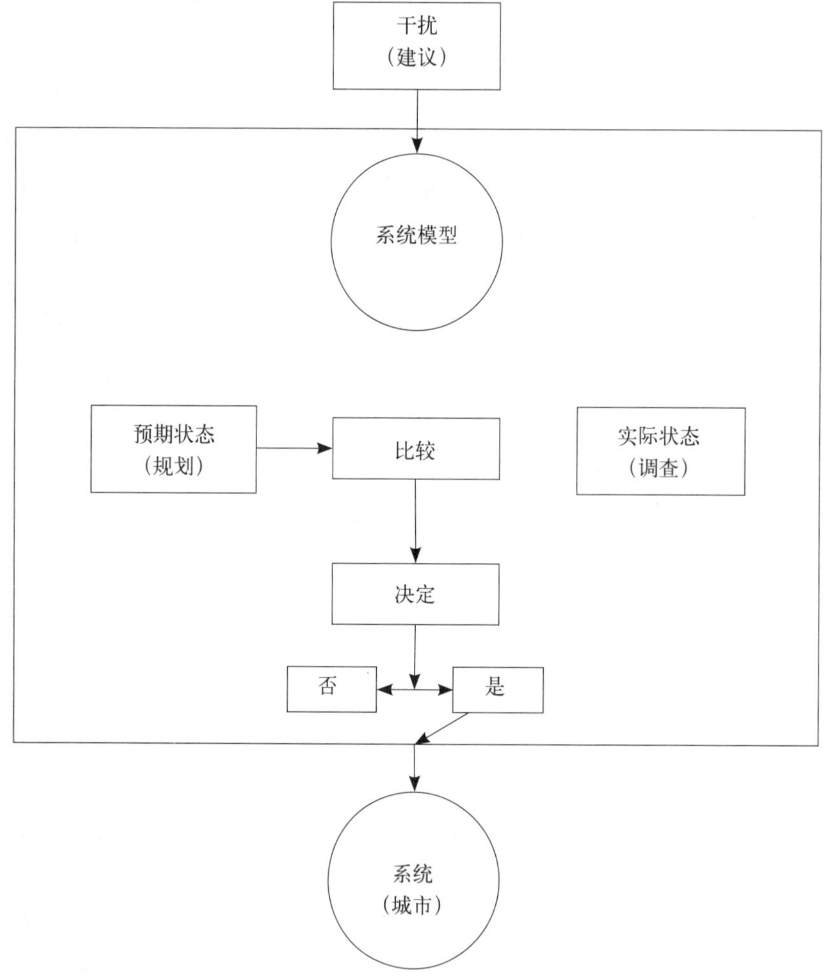

图 1.2 麦克洛克林的误差补偿控制

资料来源：根据 J.B.McLoughlin 重画，*Urban and Regional Planning*：*A Systems Approach*. London：Faber and Faber，1970，p.86，Fig.4.2

(Urban planning in theory and practice–a reappraisal)。不久，更具现实主义的城市规划定义出炉，不是在规划者摒弃自己的主观看法后为其提供无误的准科学过程，而是作为“地缘政治的职业调解”——不再容许系统模型介入了（Roweis，1983：139）。

因此，至少是从1970年开始，理性的观点指引着城市规划实践的方向，同建筑的功能主义一样，尽管其支离破碎，早已过了有效期很多年，但依然保留（Baum，1996）。在这一时期，为支持系统方法，一种理性综合科学创造了规划的理性综合模型（rational comprehensive model），它构成了过去50年城市规划和设计的基础（Chapin and Kaiser，1979）。在此之前，这个系统模型一直是规划理论批判的定海神针，规划者或可从错误中学到些什么（Saarikoski，2002；Stein and Harper，2003）。到1984年，仍有对理性综合模型的支持，它“虽然受到学术界广泛的批评，依然是我们能够依靠用来解决方法论的实质性工具”（Blanco，1984：91）。公平地说，随着其他规划方法的出现，系统模型已经受到重大批评（Dalton，1986）。但是10年之后，始创于麦克洛克林，被赛耶（1976）广泛批评的系统模型方法，依然有人提倡（Knaap等，1998；Guhathakura，1999）。对理性综合模型的其他评论各有渊源，表明了科学理性主义观念在各个学科中流行的广泛程度，如政治生态学（Harrill，1999）、规划实践（Saarikoski，2002）及参与规划（Alexander，2000；Huxley，2000）。其他规划理论和方法的形式在曼德尔鲍姆（Mandelbaum等，1996）著作中也有阐述。此外，道尔顿（Dalton，1986）、鲍姆（1996）和亚历山大（Alexander，2000）的作品向我们提供了意义重大的对理性主义坚持的回顾，并影响着城市设计的联系和应用。同样，在工程设计和管理方面，理性、系统模型和系统思维的应用也很盛行。最近，有两部重要的编撰著作问世，都是关于城市设计方法方面的（Robers and Greed，2001；Moughtin等，2003）。值得称道的是其中一本出自女性之手，女性在城市设计过程中应该占有更多的话语权。两本书都对城市设计领域做出了宝贵的贡献，因为它们包括大量对学生很有价值的信息，但它们却都有两个不足。

第一个不足是它们都根植于主流的正统城市设计思想，没有新意。换句话说，其内容都在其他文本中发表过，且内容更广博。第二点不足是尽管两本书都是2000年后出版的，却均完全忽略了新时期最重要的问题——可持续发展。因此，如果要想查阅城市设计可持续发展方面的资料，就需要去翻阅其他出版作品，比如詹克斯和伯吉斯（Jenks and Burgess，2000）、托马斯（Thomas，2003）。在芒福汀（Moughtin 等，2003）的著作中，引言部分介绍了可持续发展的方法理论，在结尾也有简短提及，但在中间部分却没有讨论，也没有一章是关于“城市设计可持续发展”的。在罗伯茨和格里德（Roberts and Greed，2001）的书中可持续发展的概念更是见不到。可见，在城市问题方面事关我们未来生存的重大问题，也就是城市设计的可持续发展问题，被完全剔除了，不关方法理论任何事。并且，这两本书似乎还省略了更重要的东西，没有了它也就丧失了谈论方法和技艺的能力，完全脱离了理论。矛盾的是，考虑到规划在国家机器中的立场，也许这是唯一现实的可取立场。在芒福汀等的书中，源自哈德森（Hudson，1979）的五种规划实践形式与城市设计密切相连，它们是：

- 概要规划（synoptic planning）
- 增量规划（incremental planning）
- 交互规划（transactive planning）
- 倡导规划（advocacy planning）
- 激进规划（radical planning）

逻辑上讲，如果在书里能交代每一种规划策略对城市形态形成所能造成的影响，保持书中所探讨内容的一致性就会好一些。难点被列在图 1.3 中，是为了捕获上述所探讨的科学过程和科学“设计”过程之间的关系，如同这些方法被看作彼此之间的反射一样。因此，按照之前的讨论，让人受益匪浅的是每章的框架都直接来自自然科学，省略了所有关于事物是如何发生的各种假设，包括调查、分析、备选方案、项目评估等等，就是作者所称的规划的“综合设计过程”，并按照同一个顺序，包含了从建筑到区域规划的一切（Moughtin 等，2003：6，8，77；图 1.4）。从序言到最后一章项目管理，城市设计直接与理性科学模型放在一起，若非如此，文本结构就会垮塌。罗伯茨和格里德的书也是这样，只有一个关于城市规划方法的图表与芒福汀等的图表交叉（Roberts and Greed，2001：55；图 1.5）。最近一篇文章里（Lang，2005：26，31），作者应用类型学，探讨了更高级的理性设计过程模型，并被作者称之为“整体”城市设计（图 1.6，图 1.7）。

因此，从最近（和很多过去的）文章来看，似乎城市设计主流的方法至少呈现出六个主要特点：

1. 存在着对源于自然科学的理性科学模型过于依赖。

2. 城市设计方法呈现出自然科学大部分结构特点，采用层级思考、系统模型化和系统理论。

3. 这一学科实际上也与非理论性的规划愿景密切相关，在很多类型学实践中运用规划理念。

4. 它的自我观念是非理论性的，使任何批判性的对内容的自我反省都是不可能的。

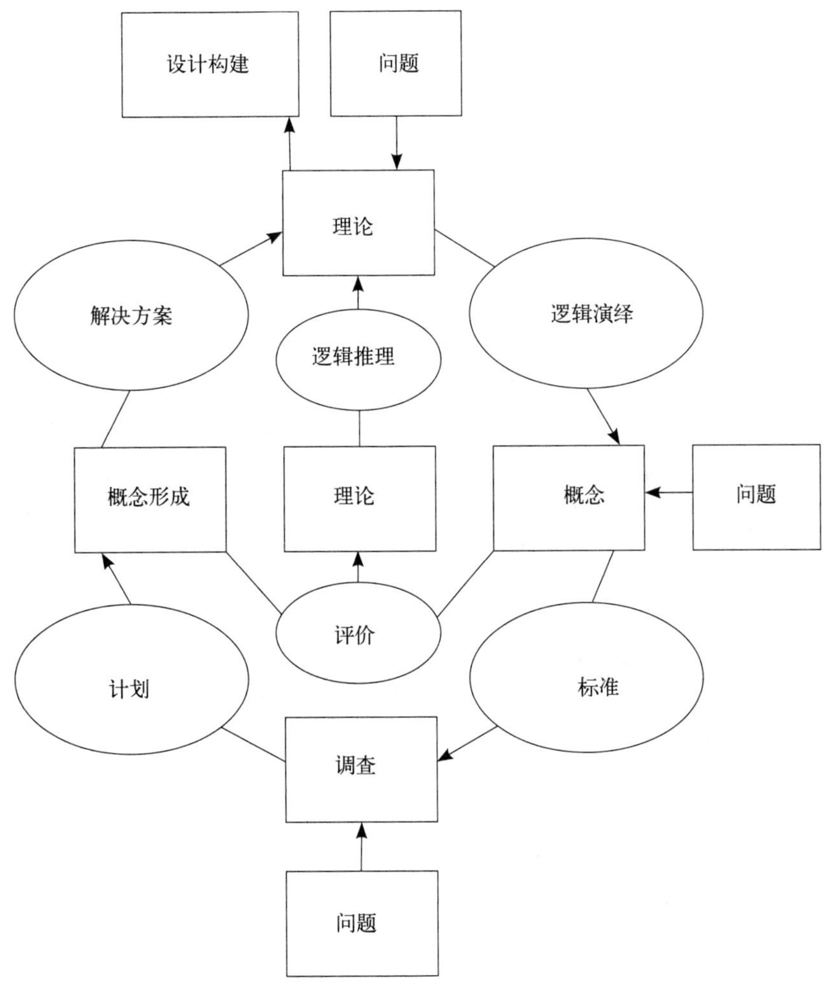

图 1.3 科学设计程序

资料来源：J.C.Moughtin，R.Cuesta and C.A.Sarris，*Urban Design*，*Method and Technique*. Oxford：The Architectural Press，2003，p.8，Fig.1.4

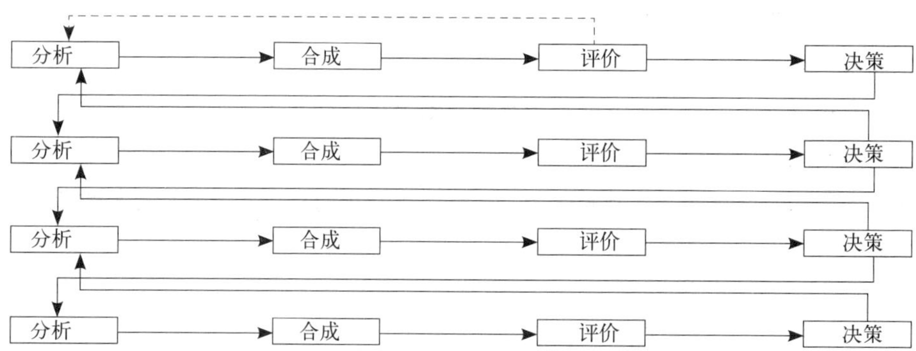

图 1.4 综合设计过程

资料来源：根据 J.C.Moughtin，R.Cuesta 和 C.A.Sarris 重画，*Urban Design*，*Method and Technique*. Oxford：The Architectural Press，2003，p.6，Fig.1.2

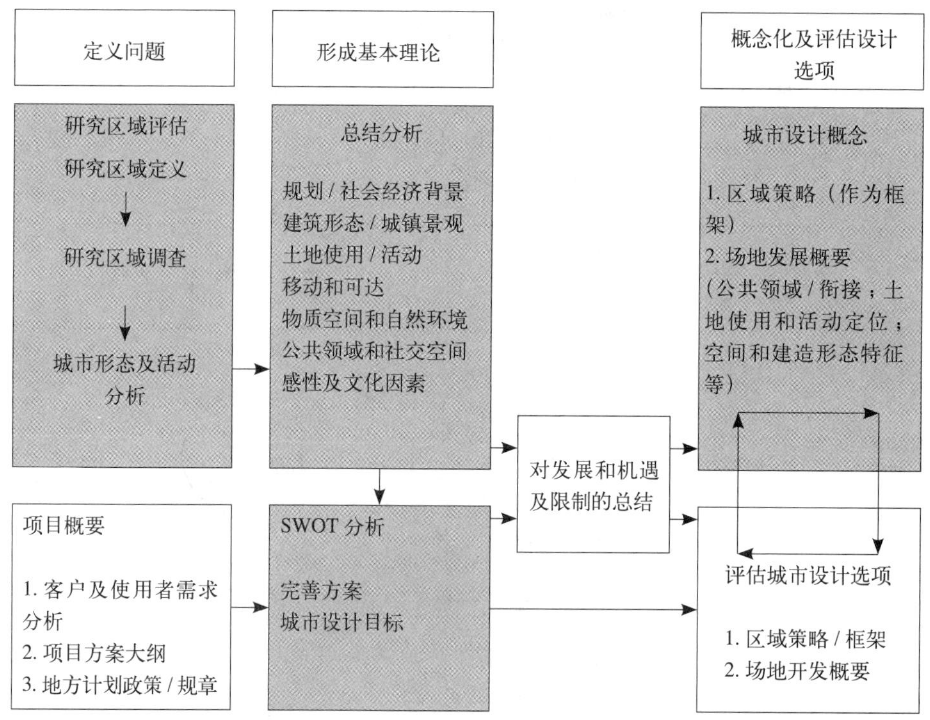

图 1.5 城市设计原理和策略

资料来源：T.Lloyd-Jones，A framework for the urban design process.In M.Roberts and C.Greed，*Approaching Urban Design*：*The Design Process*. Harlow：Longman，2001，p.55，Fig.5.1

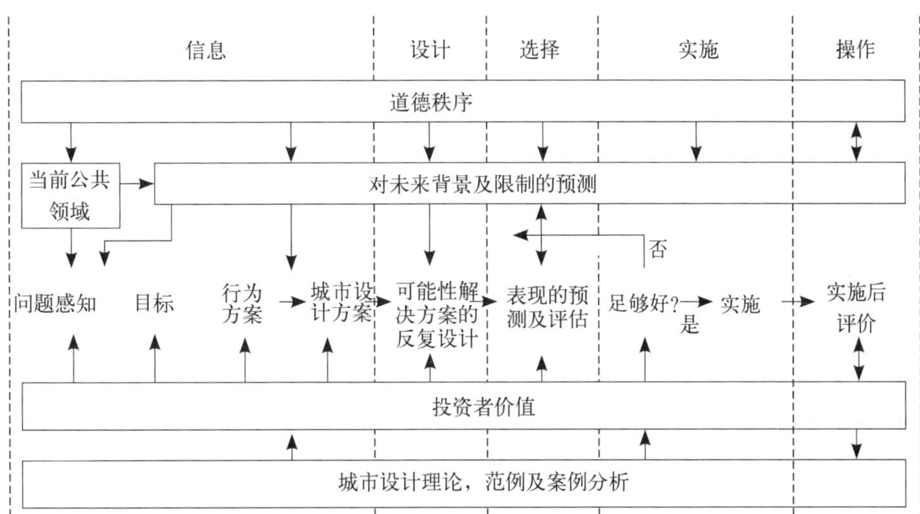

图 1.6 理性设计过程模式

资料来源：J.Lang，*Urban Design：A Typology of Procedures and products*.New York：Elsevier，2005，p.26，Fig.2.2

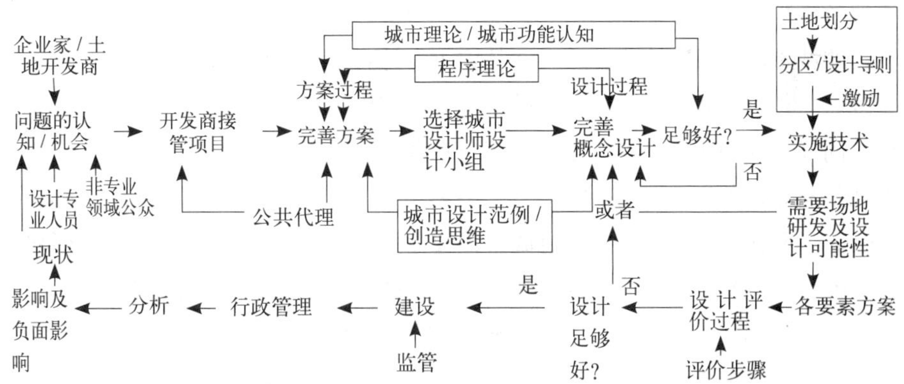

图 1.7 整体城市设计的主要步骤

资料来源：J.Lang，*Urban Design：A Typology of Procedures and products*.New York：Elsevier，2005，p.31，Fig.2.6

5. 对设计方法的阐述几乎都是建立在对这一学科旧有知识循环基础之上，并运用不同的形式。

6. 对当代城市设计有影响的词汇，诸如全球一体化（经济方面）、后现代主义（文化方面）和新城市主义（实践方面），在两本书（Roberts and Greed，2001；芒福汀等，2003）的索引中都没有提及。

然而，如果我们回顾社会科学的发展，发现当前的研究日新月异，理论的发展引发定性研究的发展，为城市设计理论和实践打开了新的途径（Silverman，2001；Weinberg，2002；Neuman，2003）。新的城市研究仍在继续，并进入不同的轨道，这就表明了城市形态以及建设方式的多样性。

结论

自然科学方法是否同样适用于社会科学还有待探讨。然而令人信服的是实证主义的原则，尽管科学本身作为衍生方法的描述词是否合适也是值得怀疑的。这并不妨碍社会科学使用量化方法确立自己的领域，沿着这个方向，女权主义流派的重要性得到认可，并延续到所有其他诠释方法。对于城市设计来说，难题依然存在，即城市设计的理论不完善，并且城市设计自身并无理论。因此我们对世界的视野完全是以自我为参考的，也就是说，城市设计其实是城市设计者所作出的一切。同样，我们所做的取决于我们职业本身，如从事建筑、工程、法律等，任一专业都有自己的独立统一性，城市设计成为每一专业的"卫星"，没有合成的可能性。只要这种状况存在，探讨城市设计方法是起源于自然科学还是社会科学的问题就是不相关的，只要在当时看来是适合的，就是它们的来源之地。

我们也看到，城市设计方法和理性主义密切相关，在方法上倾向理性主义，线性、等级和系统模型占着主导地位（图 1.8）。因此，那种说城市设计应该采用社会学做背景，尤其是采用空间政治经济学的说法，是与城市设计方法一贯的理性主义的立场相抵触的。我们应该如何把理性主义用注重文脉又包罗万象的城市设计方法理论来代替，讲求定性研究、女权主义和可持续发展呢？为了获得设计技能并更有意义地运用这些技能，我们就要深入研究人类状况——如果我们希望推进那些大胆的、人性化的和与之相关的城市设计知识。我认为，这种当前被大众忽略的、以社会科学为基础的实践，是理解的基础，本书在探讨了以上一些原理和观点后，将在以下九个章节中更加精心深入地阐述。

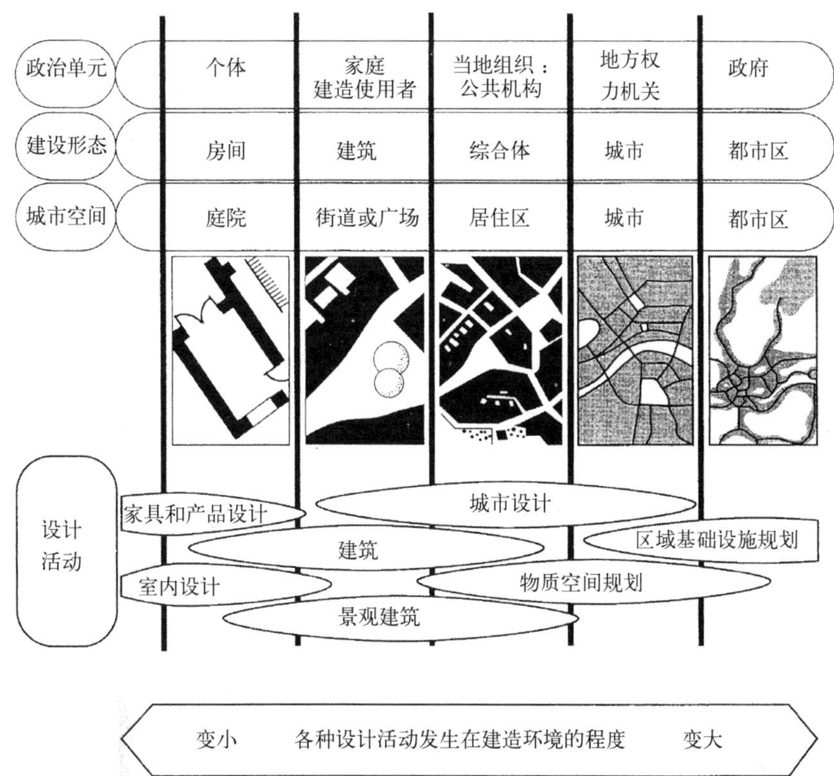

图 1.8 可见的建成环境的层次性质

资料来源：B.Ericson and T.Lloyd-Jones，'Design problems'. In M.Roberts and C.Greed，*Approaching Urban Design*：*The Design Process*. Harlow：Longman，2001，p.5，Fig.1.3

第二章
历史

斯蒂芬说过，历史就如同一场噩梦，我正努力从中醒来。

——詹姆斯·乔伊斯（James Joyce）

历史是语言的虚构。

——米歇尔·德·塞杜（Michel de Certeau）

过去、现在和未来之间的差别仅仅是一种持续不断的错觉。

——阿尔伯特·爱因斯坦（Albert Einstein）

引言：历史，事实和时间

起初，我在《城市形态》一书中（FOC2：11）中列出的30篇有关历史的文章吸引了读者们。这30篇文章很好地代表了主流城市设计者们对历史的看法。在多数大学的教学大纲中，这些文章都是标准的参考材料，并且作为核心内容，用于检查和评判城市设计中的异源现象。然而，我们必须首先回到更为久远的过去，回到历史自身的本质上，即：什么是历史，我们如何诠释历史以及如何书写历史？

在研究用于理解历史的方法时，我们不能忘记时间、发展和作品等要素。正如我们将看到的，过去、现在和未来是相对新的概念，至少其代表的价值如此。发展也适用于此道理，即：我们的目标是什么，为什么，这种想法阻碍了我们目前的发展吗？如果历史是向前发展的，那么它将去向何处？同样，如果事实上历史没有去往任何地方，那么历史是什么呢？如有些学者所言，历史能结束吗？新兴的认识论也未必是某一特定理论或相关理论的必然结果。换句话说，不同的学科可能会以很多不同的方法论证一个理论，并且这些不同的方法都是有效的。认知论可能代表发展的开始，它是以理论为目标而不是起源。这可能更适用于社会科学的范畴而不是自然科学范畴。然而，城市设计却深深地扎根于自然科学范畴。尽管历史通常是按年代划分的，但是，以城市形态的历史为例，其中就几乎没有共同的认知论。对于那些试图放弃将时间概念作为绝对的线性发展，转而相信相对时间概念的历史学家而言，前者貌似是他们最难放弃的。

与线性时间概念直接相关的包括历史学家一般用来分析历史的方法和对历史的各种诠释中出现的异源性现象。显然，构成历史的因素与分析历史过程中采用的方法紧密相关。分析历史过程中采用的方法以许多不同的方式定义了历史。历史是认识论的研究对象，它并不是一个无止境的时间序列。如果我们研究一下最近的历史研究材料，我们会发现，大多数学者们并不看重理论研究。比如，在最近的一篇名为《什么是历史》(What is History Now) 的文章当中，“理论”这一词根本就没在索引中出现，而且文章当中也没有关于理论的标题 (Cannadine, 2002)。文章的很多篇幅都用来描述观点、看法、认知方法和文本分析等，故意避开了理论这一术语，因为作者怀疑理论已经被现代主义惯用的叙述方法所曲解。结果，导致现在绝大多数研究都以揭示历史的方法为研究目标，即或长或短的叙述、解构、个人见解、学科焦点和其他研究方式。

有一种观点认为，历史可以被看成是一个抽象的概念，并且其具有自身内在的逻辑和价值，这一观点在许多年以前被弃之不用了。随后，又有一种想法认为历史仅仅是按时间先后顺序发生的事件，而这些事件通过精确的记录和完美的记忆得以保存。这一想法已几乎不再存在了。事件的发生并不是某些永久不变真理的必然结果。如果接受了这一观念，那么很明显历史是不能被理解的，因为历史作为一种庞然大物，是不能被那些试图解释和诠释时间的人改变的。反之，我们必须搞清楚大量的行为者、诠释者和施行者是如何创造历史的。在这个过程当中，我们必须放弃绝对概念的事实和真理，这样才能得到合理的诠释：

> 出于这些原因，我们作为历史学家所研究的过去并不是“真正意义上的过去”，而是身处过去时的那种感受。越来越多的关于激情、情绪、情感、焦虑等的历史文献证实了这一点。
>
> (Fernandez-Armesto, 2002 : 155)

当今，历史源于一个真实的粒子宇宙。在这里任何客观的或者可被证实的“真理”取决于粒子之间可能存在的相关性或相似性。

历史作为这种相对性的产物，它在地理、时间、科学和宗教里没有绝对存在。

所以，很显然，人们只能通过其他方法才能看见或经历历史。尽管人们对过去的详细记录仍然被当成是“事实”，然而这些“事实”在诠释历史方面却毫无用处。下面我仅列举三位最伟大的历史学家为例以此说明。达尔文（Darwin）在他的自然选择理论中发现了物种进化。尽管物种的进化对进化论而言有不同寻常的诠释力，但它对主观性选择却只字未提。马克思用历史唯物主义分析了社会生产。尽管他对于剥削、社会阶级、帝国主义、意识形态和其他观念的研究仍然被很多学者使用，然而他的观点并没有包括人本体验这一领域，而现如今关于历史的诠释却大大地依托于人本体验。弗洛伊德（Freud）从两个方面理解物种的发展，一是人类头脑的结构；二是人类思想的起源。他认为，人类思想起源于生存体验心理和集体意识心理。这包括思想的意象形成、原型、心理状态和不满足感。然而，相对于当代历史认知论而言，这些世界观之间的差异显得那么的微不足道，因为当代历史认知论的范围广阔、结构多样、功能全面、主观性强。它研究的不仅是个人和个人的世界观，也涉及全球化世界的复杂性。

历史和发展

显然，历史和我们所说的发展是紧密相关的。现代化是工业主义的文化形式，而后现代化则是后现代社会的文化形式。其次，这些观念是一种目的论，因为它们暗示着一种线性的和必然的发展，而这种发展会被发展生产总值衡量。尽管如此，全球化要求我们重新回顾我们对历史和发展的理解，这种重新回顾也许会或者也许不会与某些当代的关于历史可能导向何方的想象相一致。比如，对于基督教来说，历史是线性的、有限的进程。这一进程开始于上帝一周的创造活动，并且结束于未来某时的耶稣的再度降临（基督再临）。启蒙运动把历史看成是无限制的，认为历史最终必然会带来完美社会。只有当肆虐的资本主义被一系列的反抗和大规模的生产关系改革制服后，马克思共产主义理论中的完美社会状态才能得以实现。值得注意的是，在所有的历史时代中，现代性是第一个把自己当作新纪元的时代，因为它努力想要掌握自己的命运，但却失败了。就此而言，现代性既是第一个，也是最后一个新纪元。

随着全球化和后现代主义的崛起，谈论历史终结的书籍如雨后春笋般涌现出来，如吉布森－格拉汉姆（Gibson–Graham）的《资本主义的终结》（The End of Capitalism）（1996）、弗朗西斯·福山（Francis Fukuyama）的《历史的终结》（The End of History）（2006）、奈杰尔·哈里斯（Nigel Harris）的《第三世界的终结》

(The End of the Third World)(1990)、杰瑞米·里夫金德(Jeremy Rifkind)的《职业的终结》(The End of Work)(1995)等等。为什么会这样？米歇尔·福柯可以称得上第一个宣扬不连续性的历史学家。他认为，对于所谓“人类”的这一观念受到了各种知识或者历史论述的影响。因此，有限的“人类”这一概念并不存在(Schottler，1989)。任何假定“有限人类”这一概念存在的历史也都不应存在，因为这样做就预先承认了所有从古至今对历史的诠释，这就为后历史主义奠定了基础，后历史主义是一种解释全球化世界的合理形式。让·鲍德里亚德(Jean Baudrillard)认为，现在正处于一个想象和现实密切交织的后历史时期。这种想象交织如此密切以至于我们如同生活在一个超现实的时代。全球化把我们从媒体的消费者转变成了媒体的产物。因此，正如尼尔·斯蒂芬森(Neal Stephenson)的小说《雪崩》(Snow Crash)(1992)中描述的虚拟空间一样,所谓的“真实生活”正在消失，随之而来的是一种对真实生活的模拟。鲍德里亚德指出，历史变迁的速度如此之快以至于它将会灰飞烟灭，与它一起消失的还有相关定数或结果。在此过程中，没有留下任何用于理解历史的证据，也导致了人类拒绝承认历史具有任何的认知论价值。

这样做将会导致什么样的结果是一个巨大的(全球的)悖论。一方面，所有的国家经济和机构都把历史 / 发展定义为日益增加的商品生产，这些商品的生产又受到了国内生产总值(GDP)的约束。在这个世界上，只有不丹一个国家把国民幸福总值(GNH)作为明确的目标。另一方面,某些哲学家和历史学家告诉我们，我们没有取得任何进展。比如，约翰·格雷(John Gray)在名为《稻草狗》(Straw Dogs)的书中说道:“人类离不开幻觉。对于现在的男人和女人而言，发展的信念，尽管荒谬却是唯一治愈无政府主义的解药。如果没有了希望，觉得未来不可能比过去更美好的话，人类就不会继续繁衍”(Gray，2002：29)。我们可以认为，政府也有同样的感受：如果没有了国内生产总值这一概念，政府就无法统治，因为整个经济策略都建立在这个单一原则的基础上。

格雷认为，发展这一理念取决于两个基本的观点。第一，西方思想教导我们，我们与其他动物有所差别。其他动物只会对它们所处的环境做出反应。理论上，我们应该能够控制自己的命运。但实际上，这当然是不可能的。可是我们还是相信我们无论如何都能做到控制自己的命运。第二，这种立场取决于我们的“感觉”，它允许我们推测，在未来的某个时间，我们可能的发展或者能够取得的发展可以替代我们实际的状况。这种推测是否具有价值是值得商榷的。格雷指出，所有对现代性的诠释都被证实是虚空的。二战期间纳粹的死亡集中营和激光手术一样，都是现代的（Gray，2002：173）。他声称，有效组织的暴力所导致的死亡和发展之间有直接的联系。虽然人类的知识进步了，但是道德却停滞不前。他认为现状如何已经没有任何意义，而将来可能会怎样却意义重大。因此，我们现在的生活是未来情形的模拟，而这种未来的情形遥不可及。这种假设的观点与幸福一致，幸福就是当人类取得了一切成功，并且生存意义得到了实现时所产生一种最终的、永久的感觉。但是，正如格雷所说，“寻找生存的意义也许是一个有用的疗法，但是它与精神生活毫不相关。精神生活不在于寻找意义而在于从意义当中得到解脱”（Gray，2002：1997）。

书写历史

20 世纪初期以前，人类倾向于把历史定义为政治历史。在那个时期，征服、战役、国家、独裁者采取的行动、将领们以及蛊惑民心的政客们占据了历史分析的篇章。这些因素合在一起构成了一个影像。也就是说，人们所采取的诠释历史的方式是政治性的、有意识的并且是对现实的扭曲，这种诠释以线性的时间观念为基础。基于此，马克·布洛赫（Marc Bloch）和卢西恩·列斐伏尔（Lucien Lefebvre）于 1928 年创建了《社会和经济历史年鉴》（Annals d' History Economique et Sociale）。这部作品影响深远，至今犹在。现今，年鉴学派（Annales School）对于历史发展的重要性犹如法兰克福学派对于社会科学的重要性或者包豪斯建筑学派对于建筑学和城市设计的重要性一样。年鉴学派始于对实证主义（经验主义）的排斥，它也同时抵制追求“真理”。这一学派本身就是激进的，并且有很多的目标，它以更加全面的历史观为核心。我们在后面的论述中会发现，对历史的研究基本上是一种与理论无关的工作。人们通常用新的研究方法来研究 20 世纪的主要历史研究机构，这是非常具有启迪性的。这种描述缺乏全面的或者实质的理论支持。直到第二次世界大战，年鉴学派仍然因为其对盛行意识形态的抵制而著称。从那之后，年鉴学派凭借自身的力量成为一种思想派别，它以艾默尔·杜尔凯姆、斐迪南德·布罗代尔（Ferdinand Braudel）和罗兰·巴特为主要代表人物。自 1968 年的巴黎学生起义之后，年鉴学派再一次转移了它的研究核心。学派当时主要撰写整体历史，其中以布罗代尔的结构主义和他的长期观点为特色。学派当时还排斥量化方法，反而使用了更为定性的研究方法，如研究人类的主观性、心理学、意识和文化以及马克思主义意识形态学的方法［乔瓦尼·阿里基（Giovanni Arrighi）发表于 1994 年的《漫长的 20 世纪》（The Long Twentieth Century）中采纳了布罗代尔的研究方法］。然而，由于年鉴学派逐渐败落，历史编纂学使用的

方法 / 概念成了到目前为止仍然被我们使用的编撰历史的主要方法。

作为一门学科，历史编纂学将其研究核心从记录或口述的材料转移到完成编撰的方法上。更准确地说，历史编纂学认为，历史学家引入历史编写过程中的内容必须被当成描述历史的一个组成部分。乔丹诺娃（Jordanova）把历史编纂学定义为“对历史的撰写和对历史撰写的研究：更广泛的说，就是一种对编撰历史的不同方法的意识”（2000：213）。另一方面，米歇尔·德·塞杜认为，尽管论述涉及历史，但是论述本身也受历史约束。论述和历史二者之间的相互作用完成了对历史的编写。正如他所说的：

> 论述并不是飘浮于历史内部（或者语境）的成分。论述具有历史性，因为它们与由功能定义的运行密切相关。因此，如果把论述孤立起来，我们就不能理解其含义。

他还提到过“历史编纂学是通过死亡来明确地表述当前的法律”（de Certeau，1988：20，101）。

总而言之，历史通常对理论敬而远之。而且，与形成历史的许许多多学科相比，这世上相对而言更少有伟大的历史理论学家。“尽管（有些）历史学家从理论的角度深入地研究历史，然而，这并不能产生历史理论，至少到 20 世纪为止没有任何理论产生”（Jordanova，2000：55）。反之，我们也可以说，以麦克卢汉（Mcluhanesque）方式来看，信息就是方法，编撰历史的过程——历史编纂学，取代了理论介入的必要。所以，就原则而言，我们不可能将理论加入历史中。不仅如此，考虑到人类进化的 46 亿年悠久的历史，这样的做法还会阻碍人们对历史的有效理解。人类通常通过无数种方法，使用无数种材料诠释历史，因此，概括历史是不可能的。达尔文对历史作出了巨大的贡献，他为其他无数的学科创造了一个自由选择（free-for-all）的理论，让这些学科在其自身的历史中得以繁荣昌盛。尽管如此，达尔文的贡献也只是生物学方面的。现在人们已经充分意识到结构主义形式诠释历史的方法有很多不足和缺点。所以，为了容纳差异，这些方法已经被摒弃。

对结构主义的摒弃，对“长期”概念和寻找真实性及线性时间观念的抛弃打开了一扇通向一个无数组合的闸门，这一组合由学科基础、意识形态、技术和认识论构成并被广泛地应用于当代历史分析中。在这里，我也只能列举一二。与此同时，随着跨学科研究运动的开展，出现了更多对理论干预的依赖。比如，在 2001 年，一些发表于伦敦历史研究学院的文章被收入《现在什么是历史》（What is History

Now）一书中，它更新了英国历史学家卡尔（E. H. Carr）1961年在剑桥大学发表了一篇名为《什么是历史》（What is history）的著名论文。《现在什么是历史》这本书中的文章按照学科分类，包括诸如社会科学、政治科学、宗教科学、文化科学等；或者按照关注点分类，如性别历史、阶级历史、知识分子历史和帝国历史（Thompson，1963；Scott，1999）。这样避免了把历史本身作为一门学科。因为，除非把历史与其他的诠释形式，即衍生的方法联系起来，否则历史本身没有任何显著的意义。如果缺少有效的理论，历史将变成一种抽象概念。人们只能通过书写和论述之间的联系以及在书历史和完成书写目标这个过程中定义。历史和历史编纂学之间的关系是很难理解的一个问题。海默尔（Highmore）在解决这一问题时指出，“历史编纂学与历史没有直接的接触，只能与它的蛛丝马迹打交道……历史编纂学（历史－编纂）用‘历史’一词来指代过去那些无法抵达的领域”（Highmore，2006：23）。

为了能够简化相关的问题，产生了多种不同种类的历史，与此同时，多种标准应运而生。历史编纂学通过这些不同种类的历史和标准得以成型。这些形式已经被缩减成6大类别（Jordanova，2000）。“周期”针对的是因果关系和时间这两个概念。在“方法”类别下，乔丹诺娃用口述史学和人口统计学历史为例。“场所”从地理和规模的角度（如区域、国家）探讨城市历史。“理论”包括诸如历史唯物主义、达尔文主义和心理学等理念。“人类的类型”被划归为性别、种族和人口统计数据（儿童、老年人等）。“机构”包括国家政策和福利状况等。这样极端粗略和简单的归类可以更好地以矩阵的方式展开。通过矩阵能够建立重要的联系，比如能够建立理论和方法之间的联系（如果二者有关系的话）、科学和艺术等学科之间的联系，尽管她也单独列出如社会学、人类学、文化、哲学和文学等学科，并且认为它们是整个历史撰写项目的重要因素。米歇尔·德·塞杜在解决这一杂乱的现象时，并不是随意地生搬硬套某种结构。就现在的情况而言，生搬硬套这样的结构可能很难被人们接受。他始终相信这一观点，即必须有一个参照框架，这样的框架允许各个类别之间矛盾的存在，而没有必要去解决这些矛盾。他指出，“我们可以通过一系列的特征来详细说明历史编纂学的复合功能。这些特征首先是关于历史编纂学在论述类型学中的地位。其次是历史编纂学的内容如何组织”（de Certeau，1988：92）。他继续讨论了被他称为“概念”或者历史类别的内容，类似于自然科学中的研究方法：

> 诸如“周期”、“世纪”，还有“心态”、“社会阶级”、“金融危机”或“家庭”、“城市”、“区域”、“人民”、“国家”、“文明”，甚至“战争”、“异端邪说”、“节日”、“瘟

> 疫”、“书籍”等等，更不必说诸如“古代社会制度”和“启蒙运动”等概念，这些分类通常是老套的组合。一部可预测的蒙太奇提供了相似的模式：生活—工作—信条；或者它们共同的等价物：经济生活—社会生活—智力生活。“标准”被积累，概念被打包。每一个代码都有其自身的逻辑。
>
> （de Certeau，1988：97）

似乎这种复杂程度还不够，我们还必须应付时间的流逝。其中，最基本的是，我们要在某一时间点内做共时性研究，在某一时间段内做历时性研究。共时性研究要经历多长时间才能变成历时性研究，历时性研究又要经历多久才能成为历史分期（即当某事件开始并结束时），这有待商榷。例如，乔丹诺娃（2000）在她的书中用了 25 页的篇幅，仅仅讨论时间，讨论是依据历史分期进行的，很可能是最基本和最有效的处理方法，如分类法、历法、机构形式和文化风格等。为了能够有效地探讨时间，她甚至削弱了隐喻概念中潜在的力量。

> 通过主题来描述周期，这一方法也需要谨慎思考，比如“焦虑时代”、“平衡时代”、“黄金时代”或者“贵族世纪”。到目前为止，这种方法的根本原则已经为我们所熟知，即：是人们主观的意愿，想把周期划分成一个一个整体，在这种情况下，就是指同时使用描述和隐喻。
>
> （Jordanova，2000：134）

相反，德·塞杜不把历史看成是一系列离散的、不连续的组合（无论人们如何形容它）。他的全部作品展现了多维时间框架在当前共存的方法，这种多维时间框架现在被称为多元时间（Serres and Latour，1995）。历史分期学派的学者们认为，时间只有一个维度。因此，与之相比，多维时间框架是一种较高级的研究时间的方法。海默尔用现代主义和后殖民主义为例解释了德·塞杜研究时间的方法。他指出，现代性并不是“过时的”或者“不完整的”，而是“缝合过去和现在的动力”。因此，现代性就是有着老式生活痕迹的现代生活，人们在为未来奋斗的同时又回顾着过去(Highmore，2006：82)。通过其他的媒介，如电影或者文学作品，可以更好地解释德·塞杜研究时间的方法，比如阿伦·雷奈（Alain Resnais）的电影《去年在马伦巴》（Last Year at Marienbad）（1961）和赛巴尔德（W.G. Sebald）的《土星之环》（The Ring of Saturn）（1995）都是很好的例子。但是为了能够看清楚这些理念为城市形态的历史提供基础到什么程度，我们必须借助一些具有代表性的论述。

历史与主流城市设计

为了能使上述的讨论产生联系，我会以几个例子为重点，讨论在《城市形态》一书中首次提到的关于 30 篇历史文章（表 2.1）中的分类法。从这 30 篇文章中，我们可以明显地看出，大多数文章都使用了历史分期法，即同样线性的、按时期划分的分析方法（古埃及、古希腊、古罗马和中世纪等）。然而，就算在同一方法内，也存在大量不同的诠释历史的方法。比如，有的采用了唯物主义或者自由主义观点，选择将重点放在国内或者制度安排上，或者调查所研究文明的经济或社会基础。但是，本书的主旨不是讨论历史学家在研究什么，而是讨论历史学家如何展开研究，即潜藏在历史学家思想基础之下的异源。

因此，作为一个指导原则，在本章节中不会问出诸如下面的问题，如“在《城市发展史》（The City in History）中，刘易斯·芒福德（Lewis Mumford）在谈论什么？”或者“他的研究涉及哪些时期？”，或者“他研究历史的方法对我们的理解有何帮助？”；我们想要揭露的是如下这些问题的答案，比如“他如何看待历史，他用什么方法研究历史”；“他的生活阅历怎样构建他的研究方法？”；“他从谁那里得到灵感？”；“他在多大程度上认为年代学有用？为什么他使用这种方法？”；“他的方法论的基础是什么？”；或者与我们研究的主题相关的问题，如“当他在考虑希腊城市化这一具有代表性的问题时，他想到了什么？”；最后，“最初是什么指导了他的思想？”。通过回答这些问题，由芒福德和其他历史学家提出的历史进程才会被置于具体环境中得以研究。这种研究受很多因素的影响，而这些因素恰恰决定了过去近万年的城市发展是否得到了合理阐释。

我们以一个例子作为这一观点的依据。大多数城市设计专业的学生应该熟悉，在公元前 480 年的小亚细亚（土耳其），希波丹姆（Hippodamus）的米利都城（Miletus）规划被一致称赞为城市形态的杰作，被誉为世界上目前为止最为完美的城市设计之一。人们通常从形态学的角度对该规划进行分析。它之所以杰出是因为对城市空间和形态的良好掌握，完美的几何形式和正交，对基地条件的调整，作为组织框架的网格的运用，透视、序列视景和其他策略的使用。但是很少有人能够仔细研究这些技术，理解他在构思规划时的想法。也就是说，异源源自诸如数学（斐波纳契数列）、医学（光学）和哲学（协调，平衡等）的古希腊思想，这为他的创造奠定了基础。如果在其他地方有类似的项目，仅仅照搬米利都城的形态将是肤浅和不充足的，很可能是灾难性的。我们必须调整设计者所使用的原则，将其应用到不同的地理环境和类型中，或者应用到不同的社会和经济情形中。虽然我

经典城市设计历史文献　　表 2.1

格迪斯，P.	1915 年	《进化中的城市》
柴尔德，G.	1935 年	《自我创造的人类》
吉伯德，F.	1953 年	《市镇设计》
科恩，A.	1953 年	《历史建造的城镇》
特纳德，T. G.	1953 年	《人类的城市》
希尔伯塞默，L.	1955 年	《城市本质》
芒福德，L.	1961 年	《城市发展史》
葛金，E. A.	1964 年	《国际城市发展史》
斯普瑞根，P.	1965 年	《城市设计》
瑞普斯，J. W.	1965 年	《美国都市的形成》
培根，E.	1967 年	《城市设计》
贝内沃罗，L.	1967 年	《现代城市规划起源》
莫霍利－纳吉，S.	1968 年	《人的矩阵》
里克沃特，J.	1976 年	《城之理念》
罗，C. 和科特，F.	1978 年	《拼贴城市》
莫里斯，A. E. G.	1979 年	《城市形态史》
贝内沃罗，L.	1980 年	《城市史》
鲍尔，C.	1983 年	《梦想理性都市》
罗莎奴，H.	1983 年	《理想城市》
弗格森，R. E.	1986 年	《资本主义城市规划》
霍尔，P.	1988 年	《明日城市》
科斯托夫，S.	1991 年	《城市的形成》
科斯托夫，S.	1992 年	《城市的组合》
贝内沃罗，L.	1993 年	《欧洲城市》
鲍尔，M. C.	1994 年	《城市记忆》
朗，J.	1994 年	《城市设计：美国城市设计经验》
霍尔，P.	1998 年	《文明城市》
伊顿，R.	2001 年	《理想城市》
戈斯林，D.	2003 年	《美国城市设计》
罗宾斯，E. 和埃尔·库利，R.	2004 年	《塑造城市：理论·历史·城市设计》

资料来源：作者

们付出了更大的努力，但是，我们没有复制和再利用米利都城设计的形态，而是它的内容。因此，由此而得出的设计方案可能跟米利都城的设计完全不同。换句话说，作为城市设计者，我们倾向于判断和重新使用他人的成果，而不去关注原设计者在创作过程中的思维模式。除非我们至少能够处理一些与这些问题相联系的事情，否则我们将不会理解我们是如何知道的。我们不能把所学的知识应用于实践，因为我们只考虑和研究了形态和风格，而并没有理解思想的本质。

从古典城市设计历史开始，大多数人跟随时间顺序进行研究，如柴尔德（Childe）、葛金（Gutkind）、斯普瑞根（Sprieregen）、培根（Bacon）和莫里斯（Morris）。其中最具影响力的莫过于芒福德的《城市发展史》（1961）。少有的几个人并没有采取这种研究方法，包括莫霍利－纳吉（Moholy–Nagy）、罗和科特（Rowe and Koetter）、弗格森（Fogelson）、鲍尔和塔夫里（Boyer and Tafuri）。彼得·霍尔（Peter Hall）的著作《明日城市》（Cities of Tomorrow），以不同的角度描述了城市历史。尽管作者使用了如“幻想之城”和“暗夜之城”的章节标题，但这本书仍然是按时间顺序排列的。因此，为了寻找不同，我将简要地讨论一下芒福德、莫霍利－纳吉、罗和科特、塔夫里。此外，霍尔那些如百科辞典般的作品以及鲍尔聚焦记忆的著作都是不可缺少的阅读材料。柴尔德、弗格森和塔夫里尽管创作了非常不同的作品，但是他们都使用政治经济学作为研究方法，塔夫里是该方法的代表人物。这一分析过程的缺陷是显而易见的，即我不能向大家说明某一理论家（诸如塔夫里、芒福德）的思想是如何随着时间改变的。因此，我会把每一种论述作为某一种认识论而不是发展过程的代表。

原型

刘易斯·芒福德：城市发展史（1961）

对于城市设计师而言，刘易斯·芒福德很可能是所有历史学家中最受尊敬的一个。他的著作《城市发展史》也是最受欢迎的一部作品，尽管事实上贝内沃洛（Benevolo）的《现代城市规划起源》（Origins of Modern Town Planning）（1967）有 7 卷之多。因为芒福德在主流理论的首要地位，我将会更加详细地讨论他的认识论，原因很简单，因为它是至今为止最为复杂和有趣的。芒福德是私生子，他由母亲抚养长大并且他从未见过自己的父亲。这可能会解释他为什么钟情于社会公平和民主，并且成为他作品中永恒的主题。同样的，甚至在他最早期的作品中，他也表达了对妇女权利的支持和对女权主义的提倡。也许人们会发现，芒福德对社会科学、政治学、地理、地方主义、文化、生态学和建筑学的兴趣是因为他未获得过任何学位这一事实。学位既是制约知识生活的一个绊脚石，同时也提供了机会。因此，尽管他在建筑领域的重要性是不容忽视的，然而他的中心思想和所采用的研究方法没有任何与建筑学相关的学术背景。芒福德的方法论深受苏格兰哲学家帕特里克·格迪斯（Patrick Geddes）的影响并激发了他的灵感确立了自己的知识领域——芒福德称之为“社会记录”的区域社会科学。他因为参与创建了美国区域规划协会（RPAA），使得社会记录法披上了政治色彩。尽管芒福德是因城市历史学而出名，然而“城市”一词在他的五本著作中只是作为标题的一部分出现。所以显而易见的是，他的世界观一方面来自社会科学和文化的综合，另一方面来自技术。这在他的《艺术与科技》(Art and Technics)(1952)一书中有所体现。

卢卡雷利（Lucarelli）指出，尽管芒福德推崇技术，然而他的兴趣总是受人为因素的影响，也体现了芒福德的疑问，“如果工业社会像当今所见的人性本身一样盲目，那么就算工业社会能够得以更有效率地运行又能怎样呢，这一切又有何意义呢？”。他又指出，尽管芒福德致力于政治学，

> 芒福德的评论是美学和道德的，而非政治的。他的批判意义重大，因为他注重自身，注重自身和自然之间的联系。这有助于他重新将艺术和文学融入对生活的洞察。而这正是内心生命的复活所必须的。
>
> （Lucarelli，1995：39）

不管审美与否，芒福德的作品充满了政治评论。尽管他不是一个马克思主义者，但是绝对会采用自己的社会主义标签，同时对资本主义制度深恶痛绝。比如，他的有机道德规范就是通过彻底改变资本主义而实现的，国家通过垄断生产工具来行使权力。至于其他的原理，他相信：

1. 社区的地方分权和政治力量的地方分权；
2. 通过国家的垄断来阻止私人群体的贪婪；
3. 对劳动过程的再人性化防止与工人阶级的疏远；
4. 限制奢侈品的消耗（限制欲望）并且侧重满足基本的人性需求。

在研究某一历史时期的文明时，他认为应该以国家权力的制度框架、资本、意识形态和文化为基础，将考古学的各种因素融合到一起。同时，他详尽阐述了来自广大群众的人类状态，同时还加入了相关的道德评论，将所有内容结合在一起。他与左翼知识分子的友谊，如格迪斯、索尔斯坦·维布伦（Thorsten Veblen）、克拉伦斯·斯坦（Clarence Stein）、弗雷德里克·奥斯本（Frederic Osborne）等，毫无疑问地促成了他社会主义观念的形成。他也表达了对梭罗（Thoreau）（一个无政府主义者）和彼得·克鲁泡特金（Peter Kropotkin）的无比敬仰。彼得被芒福德称为“地理学家”（1961:514）。更为重要的是，克鲁泡特金是巴枯宁（Bakunin）

的继承人，他在俄国因为创造了无政府共产主义理论而闻名。芒福德的分析在很多方面都遵循了一种有些非正统的历史唯物主义形态。然而这种形态却又大量使用资本主义理念和城市发展理念。在《城市发展史》中，芒福德的研究方法在一定程度上是折中的，因为他并没有展开对资本主义的正面攻击。反之，他在整本书中，一刀一刀将资本主义一片一片地撕开，正如17世纪时的阿姆斯特丹：

> 此刻，商业的成就通过公民的贫困得以呈现，过去如此，现在依旧如此。从日益扩大的资本主义经济角度来看，资本主义的预期利润依赖于对建筑物不停的拆建。它试图不停地捣毁陈旧的城市结构，目的是为了以更高的租金获得利润。
>
> （芒福德，1961：444）

人们也许会将上述言论与25年后戴维·哈维在《资本城市化》（Urbanisation of Capital）中的言论进行对比：

> 因此，资本主义的发展必须游走在一条荆棘的道路上。这条道路的一边是保存城市环境中资本投资的交易价值；另一边是破坏这些投资，因为只有破坏后才能开拓新的资本积累空间。
>
> （Harvey，1985：25）

只从《城市发展史》这一部作品中归纳出某种研究方法是不可能的事儿，更不用说试图从芒福德毕生的作品中归纳出一种有影响力的研究方法，更是毫无意义。另一方面，我们可以将他的分析分成五个构成部分，以及三种用来表明观点的方法。他的认识论构建于某种考古学（但并非唯一的），这种考古学包括：首先，是对有机主义的信奉，这一点被卢卡雷利称为“自然对文化影响的复苏，通过建筑、文学和城市环境得以实现”（1995：22）；其次，一种整体的、生态的城市发展方法；第三，在他的分析中，政治无处不在，并且与元素四密切相关；元素四也就是作为社会关系构成要素的制度安排的重要性，以及在国家和资本内的控制地位；第五，尽管他在创作过程中遭到来自黑暗和绝望势力的抵抗，但还是克服种种困难，成功地用文化描述了人类的精神世界，并且贯穿他的整个作品。

这些主要的构成部分在三大原理的制约下相互影响，相互作用。芒福德对这些原理的应用就像艺术家运用颜色提升作品一样。首先，芒福德惯用隐喻。他经常将隐喻和之前被我称为“哥特式的散文”融合一体。他用“地下之城”（维多利亚时代）来代替“城堡”（古代）。下面的这段文字就是隐喻：

> 地下城堡的主人们被迫陷入战争中。他们无法结束这场战争，无法控制武器带来的最终后果。他们也不能达成目标。因此，地下之城最后可能会成为我们被焚烧的文明的葬身之地。
>
> （1961：481）

第二个原理是生物学进化论和拟人论的应用。比如，他把罗马说成是“寄生城市”，正忍受着“特大城市象皮病”（1961：237）。他还喜欢使用生物学词汇，比如，捕食、共生、胚胎、流产、原生动物等。这些词都被他用来描述城市现象或状态。同样的，从身体转移到思想，美索不达米亚被他称之为拥有“类似偏执的心理结构”（1961：39），而罗马则经历了灾难性的退化，从“病态城市”到“精神病城市”（1961：234）。诸如“升华”和“回归”等心理学词汇也经常被他用来描述事物。最后，而且更为重要的是，他把人类社会主义学的术语作为他重要的哲学和道德上的指南针。

西比尔·莫霍利－纳吉：人的矩阵（1968）

在《城市形态》（第 2 章，p.30）中，我简要概述了莫霍利－纳吉对主流理论的贡献。我说过“受那个年代的影响，她跟芒福德一样，对城市发展的想象也是有机的、拟人化的和走向死亡和解体的”。尽管芒福德的作品经常有一种可怕的恐惧氛围环绕其中，但是那只占他作品的一小部分。然而，莫霍利－纳吉的《人的矩阵》（The Matrix of Man）整本书中都贯穿了一种恐怖的氛围。

从一开始，莫霍利－纳吉的分析法就假定城市结构具有某种典型结构，这些结构基于矩阵和内容的不断重复（1968：18），她将这些描述为：

地貌的	马丘比丘（图 2.1）
同心型的	维也纳（图 2.2）
正交连接的	特奥蒂瓦坎城（图 2.3）
正交模块的	日本京都皇城（图 2.4）
簇群的	澳大利亚堪培拉（图 2.5）

因此，她从一开始就十分明确自己会采用何种研究方法：“她的方法以探究城市的起源为目的，即通过寻找实例来明确她的五个聚居结构，并使它们能够百

花齐放”（1968：18）。事实上这一目标已经实现，因为她的书中充满了有趣的图片和插图。然而，真正的问题在于，人们不知是否能从随后300多页中学到任何实质性的东西。莫霍利–纳吉运用她已选取的分析方法，在书中通过大量的图片图示解读了不同的建筑类型。尽管所选的例子都非常吸引人，所做的评论在很多情况下都很有启发性，然而，所选例子之间在时间、地点、气候、地形学等方面差异如此之大以至于根本就没有必要对所选的聚居地进行对比。读完每一章后，我们至多只能明白，比如，读完第一章，我们只能知道存在很多的聚居地，主要是古时候的，都能很好地适应自然环境，而且很多城市都是圆形的。

莫霍利–纳吉研究方法上的很多缺陷源于前言中提到的那些基本信念。并且上文提到的四个有严重缺陷但却具有支配性地位的观念也是她研究方法缺陷的主要来源。首先，上述引文甚至在研究还未开始之前就假定了研究结果。地形分类并不是长期研究的结果，也不是一个有待验证的假设。她是要我们相信，所选的分类代表了已被证实的事实，不允许我们对它的有效性提出任何质疑。其次，她指出，“不管正确与否，在社区建设中，就像人类任何其他的努力一样，最有力、最令人信服的解决方案往往是一开始就会取得”（1968：18）。这一观点反映出广泛流传于建筑

图2.1　地貌相关型聚居点案例：马丘比丘
资料来源：作者

城市主义中的一个缺陷，即城市自有解决方案。这种错误的观念反映出一种支配一切的物质决定论和设计中的错位理念。接受这一观念就等同于赞同这一观点，即罗马伦迪尼姆（Londinium）规划优于随后任何一次设计。我们又如何能做出这样的判断呢？认为这些解决方案是“在最开始”就产生了的想法是荒谬可笑的。就像认为任何“初步设想”都是最好的一样荒谬。大多数城市，正如一个人的余生一样，是在尝试和失误中逐渐演变的。我们现在所拥有的，不管在什么情况下，都是解决问题的“最好”方法。原因很简单，因为任何对其他解决方法的思索，尽管有趣，却构成了乌托邦主义 / 本质主义的误导，同时避开了城市发展的基本事实。

第三个例子指引了解决城市问题的类型学方法，这与信念有关，即当今的“城市危机”和由此而来的悲观的、自我诋毁的情绪与之前的环境改革不同。我们已经形成了一种惊人的能力，能够进行不协调的比较（1968：12）。暂且不说这一比较本身有点儿不协调，也不说所谓的“城市危机”是资本主义城市发展过程中永恒不变的特点，单就城市受环境引导这一点，就是无稽之谈。这种错误观念认为语境主义可能更加恰当。它既忽视了城市发展现实也否定了重新选择的可能性。第四，很可能是整本书里最具争议性的一句话，就是“城市起源史就是设计想象史”。“设计

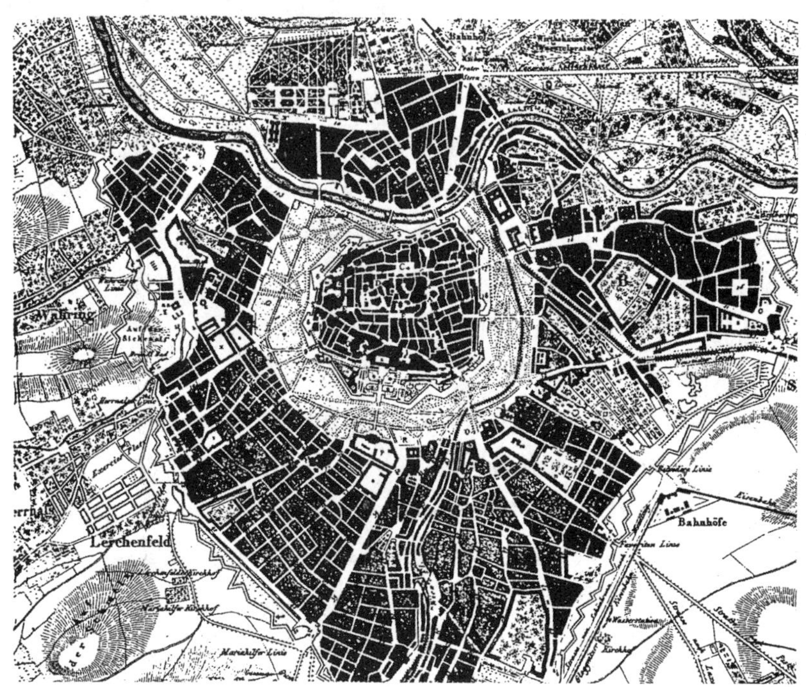

图 2.2　同心型规划案例：维也纳

资料来源：S.Moholy–Nagy, *The Matrix of Man*. London: Pall Mall, 1968, p.79, Fig. 79

图 2.3 正交连接型聚居点案例：特奥蒂瓦坎城
资料来源：© Markussevcik/Dreamstime.com

想象”是一个具有争议性的概念，可能我对这句话理解有偏差。尽管如此，莫霍利·纳吉在引用马克思关于蜜蜂、蜂房、想象力和建筑师的语句时，毫无疑问她指的是建筑师。不考虑之前提出的诸如什么构成了城市、设计、历史等问题，肯定没有人能够相信，我们拥有建筑学职业素养，所以我们能够感谢（甚至诅咒）城市的起源？

总而言之，莫霍利－纳吉在每一个标题下都提出了一系列选择而没有评论它们为何如此。这些案例包括阿方索·雷迪（Alfonso Reidy）位于里约郊区的佩德雷古柳线性住宅，“这些房屋没住之前就被遗弃了”。还有西伯利亚的金字塔住宅（未建成）、路易斯·巴拉甘（Luis Baragan）墨西哥城城外的雕塑以及蒙特利尔地下购物中心的地下空间利用总体规划。我们只能自己去体会这些案例的含义了。

罗和科特：拼贴城市（1978）

> 对于任何先锋派运动而言（不仅仅局限于绘画领域），组装法则是一个基本法则。既然组装物体来自真实世界，那么由此而形成的图片就成了一种中立的领域，人们在城市“震惊体验”计划中的经历可以在这些图片中有所体现。现在的问题是，人们被引导不是去承受这种震惊，而是接受它作为不可缺少的存在条件。
>
> （Manfredo Tafuri，1980：179）

荒谬的是，上面的一小段来自曼弗雷多·塔夫里的话，完美地总结了罗和科特在《拼贴城市》（Collage City）一书中采用的研究方法。这部作品自 1978 年首

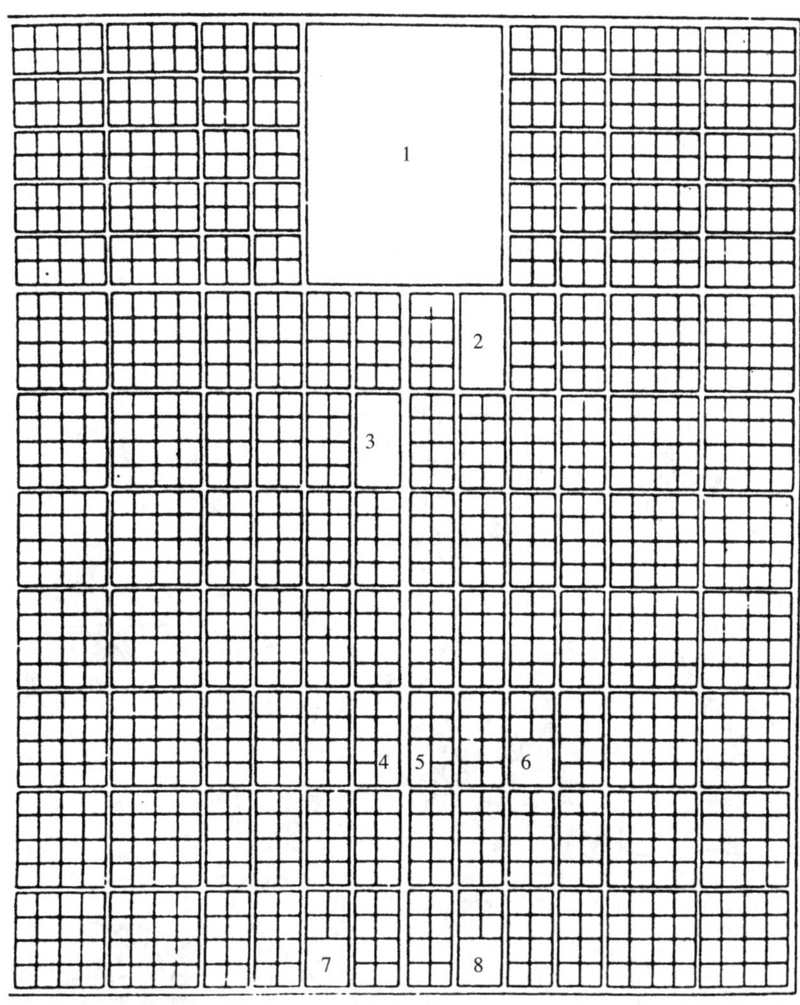

图 2.4　正交模块型规划案例：日本京都皇城，792 年

资料来源：S.Moholy–Nagy, *The Matrix of Man*. London: Pall Mall, 1968, p.162

次发表，就在建筑领域受到了顶礼膜拜。尽管作者曾宣称这部著作实际上完成于1973 年，为什么过了五年还没有发表，这一问题让人匪夷所思。《拼贴城市》引人注意是因为它与大多数其他建筑学历史著作迥然不同，它以研究城市历史为核心，我在本书中只把它作为一篇文章来讨论，似乎是有损它的盛名。另一方面，我感兴趣的是它的研究方法。并且，这本书对其他的话题只字未提。这本书还批判了 20 世纪现代建筑运动，以及其他意义重大的历史事件。《拼贴城市》把乌托邦理念作为指导思想。我在上文引用了塔夫里的话是因为与罗和科特相比，它能更好地概括了原作者的思想。至于研究方法，罗和科特指出它们的意图是为了：

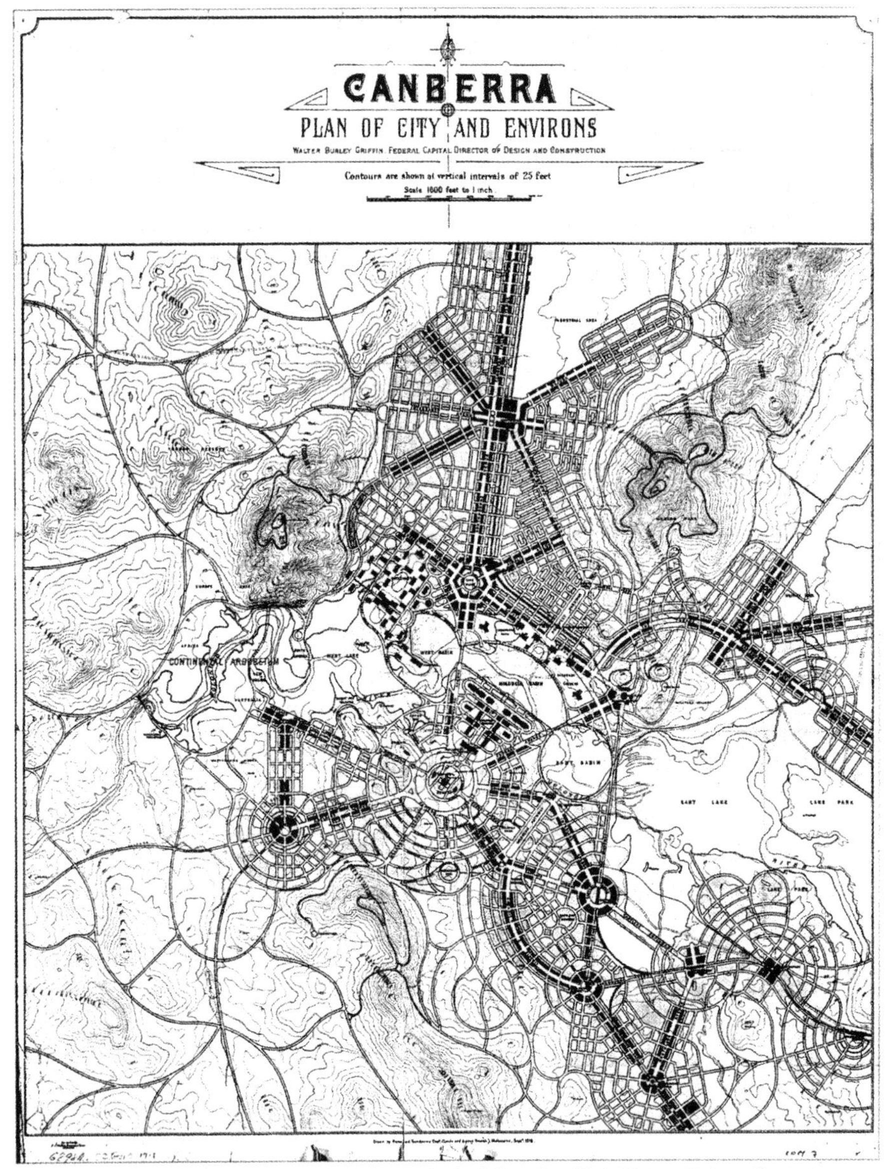

图 2.5　簇群规划型案例：堪培拉规划 1918 年原稿，澳大利亚

资料来源：National Library of Australia

提出积极醒悟这一概念，它同时追求秩序与无序、简单与复杂、永久存在与随机发生的共存，既是个人的又是公共的，既是创新又是传统，既是可追溯的又是可预见的。

（Rowe and Koetter，1978：8）

《拼贴城市》是一部深奥难懂的文献。作者对“拼贴方法”的运用使得它更是难上加难。拼贴是一个法语词，它有两层意思。首先，它最基本的含义是“聚集”，但通常指的是人为地收集一些不相关的东西。其次，这个词代表了现代画派使用的一种绘画技巧，比如，达达主义、超现实主义、立体主义。这些画派将不同的素材画到画板上，然后拼接成一个艺术作品。与此类似的是“拼凑”一词，它来源于法语里的动词，即自己做的意思。人们通常用这个词来形容一种通过尝试和失误来展开研究的设计方法，而不是以科学为依据的方法。因此，罗和科特采用的方法是通过图片的多样性传达含义的复杂和差异。这样的做法可能符合乌托邦的理念，更确切地说，符合现代建筑和城市化的乌托邦。再次阅读此书时，我发觉拼贴这一概念毫无理由地处于主导地位。历史不仅能够混合于图像里，也同样混合在文献当中。就拼贴法而言，读者通过自己的联想得出的含义与阅读文献得出的含义相同。我们在阅读该作品时，经常只能从语言中的语义和句法结构当中得到一些提示。理念充斥每一页纸上，尽管很多具有挑战性和给人灵感。但是，却缺少可供读者掌握的结构。诚然，像德波（Debord）在《奇观社会》（The Society of the Spectacle）（1983）里所做的那样，将每个段落编号也许才是更好的方法。再或者，采用鲍德里亚德在《冷记忆》（Cool Memories）系列里的方法也许更好。鲍德里亚德把书里的第三卷命名为“碎片”（Baudrillard，1990，1996，1997），他的观点被毫无头绪地穿插于整个三卷的段落中，有待读者去自由理解。罗和科特也采用了这一方法，就这一点而言，他们保留了原观点的真实。

因此，方法是拼贴法，研究对象是历史，内容是现代运动。罗和科特对塔夫里的观点并不十分感兴趣。塔夫里认为人们应该吸收城市带来的打击而不是去忍受它们。在罗和科特的文章中有很多关于这一论述的担心：

> 都市现代建筑……要么实施要么被弃：人们越来越没有理由相信情况会有所不同……同时……因为心理模型和物理模型都被不幸地渲染成了无稽之谈。
>
> （Rowe and Koetter，1978：3，4）

整体而言，文章采取什么样的研究方法在某种程度上就像设计过程的随机性一样。而这种随机性被所有的建筑师当成是他们创作灵感的根本。正是这种随机性刻画了建筑学和工程学之间的差异。然而，如果人们将同一种研究方法生搬硬套地用到写作当中而不做任何修改的话，问题就发生了。拼贴法在单句上甚至都采用了拼贴，这使得读者很难理解其意，比如，现代建筑的重生。一些末世论的假说认为，启示录中的大灾难即将来临，紧随其后的就是太平盛世。危机：面临被罚下地狱的威胁却又有被拯救的希望。无可挽回的改变仍需人类的配合。新建筑和城市化是新耶路撒冷的象征，是高级文化的腐化，是浮华的篝火。

（Rowe and Koetter，1978：32）

正如任何创作一样，罗和科特将一个可行的方法应用到所有的规则当中。而且，除了拼贴过程的随机性或者其他作者更具有逻辑性的历史记录以外，是否还有内容需要进一步沟通，这完全取决于读者自己。在最后一部分“附注”里，此处正常情况下应该被称为“结论”，作者指出，“我们附上了一个删减版的列表，这个列表是暂时的，也可能是跨文化的。但是我们把它当成是城市拼贴法的丢失之物”（1978:151）。这种说法与之前“人的矩阵”的结论一样，不完整，令人疑惑。接下来，作者随机选取了一些图片，这些图片比文献的拼贴更无联系。图片被分类为纪念性街道、稳定器、冗长的固定形式、壮观的公共露台、模糊的复合建筑物、让人产生怀旧情感的设施，还有园林。虽然图片都很吸引人，但是它们却不一致，并且不能让我们了解任何与城市设计相关的知识。显然，主流历史学至少需要阐明它们的章程。曼弗雷多·塔夫里在几年后，通过他的政治经济学实现了这一点。

曼弗雷多·塔夫里：建筑与乌托邦（1976）

资本主义社会的命运与建筑设计并非毫无关系。设计的意识形态对于现代资本融入人类活动的所有结构和浅层构造而言是极其重要的。如同存在一种错误观念，它认为能够通过不同类型的设计来对抗建筑设计，即一种激进的“反设计论”。

（Tafuri，1976：179）

首先，第一个需要被废除的错误观念就是认为，仅仅通过图片，就能够预测“自由社会”的建筑状况。没有建筑语言、方法和结构的变革，如果目标是可以阅读的，提出这一宣言的人试图避免自问这样一个极具乌托邦思想色彩的问题。

（Tafuri，1976：179—180）

曼弗雷多·塔夫里的《建筑与乌托邦》（Architecture and Utopia）（1976）是

20 世纪建筑和城市设计领域最具洞察力的作品之一，它是《走向建筑的意识形态批判》（Per una critica dell' ideologia architettonica）的扩展版。这部作品既具争议性又在某种程度上以救世主的语气指出了建筑的末日，这也使得这本书在发表之初就遭到了强烈的反抗和抵制。它还是史上最难理解的作品之一，尽管事实上从某种程度来看，书中传达的信息相当简单，即：作为城市设计师的建筑师们试图改变经济体制的成果，而且他们已经与资本主义经济体制的意识形态融为一体。因此，书里所有乌托邦式的主张基本上都被抛弃或改为它用了。

塔夫里追求的理念源于洛吉耶（Laugier）和贯穿 19 世纪乌托邦社会主义的启蒙运动、勒·柯布西耶（Le Corbusier）富有远见的规划以及 20 世纪后期的城市集聚问题。尽管塔夫里是按时间顺序展开的研究，但他并没有聚焦于城市形态的发展，而是尝试修改和改变它们。他的方法将城市形态的变化和整个资本主义制度意识形态的发展融为一体。他一开始就指出：

> 然而，为了深入讨论这些原理，我们必须涉足于政治理论领域，因为这一思想深深地根源于从 1960 年至今的马克思主义最先进的研究当中。意识形态批评主义是这一背景的组成部分，与此密不可分。尤其是当意识形态批评主义意识到自身的不足和作用范围时，更不能脱离这一背景。
>
> （Tafuri，1976：xi）

塔夫里采用了几个主要的研究轨迹。如果我们将这些轨迹编织到一起，就形成了极具特征的研究方法。首先，他的主要思想基于渐进的马克思主义分析法，是以政治经济学、乌托邦主义和意识形态为基础。他开始于启蒙运动和洛吉耶在《建筑评论》（Observation sur L' Architecture）（1985 年，始创于 1763 年）中关于城市设计的思想，并以此为出发点。对于塔夫里来说，乌托邦主义是他的主题，不仅是霍华德、欧文、斯坦因等人认为的生产实践目标，还是资本主义发展和人性之间充满挑战的哲学思想。他深信，由于建筑师意识形态的作用，建筑从根本而言并非局限于形态而应该是一种政治过程："我所感兴趣的是准确地找出那些本应该属于建筑却被资本主义发展窃取的任务"（值得一提的是，与此同时，曼纽尔·卡斯特利斯在《城市和草根》一书中，谈论城市规划时提到了类似的过程）。因此，塔夫里把这些建筑任务看成是超出结构的，而不是超结构的。事实上，这两种说法看起来都是对的。因此，塔夫里在分析这些建筑师们时，把他们当成了思想家。他们忙于形成某些结构并从中寻求自由。

除了马克思主义和乌托邦主义以外，第二个影响塔夫里方法的思想来自社会科学的观念。这些观念的代表人物包括（但并不局限于）：马克斯·韦伯、乔治·齐美尔、彼得·马库塞（Peter Marcuse）、卡尔·曼海姆（Karl Mannheim）、瓦尔特·本杰明等，还有经济学理论家——马克思、凯恩斯（Keynes）、帕累托（Pareto）和熊彼得（Schumpter），以及随处可见的诸如“建筑被直接关联于现实的生产”（p.48）这样的句子。他在全书中使用了基本政治经济学的基础术语，把这些术语作为基础分析词汇，如生产、消费、交易、意识形态、异化、工人阶级、资产阶级思想等。第三，他依赖艺术理解建筑学。这种用于理解资本主义内在矛盾的方法非常普遍。多数现代艺术运动的发起是为了促进当时的批判性思维——价值的产生和毁灭、新形式的抵抗或镇压的开始、政治宣言的产生或者通过剥削劳动力和异化而带来自由的可能性等。比如，他把未来主义和达达主义的特定目标描述成“一种价值的非神圣化”，以既精彩又令人震惊的双关语“一个光环的消失”（p.56），巧妙利用了瓦尔特·本杰明对艺术运动的描述。尽管他用艺术来启迪人们，但是他也明白艺术是工业生产不可避免的产物。

未来的历史

未来的历史一直是城市规划专家们最痴迷的对象。在《城市形态》（FOC2：32–37）中有关于乌托邦的大幅描述。总而言之，乌托邦思想家们应该留意这句话，即“你永远都不应该选择完美的城市，或者完美的环境，或者完美的女人，因为如果失败的话，后果将不堪设想”（Baudrillard，1997：32）。但是人们对于一个现实的未来历史（而不是一个想象的历史）的关注很可能始于刘易斯·芒福德的两本书：《乌托邦的故事》（The Story of Utopias）（1962 年，始创于 1922 年）和《乌托邦，城市和机器》（Utopia，the City and the Machine）（1965），到现在如唐尼和麦克奎根（Downey and McGuigan）的《技术城市》（Technocities）（1999）、鲁切尔曼（Ruchelman）的《第三次浪潮中的城市》（Cities in the Third Wave）（2000）。后两本书主要描述现代技术的影响，影响对象包括新兴于美国城市的无地方性、认同缺失和建筑师在塑造文化景观的角色。未来学的一个主要议题就是远程通信对城市重构的影响。由于电子和光导纤维技术的作用下一种新的地理学的出现，核心城市可能会面临消失的危险。然而，技术城市主义是一种保守的增长策略，它倾向于回归科学理性主义而不是做出更加人道和冒险的决定。凯文·罗宾（Kevin Robbin）赞同这一感受，他提出：“虚拟社区这一概念……是指逃避充满分歧和无序的现实社会，进入一个稳定和有序的神话王国”（Downey and McGuigan，2000：47）。

坚定地信奉技术，缺乏社会内涵，对源于发展的“进步”的盲目接受，很可能将我们带入一个充满挥霍又充满绝望的两个建筑世界。在这样一个竞争和不平等越来越多的全球化社会，“奇观（spectacle）社会”的经济差异会被放大。关于奇观，我们可以推测，它的感受将与安伯托·艾可（Umberto Eco）所说的“新中世纪”相似（Eco，1986）。随着流动空间占据主导地位，历史性的标记物被破坏，建筑密度越来越小，中心商务区被清除，中世纪和现代关于城市的概念被毁坏。新全球化的权力结构将是多元和具有隐蔽性的。国家或者企业不会通过粗糙的建筑表现方式而是通过商品本身的属性行使权力，商品是特定社会关系的物质符号。君权不会对新的政治秩序进行明显的干预，而很可能会通过新功利主义的监督和控制结构感受到它的存在（Hardt and Negri，2000，2005）。

在一个商品崇拜的世界，随着城市设计成为环境主题的载体，拥有这一形象就可能会支配消费过程。那些试图设计独特形象、创造机遇的城市，无论是真实的还是象征性的，很可能会依据它们自身的能力，包括将历史商品化、模拟真实性、为奇观提供场所、保护异国情调的自然环境。为奇观和商品崇拜而重新构建的中心是城市发展策略的核心目标，而这导致了多数大都市中心的（城市）地位焦虑的一部分（De Botton，2004）。比如，悉尼的奥运会场址现在被改变用于举行一级方程式赛车。机场也被改成了“主题港口”——是目的地而非换乘点。在这里，所有本地文化的利益能被人为地复制而不需要外来移入。对于那些不想以传统方式旅游的人们来说，后旅游主义虚拟化将会取消旅游出行，取而代之提供一种令人满意的、模拟超越现实的替代品。人们有什么理由还要去任何其他地方呢？阿兰·德·巴顿（Alain de Botton）引用海斯曼（Huysman）的小说《逆天》（Rebours）（1833）中的人物埃桑迪斯公爵的一句话，“想象可以充分替代现实中粗俗的真实经历”（De Botton，2002：27）。非常现实地说，我们根本不需要展望未来，它已经在这里。

结论

对于当代历史分析法来说，理论带来了更多的障碍而不是帮助。我们可以从上面的例子中看出，人们没有采用什么标准方法来记录城市历史。尽管没有非常重要的理论，但是人们通常忽视了，历史分析的目标（科学、经济、文化等）本身都有它们自己的重要理论。因此，缺乏理论并不代表可以忘记理论。相反，它更强化了这一观点，即历史分析法和环境原则采用的理论框架之间的联系变得非常重要。总而言之，城市设计历史反映出对任何有意义理论的否定，只有如塔夫里等少数人，仍然保留着对历史和理论之间相互关系的痴迷。然而，对设计师和理论家而言，这并不意味着他们可以忘记挑战现状、以新方式推动知识前行的责任。被罗和科特、塔夫里例证的中心主题正是自现代主义出现以来，建筑师 / 城市设计者的思想立场。我们都卷入了我们试图改变的思想体系中。寻找出路就好像追寻“莫比乌斯之环”（Möbius strip）的轮廓一样，永远也找不到终点。塔夫里的回答想通过灌输一种精确、深刻的方法“观察”莫比乌斯之环是什么，资本主义发展的整个轨迹，以及在整个过程中设计师所处的位置。在 20 世纪，他为我们提供了意义重大的用于研究城市设计的逆逻辑的方法，一个可以被重新应用在其他情形的元方法（meta–method）。然而不幸的是，他的作品《球与迷宫》（The Sphere and the Labyrinth）的英文译本几乎无法让人读懂。与此相反，更为主流的城市设计方法，尽管有趣，却没能提供任何见解和方法。有的只是一些肤浅的言论，重申了塔夫里已经明确说明的东西，即我们需要将重点从城市设计中的历史性方法转向城市设计的异源性。

第三章
哲学

> 当所有的科学问题都得到了解答时，我们还是觉得有关生命的问题仍然没有被触及。当然没有剩下什么问题，而这本身就是答案。
>
> ——维特根斯坦（Wittgenstein，Fann 引用，1969）

引言：起源

“哲学”（philosophy）一词源于两个希腊词：philos 意为对某物的热爱，sophia 意为智慧。从这两个希腊词的意思中我们可以看出哲学是对智慧（与知识完全不同）的热爱。由此我们可以大概理解哲学是关于什么的。然而，这种确定性虽然令人愉快，但在哲学领域，这些确定性只能到此为止了，随之而来的是一个充满推测的世界。哲学里有一个基本的悖论，就像上文维特根斯坦所说的那样，它允许我们问一些没有答案的问题（Wittgenstein，1967，1974）。辩论思想和澄清命题的过程中所揭露的内容决定了观念是否清晰。对于那些认为哲学无用的人，维特根斯坦是这样回应他们的：虽然思想不能被说、被讲，但是却可以被展示。这一思想对于理解本章的主题起到了至关重要的作用。尽管我可能不会阐明某个人的哲学思想“是什么”,但是他们的哲学思想有可能会在其作品中得以显现，也会通过他们的行为得以揭示——这正是在他们的方法中所固有的。

从古希腊至今，哲学家不停地改变哲学的定义，哲学到底是由什么构成的，答案不一。古希腊数学家毕达哥拉斯（Pythagoras）命名了哲学，同时，亚里士多德（Aristotle）把哲学定义为“对认知的认知”（thinking about thinking）。但是，从古希腊人开始，笛卡儿（Descartes）、洛克（Locke）、黑格尔、马克思、海德格尔、罗素（Russell）、斯宾塞（Spencer）、奎因（Quine）和其他无数的哲学家们，循序渐进地探索了哲学的各个领域,探究了我们存在的意义（Leche,1994）。因此，哲学涵盖了人类思想的任一层面，包括科学、宗教、艺术、语言、道德、神秘主义等。当然，哲学并不只局限于西方世界，比如，中国很早就出现了自己的哲学家，像孔子、老子和孟子。他们都对中国文化有着深远的影响。印度也是如此，他们有古印度六派哲学、加尔瓦卡哲学、耆那教哲学和佛教宗派哲学。

哲学始于好奇心和想象力。生命的意义何在？什么是美？死后会是怎样？时间是什么？如果我任思想自由驰骋，那么我到底在驰骋什么？对神的否定等同于不相信神吗？哲学是回应这些问题的仲裁者，也是一个推断行为——如果答案已经了然于心，那么就没有必要沉湎于哲学了。从某种程度上讲，哲学与科学相同，同样构想问题、提出假设、阐明解决方法，最终得出一个肯定的答案。如果我们接受维特根斯坦的说法，哲学与科学二者之间的本质区别就在于哲学不能被验证。科学以反驳假设为基础得以发展，虽然如此它仍然依赖验证来促进发展。而哲学依赖于不同立场或观点之间的比较。孔特·斯蓬维尔（Comte-Sponville）说过，“哲学不是科学，也不是智慧，更不是知识：它是一种基于知识的思考”（2005：xii）。我们也可以说在这种意义上讲，所有的哲学都是对语言的批判，因为不管我们关注的目标是什么，都必须依靠语言来表达。因此，维特根斯坦以被他称为语言游戏的方法表述了很多观点，为了能够表述无法用语言表述的内容，发展了被他称为的“图像理论”。也就是说，

> 人们为什么不是从一开始就教给孩子“在我看来那是红色的”这一语言游戏呢？因为孩子还不能理解“看上去是”和“是”之间的细微差别？……红色的视觉印象是一个新的感念。
>
> （Wittgenstein，1970：422—423）

哲学的异源来自任何其他的学科都源自哲学。因为没有哲学，人们就不能将意义与本质联系，就不能在具体环境中探索意义。在第一章中，我说明了逻辑经验主义对于当代科学哲学发展和整体社会理论的重要性（FOC3：53），还提到了哲学对于六大有影响力的城市学派的重要性。人们越深入研究就越会发现，我们越想找寻一个被普遍接受的哲学思想，哲学越会被分解成个人方法或者各种即将研究的论题。

影响

在《城市形态》（FOC3：55—65）一书中已经提到影响城市形态和内容的主

要思想学派。这些思想派系主要集中在特定地方。然而，在一些实例中，这些学派的代表人物并不曾在这些地方居住过（现今的洛杉矶学派就是最好的例子）。我以六个城市象征这六大学派，它们是维也纳、法兰克福、芝加哥、魏玛和德绍、巴黎、洛杉矶。

维也纳

19 与 20 世纪之交，维也纳爆发了大规模的创造性活动并且诞生了两大城市设计异源，即功能主义和语境主义，迄今为止仍为人们所用。前者的主要支持者是维也纳工程师奥托 · 瓦格纳（Otto Wagner），后者的代表人物是维也纳建筑师卡米尔·西特（1945 年，始创于 1889 年）。尽管这两个范式至今仍然被广泛使用，但是已经失去了最初的重要性。这是因为，城市形态的物质形式源于当时的政治经济，而使它们合法化的原有的经济、政治和文化的源泉不再运转。并且自 1900 年以来，围绕两个范式的基本原理也已经不复存在，能够幸存至今，只是因为建筑师和城市设计师们把它们当成了一种脱离实际的审美方法。所以，在后现代主义和新全球经济背景下，争论语境主义和现代功能主义过时的程度仍然是未能解决的问题。如今的新社团政府和企业机构在城市的形式化结构性方面形成了新的关系。因此，用功能主义或者语境主义解决空间问题，毫无疑问是企图将旧的历史模式嫁接于可能需要自我空间和建筑逻辑的经济模式。所以，重要的异源性指的是全球化生产和这种生产对过时的功能主义 / 现代主义的影响。设计过去总是易于设计现在。然而，传统很难改变，现代主义仍然对建筑作品产生影响。

尽管功能主义和语境主义可能被当作是超结构的审美形式，是过时的历史主义产物。然而，在 19 世纪末期，它们正代表了不同社会形态的重要的选择。发生在维也纳的智力活动数量的猛增带领整个欧洲进入一个未知的领域。新时代的城市形态不仅仅是美学选择的问题，还是一个新时代的象征。从更深的层面看，重建维也纳所使用的方法代表了一种新的意识形态。人类思维与经济一起被重组——弗洛伊德揭露了人类潜在的心理结构，古斯塔夫 · 克里姆特（Gustave Klimt）和埃贡 · 席勒（Egon Schiele）描绘了哈布斯堡帝国的解体，阿诺尔德 · 勋伯格（Arnold Schoenberg）甚至彻底地改造我们创造音乐的方式，他用十二音调的音阶带来了全新的创作。用密斯 · 凡 · 德 · 罗（Mies van der Rohe）的话来说，如果建筑真的是“凝固的音乐”，那么它也被完全地重新定义了。

对西特而言，他的语境主义来自他对考古学、视觉生理学、空间感知、达尔文主义的热爱，最重要的是对民族主义的密切关注：

> 他的观点极其具有日耳曼或者条顿语特色，同时认为任何真正的艺术必须以民族的推动为基础……每个严肃的主观情感，任何一种较高的精神灵感都必须是并且只能是民族的……西特把自己当成了瓦格纳笔下的日耳曼英雄，勇于战斗，他甚至用齐格弗里德（Siegfried）来命名自己的大儿子。
>
> （Collins and Collins，1986：32）

这种信奉，加上大量接触民族主义和浪漫主义，显然导致了崇拜历史形态的哲学学派的产生。这正反映了他对中世纪城市、德国城市主义传统和公共场所的热爱，也反映了西特对历史形式的崇拜。作为他的代表作品，《依据艺术原则建设城市》涵盖了大量关于德国街道、广场和其他城市空间的例子，如弗赖堡、慕尼黑、乌尔姆、什切青、法兰克福、维尔茨堡、雷根斯堡、科隆、吕贝克以及许多其他城市。西特的方法受到了这些城市的影响，是语境主义对城市形态史思考的最具说服力的例子，对于西特而言，通过文化的再生和城市设计，语境主义不仅仅是一种审美选择，更表达了他对民族理念救赎深深的信念。

在 1983 年，建筑师 / 工程师奥托·瓦格纳成功赢得了维也纳环城大道的设计竞赛。这为西特的民族主义抱负画上了句号，至少在他所设想的语境主义形态方面，针对中心城市再发展所采用的方法之间的差异性很少在任何建筑竞赛中被提及。仿佛往伤口上撒盐一样，瓦格纳神圣化了他对拉丁语"需求是艺术的唯一情妇"(Schorske，1981：73）这句话的信奉。瓦格纳的方法完全是工程师和计算尺般的功能途径。诚然，西特对于艺术原则和美化的刻意关注在竞争中并没有起到任何作用。

> 西特试图扩张历史主义，拯救人类脱离现代技术和效用，而瓦格纳却反其道而行。他希望削弱历史主义，追求一种持续理性的城市文明价值。
>
> （Schorske，1981：74）

瓦格纳的观念是欣然接受功能主义，把功能当成是艺术和建筑的唯一可能的基石。他旨在实施环城大道规划并且以此为基础建设更大的维也纳。瓦格纳的方法反映了这一思想：艺术，如果真的会产生艺术的话，是其他更基本需求的副产品。资本主义经济学同样指出，城市应当作为生产企业般管理，城市的功能是纯粹功利主义的。产品的有效运输和商品的良好流通突出了街道设计的纪念性需求，而市民被置于次要地位。巴洛克艺术对于方形和圆形的广场形状的影响解答了社会的反常状态，这种反常状态是由沿主要道路线性界面所导致的。历史是有待于被设计，而不是被唤醒的；城市规划应该基于模块化的空间形态；城市空间的设计应该以扩大国家及其机构的力量为目的；街道两侧树木和植物的种植都是纯粹装饰性的，就像蛋糕上的糖衣一样。因此，维也纳为20世纪的城市设计做好了准备。

法兰克福

尽管法兰克福学派只有五位代表人物，但是法兰克福的社会研究所（1923—1944年）很可能是上个世纪（20世纪）最伟大的学派。这些代表人物有霍克海默（Horkheimer）、西奥多·阿多诺、赫伯特·马尔库塞（Herbert Marcuse）、利奥·洛文塔尔（Leo Lovwenthal）和弗里德里西·波洛克（Friedrich Pollock），还有很多其他著名的人物也与此学派紧密相关，比如瓦尔特·本杰明、威廉海姆·赖希（Wilhelm Reich）、尤尔根·哈贝马斯和埃里克·佛洛姆（Erich Fromm）。对于那些想深入了解这一学派的人，下面这些人物的作品也是必不可少的，如斯莱特（Slater）（1977）、赫尔德（Held）（1980）以及阿拉托和格布哈特（Arato and Gebhart）（1982）等人的作品。每个学者都发表了很多论著，瓦尔特·本杰明和西奥多·阿多诺的作品与我们的研究关系尤为密切。这些学者当中很多人是犹太人，在大屠杀之前被迫逃离德国。然而，本杰明是被迫自杀的，他没有像其他人那样逃到了西班牙边境后被德国人抓获。

法兰克福学派以被他们称为“批判理论”的哲学和认识论为中心，大多数作品都具有这种异源特征，被描述为是马克思主义和弗洛伊德主义之间一次婚姻般的结合，它试图将人的心理存在和物质存在结合成一个整体（Marcuse，1962）。心理分析为新的沟通形式奠定了基础（Habermas），使侵犯变得高尚（Marcuse）。它欣然接受了马克思主义的辩证法思想或理论和实践之间的持续合作关系。然而，启蒙运动承诺带来的一切文明、解放和学习，最终却导致了沉沦乃至地狱般的大屠杀。这在很大程度上是驱动法兰克福学派学者的一个主要悖论。法兰克福学派的成员们给出了答案，那就是启蒙运动本身负有责任：

> 正是由于所谓的科技原因对于现代社会和文化的统治、官僚主义和工具理性主义在人们生活的每个领域蔓延，带来了被他们称为完全治理的社会——集权主义社会——正是它削弱和扭曲了启蒙运动的承诺。
>
> （Hall and Gieben，1992：266）

最主要的问题是理性已经变成了技术上的合理性，由此排除了其他不科学的推理形式。关于道德、政治和文化的理性辩论被贬低为技术方面的辩论，这种做法多少有些残忍。法兰克福学派的理论家们把马克思主义当成了智友，他们从韦伯和弗洛伊德那里寻求题材，比如现代国家的内部分工；官僚主义新兴的无限力量；个人和价值多元化的关系；由新阶级的劳动分工导致的异化；与公共领域建立友好关系；潜意识和社交生活之间的关系。在这一层面上，法兰克福学派的学者们参与了研究新形势的政治行为。研究如何在不受拘束的政治经济体制下，人为地控制一切。这种经济体制至少部分地摆脱了其内部的不和谐，不一致。

尽管许多人认为法兰克福社会理论学派是批判理论的起源，但是特纳认为，法兰克福理论家们既没有创造批判理论，也没有取得任何知识产权。然而，他们确实起到了至关重要的作用，他们将批判理论的核心知识传统联系起来，也让人们看到了社会理论的重要性以及其如何促进其在公共领域的对话（Turner，2000：462）。这一传统不仅在尤尔根·哈贝马斯和他的同僚们的作品中有所体现，而且被其他后结构主义（如性别、媒体学、艺术历史和其他领域）的学者们传扬着。

在我描述的六大学派中，可以说，法兰克福学派与城市设计最不相关。这么说的理由很简单，因为这一学派中事实上根本就没有人谈及过城市形态（除了瓦尔特·本杰明以外）。然而，法兰克福学派却在整个包豪斯时期内得以成长，它的目标是研究建筑和城市生产的社会功能。正是由于法兰克福学派的成员们是艺术和社会的严肃评论家，这两种思想学派之间的相互作用不能被简单地分开。这种对艺术和社会的严肃评论正是包豪斯运作和哲学的核心。出于这个原因，我们可以说法兰克福学派是包豪斯存在的异源性。法兰克福学派代表了包豪斯成员们在思考宣言、艺术和社会关系时的所思所想。然而后者装扮成艺术和建筑学应对批判理论；前者以文本和其他文学作品的形式讨论批判理论。直到被法西斯主义镇压失去评论自由之前，两种理论都对魏玛共和国做出了激烈的社会评论。

魏玛和德绍——包豪斯

位于魏玛的国立包豪斯学校创建于1919年。在其所有的先进成果中，它的基本哲学原理就是提倡回到中世纪的师徒关系，而不是提出理论推动学科的新方向。所幸的是，新知识并未止步于此。除了包豪斯和法兰克福学派以外，另外两个具有影响力的机构在同一时期创建于德国，在1920年，柏林的心理分析机构和德国政治学院也被建立。在四年时间内，四个新机构用于研究社会、政治、心理分析、艺术和建筑，所有学科以不同的方式相互影响，尤其在包豪斯，跨学科是所有学习的核心行为。

尽管包豪斯起源于手工艺，但这一学派必须快速适应工业化的新形势，接受它本应抵制的大规模生产的科技。包豪斯的代表人物都是建筑师，却深远地影响了城市环境学科和纯艺术的发展，包括（但并不局限于）建筑、城市设计、城市规划、绘画、雕刻、摄影、戏剧和其他的艺术形式。包豪斯是整个 20 世纪最伟大的艺术灵感源泉之一，并且其观点非常具有远见性（FOC3：60—63）。有很多 20 世纪的大师都与包豪斯相关，如密斯 · 凡 · 德 · 罗、沃尔特 · 格罗皮乌斯（Walter Gropius）、乔治 · 格罗兹（George Grosz）、路德维希 · 希尔伯塞默（Ludwing Hilberseimer）、保罗 · 克利（Paul Klee）、拉兹洛 · 莫霍利 – 纳吉（László Moholy–Nagy）、约瑟夫 · 亚伯斯（Joseph Albers）和瓦西里 · 康定斯基（Wassily Kandinsky）。就像其他派系一样，包豪斯学派也可以被称为"艺术派"。那么它与其他学派又有何不同呢？为什么，在整个 20 世纪，包豪斯独立鳌头，成为各个学派之首呢？

这个问题的答案就在于我们对异源的追求。尽管包豪斯对于很多建筑师和城市设计师而言仍然是神圣不可侵犯的，是现代主义设计的源泉，然而与此相矛盾的是，很少有人愿意接受包豪斯飘忽不定的方向，共产主义、马克思主义、社会主义以及苏联意识形态都曾作为它的目标。也很少有人能够认同它的政治观点，这些观点并没有在其成功的道路上起到任何作用。另外，包豪斯的建立很大程度上受到英国社会主义者威廉 · 莫里斯（William Morris）作品的影响。尽管包豪斯的第一任校长沃尔特 · 格罗皮乌斯后来不得不缓和他的政治主张，但实际上他支持的是布尔什维克主义。第二任校长汉斯 · 迈耶（Hannes Meyer）是公开的共产主义者。第三任校长密斯 · 凡 · 德 · 罗表示不关心政治。在格罗皮乌斯被任命为包豪斯创始理事之前，他加入了被称为"十一月学社"（Novembergruppe）的表现主义改革联盟。这个联盟里的所有成员都是极其左派的，包括剧作家贝尔托 · 布莱希特（Bertold Brecht）、作曲家阿尔班 · 贝尔格（Alban Berg）等。

因此，苏联的意识形态能够在包豪斯占据一席之地，就不是那么难以理解了。在苏联的意识形态中，结构主义渗透到所有的艺术中。结构主义在当时的苏联是被社会认可的一种艺术形式，它将艺术和社会相融合，这一哲学方向对于包豪斯的集体主义意识形态具有深远的影响，其代表人物有马列维奇（Malevitch）、伊尔 · 李斯特斯基（El Lissitsky）和塔特林（Tatlin）。1925 年后，以工艺为基础的学习彻底地转变成对工业主义技术的接受。当奥斯卡 · 施莱默（Oskar Schlemmer）宣布举行第一个包豪斯展览时，他说，包豪斯旨在建设"社会主义大教堂"。自此以后，包豪斯学派的作品在发表之前就被扼杀了。正如康拉茨（Conrads）挖苦道："有几张完整的副本流传到了民间，使得包豪斯遭到人们的怀疑，怀疑它被完全淹没于政治当中”（Conrads，1970：69）。

包豪斯当时正处于一个特殊的历史时期，手工制作（主要以木头和石头为基础）向大规模生产（使用新的制成品）的转变既让人们意想不到，又是不可避免的。通过包豪斯学派成员和领导们所写的宣言，我们可以明显地看出，他们对于这种转变迷惑不解。格罗皮乌斯在1919年说道：“建筑师、雕刻家、画家，我们都必须回到手工艺术！因为艺术不是一个职业……让我们创造一种新的手工艺人协会吧。让我们不再有阶级之分，因为这种阶级的划分是横亘在手工艺人和艺术家之间一个傲慢的屏障！”(Conrads,1964:49)。仅仅5年之后的1924年，密斯·凡·德·罗在宣扬建筑新趋势时，发表了一个关于建筑工业化的宣言，他说：

> 这将会带来整个建筑行业在形式上的彻底崩溃；但是，那些担心未来的建筑物不再由建造工匠建造的人要记住，摩托车也不再由车轮工匠打造了。
>
> （Conrads，1970：82）

尽管不存在任何的包豪斯方法或者哲学，但是很明显的是，在生产和创造商品、绘画、雕塑、挂毯、建筑、城市设计和规划项目的过程中，异源占据了主要地位。它最初关注中世纪的教学方法，但却迅速地适应了现代社会中的大规模生产。为了克服这种转变以及其他现象，为思考而思考对于其哲学的整体存在而言必不可少。从那之后，再也没有任何艺术或建筑学派对包豪斯的世界观提出挑战和质疑，包豪斯思潮被完全淹没在政治思想体系中，它的观念和方法取自心理分析学、文学和社会学，它乐于接受所有形式的新知识、革命活动和社会变革，这正是包豪斯创新性辉煌的保证。也正是这种整体的道德观，使得在学院范围开展的城市设计课程在今天能够得以复兴。

芝加哥

从严格的城市理论角度来看，芝加哥社会学派大概是20世纪同类学派中最具影响力的（FOC3：58—60）。它之所以重要是因为创建了一系列的城市增长模型。这些模型在同心圆模式（Burgess，1925；图3.1，图3.2）、扇形模式（Hoyt，1933，1939；图3.3，图3.4）、哈里斯和乌尔曼（Harris and Ullman）（1945）的多核心模式中传播。生物群落理念对于城市设计来说是最重要的，如果用物质性术语描述街区，就是地方、地方行政区域以及其他用语等。后来的城市理论以揭露此类模型的诸多缺点为目的。洛杉矶学派恰恰就是与此相关的例子。洛杉矶学派由罗伯特·帕克（Robert Park）和他的学生路易斯·沃思创建。这一学派培养了很多著名的理论家，并且主宰了城市理论近 30 年。帕克在柏林大学读博士的时候遇到了约翰·杜威（John Dewey）和乔治·齐美尔等哲学家，深受他们的影响。帕克当时“运用人类学家研究美国土著人时使用的人种志的模式”来研究城市生活（Lin and Mle，2005，p.65）。最近，迈克尔·迪尔（Michael Dear）（2002）指出芝加哥和洛杉矶是 20 世纪美国城市的原型。这两座城市里都有国立大学和享誉全球的学者，而且在城市领域，都有关于城市增长和发展的深度讨论。迪尔对两者的比较十分具有启发性，所以我在此和下文的洛杉矶学派中会提及他的观念。

芝加哥学派和洛杉矶学派基于城市提出的研究城市增长和城市形态的方法在各自城市发展轨迹完全不同，因此，这些城市的物质发展能够与智力发展同步就不难理解了。芝加哥学派的背后驱使力量是罗伯特·帕克，他的方法深深地根植于对社会现象和互动的系统分类和检验。他最初的灵感，部分来自进化论自然主义者约翰·杜威。起初触动他的是社会达尔文主义，这一理念几十年来一直推动着芝加哥学派。达尔文宣扬的生物秩序和进化原则被芝加哥学派的学者们应用到人类研究中。

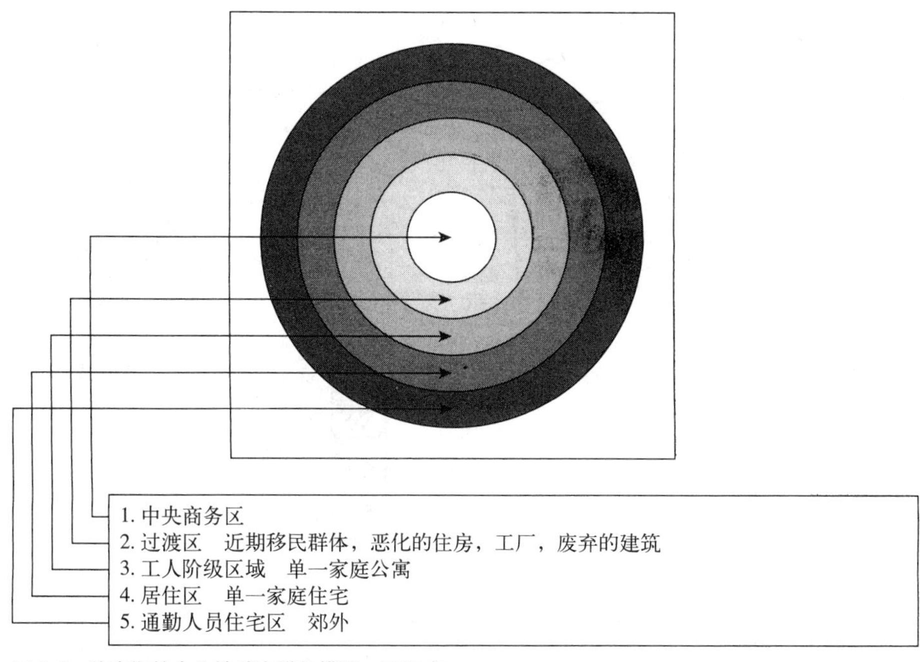

图 3.1　伯吉斯的中心地城市增长模型，1925 年

资料来源：作者根据伯吉斯原稿重新绘制

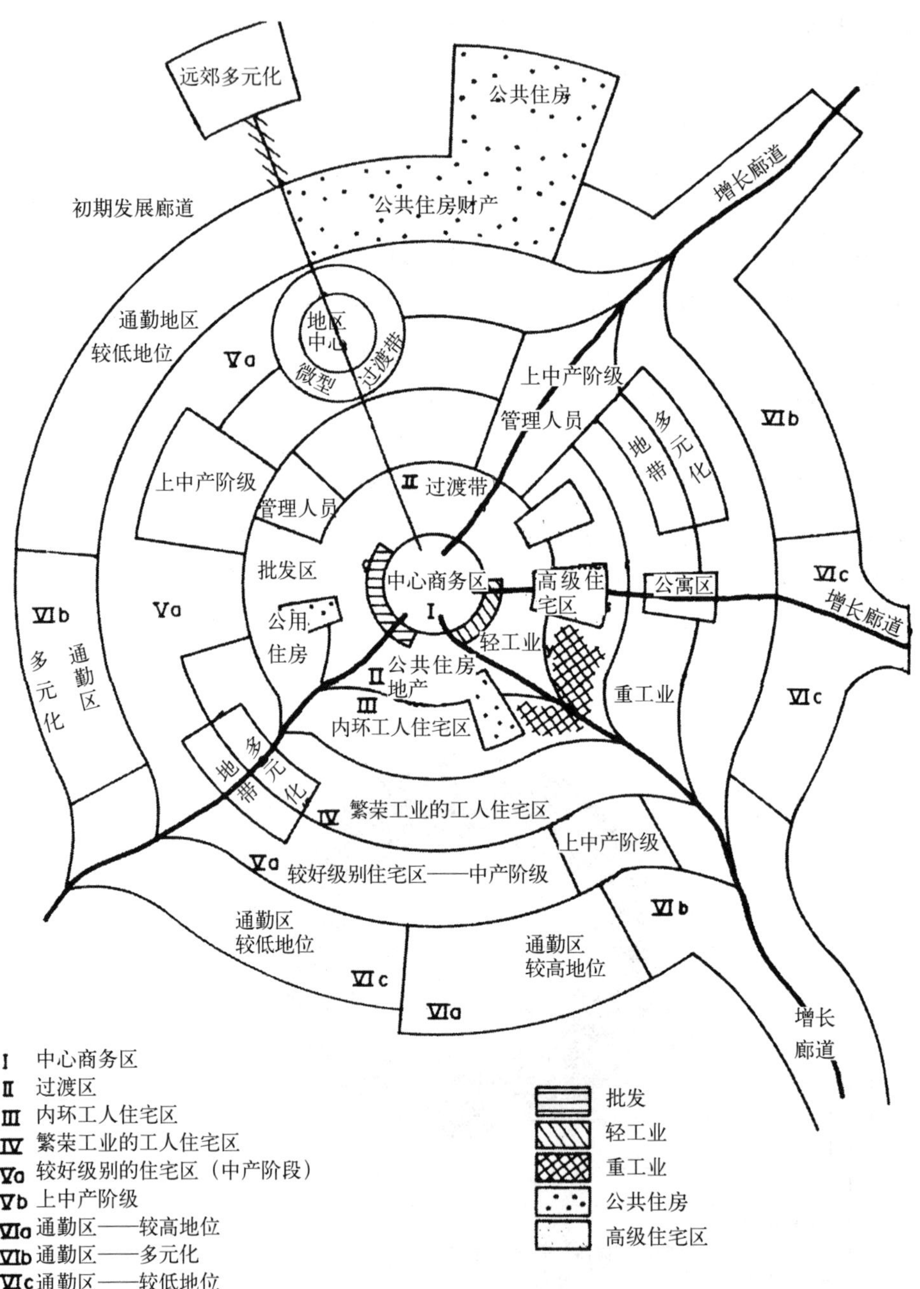

图 3.2 应用在悉尼和墨尔本的伯吉斯的中心地城市增长模型

资料来源：I.Burnley，*The Australian Urban System*.Longman：Melbourne，1980，p.169，Fig.1.2

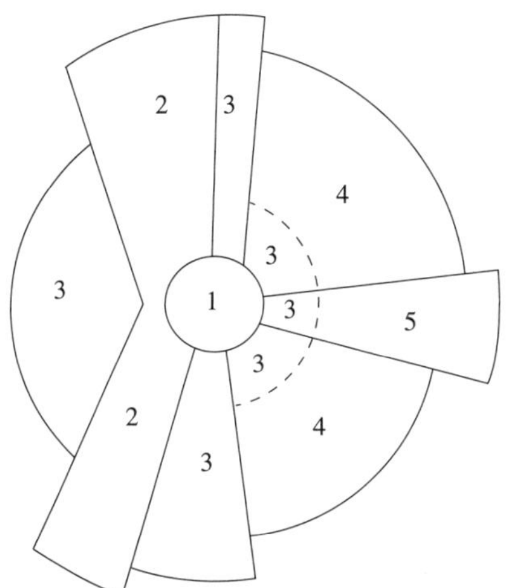

图 3.3 霍伊特的城市增长扇形理论

资料来源：M.Pacione，*Urban Geography：A Global Perspective*.London：Routledge，2009，p.142，Fig.7.3

生物组织的特征属性为帕克和他的追随者们提供了研究城市生活（聚居地、地域性、竞争、冲突、共栖、住宿、同化）的基本模式。社区的基本模式源于复杂的生成物的不同形态。另外，不同的关系可以简单地归结为掠夺的（对另一方有害的）、共生的（不伤害彼此的掠食）或者共栖的（相互供养）。帕克还用了另外两个基本原则来表示生物的发展过程，这两个原则在此领域一直具有统治地位。他以此为基础解释说明了为什么城市中会存在不公平现象，为什么市场会自由运作。芝加哥学派的主要研究方法借鉴了达尔文的方法框架。正因为如此，芝加哥学派遭到了外界的批判，认为它只是套用了达尔文的方法论而没能创造出自己的理论，芝加哥学派只是单纯地为了研究而研究。除了达尔文主义以外，它没有创建任何社会理论。芝加哥学派依赖空间模型，而这些模型的影响早已不复存在。

除了达尔文，帕克还从其他的进化论学者如恩斯特·海克尔（Ernst Haeckel）和朱莉安·赫胥黎（Julian Huxley）那里汲取了养分。因此，他深深地相信生物群落的进化过程会产生与人类体系类似的空间体系，可以用同样的方法进行研究，群落的概念就变成了最吸引帕克的部分。尽管他深知在自然生物界中根本就没有诸如人类社交生活中的道德和政治秩序等事物，但还是想通过生物群落来解释人类的行为。这导致了一系列从未有人解决过的难题，也直接导致了芝加哥学派的灭亡：

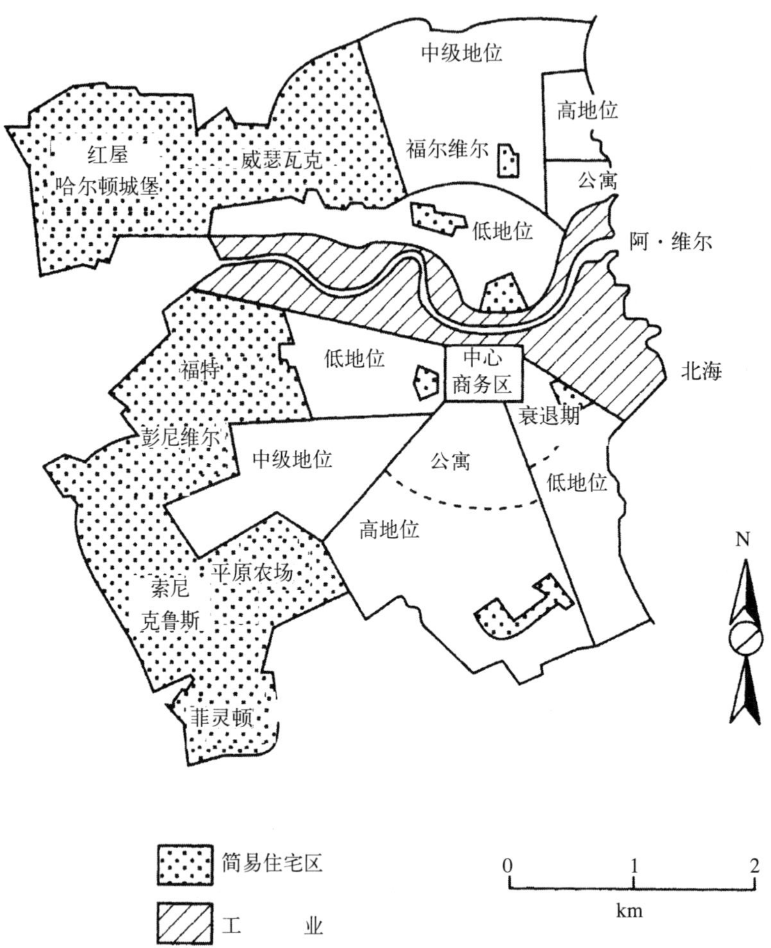

图 3.4 霍伊特的城市增长扇形理论在桑德兰的应用

资料来源：M.Pacione，*Urban Geography：A Global Perspective*.London：Routledge，2009，p.142，Fig.7.3

人类生态学究竟是城市社会学的一种研究方法，还是社会科学的一种独特的基本原则，这一问题是芝加哥学派作品中永恒的主题。这实际上是另外两个问题的争论，即究竟应该以具体的、物质的、可见的“群落”作为研究目标？还是以一个具体的理论问题——将人类规律使用于自然界中，作为研究目标？正如沃思所说，无论何时帕克问自己这个问题（他不经常这样自问），他都会选择后者。帕克认为，科学应该通过理论对象来定义，而不是通过科学的具体研究目标来定义。

（Saunders，1986：53）

同样的问题至今仍然在争论。群落这一概念因芝加哥学派而得以传扬，它被应用到城市设计和规划实践中，当作是构成空间的基本单元。然而，这种对群落概念的理解却不像达尔文对群落这一概念的理解那样具有可信性。关于群落的研究自 20 世纪 60 年代末就开始并渗透到各个领域，所作的研究至今已经有近 30 年的历史，有的研究甚至可以追溯至今（FOC9：208—211）。尽管在这方面有许多的研究，如道萨迪亚斯（C.A.Doxiadis）的人类社会的理念，但这些研究却从未解释过社会和空间形态之间的关系。

巴黎

1968 年的巴黎，不仅是社会变革的中心，也是城市研究和区域发展领域智力活动的核心，产生了一大批学者，如亨利·列斐伏尔（Henry Lefebvre）、阿兰·图雷纳(Alain Touraine)、曼纽尔·卡斯特利斯、阿兰·利比兹(Alain Lipietz)、米歇尔·克洛齐（Michel Crozier）和费尔南道·卡多索（Fernandao Cardozo）。他们当中大多数人在 20 世纪 60 年代末和 70 年代初共事于巴黎第十大学。然而，毫无疑问的是，自 20 世纪 70 年代以来，列斐伏尔和他的学生曼纽尔·卡斯特利斯彻底改变了城市研究。他们使用的方法标新立异，与人类生态学的柔弱方法全然不同。列斐伏尔逝于 1991 年，享年 90 岁，他经历了两次世界大战。受天主教耶稣会的训导，参加了法国抵抗德国和维希政权的战役。从政治角度而言，他一直被流放到 1958 年（很可能是由于他对斯大林主义的批判）。他既是一个马克思主义者又是一个共产党成员。列斐伏尔深受黑格尔哲学思想的影响，他书写了 300 篇文章和 30 本书，其中很少的作品被翻译成英文（Merrifield，2002：62）。作为黑格尔派哲学家，他直接接触了黑格尔著作《精神现象学》(Phenomenology of Spirit)（1977）中的现象学，尽管现象学似乎并没有对他的主要作品有什么实质上的影响。1920 年他在巴黎索邦大学学习期间，混迹于知识分子和达达主义画家中间，游走于超现实主义画家以及情景运动中。

列斐伏尔是巴黎学派的关键人物，他将资本主义发展理论引入了空间研究领域。他的里程碑式作品包括专著《资本主义的残存》（The Survival of Capitalism）（1976）和《空间的生产》（The Production of Space）（1991 年，始创于 1974 年）。尽管他以资本主义内部空间的社会生产为基本核心，后一部著作仍然是最受城市规划师、建筑师和设计师欢迎的作品。尽管看上去有点赘述，但是他承认：

很多人将会难以认可这一观念，即空间已经开始流行。在当今的生产模式下，在社会中，空间有自身的真实性。它是--种独特的现实，既有别于商品、金钱和资本的流通，又与它们极其类似。

（Lefebvre，1991，始创于 1974，p.26）

《空间的生产》写到一半的时候，列斐伏尔从社会生产转换成了空间建筑设计。此时，他研究空间的方法和将空间当成一个具体现实的想法同时发生了转变。空间和权力之间的区别在"脱节的统一"这一概念中有所体现。列斐伏尔意识到微观建筑学层面的空间实践与宏观层面的城市和区域规划之间的差异，尽管如此，他还是警告说，"这种类型的空间格局仍然局限于空间碎片的分类，而真正的空间知识必须能够解答它产生的问题"（1991，始创于 1974，p.388）。

他的学生曼纽尔·卡斯特利斯对这一点并没有表示任何的异议，尽管列斐伏尔是他的论文指导教师，但是他在 20 世纪 60 年代的一部有重大影响的作品《城市问题》（1977）中攻击了列斐伏尔的作品，他公开说道：

训练有素的历史学家图海纳以建立一个新的社会学理论学派为目标。他对我谆谆教导，教会了我很多知识。图海纳教给我知识，是我的恩师，并且会一直是我的恩师。我的整个学术生涯，我的职业和我的生命都是他塑造的，都是受他保护的。没有他的话，我永远也不可能在法国学术界的萧条中幸存。

（Ince，2003：12）

因为有了列斐伏尔、图海纳、尼克·布朗扎（Nicos Poulantzas）和法国哲学家路易斯·阿图塞的教导，卡斯特利斯的光彩才会在《城市问题》一书中得以体现。这部作品 1972 年发表于法国，是新城市社会学的智力基石。几年以后，卡斯特利斯在他的作品《城市和草根》（1983）中承认了他的学术成就归功于图海纳，这部作品详细研究了城市社会运动。他在城市研究领域将图海纳的成果提升到一个新的高度。

洛杉矶

自 1950 年到 1980 年间芝加哥学派消亡以来，在美国就没有出现任何以城市为中心的理论，芝加哥学派仍然是 20 世纪最具影响力的学派。1980 年以前，洛杉矶基本上被看作是一个反常的城市，一个没有正常发展的城市。这些正常的发展在芝加哥学派的模型中有所涉及（Conzen and Greene，2008）。但是在 20 世纪 80 年代，一群学者开始共同研究新的城市模型。在 21 世纪之初，这种新的城市模型被逐渐当成了城市化的标准（Scott and Soja，1986），这个城市就是洛杉矶。在这里，一种全新形式的城市化正在发生（Garreau，1991；Dear and Flusty，1998；Soja，2000），它表现为一种多中心的大都市圈模式，这与哈里斯和乌尔曼提出的模型截然不同。在这个城市中，城市中心的发展进程被完全颠倒了，这种进程述说了城市发展的本质（Gottdiener and Klephardt，1991）。

然而，洛杉矶与芝加哥迥然不同，洛杉矶被人们忽视了。因为它是一个分散的、不规则发展的、混乱的地方。它在地理和政治上都非常混乱，所以，它基本上被当成了是由几条高速公路连在一起的黑洞。芝加哥学派的城市发展模型简洁小巧，这些模型代表了一种统一的、显而易见的环形增长模式，它沿着主要交通路径设立简洁的活动区域，显然未能引起人们的注意。在过去的 30 年间，洛杉矶已经成长为一个巨大的大都市，拥有 1800 万人口。如果算上周边社区，洛杉矶是目前美国最大的港口，每周还会增加 4000 人口：

> 至 2020 年，据估计，洛杉矶地区人口会增加 600 万。正如某些学者说的那样，这种增长就好比多了两个或者三个芝加哥。最主要的问题是，这里环境污染严重，社会不稳定，经济发展不可预料，政治上又四分五裂，像这样的区域如何能够满足这些新增人口的衣食住行？从某种意义上说，迪尔先生和他的同僚们正在努力取代芝加哥学派的学术成就，它就像一个缭绕于社会科学领域的幽灵，控制了 20 世纪的大部分城市研究，并且现在仍然影响着人们对城市本质的理解。
>
> （Miller，2000，p.15）

芝加哥学派灭亡了，人们也逐渐意识到一些令人不快的事情正在洛杉矶上演，学术成就的大量涌现导致了洛杉矶学派观点的产生（Cenzatti，1993；Dear，2002；Molotch，2002）。正如我们所了解的，到底是什么构成了一种学派这是很难定义的。例如，这种定义是否基于共同的物质或者精神空间，对此的不同理解也会导致完全不同的概念，它涉及学派是什么？什么方法可以区别不同的学派？各学派是如何运作产生的？

迪尔（2003）指出，下面的前三个标准是构成学派不可缺少的方面，第 4 到第 7 个标准次之，但也很有意义：

1. 成员们从事同一项目（不管如何界定）；
2. 成员们在地理位置上邻近（不管如何界定）；
3. 成员们意识到彼此在合作（不管何种程度）；
4. 学派被外部认可（不管起点在哪）；
5. 对所研究的内容大致达成共识；
6. 学派的追随者自愿承认归属于该学派并且赞同该学派的研究内容；
7. 有一个机构来发表学派的研究成果（比如学术期刊、会议成果或者书籍系列）。

迪尔坚持认为洛杉矶学派具有上述特质。他追溯了洛杉矶学派的起源，发现它源于 1986 年发表于《社会和空间》（Society and Space）期刊里的一个专题。这一专题专门讨论了洛杉矶，把它称为 20 世纪的首都，并且认为它不仅是其他美国城市（休斯敦、迈阿密和菲尼克斯）发展的典范，而且是全球城市发展的趋势（Soja，1986；Dear，2002；Portes and Stepick，1993）。其他的主要作品蜂拥而至，如《技术城：加利福尼亚南部的高科技产业和区域发展》（Technopolis：High Technology Industry and Regional Development in Southern California）（Scott，1993）、《石英城市》（City of Quartz）（Davis，1990）、《第三空间：去往洛杉矶和其他真实和想象地方的旅程》（Thirdspace：Journeys to Los Angeles and Other Real-and-Imageed）（Soja，1996）、《洛杉矶：全球化，城市化和社会斗争》（Los Angeles：Globalisation，Urbanisation，and Social Struggles）（Keil，1998）、《后现代城市状况》（Dear，2000）以及《从芝加哥到洛杉矶》（From Chicago to L.A.）（Dear and Dishman，2002）。还有许多类似的作品，由此可以看出，1930 年发生在芝加哥的现象在 1980 年同样发生在加利福尼亚。这种现象就是城市快速增长的同时，出现了大量关于城市起源的研究。伴随着第三个千年的到来，这种现象变得根深蒂固。我在这里所讨论的洛杉矶学派最初建立于城市地理学，其中有一些类似于麦克·戴维斯（Mike Davis）这样性格刚愎的人物。除此之外，还有洛杉矶建筑学派、历史学家查尔斯·詹克斯起到了很重要的作用。他写了一本关于洛杉矶的书——《异质都市：洛杉矶、暴乱、异质建筑的异样美丽》（Heterpolis：Los Angleles，the Roits，and the Strange Beauty of Heteroarchitecture）（Jencks，1993）。总而言之，这一作品重新证明了洛杉矶学派的立场，运用后现代的论述方式，谈论城市发展和由此形成的城市形态。

虽然不可能用单一的研究方法总结一个学派各种各样的贡献，但是迪尔指出，洛杉矶学派最重要的特色之一就是从社区层面到全球化等不同层面链接了（空间）重组理念。偏左的政治议题对这一特色进行了补充，或者说在某种程度上它是自然发展的结果。迪尔引用了麦克·戴维斯的话，麦克把洛杉矶学派的成员比喻成“新一轮马克思主义地理学家，或者就像披着空间外套的政治经济学家”，他们自问，“我们是洛杉矶学派吗？如同芝加哥学院是芝加哥学派、法兰克福学院是法兰克福学派一样吗？”（Dear，2003：19）。我们可以公平地说，洛杉矶学派的主要认识论从规模、集群和特征这三个主要领域进行空间重组，他们研究问题时使用的方法也集中于此。迪尔指出，芝加哥学派所关注的现象与21世纪的洛杉矶学派截然不同，二者的主要区别如下：

- 传统的城市形态理论认为，城市围绕一个中心布局；经过修改后的理论认为，城市外围地区正在对剩余空间进行组织。
- 在城市化的过程中，一种全球化的、企业主导的连通性正在平衡，甚至取代以人为中心的地方政府机构。
- 非直线的、无序的过程替代线性的、进化的城市模式，包括共同利益发展（CIDs）的病态形式和危及生命的环境恶化（如全球变暖）。

（Dear，2003：23）

对于“重组”这一概念，洛杉矶学派内部达成了共识。迪尔把这种重组描述成了“原型后现代过程”，这是洛杉矶学派研究方法的特色。作为方法，洛杉矶学派还倾向于创造新的术语来描述新的现象，这些术语因人的论述观点而有所不同。尽管这种古怪行为很难解释，但是却非常合理，因为旧的词汇并不能很好地描述新兴的城市形态。正是因为如此，才出现了迪尔创造的“种族郊区”（ethnoburb）、加罗（Garreau）的“边缘城市”（edge cities）、斯科特的“技术城市”（technopoles）、戴维斯的“石英城市”、詹克斯的异质都市（heteropolis）以及异质都市居民的异质友爱（heterophiliacs）、韦尔奇（Wolch）的动物园都市（zoopolis）；索贾因为新的术语而受到嘉奖，如原地方（prototopos）、中宇宙（mesocosm）、外城市（exopolis）、弯曲城市（flexcities）、枷锁城市（carceral cities）以及模拟城市（simcities）。所有这些术语都在洛杉矶和橘县的《分裂的迷宫》中连接在一起。正如米勒在他文章的前言中指出，“洛杉矶学派的学者们用他们区域的观点结束了芝加哥学派的统治地位”（Miller，2000）。人们仔细研究发现，这些术语的创造有些自我宣传的嫌疑，可是所有这些术语在具体的环境下，都只有一个目的——设计城市。到目前为止，洛杉矶学派已成为一个相当成功的理论学派。

与1900年维也纳学派华丽的表现主义相比，洛杉矶学派从外表看似平淡无奇，然而，洛杉矶学派在艺术、文化、手工技术和科技方面，展现出了巨大的才华。另外，这一学派具有种族划分和差异的巨大多样性，以至于詹克斯将洛杉矶学派的学者们描述成异癖人——专注城市差异的人群。我们已经讨论了以20世纪历史为根源的城市思想的不同学派以及这些学派所采用的研究方法，现在我们着眼于影响整个城市形态和设计的重要哲学理论。

现象学

> 诺伯格－舒尔茨（Norberg-Schulz）所表述的观点不仅仅综合了这些相互对立的目标（国际主义和根深蒂固的传统观念之间的对比），而且相对于系统化的方法，它代表了一种方法论模式的原型。
>
> （Paolo Portoghesi）

上述评论取自克里斯蒂安·诺伯格－舒尔茨的作品《建筑：意义和场所》（Architecture meaning and place）的前言，谈到在他的很多作品中都提及的理论，也就是现象学。诺伯格－舒尔茨的方法基于三种主要的知识链，指的是心理学、存在主义和传统主义（Norberg-Schulz，1965，1971，1979，1985，1988），它们也得到波托盖西（Paolo Portoghesi）的认可。诺伯格－舒尔茨与约瑟夫·里克沃特（Joseph Rykwert）和西格弗里德·吉迪恩（Siegfed Gideon）齐名，是20世纪最著名的建筑历史学家之一。他毕生写了十多本书，其中很多都是里程碑式的作品。诺伯格－舒尔茨是挪威建筑师，也是第一个将马丁·海德格尔和莫利斯·梅洛－庞蒂（Maurice Merleau-Ponty）的现象学引入世界建筑学的学者。他尤为详细地介绍了马丁·海德格尔关于空间和住宅的作品（详见诺伯格－舒尔茨的文章，住宅的概念，1985）。在他早期的作品中，诺伯格－舒尔茨赞同符号学方法［比较喜欢皮尔希恩（Pierceian）的术语——符号学］。之后他又迅速抛弃了这一方法，改而采用现象学和存在主义。他还很崇拜凯文·林奇（Kevin Lynch）。他对凯文·林奇在《城市意象》（Image of the City）（1960）中对城市现象的分析尤其感兴趣。诺伯格－舒尔茨在大多数作品的前言中都会向现象学致敬，而且在每部作品中都会提到现象学。尽管他的哪些作品具有重要地位还有待商榷，但《场所精神》（Genius loci）大概是他的杰作之一。他给这个作品加了一个副标题——“关于建筑的现象学”（1979）。因为之前我已经讨论过现象学的理论基础（FOC3：69-72；DC：8），现在我将主要讨论现象学定义中的问题以及诺伯格－舒尔茨如何在他的全部作品中把异源性变成方法论。

现象学起源于笛卡儿的著名言论“我思故我在”(I think therefore I am)。另外，“现象学”词义苦涩难懂，有的定义简单易懂，而有的却几乎让人无法理解。它与意为“外观”(appearance)的现象一词形成对照。按照伊曼努尔·康德(Immanuel Kant)的哲学观点来看，“外观”指的是某种物质在人意识中的样子，它与“实体”(noumenon)形成对比。“实体”指的是事物本身(Husserl，1969；Lyotard，1991)。另外，现象学还有两大分支，即解释现象学(Heidegger)和存在现象学(Sartre，1992；Merleau-Ponty，1962)。它们使得现象学概念更加让人难以理解。至少有一个学者有类似的感受，“我无助地迷失在一片陌生的海洋中，迷失在广阔和深远的知识海洋里”(Latham，2001：43)。下面这一观点尤其难以理解，“海德格尔作品的核心主题就是在理解现象本质的过程中，必须注意事物和人两者之间的联系”(Barnacle，2001：10)。换句话说，任何与现象相关的事物非常重要。我将在下面对诺伯格－舒尔茨认识论案例中重提这个观点。从存在现象学角度来看，我们方法论的目标是：

> 存在论的目标是将这个世上人类的普通经历个性化……为了揭示研究对象的个性以及世界的意义，现象学应该以描述普通人的活动为开端，而不是对世界的思考、认知或者感知，也不是对普通活动的反思。
>
> （Hammond 等，1991：97）

总而言之，理解现象学的最好方法就是通过阅读论文和在实践中反复思考。从存在主义角度而言，了解存在主义学者思想的最好方法就是阅读他们的小说，如萨特的小说《恶心》(Nausea)(1949)，或者阿尔贝·加缪(Albert Camus)的《叛逆者》(The Rebel)(2000)、《黑死病》(The Plague)(1965)或者《堕落》(The Fall)(2006)。诺伯格－舒尔茨的作品在设计原则方面具有独创性，并且，他的《场所精神》提供一个独特的机会帮助我们理解现象学理论是如何应用于实际的。他的写作方法之所以独特是因为他的每一页的创作都字斟句酌，好像生怕这些字句的含义被混淆、被隐藏或者太神秘，这种风格贯穿了他的整个作品。他的写作方法也强化了这一观点，即词语本身根本无法描述建筑和空间的本质。随便选择一页，其中就有 32 个词汇被归于这一类，这些词汇包括“东西”、“事物”、“自然”、“使用”、“宇宙秩序”、“心态”、“时间”、“特性”、“数据”、“光亮”、“气候”、“趋势”、“安排”、“友谊”和“力量”。这些词汇仅仅是所列举的三列中的一列。这种对词语的字斟句酌使得整个创作过程毫无意义(Norberg-Schulz，1979：168)。

在建筑学的立场清晰地揭露了诺伯格－舒尔茨对现象学的喜爱："世上本没有不同种类的建筑，只有不同的情况，这些情况需要有不同的解决方法，这样才能满足人类的生理和心理需求"（Norberg–Schulz，1979：5)。这一立场基本上彻底改变了建筑师们对风格和外观的痴迷，取而代之的是个人在居住环境中所体会的经验。他承认，在他的早期作品中曾经试图按照自然科学的规律，用科学的方法分析艺术和建筑。他之前认为存在空间这一观念更适合用于分析人和环境之间的关系（DC8：116)。

诺伯格－舒尔茨用了几组概念，其中，把他对现象学的使用定义为一种实践，是回归于"事物"而不是"抽象概念和心智创造"(Norberg–Schulz,1979:7)。在《场所精神》中，他将现象学运用在四个方面——地点、结构、精神和特质。建筑本身并不是核心，对建筑的体验和人们如何构建和分析这种体验才是核心，建筑屈居于存在之下。他精心地定义了二者，比如，"地点是一个定性的整体现象，我们不能把这些现象缩略成某一种性质，如空间关系，因为这样会失去现象学的本质"(Norberg–Schulz，1979，p.12)。另一方面，结构被定义为景观和定居点，通过空间和特性或者气氛分析结构。景观被分为四类——浪漫的、宇宙的、经典的和复杂的。本质上，他所说的"场所精神"指的是书的标题，是一种罗马观念。从路易斯·康（Louis Khan）的观点来看，场所"是什么样"并不重要，重要的是"希望它成为什么样"。他继而使用同样的方法分析和辨别了自然场所和人造场所，也谈论了三个城市场景——布拉格、喀土穆和罗马。这些城市为他的最后两章提供了具体的例子，这最后两章分别是"场所意义"和"作为当代城市主义的场所"。

在《场所精神》一书中，他简要地介绍了这一主题（Norberg–Schulz，1979，p.22—23)。几年后，在《居住的概念》(The Concept of Dwelling)（1985）* 中，他把字斟句酌的方法应用到了"居住"一词上，这个词已经成为他研究的核心。他以存在主义为立足点定义"居住"。"居住"跟住处一词意思相近，他认为建筑的目的就是居住。这种对术语定义的不懈坚持以及对语言更深层含义的追求是他研究方法的支柱。对于诺伯格－舒尔茨来说，

> 居住指的是人和给定环境之间建立一种有意义的关系……这种关系形成一种认同行为，即一种对某一地方的归属感。这样，当人安定下来，在世界的位置确立后，人才能找回自我。
>
> （1985：80）

* 中文版已由中国建筑工业出版社于2012年出版。——编者注

诺伯格－舒尔茨提出了四种建筑模式，即居住地（作为生存）、定居地或者自然居住地、城市空间或者集体居住地、机构或者公共住所，这些构成了他书的前四章。居住有两个层面，即识别和适应。居住的模式在“形态学、地理学和类型学”中得以研究。“形态学、地理学和类型学”是建筑学语言组成部分，相互依存（Norberg–Schulz,1985:26）。第 5 章和第 6 章分别被称为“住房”和“语言”。这本书结构上的简单掩盖了其内容的复杂。虽然如此，阅读诺伯格－舒尔茨的作品相对于阅读那些他所追随的大师们的作品简单得多。通过阅读他的作品我们能更好地理解现象学。诺伯格－舒尔茨在《场所精神》中说过，“如今的人们被灌输了伪解析的思想，人的知识结构中充满了所谓的‘事实’。但是，人的生活却变得毫无意义。人逐渐意识到如果他不能有想象地居住，那么他的‘价值’就不复存在了”（Norberg–Schulz，1985 ：202）。

符号学

语言中的结构和词汇被广泛应用于建筑和城市空间，其中，最受欢迎的术语莫过于“句法”（syntax），它描述的是城市环境组成部分之间的关系。因此，“建筑语言”一词四处可见。尽管句法这一观点可以代表物质空间的形态和配置，但是作为一种方法，它代表的只是不同物体之间的物质关系。它仅仅意味着在建筑和城市设计方面，空间元素之间存在着某种类属关系，这些类属关系取决于特定的文化和发展。希利尔和黎曼（Hillier and Leaman）的《空间句法》（Space Syntax）（1976）、亚历山大的《模式语言》（Pattern Language）（1977）和他的经典著作《城市并非树形》（A city is not a tree）（1973）都是这种思维的代表。如果我们想研究与这些关系相对的含义，那么必须运用语言学的另外一个分支——符号学。

在应用符号学分析城市形态这方面，马克·戈特迪纳的作品非常具有代表性。他的第一部重要著作是《有计划蔓延：郊区的公共与私人利益》（Planned Sprawl：Public and Private Interests in Suburbia）（1977），随后是《城市空间的社会产物》（The Social Production of Urban Space）（1985）。前一部作品主要研究区域发展，第二部作品总结了城市理论中的主要运动。在这两本书中，他都没有提及符号学。在1986 年，他与拉戈波洛斯（Lagopoulos）合作完成了《城市和记号：城市符号学概论》（The City and Sign：An Introduction to Urban Semiotic）（1986）的作品集，我在《设计城市》（DC8：128）中再现了书中的一个章节——“夺回中心：大型购物中心的符号学分析”。当时，后现代主义是一个相对较新的概念，如果我们认同詹克斯的观点，认为后现代主义起源于 1972 年 7 月 15 号下午 3 点 32 分，那么它仅有 14 年的历史。从那时起，由于受到后结构主义思想的影响，符号学和关于城市意义的结构和解构研究发挥了重要作用，它们帮助人们丰富了现代主义建筑学的内容。20 年前，在城市研究领域很少有人谈论符号学。马克・戈特迪纳的作品为渐进理论的发展，尤其是城市设计方面的渐进理论的发展，提供了全新的视角。1994 年，戈特迪纳发表了很有权威的著作《新城市社会学》（The New Urban Sociology），为有关社会学的争论提供了理论依据。他在书中概括了一种新学科的发展历史，这一学科源于列斐伏尔。在 1995 年，他的论文《后现代符号学》为该领域奠定了基石。几年以后，他又创作了《美国主题：梦想、愿景和商业空间》（The Theming of American：Dreams，Visions and Commericial Spaces）（1997）。在这部作品中，他把这一理论应用到了城市景观中。两年后，他出版了另一本名为《拉斯韦加斯：一座彻头彻尾的美国城市》（Las Vegas：The Social Production of the All-American city）（Gottdiener 等，1999）的著作。由于我已经在《城市形态》（FOC3：65—69）中讨论过了相关理论，下面我将用戈特迪纳（1986，1995）的思想来解释符号学方法对于城市设计实践的指导作用。

符号学可以帮助我们理解意义的概念，它是如何产生、如何经历变化以及如何增强或者消失。除此之外，人在使用符号学理论时无须有意识地去调配头脑中的符号学理论，这就如同人在思考时不需要明白思想意识是什么一样。因为我们都是依据各自的生活经历和社会对我们的教导来行事的。例如，从上文中对诺伯格－舒尔茨的讨论中我们可以看到，绝大多数时候他都采用了符号学方法，用能指和所指来探求建筑学的意义。然而，毫无争议的是，他大多数对意义的研究是语义上的而不是符号上的——他将成百上千的词加了括号就足以证明这一点。

在《城市形态》（FOC5：118—122）中，我提到了自己在贝鲁特的经历以及烈士广场的意义是如何随着时间的变化而改变的。这一过程不仅涉及城市环境的物质改造，也涉及人们如何依据自身（尤其是内战）的经验看待烈士广场。对每个人来说，不管你是伊斯兰教还是基督教，不管你是作恶者还是受害者，不管你是孩童还是祖父母/外祖父母，不管你是银行家还是投资者，人类的记忆以及与过去的交织都会产生无穷无尽的联系。这些联系在某种程度上不受物质空间和时间的左右。符号学帮助我们进入这一过程，这样我们才能更有效地通过设计来适应物质空间的转变。

法克（Fauque）提到了认知城市符号学方法论的方法：

> 如果我们把城市这种用于意指的媒介看成一个可以向我们表述的文本……那么就表达性而言，什么是构成城市问题的能指呢［如在希姆列夫（Hjelmslev）模型中］？这些能指的本质是什么？就消费对象而言，有没有什么能够帮助人们进行意义指代呢？从方法论的角度来看，我们如何才能找到这些能指呢？各因素之间关系的先后顺序是什么？首先是单个词形变化层面的，然后是词与词之间组合层面的吗？
>
> （Fauque，1986：139）

他详细地阐明了符号学分析法的研究假设和方法，拉戈波洛斯运用了马克思主义的生产方法模型，提出了能够产生多个符号学城市模型的方法（Lagopoulos，1986，p.176—201）。这在《城市和记号》中有详细的论证（Gottdiener，1986）。就像没有单独的现象学方法一样，也没有单一的符号学方法。这对于那些希望从此过程中总结出一些公式的人来说，确实有点令人沮丧。然而，戈特迪纳在谈论整个城市环境和关于大型购物中心的文章时，提出了一个普遍使用的分析符号学的方法。这一方法基于广泛存在于资本主义的符号以及这些符号在一个受商品生产控制的世界里所指代的意义（图 3.5）。

$$\frac{\text{Sd}}{\text{Sr}} = \frac{\substack{\text{物质}\\\text{形式}}}{\substack{\text{形式}\\\text{物质}}} = \frac{\substack{\text{潜在的思想意图}\\\text{设计概念 / 语段}}}{\substack{\text{建筑设计 / 范例}\\\text{材料形式 / 对象}}} = \frac{\text{内容}}{\text{表现}}$$

图 3.5 建成环境的符号分解*

资料来源：M. Gottdiener and A. Lagopoulos(eds), *The City and the Sign: An Introduction to Urban Semiotics*. New York: Columbia University Press, 1986, p.294

在《美国主题》（1997）中，戈特迪纳分析了一种策略，这种策略现在是资本主义内部用来解决城市设计和城市形态策略的核心。随着商品关系和实践的深入，这一策略一直深受影响。比如，主题公园这一概念以前是很新颖的一种思想，但是它却消失在整个商品买卖推进的浪潮中。如今，建筑物、空间、事件和城市的主题化和商标化已经司空见惯。从社区到国家，这种主题化和商标化正被逐步嵌入城市规划政策中，它们也经常被用于环境保护和社区策略。在当今的新企业超级市场上，不管是一个条形码、一个商标或者主题都是非常重要的，如果三者兼而有之就更加

* 较早图名为“城市环境的符号学分解”，为与之前已出版的《设计城市》中第 144 页中出现的内容统一，故进行修改。——译者注。

完美了。戈特迪纳运用了具体的主题化环境（如赌场、餐馆、商场和机场）来论证主题化过程的方法。这包括标准的企业建筑，也包括装饰有标志物的小屋。这些标志物正是现代餐馆的先驱，如汉堡王、温蒂汉堡、肯德基、麦当劳、滚石咖啡厅以及无数其他的餐馆（Yakhlef，2004；Sklair，2005；McNeill，2005）。

所有这些在价值上都不是中立的。显而易见的是，对城市领域的意指进行控制正是商品文化善用的方法。其中，城市中的购物商场和其他的主题环境把人们带到了资本主义企业的最后阶段中，就是将所有的事物商品化，这正是崇尚数量的市场经济的完美表现。传统的城市角色是一个人们可以辩论、对话、谈论政治、自由言论和在公共领域进行社交的场所，而这已经被购物商场所篡夺。结果传统的城市社交空间以及社会关系被完全商业化的空间所取代。尽管如此，戈特迪纳认为，商品的流通以及与此相关的符号学没有必要让城市居民把处理商品当成一种生命保障系统。

> 每一个主题化的商业空间的使用者都有机会通过消费这一创造性行为来追求一种形式的自我满足。如果这些场所因为强调资本目标的实现而能够作为主导模式，那么它们也可以成为锻炼消费者对商品抵制的场所。
>
> （Gottdiener et al.，1999：158）

我真希望这样行得通！

政治经济学

在《城市形态》（FOC3：72—78）中，我已经详细论述了马克思主义政治经济学的理论基础。所以在这最后一部分我将集中精力讨论马克思主义政治经济学的现实含义。这样，我们就必须认同哲学理论性框架主要由五部分构成。首先，历史唯物主义根源于三个领域，德国哲学（Hegel，Feuerbach and Marx）、英国政治经济学（Locke，Hume and Smith）以及法国社会主义（Voltaire，Rousseau）。其次，政治经济学（激进的、左翼政治）是相对于新古典经济学（资产阶级的、右翼政治），尽管两者之间的区别需要有明显的调整。第三，公平地说，英国矿主弗雷德里克·恩格斯（Frederick Engels）也是马克思主义政治经济学的代表人物。他在经济上和思想上为马克思提供了帮助。第四，空间政治经济学近年来蓬勃发展（Castells，Harvey，Scott，Urry，Sayer，Massy 等）。它的发展是抗议在政治和经济发展过程中对空间的忽略。第五，也是最后一点，城市社会学和城市地理学与此密切相关，这两者通常情况下是一致的。考虑到以上这五种相互关系，任何试图总结出一种万能的方法都涉及归谬反证法。为了更明确这一问题，沃尔顿（Walton）指出，政治经济学本体对城市社会学有六个方面的贡献，即历史解释、对比研究、社会经济进程、空间关系、种族划分、社区、政治运动（Walton，1993；301）。考虑到以城市设计和规划为研究核心，我将集中讨论和研究空间关系，尤其是研究如何为国家服务的城市规划方法。我会集中讨论卡斯特利斯的《城市问题》，也会引用来自艾伦·斯科特、迈克尔·迪尔等人的案例。

研究所采用的方法要参照具体的系统，就空间政治经济学而言，最常用的基础分析方法包括资本的不同形式（工业、商业、经济等）、国家采取的政治形态、劳动力的地位和其社会再生产，以及城市规划这一载体（Stillwell，2002）。这些因素之间的相互作用，不管是在不同物质层面还是在政治层面，都受到了研究方法的限制（公益住房、重建、基础建设、保存等）。城市规划能够成为空间政治经济学的特定研究目标，原因之一就在于城市规划起到了中介作用，不管是在劳动力和空间生产与再生产过程中，还是在国家和资本之间。而国家就是一条变色龙，它会根据实践过程中的历史情形和政治干预改变自己的形态和颜色。以上这六种类别省略了自由主义的观点。尽管如此，至少这六种类别能够概括国家和城市规划所涉及的分析方法——国家作为一种寄生机构，作为一种附带现象，作为一种凝聚力的因素，作为一种阶级统治的工具，作为机构或作为政治统治系统（Clark and Dear，1984；图 3.6）。所以任何用于分析的方法都首先开始于特殊的关于国家机器的意识形态方法，然后再由此继续发展。

空间的生产与再生产本质上是意识形态 / 政治事件，空间不仅仅是设计师们利用的惰性物质。总而言之，城市规划认为社会再生产、资本积累和商品流通的过程是国家干预主义的一个载体。因此，空间与生产中最核心因素是土地的管理（如在土地租金、利润和剩余价值生成中），它在资本主义财产关系中起到了调节作用，这些财产关系取决于在区位优势差异基础上的土地发展。然而，在讨论方法的时候，我们必须认识到设计者们的位置。尽管建筑空间概念可以成为一种有用的工具，它使创造性想象得以繁荣。然而事实是，所有空间形态，不管是否是经过设计，在一个特定的历史时刻和既有城市环境的自然地理学中，这些形态都是在特定的资本主义企业形态内的社会再生产。所以主流城市设计师的思想意识，即城市形态是设计想象的现实产物，可能被倒转。事实上，实质联系正是资本主义企业间的关系，城市环境是那些价值短暂且瞬间的折射。戴维·哈维完美地描述了这一点：

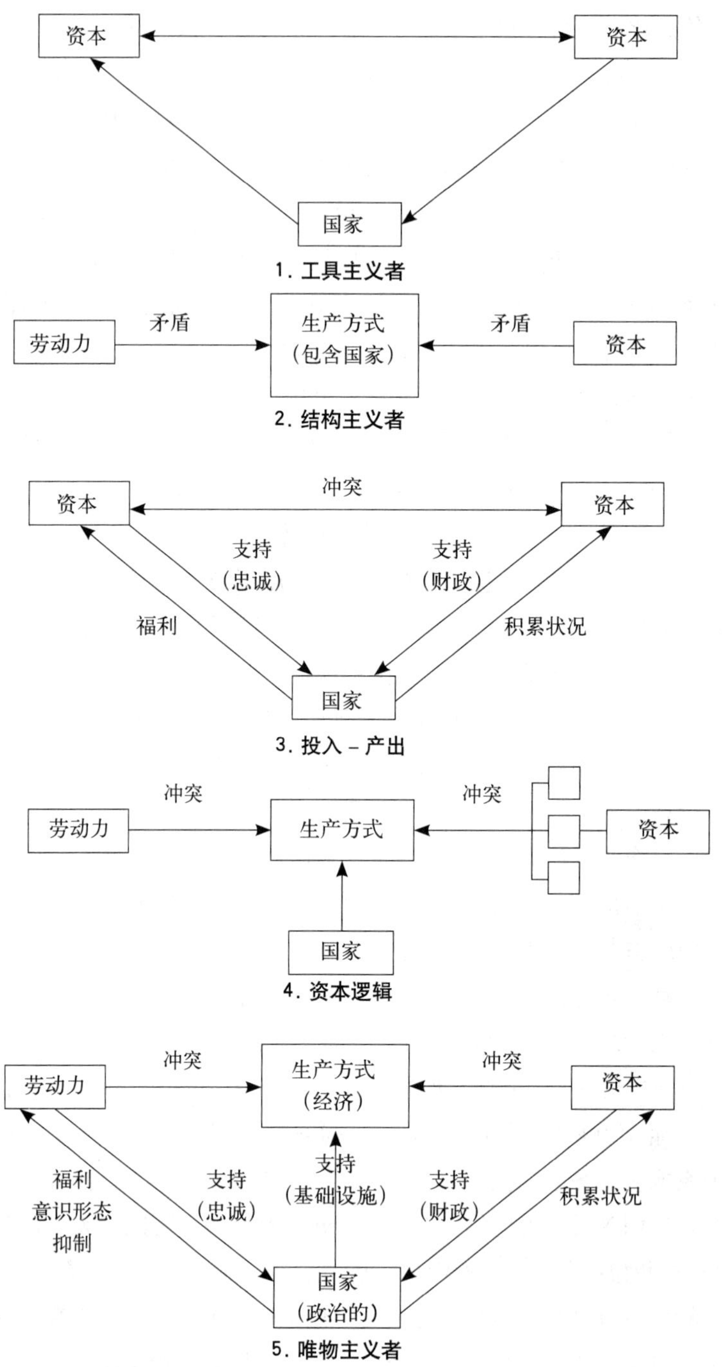

图 3.6 国家理论的思想体系分类

资料来源：作者依据原稿重新绘制，来自 M.Dear and A.Scott，*Urbanisation and Urban Planning in Capitalist Societies*.New York：Methuen，1981，p.15

> 为了克服空间障碍，为了用时间战胜空间，空间结构应运而生。它们本身是进一步积累的障碍……当投射在城市环境中固定不变的特定语境和不动产投资时，资本主义内部冲突带来的后果将会清楚地显现于由此而来的历史性景观学中。
>
> （Harvey，1985：25）

因此，哈维以分析城市形态的形成和转换为研究方法。他认为城市形态是资本的一种形式，独特之处在于资本的不动性。与股份、资金、商品不同，资本不能被随意移动，它可能会暂时出现在某处，它也需要城市规划的管理。为了研究城市规划的管理作用，我们应该研究城市规划在危机管理方面所起到的作用。大型赌场的不稳定就会产生类似的危机，包括股票市场、相关资本以及它们对土地发展的影响。我们也应该留意规划是如何干预并稳定了由这些危机带来的不一致性，并且分析规划如何调节民众的不安，这种调节是通过加大劳动力再生产实现的（Harvey，1985）。

曼纽尔·卡斯特利斯是城市规划的一个主要批评者，特别是在早期的作品中，他研究规划对社会生活的干预,并且建立了相关理论。在《城市问题》（1977）和《城市和草根》（1983）中有关于他以及他的研究方法的详细论述。城市规划作为一种国家行使权力的工具，在面对社会变化的民主和公平管理中，它成为丧失履行职务能力的工具。作为国家工具的一部分，规划不能既为公众利益服务又同时代表垄断资本。城市规划行为受制于其与资本之间的不同关系，比如，它是阶级政治的实践形态。继阿兰·图海纳之后，卡斯特利斯认为，唯一真正代表人民而不是资本利益的正是他所说的“城市社会运动”。这可以被广泛地定义为任何自反的、有组织的、针对不公平的社会起义。城市规划和城市社会运动之间的本质区别在于所谓的“规划问题”倾向于以阶级为本。相反，城市社会运动天生就不受阶级约束。

因此，城市社会运动围绕着这些问题展开，如机场噪声、高速公路建设、强占土地、种族划分和无数诸如此类的问题。在一个问题上，城市社会运动可能会团结不同的社会阶层和种族群体，他们也可能将某一组织分裂。图海纳提出了三个城市社会运动分析原则:运动的特性、它的敌人和社会目标。在《城市问题》中，卡斯特利斯在第14章中详细研究了城市社会运动，他的方法论在对案例的分析中得以展现，如巴黎城市收复失地运动、蒙特利尔公民委员会的城市要求、智利贫民区居民城市斗争和改革运动时所采用的方法。20年后,在《认同的力量》（The Power of Identity）（1997）中，他列举了一些最新的例子。这些例子是关于社会城市运动如何以新形式抵抗新的全球秩序。这些例子并非都有建设性，如发生在墨西哥的第一个信息游击运动——墨西哥萨帕塔主义者、20 世纪 90 年代美国民兵和爱国者运动、被卡斯特利斯称为“启示录的喇嘛们”的奥姆真理教（1997：97）。毫无疑问地我们可以得出这样的结论：通过城市规划而产生的城市形态从根本上讲是一种政治行为。我会在第四章里从政治的角度来分析这一问题。

结论

哲学可以解释一切事物，它对于城市设计的重要性就如同对其他学科的重要性一样。20 世纪的主流城市设计受到两大主要哲学思想的影响：西特的语境主义和瓦格纳的理性主义（FOC：179—184）。然而，正如我们所看到的，为了讨论的方便，哲学的影响可以被划分成不同的学派。这些学派和有影响力的学者对城市设计形成了共同的影响。因此，我扩展了他们对城市设计的影响，包含了五大思想学派——法兰克福学派、魏玛和德绍学派、芝加哥学派、巴黎学派和洛杉矶学派。同时，引入符号学（Saussure）、现象学（Norberg-Schulz）和马克思政治经济学三大突出理论。上述学派没有一个直接以城市设计为“研究目标”，这可能会使城市设计主流群体感到不安。尽管如此，作为哲学理论，它们对环境领域和城市设计有着深远的影响。其中政治经济学的影响占据主导地位，这在法兰克福学派、包豪斯学派、巴黎学派和洛杉矶学派中有清晰的展示。但是，如果城市设计主流群体想保持在城市设计领域的主导地位，那么伴随着语境主义和理性主义的哲学含义，作为建筑设计的城市设计概念，显而易见就足够了。否则关于城市发展的另外五个哲学学派和三大理论可能就要被修改以适用于设计师的语言。不管怎样，希望结果会产生更为明智的城市设计实践，通过实践，使得人们反抗资本主义城市化的压制功能存在可能。

第四章
政治

政治语言……能够使谎言变得真实，使谋杀变得高尚，使清风变得坚固。

——乔治·奥威尔（George Orwell）

引言：意识形态和资本

在本章中，我会深入分析在《城市形态》中已经讨论过的理论，提出“有什么样的关于城市设计的政治方法”的研究问题。作为城市设计者，“我们怎样看待所从事事业的政治层面。就算我们从未自问过这一问题，但是它会对我们有怎样的影响？”我们可以从葛兰西（Gramsci）对意识形态的定义中找到这些问题的部分答案。葛兰西把意识形态定义为有生命的价值系统，比如，在希特勒时期的德国，就算人们不知道法西斯是什么，成为一个法西斯主义者也是很容易的事。拥有某种意识形态并不代表理解这一意识形态。就城市政治而言，很少有城市设计者会承认自己具有空间的意识形态，并且在设计中会运用这种空间意识形态。亨利·列斐伏尔在空间产生中发现了意识形态和政治之间的同源性。

> 由于社会空间能够促进对社会的控制，它已成为一种政治工具……它巩固了生产关系和资产关系的再生产（如土地所有权、空间所有权、地理位置的层级顺序、网络作为资本主义运转的组织、阶级结构、实际要求）；它实际上等同于制度上和意识形态上的超级结构。这些超级结构并不以他们的本质为前提（就此而言，社会空间带有象征主义和意义系统的特色——有时候涉及过多的意义）；或者，社会空间呈现出一种中立的、无足轻重的、符号学的缺乏和空虚（甚至是缺失）的外在表象。
>
> （Lefebvre，1991：349）

戴维·哈维对此的描述更为简洁，“城市是一种构建形式，它来自社会剩余产品的运用、提取和地理的集中”（1973：238）。资本是系统的中心，即形式多样的资本占用了共同生产出的剩余产品和其他形式的利润，只有这样才能确保资本的永久性统治地位。有两种阶级是建立在这一基础之上的，即拥有资本的阶级和拥有自我劳动力的阶级。在这一系统之下，空间是资本的一种形式。跟其他资源一样，空间被商品化，并且像其他商品一样可以被用来买卖。因此，空间是强烈的意识形态，因为它允许任何形式资本的运作以及对社会再生产和资本积累条件的控制。将列斐伏尔和哈维的言论综合起来，就找到了政治层面问题的核心——社会空间是具有意识形态的，它关注空间，因此在某种程度上具有象征意义。虽然从符号学来看，二者之间没有任何相互作用。所以无形的成为有形的他谓。作为设计师，如果想理解我们所处的物质世界，那么必须首先清楚无形之物的本质。只有以无形之物的本质为基础，才能建造逐渐消失的历史环境。资本主义的意识形态系统比其物质创造更为长久。

然而，作为城市设计者，我们有权问这个问题：“我们为什么需要了解这个呢？”当然，这个问题的答案是，“我们不需要”。正如我上文所说的那样，就算我们不明白什么是意识形态，我们也能进行城市设计。作为城市设计者，我们可以继续为无形的市场服务，对其过失视而不见。但是，在这个过程中，我们选择把空间当作符号学的真空。或者，我们可以承认空间的政治/意识形态层面的存在，接受这一观点，它包括并且已经渗透到我们所做的事情当中，无论是我们的用于解决问题所需知识的社会生产，还是将符号学内容引入空间和空间元素中的方法，这些元素包括纪念物、建筑物、公共艺术、空间形态、街道名称等。正如我们在《拼贴城市》中所了解到的历史过程一样，在社会空间的使用层面，寻找政治和意识形态的框架并不意味着仅仅研究这些碎片。我们只有通过对资本主义方法清晰和明确的研究才能实现对政治和意识形态的追寻（或者以社会主义的方式，如在中国和俄罗斯）（Low，2000）。当然，早已有人将政治引入了城市肌理中，只不过并非由建筑师参与。研究方法是由整个系统决定的——意识形态、政治、使政治行动合法化的制度、使过程合法化的城市规划体系，尤其是城市空间和场所的设计。

下面，我将在资本主义政治经济学范畴内简单介绍一下城市政治学方法，关注那些为看似中立的设计理念和思想奠定基础的潜在的思潮。我所指的是为整个资本主义城市化提供信息的意识形态，以及那些从城市空间提取价值和剩余价值的方法。我并不是指政党是如何形成的，委员会是如何选举的，而是指资本如何通过城市环境，以什么样的方式为自己的扩张创造条件。在这一过程当中，我们仍然在研究基本的构成要素和资本主义系统进程之间的相互作用，即：

- 不同资本形式的运作（金融、工业等）；
- 在物质形态和城市变革过程中，用于剥削生产三要素的方法（土地、劳动力和资本）；
- 为了实现这一剥削所必需的基本经济过程——生产、消费、流通、交换、城市象征以及有效的城市管理系统；
- 增强和合法化生产资料私有化（资源、工厂、仓储等）的管理体系和意识形态系统，以及从城市环境中提取价值；
- 使城市含义在特定的城市形态中得以体现的符号学体系。

为了能够在具体环境中解释上述关系，在此我不会深入讨论资本的隐藏本质，而会在下一章节中具体论述。由于空间有限，一些副标题也会被省略。因此，对于那些想继续研究这一论题的人，我会推荐一些该领域的杰作（Cohen，1978；Berman，1982；Therborn，1980；Althusser，1984；Balaben，1995）。

城市政治议题

在资本主义市场经济体制内，土地和其改善的事物（如劳动力）可以像其他商品一样被买卖，二者合起来占据了国民生产总值（GNP）的很大一部分，国民生产总值来自土地所有权的积累。因此，土地和土地发展不仅仅应该被生产，而且应该在城市系统内被不断地再生产，对资本生命的延长是必要的。为了通过土地和其改善的事物实现资本积累的目的，这一过程不惜不停地破坏和修改城市环境。并且，它不仅仅是“添砖加瓦”，而是对整个土地发展系统持续性的重建（比如，通过扩建、再发展、再生、贫民窟清除、政治和行政区域的重新划定、非法占用地的制度化、新城建设、城市基础设施建设和拆除等方式，更不用提通过城市保护来再造历史）。我接受列斐伏尔的观点，空间既是物质概念，又是意识形态概念。它源于公民社会、国家和资本三者之间的动态关系（Poulantzas，1973；Miliband，1973；Frankel，1983）。由此产生的矛盾反映了人类利益的冲突，这种冲突一方面源于土地的市场分配，另一方面源于土地的政治分配。规划作为一种国家干预手段试图调解这种冲突，但是，资本系统的结构逻辑不允许剩余产品被平均分配，也不允许以公平方法解决阶级斗争。因此，“最坚硬的外壳总是落到那些没有牙的人身上”。

社会资本可以分为三种形式，每一种形式的资本在整个资本主义系统里都有独特的作用（Lamarche，1976）。首先，工业资本控制着生产过程和剩余价值的创造；其次，商业资本控制着商品资本的流通；最后，金融资本控制着货币资本的流通。拉马尔什认为还存在着另外一种特殊资本——产权资本——它的主要目标就是规划空间以减少资本主义生产过程中的间接损失。也有人认为，资本数量的减少涉及四种过度简化的现实。事实上，资本的数量应该跟企业的数量一样多，每一种资本都有其特殊的动态和运作模式。将社会资本分解为几个专门资本的过程中，产权资本不仅与土地规划有关，而且与土地改善事物的规划有关，所以它对于城市设计过程而言是非常重要的。上述资本在公共和私有企业中的功能已经在哈罗（Harloe 等，1974）和索特（Short，1982）的作品中得到清晰的阐述。尽管很容易认为，产权资本的收益源于经过建设过程提取的剩余价值，但是收益的主要来源却来自建筑面积的租金。因此，开发商的真正收入不是建筑物的建造费用和购买价格之间的差异（或者是购买价格和转售价格之间的差异），而是购买价格和建筑面积租金之间的差异。

由此而产生的城市形态反映了固定资本如何在建筑物中得以体现的方法，以及城市空间如何被描述。空间优势和舒适度反映土地价格和建筑密度，而且很大程度上，能够反映出大多数建筑物的功能性以及它们的物质条件。我们都深知“高端市场”和“低端市场”的含义。所以，资本以建筑形态的富有和贫穷作为物质表现，具体表现方法体现在马克思的“剩余价值的转化形式”，就是指建筑面积的垄断和级差地租、贷款利息和资本投资利益。此外还有两个基本规律，即来自土地的地租和来自劳动过程的剩余价值。如果我们把工作日分成两部分，必要劳动指的是工人在工作日中为自己工资而做的劳动，比如消耗的部分。剩下的工作日，工人就是在创造剩余劳动，这些劳动完全是为了资本利益，也就是劳动产生的价值超过了他 / 她所消耗的价值。这种剩余劳动价值的产生（剩余价值）是资本系统最基本的过程之一。

基于这些考虑，如果我们思考生产的基本要素，即土地、劳动和资本，那么很明显城市环境是被集体再生产的，但是在大多数情况下却被据为私有。并且，通过这种方式产生的利润被以土地和所有权的占有的方式提取。这些利润的产生是以不同的区位优势为基础，而区位优势的产生又依赖于建设形态和结构的地理分布。唯一不受此规律约束的是公有土地，即便如此，本应该归属劳动力的公有土地的使用价值也不是神圣不可侵犯的，正在被逐渐地私有化。因此，在建造城市时，建筑行业内部通过劳动过程产生大量的剩余价值。剩余价值的再生产是物质空间持续转变的产物。在通过这种方式产生的环境中，来自建筑面积的级差地租显然是主要的收入形式，但是必须通过地租概念来理解这一点。地租正是变形的剩余价值，因此，我将在后面章节详细讨论地租，把它作为整个投机系统的起点，因为“地租是阶级与土地之间关系的经济形式。因此，地租不是土地的所有物而是社会关系的产物，尽管地租可能受到不同的土地质量和可用性的影响”(Bottomore，1983：273)。

土地租金

“土地租金”概念在土地使用方面，尤其是高层建筑开发中占据了至关重要的地位。这是因为地租起到了联结政治经济学、空间定位和城市形态的作用。土地租金可以被定义为一种为了能够得到占有和使用土地的特权而向土地所有者支付的费用。土地租金要么代表花费在消费基金（花费在社会再生产上的资金）方面的利息，要么代表支付固定资本投资的利息。然而，新古典主义理论仅仅把土地、劳动力和资金当成生产的基本要素，却没有对三者的本质进行判断。马克思仔细区分了三者以及每个因素的作用。“资本 - 利润（企业利润加上利息）、土地 - 地租、劳动力 - 工资，这一公式包含了生产过程中的所有秘密”(Marx，1959：814)。它们保障了阶级系统的运作——工人永远都会生产多于他 / 她所需要的产品，而这些多余的价值就被私人剥夺，并且以再生产更多资本为目的的方式被再次投资。

马克思提出了三种形式的地租——垄断地租、绝对地租和级差地租，是土地发展过程中利润被剥夺的主要渠道或者方法。它们都产生于资本的二次循环，并会创造城市形态的特殊形式，其中最主要的形态之一是高密度开发。这种形态使土地所有人的利益最大化，也能反映出中心区域的土地价格。垄断地租属于土地所有者，他们可以针对土地的某些独特的或特殊性而收取垄断价格。哈维认为，马克思所说的垄断地租只能出现于“空间竞争中的实质性缺陷”中（1973：179)。绝对地租更难定义，因此哈维的定义确实有些让人难以理解（Harvey，1982：349—353)。绝对地租研究的是不足的问题（一种社会化产物）以及土地所有者以不足为基础榨取资本的能力，通过保留土地使其不被开发，他们从用于投机的未来利润中获利。拉马尔什在讨论绝对地租的形成时，说：

> 开发商的土地所有权使得他能够榨取真正利益上的租金。这对于他的租客而言是有利的。然而，土地所有者的所有权使他获得一种潜在利益上的租金，并被物业开发商变成现实。
>
> （1976：85）

级差地租可以分成两类。第一类级差地租是关于物业的特定场地优势，尽管这种场地优势不是所有者和开发商创造出来的。这种形式的租金是空间优势的级差性生产带来的，它有利于土地所有者，但是却不属于他的财产。这种情况可能产生于其他的临近地区私营企业投资者中，也可能出现在政府面对基础设施、快速公交系统、公共开放空间等投资的改善。住房代表着工资的集中，它也是商品购买中潜在的市场。因此，住房的主要作用在于通过使商业及相关用途的机会最大化，增加第一类级差地租。第二类级差地租是指某一特定开发区域内不同企业生产额外利润的能力。很明显，如果土地所有者能够通过购买临近物业扩大他的能力，那么第一类级差地租就可能被转化成第二类级差地租。同样显而易见的是，第一类级差地租的核心源于国家在交通设施方面的公共投资。商业控制区的扩展以及城市系统内部更大的可达性会在不伤害个人利益的情况下，给开发商们带来越来越高的密度、土地价格和利润。所有利用公共收入进行的空间差异的提升都会最终以土地价格的形式兑现资金，以土地租金的形式被占有。国家针对利润、工资和租金征收的级差税收有效地减少了这些数量。同样，折扣给劳动力用来购买公共住房的缩减租金通过减少工资价格而有效地补助了商品生产。

因此，公共住房租金对劳动者来说未必有什么大的益处；公共住房租金是资本的一种补贴，它减少了用于生存的必要工资。然而，显而易见的是，这种租金不属于上面讨论的四种租金中的任何一种。主要原因在于，用来支付这种住房的资金必须是“管制价格”而不是真正的租金。这是由于公共住房是受政治约束的生产环境，而且它不直接来于市场力量（包括资金、劳动力和利润的费用）。同样，公共住房租金代表的是支付消耗资金本身（为社会住房和设施而提供的资金以及其他的集体消费）的利息。这一原理正是新加坡和中国香港得以发展的保障，也是这两个地区经济发展的核心力量，对它们独特的城市形态和设计也有深远影响。以前见所未见的高密度的高层公共住房开发证明了在上半个世纪，资本家、开发商、银行、保险机构和金融机构攫取了大量的利润和剩余价值。

为了能最大化地从城市系统的利润中攫取资本，公共住房并没有干扰这一攫取过程，因为它是在所难免的，因此，公共住房应该具有自身所需要的特质，如：

- 公共住房不包括土地，土地干扰了各种形式租金的收取。
- 就绝对地租而言，它的存在具有附加条件：遍布世界的棚户区、不合标准的住房和重建区的存在也许可以证明拒绝将土地推向市场是合理的。这样就增加了收取土地绝对地租的可能性，比如，在香港，棚户区就被用来支持政府的高价土地政策。其中，政府以潜在的政治动荡局面为借口，保留土地使其不被开发。发展中国家的规划专家们对此也有责任，他们通过规划来实现对土地的保留，其中，待规划区域附近的土地受到规划过程中某些不确定因素的影响，比如，提议开发的主干道系统，由于受到政治、经济和其他因素的影响，变得不确定，由此就对所有周边土地的价格产生了影响。
- 当三种形式的基本租金被减少到低于利润率时，当城市区域劣势再次发生时，高度更高、密度更大的公共住房的开发才会发生。
- 以公共住房规定这一特殊方式有效地而且最大化地发挥城市系统产生多种形式租金的潜力。基础设施以及其他的费用被减少，投入城市系统中的投资产生的利润，可以在私营部门以差别地租的形式变现。劳动力被有效地掌控，由运输导致的额外费用，以日益增加的出行成本的形式，被转移到了消费者身上，这是不可避免的。

最重要的是，高层住宅代表着（至少在意识形态上）一种快速解决社会系列问题的技术“方法”，这些社会问题不仅高深而且具有地方性特色。从现有证据来看，无论从哪一层面考虑，这种独特的政治方法在解决所谓的住房问题时，似乎遭遇了惨败。不管是依据技术效率，提高健康标准，解决城市中心区土地使用问题，还是提供居民更大舒适性和更多心理安全感，这种方法都是彻头彻尾的失败。1972 年圣路易斯城的曾经获过奖的建筑——帕鲁伊特伊戈公寓的炸毁，就是这一失败的象征（Baum and Epstein，1978；Dunleavy，1981）。尽管在未来租客们的眼中，这种住宅形式不是很受欢迎，但是公共住房的可达性本身在租客的选择过程中被严重的政治化。这种选择尤其违背了社会中那些被剥夺权利的成员的利益，而使其他成员受益。为了能够确切地研究这种状况如何在一个制度系统中运作，这一制度能够使政治化的社会空间合法化，现在必须开始讨论资本、国家合法性和城市规划法律三者之间的关系。

国家和城市规划

在被我们称为资本主义的系统内部，社会是按阶级划分的。这种划分通过国家的行为和支持整个系统意识形态的运作方式得到强化（图 4.1）。因此，司法制度和其法规命令，以及由此而扩展的城市规划法律都可以看作意识形态。在这些观念中，资本主义的社会关系和财产关系，阶级的划分以及由阶级划分而带来的不平等，还有报酬、利益等不平等分配，都被合法化了。所有这些都是资本主义繁荣的基础。在谈论规划和设计以社会和谐为目的时，戴维·哈维在他名为“规划和规划的意识形态”的章节中谈道：

> 公共利益、失衡以及不平等是根据社会秩序再生产的需求加以定义的。这种定义方式清晰地界定了这种先进立场的局限。所谓社会秩序，不管我们喜欢还是不喜欢，无疑是一种资本主义的社会秩序。
>
> （Harvey，1985：177）

因此，尽管规划能够调解不同城市空间资本之间的矛盾，然而这种矛盾还是影响着整体规划的运作。正如我们在第三章中所讨论的，在整个等式中，城市社会运动的存在是对真实的回应，并随着新社团主义逐渐渗入国家结构以及规划政策和实践的逐渐私有化而被逐渐强化。

因此，为了达到其自身目的，国家创造了并重新使用了为城市规划服务的机构（这一点在 FOC4：83—89 中有所论述）。也就是说，中国香港和新加坡当局采取了不同的结构，并且规划运作方式也不一样（Castells，1990）。规划的首要功能就是管理，规划机构在不同的地方会以不同的形式出现，这取决于具体的意识形态系统。在新加坡，租用公共住房与退休金紧密相关，这种方法能够缓解影响 80% 人口的政治分歧和社会不安。在所谓的自由主义占统治地位的中国香港，最多达到 50% 的人口居住在社会住房，此种做法降低了支付给资本家和开发商的费用。政治经济学把规划看成是整个生产过程、商品流通过程以及劳动力有效再利用过程中的一种干预手段。当生产的剩余价值分配不均时，人们可以通过规划来控制由此带来的冲突。实施规划的核心是城市土地市场，它就像一个大型的赌场，在这里，土地和建筑物都已经被商品化，可以像其他货物一样被出售（图 4.2）。然而，就土地本身的性质而言，它在资本主义很少有价值甚至毫无价值可言。正因如此，人们才必须把土地的功能转变成城市化进程中所包含的功能：

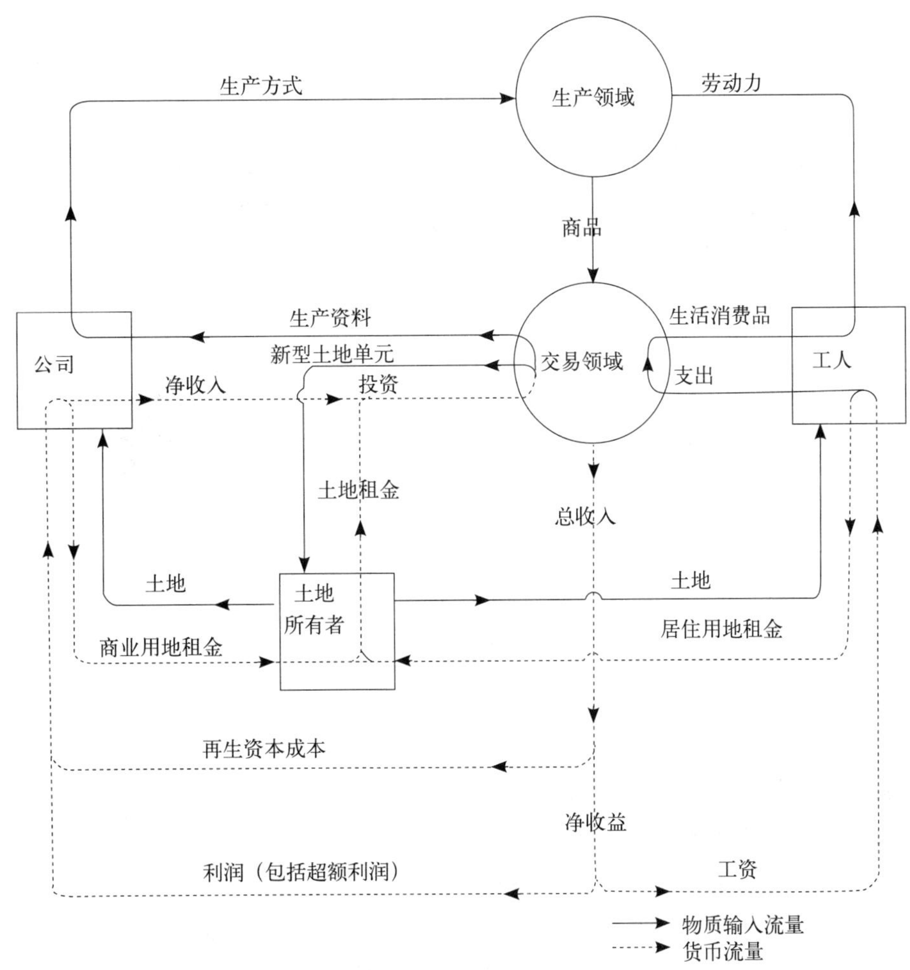

图 4.1　商业生产：资本、劳动和土地之间相互关系的简单模式

资料来源：A.Scott，*The Urban Land Nexus and the State*.London：Pion，1980，p.29，Fig.3.1

城市的土地只有一部分是由未经开垦的土地构成的，更确切地说，城市土地通过建筑物覆盖其表面，以基础设施为其服务（即生产方法和消费方式）而使其使用价值被无限提升。这样，城市土地的典型特质就是一种共同生产的级差区位优势系统……土地使用者们在不懈追求经济区位优势时，他们迫使这样一种土地使用结果的产生，即某一具体位置的土地只能为提供最高租金的使用者使用，而由级差区位所带来的利润则以地租的形式得以回收。

（Scott，1980：29）

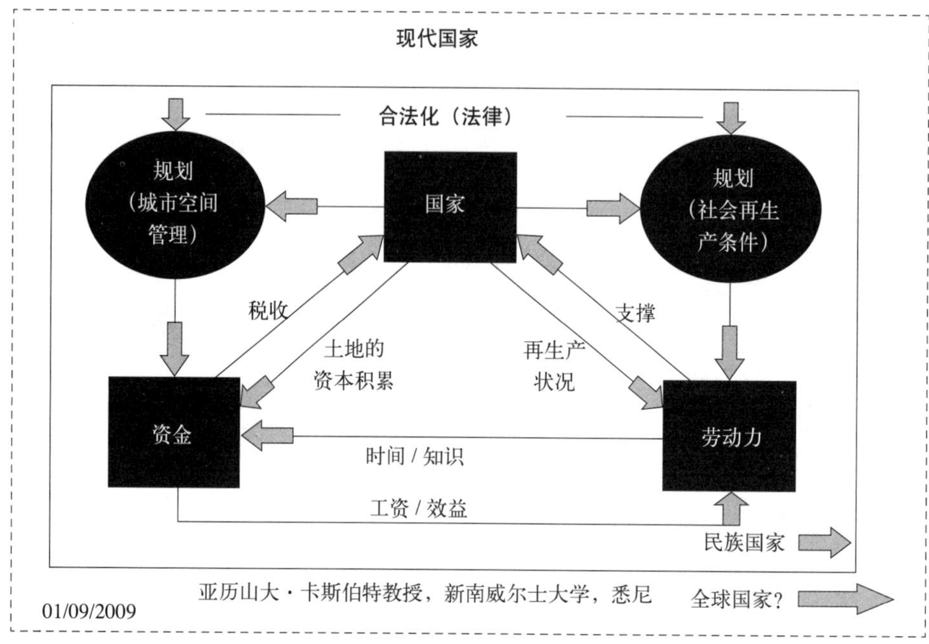

图 4.2 规划与现代国家
资料来源：作者

租金是从土地中攫取利润，这是资本主义特有的方法。由于在整个土地管理系统内，租金的本质是统一的，因此它受到所有形式的规划行为的影响并影响着规划行为，规划行为本身以对其自身的管理为宗旨。在城市内部，最高的租金存在于最中心的位置，通常发生在建筑密度最高的区域。城市通过不断的再创造和提升环境以便能够以更多的形式榨取租金，因此规划会受到两种机制的约束，即通过加大建筑密度提高可使用的建筑面积，以及通过提高可达性获取额外增加的利润。高密度开发现象的出现以及它们在城市范围的地理分布看来像是一些因素之间不断增长和增强的过程，这些因素包括：建筑面积、可达性、公共交通系统、规划行为、逐渐升级的开发密度以及资本投入。正如上文所述，差别租金的提取与开发商所拥有的建筑面积成正比。商品的可售性受内在因素和外部因素的影响（如区位、舒适性、效率、配置、价格等），并且，公共交通系统也是一个主要参数。通过对基础设施进行公共投资从而提高可达性这样的规划干预，增加了征收级差地租和绝对地租的可能性。由于政府和私营部门以各自的方式从土地开发中获得共同的利益，因此规划受到来自双方的压力。他们认为应该考虑通过放松规划的监控和约束（容积率、高度限制、空间和技术标准、保护等）增加建筑密度（即更多的建筑面积)。通过不断扩大基础设施规模以满足需求是一件自相矛盾的事，城市环境作为一种新的固定资本是资本再生产的一种障碍。荒谬的是，恰恰是这样的方法，以交通和建造形态的方式，满足进一步资金积累，也构成了对利润和投机抵制的物质框架。引用戴维·哈维历史性的评论：

> 资本以自身形象为依托创造了物质景观，作为一种实用价值，能够促进资本的逐步积累，这就代表了资本。由此而产生的地理景观是以往资本主义发展的光辉产物。然而，它也同时表明了死劳动(dead labour)对活劳动(living labour)的影响。正因如此，它以一系列具体的约束为手段，限制和抑制资本的积累过程。只有当受制于这些实物资产中的交换价值大幅贬值时，这些限制才能被慢慢地移开。
>
> (Harvey，1985：25)

加快城市区域内的发展，加强规划原则在这一发展过程中的作用，都是势在必行的，这些需求使得规划的可达性更难实现。人们对规划提出了更多新的要求，希望规划能够干预和调配更多公共资金，借助更加先进的技术方法运输材料、货物和人员（快速公共交通、移动人行道），因此规划的可达性、对建筑面积的需求、扩大资金积累的潜能和建造高度更高、密度更大的开发的可能性都将会逐步提升。这一场景在全球各大都市区正以近乎荒谬的方式上演着。规划行为并不是城市规划系统解决问题的协调者，它应该被当成是一种以投机为目的的调配方法。在面对不可思议的建筑面积需求时，这一系列事件也解释了为什么很多城市的中心区域是闲置的、被遗弃的或者是被不合标准的以及维护不良的设施所占据的。在大多数情况下，土地所有者们抑制城市土地开发，等待适宜的时机寻求绝对地租的最大化，与此同时，他们仍然能够从土地的使用中提取回报。

规划，不管是有意识还是无意识，以两种方式鼓励这一过程的发生。首先，如上文所提到的，如果规划允许城市中心区域的建筑密度不断增加，那么就会鼓励对城市土地开发的抑制；其次，通过投入大量的人力和资源“解决”由此带来的至今为止从未被解决的城市交通问题。从全世界无数个例子当中我们可以看出，交通“问题”是解决不了的，因为它直接联系着人口增长、商品生产和不可持续的城市规划实践。在这个过程中，规划管理由于缺乏储备基金，以至于不可避免地导致规划管理没有能力强制购买土地或者不能为城市再开发项目提供资金。由此产生的经济危机现在也没有离去，它迫使规划在一个不平等的基础上适应发展需求。规划已然成为新社团主义政治主张的牺牲品，别无选择不得不牺牲公众的利益。

不管我们如何看待规划，可以将它当作资本的代表，或是当作公共利益的倡导者，又或者看成是资本和公共利益之间的结合，我们都能识别出规划管理者的四个空间领域。第一是生产空间，私营部门通过剥削自然和劳动来生产商品以获取利益。在此空间里，劳动以工资的形式被买卖，它只占通过生产过程得到的剩余价值的一小部分。第二是流通空间，商品和人口依赖交通系统流通。第三是交换空间或者个人消费空间，商品和购买者之间会形成空间上的一致。在物质社会中，商品作为阶层分化的标志得以体现。与此同时，劳动创造的超额工资被重新投资到现有的商品当中，使整个系统继续发展。第四是集体消费空间，通过某种形式的房屋使用权或者提供健康、教育和福利设施、娱乐等方式，劳动力能得到再利用和继续教育，诸如有组织的宗教、政治立场甚至体育运动等形式的思想信仰在整个矩阵中作为自我平衡元素也被包含在内。另外，为了能够将人的行为涵盖到公共领域概念中，我们需要有第五种空间。当我们思考第五种空间时，我们应该考虑的正是下一节的主题，我将在下节里使用“第五空间”一词以及与之同义的“公共领域”。

公共和反公共范畴

> 在公共领域里，竞争是以策略为手段，而不是战争。
>
> ——内格特和克鲁格（Negt and Kluge：ix）

本着将主流城市设计与更广泛的设计相联系的精神，我们需要拓展思维，不能仅仅局限于设计城市空间，而应该着眼于最初导致这些设计的力量。为了能够做到这一点，在我们弄明白城市设计的实现方法之前，我们需要研究一下“公共”（public）一词。在此，我们必须分清城市化和城市化得以实现的空间。《新牛津英语词典》里把“领域”（sphere）定义为“活动、影响或存在的范围”，或者是“王国或领地的范围”，这两种解释我都会保留，保留前一个是为了用它描述公共的社会轮廓，保留后一个是为了描述公共所蕴含的空间影响和关联（公共范畴、第五空间）。问题是，关于第五空间是否真实存在的假设既是普遍的又是让人怀疑。而且，这一矛盾还伴随着另一个很难处理的问题，就是对第五空间的定义。毫无疑问，人们很难定义公共领域，这是由于公共领域的所有权、形式、管理、转换和本质是很复杂的（FOC4：89—100）。在此，我将会用“公共空间”（public space）这个目前在社会科学领域已经被接受的术语，指代街道、广场、公园、购物中心、步行区域、社区以及网络上的虚拟空间。

正如我在前一章中所说的，对于那些从事环境专业工作的人们来说，“城市”（Urban）一词很少被深入研究，它至多意味着“与城市有关的”。正是由于“城市”是城市设计活动的基础，缺乏深入研究代表了设计教育和实践的严重疏漏。不幸的是，“公共范畴”（public realm）也是如此。“公共”（public）以及意义一致的“公共空间”（public space）都被想当然地理解，并没有被仔细研究过。例如，在肯尼斯·弗兰姆普敦（Kenneth Frampton）的《1968年以来的建筑理论》（Architecture Theory since 1968）（一本80页的著作）一书中，提到公共空间的篇幅仅仅一页（2000：364）。由此可见，人们对公共范畴的建筑设计方面的知识了解甚少。尽管如此，对公共范畴的设计却仍然在继续进行着。虽然第五空间属于城市，它的异源性发展就是公共领域（public sphere），是政治活动和冲突的舞台。

在所有规模的聚居地发展过程中，无论是村子里的草坪，还是宏伟的巴黎林荫大道，公共范畴都可以用来描述一个空间概念，这里允许每个人在法律允许的范围内不受约束地自由交谈。在民主社会中，它也理应是一个任何合法观点都能被自由表述的地方，不管这种观点是政治的还是宗教的，人们可以无拘无束，不必担心被审查，也不必害怕。然而，这一假定的第五空间却很少有人定义或弄明白。人们如此的习惯于公共范畴形式的观念，以至于很少有人跨越这一假定，去求证这种领域是否真实存在，或者更为重要的是，很少有人去研究人类对于这种空间是否存在影响，如果有的话，会体现在对它的可达性、使用权、使用或者处理方面的影响。对于设计行业来说尤其如此，“公共范畴”出现在每天的用语中，每个人都明白它的含义，实际上这种情况很少存在。

“公共范畴”和我在上文中所提到的“城市”一样，更具不确定性。公共领域的社会形式与它的空间结构和设计灵感没有必要的或直接的同源性，不过很少有人将二者联系起来。从希腊的城邦到现今的虚拟网络空间，我们可以清楚地看出，如果超越了具体空间和文化的政治经济学，公共范畴就毫无意义。在任何年代，尽管各个时期的管理当局没能把自由活动的权利写进法律，然而人们在社会空间内的自由活动还是照样进行的。如今，我们生活在新自由主义政治和企业管治的年代，管理者把恐惧当成是一种控制人民的方法。他们认为这样做有利于保护自己的统治，如下文所述：

> 政府和企业在前些年缓慢地侵占公共领域。在过去的20年里，这种侵占发生了划时代性的转变……不论是从城市公园到公共街道，还是从有线新闻网到互联网博客网址，随处可见以增强公共安全和国土安全的名义对公共空间的压制。曾经仅仅被认为是有点反常的公共行为和受第一修正案（First Amendment）保护的公共行为，现如今却都很常规地被当成一种潜在的恐怖威胁。
>
> （Low and Smith，2006：1—2）

洛和史密斯（Low and Smith）提到了纽约的零容忍政策。这一政策已经延伸到世界上其他城市，它的副标题是“再生纽约的公共空间”（Reclaiming the public spaces of New York），这是联结政治活动和可接受的社会行为二者之间关系的实例（Katz，2006）。国家对公共空间的约束仍然处于时紧时松的状态，由此，我们认为公共范畴应该是不可剥夺的与持续的，这种想法也同样会飘忽不定。国家以保护投资为目的，通过立法和城市规划实践来保护私有空间。它通过基础设施支持、密度和高度控制、采光权、补偿程序等实现目的。正因如此，公共范畴才能沾上机会之光。在政治经济学看来，它是阻碍资本，尤其是财产资本积累的主要障碍。在发达国家，我们也许会看到政府在不懈努力地接纳公共范畴，而且成功的比率也越来越高。财产是资本主义企业的一部分，所有财产都必须商品化。所以，城市公共空间被削减正是这一过程的能指（Kayden，2000）。

从最根本来说，第五空间起到了联系前四种空间形式的作用。同时在城市环境中，它还起到了加强表现形式的意识形态作用，如历史、权利、艺术、科学、宗教等。因此，在问到“第五空间到底在哪儿”这一问题时，确实很复杂，也很难回答。如果我们继续追问，“谁拥有和控制第五空间”，是国家、私有部门还是“人民”？那么，问题就变得更加复杂，更加难以回答。如果我们还继续追问，“第五空间的作用是什么”，那么我想我们就可以暂停了，因为这一问题根本没有答案。类似没有答案的观念还包括权利、自由和社会公正。不仅如此，第五空间的所有权问题使得整个概念变得更加难以理解。从理论上而言，“公共”领域应该属于每一个人。也就是说，它的所有权不归属于任何一个人。就设计领域而言，空间问题是最为显著的问题，前四种空间形式都仅仅是描述性的，所以就空间单元而言，还没有涉及同质性问题。在二维空间内大量的土地使用中，在三维空间的建筑形式中以及在四维空间内的分解和取代中，生产空间、消费空间、流通空间和交换空间彼此相互交叉，同时这四种空间又与公共空间相互交叉。我们可以用三维的象棋比赛来描述这一过程。但是，与象棋相比较，象棋中的棋子只有一种空间作用，而城市设计中的五大空间除了空间作用以外，还具有意义、价值、权威、权力和差异等。

在过去的 50 年，关于公共领域的经典著作要数哈贝马斯的《公共领域的结构变化》(The Structual Transformation of the Public Sphere)(1989)。这一著作最初于 1962 年以德文发表。10 年之后，奥斯卡·内格特（Oskar Negt）和亚历山大·克鲁格（Alexander Kluge）创作了另一部有重大影响的关于公共空间的作品《公共领域和经验：关于资本主义和无产阶级公共空间的研究》(Public Sphere and Experience：Toward an Analysis of the Bourgeois and Proletarian)。哈贝马斯在他的作品中论述了公共领域这一概念的演变，他采用了政治经济学的方法分析公共领域发展过程中的变化，按照时间的先后顺序描述了从古至今的生产方式。内格特是哈贝马斯的学生，而克鲁格则是西奥多·阿道尔诺的学生，据说，内格特和克鲁格的研究方法采纳了哈贝马斯的最初观点。哈贝马斯和阿道尔诺一样，关注文化和大众传媒的影响。他们把文化和大众传媒称为“意识工业”(consciousness industry)。哈贝马斯的作品如今看来有些过时。这是由于自他的著作发表以来，社会无论在理论方面还是社会生活方面，都有了巨大的发展。因此，相对于哈贝马斯对于公共空间略显精心的陈述，迈克尔·华纳（Michael Warner）在他名为《公众和反公众》(Public and Counterpublics)(2002) 的书中介绍了反公众的概念。这一概念的引入为种类繁多的公共空间增添了色彩，提供了一种更加多样的、涵盖性更强的研究方法。这些在传统的公共空间分析中是没有的。除了这些作品以外，其他的作品也意义深远，尤其是阿伦特（Arendt, 1958)、森尼特（Sennett, 1986)、弗雷泽（Fraser, 1990）以及卡尔霍恩（Calhoun, 1992)。

哈贝马斯的方法把公众的多样化问题当成一种语义学上的问题。他认为，公众多样化的产生是由于人们在特定的历史时刻，用特定的术语描述公共。他还频繁地借鉴法语和德语的术语来描述这两个国家的发展，这些发展在某种程度上重新定义了公众这一概念。他注意到，每种语言中都存在相似的术语（publicité, Öffentlichkeit, Publicity)，这激发出了他的一个想法，即在 18 世纪初期就已经存在公众这一概念了。马克思认为，中世纪社会关系的解构以及封建社会向资本主义社会的进化导致了民主社会的产生，在封建社会向资本主义社会进化的过程中，现代资本关系得以确立。他把公共领域定义为第四维度，与之相呼应的为国家、市场和被他称为亲密的家庭领域。区分公共领域(public sphere)和公共范畴(public realm）最好的例子很可能就是公元前 500 年的古希腊城邦（polis）和市场（agora）的关系。尽管当时空间并没有被商品化，但是作为公共具有更大的相关性。然而，城邦和市场之间的关系反映出了公共领域的权利与进入或者有权使用公共范围二者之间的关系：

> 在城邦中享有的权利具有高度的局限性。这种权利只局限于一小部分有特权的阶级，即自由公民。其他的很多人都被排除在外，比如妇女、奴隶和众多的普通百姓。同样的，市场的公共性也是受限制的（虽然以不同的形式），并按照不同的等级划分。这反映出当时盛行的社会关系以及社会的不平等……公共空间，一方面与所谓的代表民众的国家不同，另一方面又与民主社会和市场不同。
>
> （Low and Smith，2006：4）

内格特和克鲁格在《公共领域和经验》的引文中陈述说，在古典资本主义中，产权的公共领域应该包括反公共领域。这种反公共领域并不完全局限于资本家的利益，也包括其他的公众利益。他们还研究了劳动力的缺失，发现在抵制公共空间的同时，劳动力自身也存在矛盾，这是由于公共空间也是由劳动力构成的。另外，传统的（资本主义）公共领域通过公共和私人领域二者的关系表示。资本主义公共领域已经被许多工业化的公共生产领域覆盖……“这些公共生产领域包含私人领域，尤其是生产过程和生活环境。因此，并不存在与公共领域类似的物质”（Negt and Kluge，1993：13）。他们进一步详细论述了这种新的公共领域：

> 传统形式的公共领域，诸如报社、官邸、国会、社团、政党，它们都依赖于准工业艺术的生产模式。相比之下，工业化空间，如计算机、大众传媒、媒体企业联盟、企业集团和利益机构的法律部门与公共关系的联合部门，以及通过生产实现自身公共领域转型等，这些都代表了一种更优越的、更组织有序的生产水平。
>
> （Negt and Kluge，1993：14）

有一件事情可以确定，那就是公共领域、反公共领域和公共范畴三者之间持续不断的相互影响、发展和进化。如果用空间术语描述，它采取多种形式，从家庭生活的隐私到土地和生产资料的私人占有，以及在虚拟空间中土地的购买和出售。许多城市的公共范畴指的是保留下来尚未被开发的开放空间，正因为如此，它持续不断地面临开发的压力。这种开发的压力如此之大以至于实现公共空间的目标看起来并不是一个荒谬的想法。企业权益的渗透至少体现在五个维度：第一，诸如沙滩和湖泊、公园、花园、体育设施、航道、废弃的机场和码头区，为了园艺或动物的利益而保留的区域、自然环境保护区等，它们之前被认为是公共领域的一部分。这一维度也并非局限于发达国家，在发展中国家，这种对公共领域的掠夺也在进行着。最近，《卫报周刊》（The Guardian Weekly）的一篇文章揭露了让人难以置信的进程，文章提到了柬埔寨，在那里再次发生了波尔布特式的社会替代，虽然这种替代并没有种族灭绝。在 18 个月的时间内，几乎半数的国家财产被卖给了个人，“导致国家的社会架构像线筒上的线一样松开了”。这一过程始于导致 2008 年末美国次贷危机的流动资产，次贷危机使得风险资本另寻其他机会，包括通常被认为属于公共空间的大量的柬埔寨海岸线。尽管它们之前已经被标明为“国有公共土地”，是不能被实物交易或开发的。

第二，利益集团向“公众”捐赠城市空间，换取各种形式的开发权利、奖金或者交易，当获取上述收益后，这些城市空间就会逐渐被利益集团控制（Cuthbert and McKinnell，1997）。这一原则同样适用于空间权、地下通道、过街天桥、建筑物之间对公共空间的联结。第三，所有商品生产中心的公共空间，如购物中心、大型购物商场和步行区域，通常受到投资权益的控制或者开拓。第四，所谓的“公共建筑物”之间或者内部的连接区域被私人部门的展览、陈列、销售点和其他非公共的设施永久地占据。最后，私营企业通过电子媒体和真人监控的形式对公共空间施行监视和管理，也是一种新兴产业。自“9·11 事件”之后，新增了很多安全方面的建筑术语。迈克尔·华纳指出，公共和私有两个术语之间相对的含义有多种体现形式，也正是由于这些差异化的形式，才会出现“公众”这一术语过多出现的现象（表 4.1）。

在之前关于香港的出版物中，我已经研究了公共范畴的不同体现形式并评论道，公共范畴最核心问题就是关注“权利”的原则。也就是说，相对于实际拥有的权利，人们应该从社会中获得怎样的基本权利（Cuthbert，1995；Cuthbert and Machinnell，1997）。反过来，权利的本质又与其他如自由、平等、公正、责任等相关概念紧密相连。尽管人们期望拥有活动和集会的自由，以及提供这些活动的空间，他们把这些当成是一项基本人权，然而，事实显然并非如此。法国（1789）和美国（1791）的人权法案都受到了《大宪章》（Magna Carta）（1215）的重大影响。自那以后，仅有芬兰（1919）、中国（1949）、印度（1950）、加拿大（1960）、新西兰（1990）以及南非（1996）等九个国家采用了人权法案。所以，不管从公共范畴的现状还是从它的形式来看，公共范畴都不能被当成一种权利或遗产。

公私关系 **表 4.1**

	公	私
1	对所有人开放	对一些人限制
2	付费进入	关闭，即使能够付费
3	与国家相关，现在通常称作公共群体	非国家性的，属于公民社会，现在通常称为私人群体
4	政治的	非政治的
5	官方的	非官方的
6	普遍的	特殊的
7	非个人的	个人的
8	国家或大众的	组织、阶级或区域
9	国际的或普遍的	特别的或有限的
10	以物质的观点	隐藏的
11	家庭以外的	家庭的
12	以印刷品或电子媒体流通	以口头或手稿的方式流通
13	广为人知	被传授
14	承认并明确	隐形的和含蓄的
15	“世界本身，因为这是我们大家所共有的，并可以从私人所属的场所中区分出来”（Arendt，《人的境况》）	

资料来源：M.Warner，*Publics and Counterpublics*.London：Zone，2002，p.29

结论

鉴于以上讨论，我们可以清晰看出，当城市设计师、景观建筑师、建筑师、规划师和其他人在设计公共空间时，最不应该考虑的就是运用什么样的设计技巧。首先，我们需要抓住构成我们空间和形式理念的哲学思想，这样我们才能对项目定位做出更加训练有素的推测。我们需要明白，在第五空间中存在很多反公共空间，它们的存在代表了公平和社会公正。尽管公共空间和城市空间之间可能存在重叠现象，但是，这种重叠并不一定是同源的体现。因此，构成公共范畴的不同类型的公共和反公共空间、空间种类和体现形式之间的关系具有偶发性。尽管如此，泛泛的归纳有其合理性，如上文提到的五种空间类型——生产空间、消费空间、交易空间、管理空间和作为公共范畴的第五空间。虽然如此，这五大空间也是相互交错、以不同的方式融合在一起的。对于设计师而言非常重要的是，尽管第五空间一般被认为是私人的公共范畴，它也代表了资本主义公共领域、资本和国家的意识形态。与其他四种形式的空间不同，第五空间有一种独特的性质——它是一种空间，在这里，政治、意识形态和文化被物质性和象征性的结合起来。这也正是我们努力实现的目标。

第五章
文化

文化研究可定义为对生活的方方面面进行跨学科、批判性和历史回顾性调查，尤其侧重对抗性问题，也就是个人和团体为应对支配结构所实践的方法。

——本·海默尔（Ben Highmore）

引言：资本、文化和符号

1975 年之后的这段时期，文化与生产经历了从过去分离状态进入大转变的过程。一些人认为，马克思主义的经济基础与上层建筑间的差异已完全消除。随着《文化工业》（the culture industry）（Scott，2000）赋予了文化新意义，它如今正被快速吸收到生产领域中。但问题是，"当代文化生产的逻辑组成中最令人困惑的一个特点是只要确保了利益性，文化的价值和偏好就不确定了——总之在一定程度上是这样"（Scott，2000：212）。这样的活动提供了影响人类生活所有方面的商品化的基础。于是，一个文化概念产生了，即在个性层面上，"几乎不意味着耀眼的白牙和远离体味和情绪之外的任何事物"（Adorno and Horkheimer，1979：167）。

融入生产的文化幽灵、必要的社会阶层转移及欲望对需求的取代都表明了德波（Debord）的观点，"所有直接存在的事物都转移为一种表征"（Debord，1983：2）。商品化流程正逐渐代替传统文化进程，即社会变成了取代人类正常情感需求以让步于商品化的态度、价值、物体和象征的符号系统。因此符号成为交流的主要方式和社会关系的生动媒介。正如我之前提到的那样，商品不再是一种物质，而是社会关系。物品的使用价值很明显是物质的，但商品本身却是象征性的，包含着调和买卖方之间、使用价值与交换价值之间、品牌和形象之间、符号和能指与所指之间等几大关系的代码。

我在《城市形态》（FOC3：65—69）一书中已经详细地描述过这些概念，但简而言之，文化及其组成部分（如语言、建筑、食物和衣着等）可以阐释为它的物质性作为符号代替其他事物（情绪、想法、欲望和人生观等）的交流形式。而由于这些符号具有系统性，因此可以被解码，即它们能被文化包裹（在 1993 年期间）。符号包括形式（能指）与想法（所指）的统一。假如我能调换罗兰·巴特的例子，那么雅典的帕提农神庙（Parthenon）就可以用来代表民主。当它如此表示时，帕提农神庙则成了调和建筑（物体）和民主（所指代的）之间关系的符号。这一关系作为既包含媒介（建筑物）又包含信息（民主）的符号锁定在帕提农神庙中。由于文化可被定义为“想象与含义的集合”，从而资本更加向交换的方向转移，产品通过广告和“有品位”的社会性论述变得更加强烈地具有象征性。根据产品的社会地位以及成本和稀缺性，价值被赋予到产品之上。产品和服务开始吸引可附在所有者身上的象征价值。随着象征价值取代使用价值而越来越频繁地被购买（Lewis，2002：6；Jensen，2007），作为品牌化，这一过程成为自耗（self-consuming）。在城市领域里，它已经开始界定城市政策和发展战略（Greenberg，2003；Kumic，2008）。

若没有这些关系禁锢在商品中，我们所了解的资本主义将会瓦解。基于此原因，鲍德里亚德最终得出结论，没有比文化更能使符号组织现实。基于此原因，万物都可以理解为“与文化有关的”。事实上，他指出“文化就是符号的生产和消费，直到符号也开始制造文化的过程”（Kumic，2008：122）。他接着指出，作为结果，物品和符号或品牌之间产生了角色转换。当一般人认为品牌和符号被设定在销售物品时，实际上，却是品牌正在被消耗。物品消失的程度可以体现在最近对“世界上最热门的型号之一”的一个描述。她（指的是 Catherine McNeil，澳大利亚超模——译者注）被 Seafolly 泳衣公司描述成“Seafolly 公司成立 33 年历史中签约的最具影响力的品牌大使，也是该国际品牌一次成功之举”（Hoyer，2008：9）。就本身而论，个体已经消失，取而代之的是作为商品的一个能指和品牌的一个假象。若在城市设计背景下应用，晚期资本主义的空间逻辑创建空间和场所也是为了支持品牌和整个受文化影响的商品的生产。

布尔迪厄认为，商品的物质消耗可从物体解放出来成为象征性交换，其中大量的符号被嵌入在物质产品和服务中，因此：

> 有品位地选择和消费产品被用来作为特权个体和群体的社会符号。一件产品的选择和价值展示就必然能暗示出象征性地位的人们的消费以及他们的日常生活方式和实践。
>
> （Lewis，2002：268；Tolb a *et al.*，2006）

回归基本，这意味着一个人所在的社区也是一种象征性构造，其中品位、品牌和形象是全覆盖的并构成拟像——仿制品的仿造，其中符号价值可以与使用价值匹敌，甚至超越后者。这在新城市主义社区尤其如此，品牌证明了符号的真实存在。鲍德里亚德认为符号的调解变成了主要的现实。

城市的象征性

前一章论述了城市政治的意识形态。但意识形态不仅体现在延伸到城市环境的三维属性，延伸到作为元素的建筑物、空间和纪念物中，同时也延伸到具有更为复杂性的综合体中。尽管政治上所认可的对于国家成就的解读十分丰富，但社会层面的父权、种族主义、排外和操纵等阴暗面通常都寻不到踪影。

所有国家都试图再现自身历史认可的意识形态，有一些将历史事件叙述为理想化版本，就像印加人一样。历史通常被书写成占支配地位的权威所希望看到的那样而非由那些共同参与创造历史的人们所体验的过程。作为一般性规则，男人和男性价值也处于统治地位。当女性出现时，更频繁地被用做强化男性价值的支撑，比如，伦敦唐宁街旁边的第二次世界大战女性贡献纪念碑（图 5.1）。不仅对妇女和儿童的纪念物很少能见到，反抗国家压迫以及反抗对个人和组织侵害的纪念物同样很容易就被擦除。同样的情况也发生在外部战争行动上，殖民主义对于那些因宗教、哲学或仅仅是让统治精英感觉不爽的皮肤颜色就实施的少数群体大屠杀，战争中对自身民族的大屠杀称作民族主义。因此很少能见到社会、政治和性别平等这种超常的景象发生，或引用让·保罗·萨特（Jean Paul Sartre）的名言“他人即地狱”（hell is other people）。我们可以从另一句引言中看到更多，它将文化与死亡和变形的概念紧密联系：

> 因此，对于马克思来说，继承一种关系的变革不得不与死亡（与逝去的人）一同建立。环顾我们的城市，我们持续面对逝者的塑像——官方悼念和纪念的政治家、发明家、英雄、战士等诸如此类的人物塑像，还有对在战争中逝去的人的纪念。然而那些未被悼念的、未被承认的死者，那些或许破坏了公民自豪形象的死者却都消失了。
>
> （Highmore，2006：170）

图 5.1 第二次世界大战中的妇女纪念碑，雕塑邻近伦敦唐宁街
资料来源：作者

对于未被社会承认的反英雄角色——邪恶的独裁者、企业诈骗犯、腐败的政客、富有争议的作者、流氓、连环杀手及其他恶棍无赖也是一样。于是我们的第五空间里仅仅居住着好人、成功人士、无可非议的人物、聪明人、圣人和道德高尚的人。这个空间清除掉了大部分责备和批判性的自我反思，因此，很大程度上也没有责任和正确的道德评判，纪念物所刻画的并不一定要表达我们了解和经历的内容。当然这也可以理解，但同时，这是对社会深刻的意识形态和不诚实的描画。因此，为了理解包含在第五空间内的所有表征，需要将它们解构为不同的层次披露其符号学内容——从历史发展、现行价值、权力到国家及其敌人的政治托词，再到贯穿整个城市空间里相关表征的网络。因此，第五空间设计的首要原则，就是要在特别社会和一般文明上，建立一个已经表达和未表达此种言论的真正的雷区。

丰富的纪念形式包含着复杂多样性，从庞大的建筑物到小尺度的雕塑，其纪念物的物理尺寸与其重要性并无必要的联系，诸如宫殿、教堂、战争纪念碑、凯旋门、新月（伊斯兰教象征——译者注）、林荫大道、方尖碑、塔楼、雕塑、纪念艺术品、喷泉以及宏大建筑的特殊元素。紧密关联是公共艺术的概念，我将其视为非政治性的，因此不是我所采用的术语的纪念。若公共艺术是由私人机构资助，通常是出于自身的扩大或呈现一种使现实失真的目的。若是由国家资助，则通常是为了娱乐价值，对市民大众起到催眠剂的作用。我认为公共艺术与纪念碑艺术在两个重要维度上有所不同，尽管它的界限是模糊的。首先，公共艺术与纪念碑含义的不同之处在于更大的抽象意义，正如其他形式的大众媒体。比如，公共艺术是由私人机构捐献或要求作为机构发展特权的一种补偿。如美国加利福尼亚州的“百分之一为艺术”政策（one percent for art），即在城市商业区内主要建筑物的所有者必须留出 1% 的建设成本用于满足公共艺术实现装饰和娱乐的需求。其次，纪念碑艺术首要的意识形态功能表现为建立国家地位、保持宗教信仰、推广道德伦理价值及尊重科技进步等。纪念物艺术与公共艺术之间的差异难以界定，一个很好的例子就是理查德·塞拉（Richard Serra）名为《倾斜的弧》（Tilted Arc）的雕塑。由于作为公共艺术品的雕塑产生了如此之多的公共讨论，最终它被从曼哈顿移走了（FOC4：98）。

因此，我将采用“纪念物”作为概念的界定，即任何用于建造第五空间的物质世界的物体，尽管它的首要功能是“意识形态”。人们会立即想到诸如巴黎的埃菲尔铁塔、伦敦的纳尔逊将军纪念柱、哥本哈根的小美人鱼铜像（图 5.2）、爱丁堡的沃尔特·斯科特纪念碑（图 5.3）、鹿特丹的奥西·查德金雕塑（图 5.4）、罗马的维托里奥·伊曼纽二世纪念碑（图 5.5）等不计其数的例子。然而，纪念物分类方法具有与其他分类同样的问题，无论是形式、物质、历史位置、设计、内容还是其他品质。纪念物的绝对多样性蔑视自身意义的任何简单分类方法，很少被尝试应用。更多与考古学领域或古代纪念物有关，属于纯功能性范畴。

也许在更为广泛的分类方法中最值得尝试的是维也纳纪念物分类。它是基于 1973 年签订的《维也纳协议》，并包含在标题为《内部市场协调办公室比喻性分

图 5.2　小美人鱼铜像雕塑，位于丹麦哥本哈根码头的入口处
资料来源：© Lucjan Podstawka/iStockphoto

图 5.3　沃尔特·斯科特爵士纪念碑，爱丁堡王子大街
资料来源：© John Pavel/iStockphoto

类手册》(2002)之中。第 7.5.1 节作为整个协议的一小部分提出了 10 种纪念物类型。整个分类系统达到 66 页，主要针对知识产权和商标。因此，其全部关注点是在经济层面，并没有建立任何有关价值、评判等定性系统的意图。它并不是将物体从美学或文化保护角度来进行分类，而是勾勒出商品化财富的心理和物质世界的潜在界限。所有物质世界的资本积累来源几乎都在单一结构下进行分类。同样地，联合国教科文组织（UNESCO）将纪念物包含在获得世界遗产地（World Heritage Site）奖的具体场所分类中，并被 1972 年协议保护。这里包括威尼斯、摩亨佐·达罗（印度）、婆罗浮屠（印度尼西亚）、波斯波利斯（伊朗）、德尔斐（希腊）、阿布辛巴（埃及）（图 5.6）等地方。所有分类包括森林、纪念物、山脉、湖泊、沙漠、建筑、综合体或城市。2005 年前，在具有突出的普适价值的大结构下，建立了将文化和自然分离的标准，但这种分离已不再被认可。到目前为止，已经建立了 10 个标准，无疑是为了摒弃在两种性质间的人为分离，并且：

图 5.4 奥西·查德金雕塑，被摧毁的城市，鹿特丹
资料来源：AKG Images/Bildarchiv Monheim

- 能在一定时期或世界某一文化区域内，对建筑艺术、纪念物艺术、城镇规划或景观设计方面的发展产生重大影响；
- 能为一种已消逝的文明或文化传统提供一种独特的至少是特殊的见证；
- 可作为一种建筑或建筑群或景观的杰出范例，展示出人类历史上一个（或几个）重要阶段；

图 5.5 维托里奥·伊曼纽二世纪念碑，罗马
资料来源 : © Luis Pedrosa/iStockphoto

- 可作为传统的人类居住地或使用地的杰出范例，代表一种（或几种）文化，尤其在不可逆转之变化的影响下变得易于损坏；
- 与具特殊普遍意义的事件或现行传统思想或信仰或文学艺术作品有直接或实质的联系（委员会认为该标准最好与其他标准结合使用）；
- 包含最优秀的自然现象或特殊的自然美景和美学重要性的特殊区域；
- 可作为地形发展的杰出范例，代表地球历史的主要阶段，包括生命记录、有重大意义并仍在进行的地形学过程，或者有重大意义的地形或地文特征；
- 可作为陆地、水域、海岸、海洋生态系统和动植物信息的进化和发展的杰出范例，代表有重大意义并仍在进行的生态和生物过程；
- 包含对生物多样性就地保护最重要的和有重大意义的自然栖息地，包括那些从科学或保护角度具有重要普世价值的濒危物种。

（www.answers.com/topic/world-heritage-site）

除了保护，主要的动力还是经济发展，被指定为世界遗产地的荣誉可以认为能够促进地区的旅游业和发展。但自相矛盾的是，这也是极其可疑的命题，因为收益是完全无法保证的。同时很多案例表明，这些为人所知的地点也遭受了损失(Tisdell，2010；Tisdell and Wilson，2011)。还存在许多其他的分类形式，但处理

图 5.6 阿布·辛巴神庙，埃及
资料来源：© Vincenzo Vergelli/iStockphoto

这些通常需要更为专业化，如考古遗迹、中世纪城堡、地质构造和意义重大的教会场所等。

可以认为，能够经得起时间考验的、最著名的纪念物分类方法是阿洛伊斯·里格尔（Alois Riegl）在 1903 年关于纪念物的具有重大意义的研究（Riegl，1982）。他将纪念物分为目的型和无目的型，就好像展望式与回顾式文化记忆之间的区别。目的型纪念物是指对那些历史记忆或回顾、纪念一些历史事件的关注，包含他所说的纪念价值。里格尔认为此类纪念物是文艺复兴前唯一已知的类型。无目的型纪念物是指那些其含义由观察者的感知决定而非雕塑者、建筑师或其他建造它们的人。这类纪念物包含年代价值、艺术历史价值和使用价值。表面上，尽管两类看起来一样，但年代价值涉及氛围和真实性的概念，而艺术历史价值则将美学性质和人类发展的表征相结合，使用价值涉及物体可能具有的功能性特性。里格尔认为，艺术价值和历史价值间的区分在 19 世纪时是被排斥的。当时，纪念物很明显同时具有两种性质。只有努力克服某些相关性，才能理解纪念物的心理学、文化和政治等方面的影响，因为它们包含了人类历史和意识的每一个方面。

因此，我们可以认为纪念物的语义内容包含一种被理解的形式，这种回忆在人类实践和变化的历史条件中不断被转译。我是说不仅物体具有政治功能，而且它成为相互关联的符号系统的一部分涵盖包括城镇和城市的整个城市地区。纪念物很少与其嵌入其中的空间和文化分离（尽管很明显纽约的自由女神像是个例外），然而在整个系统中最主要的一个特点是纪念物承保了传统的资本主义价值，并呈现大多数愿望的虚假表征。自相矛盾的是，这并不是要暗示什么阴谋，就在任一符号的本质中，形成了大量能够给予和接受的解释以及扭曲的信息交流的原则（Canovan，1983）。不用说，这样的扭曲也可用于产生不同的效果。此外，正是个体本性去支持俘获它们的整个系统，正如上文提及的希腊建筑，作为一个活生生的价值系统，对意识形态的限定恰恰具有非常模糊的轮廓。建筑物频繁对我们说谎的事实引发了这种情况，在建筑形式上可接受的准则可能经常显示虚假的真实。这正是城市公共领域中所有纪念物的本质。

纪念物与保护程序密切相关，因为同样的价值系统和意识形态实践总是彼此提示。在核心经济中这是确定无疑的，但它对于殖民地人民来说具有更大意义。在研究关于香港的保护文章时，《南华早报》中的一篇文章强调了我所涉及的政治内容。一名心存愧疚移居海外的人士提到，

> ……殖民建筑的最佳示例是野蛮文化的遗迹，自然环境保护主义者最好将努力集中在尤斯顿火车站或罗马广场，然后留给中国人决定他们文化的一部分内容是什么或不是什么。

几周后一位当地的中国专家接受了挑战，决定“所有让人想起过去殖民历史的建筑都应推倒拆掉”（Cuthbert，1984：102—112）。这似乎对纪念物也是一样真实的，匈牙利在俄国人离开后也产生了相似的共鸣：

> 在布达佩斯，市议会已经移走了二十几座纪念物，包括马克思和恩格斯的雕像。参加 1956 年起义的退伍军人也参与其中。但红军纪念碑却仍旧保留在城市的一个中心广场上，不过要始终在警察的保护下（图 5.7）。
>
> （Johnson，1994：51）

尽管第五空间是人们互相交流、体验城市所有复杂性的场所，但它也是城市

图 5.7　苏联红军纪念碑，匈牙利布达佩斯中心广场
资料来源：Peter Erik Forsberg/Age Photostock/Photolibrary

冲突的中心和主要的表达地点。在这里，意识形态有了具体而实际的形式。城市肌理的每一部分都能传递意识形态的意图，无论它变得有多贫穷或支离破碎。城市形态是储存和传递突出价值的媒介，在这里故事得以传递，个人得到赞扬，国家地位得以建立，国家的制度权力、军队和有组织的宗教都得以具体化。纪念物所在地以及其他纪念物和空间的扩展与纪念物本身同等重要。纪念物可纪念世界任何地方或同一个地点发生的事件。由于它们可以传递历史记忆，因此可能被复制成无数的形式遍布乡镇、城市和国家，比如，纪念1939年至1945年间的第二次世界大战。城市街道和广场也同样可以标示出无数内部政治斗争的确切地点，在那里，政府被推翻、抵抗被粉碎、个人遭到屠杀、建筑物被损毁。因此，公共领域也是集体觉悟、传统、关联与冲突的地点，是社会愿望和历史发展的象征性共同体。

纪念物和设计

尽管纪念物是城市设计师作品集中重要的一部分，但纪念物的重要性和意义却很少有人去探究，他们更愿意以存在二维欧几里得几何中的实践作为参考点。轴线的概念成为城市设计方法论的中心，纪念物常常作为焦点起始或终止于轴线。它起源于古代并已经实践了几个世纪。轴线、方格网、街道、广场和纪念物是西方城市设计最为主要的元素。在伦敦1666年大火过后克里斯多弗·雷恩（Christopher Wren）的伦敦重建规划（1667年）（图5.8）、托马斯·霍姆（Thomas Holme）的费城重建规划（1683年）、詹姆斯·克雷格（James Craig）的爱丁堡新镇重建规划（他从竞赛中获胜时年仅22岁）（1766年），都是这些原则的历史性融合。近期的例子包括沃尔特·贝里·格里芬（Walter Burley Griffin）的堪培拉规划（1913）和利昂·克里尔（Leon Krier）的卢森堡方案（1979年）。但奥斯曼男爵（Baron Haussmann）对于巴黎的规划或许是这一原则的集大成者，纪念物构成了他1853年轴线规划的基础，规划始于60年前（1793年）拿破仑一世。在这一规划中，最突出的例子就是始于星形广场（Place de l' Étoile）（即戴高乐广场——译者注）的5公里长的轴线。直到1990年，由约翰·奥托·冯·斯波莱克尔森（Johann Otto Von Spreckelsen）设计、110米高的拉德方斯新凯旋门（La Grande Arche de la Défense）的建成，这一轴线才完成。位于星形广场中心的凯旋门很引人注目，它是对战争的纪念并因罗马皇帝战胜对手而命名。

物理尺度的表达功能在设计者的词汇中也非常重要。有关宏伟的联想包含在纪念物术语中，但该术语却没有必要的规模含义。许多纪念物尽管很小，但却包含与其规模成反比的意义与联想。因此，在英语中使用该术语存在内在的语义混乱。有些纪念物确实是不朽的，比如纽约的自由女神像；有些如布鲁塞尔的撒尿小童，还不足1米高（图5.9）。然而，纪念建筑经常传递一种信息，即市民比不

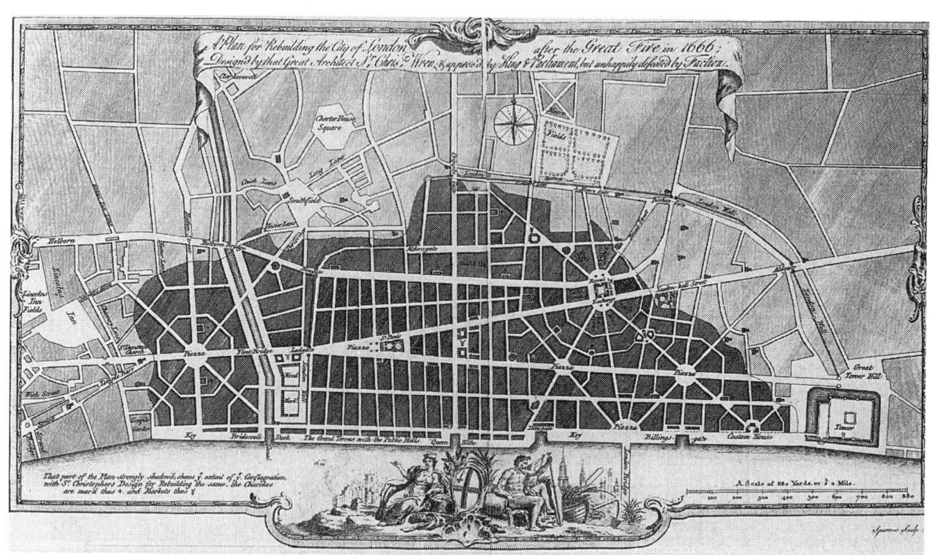

图 5.8　1666 年伦敦大火后克里斯多弗・雷恩的伦敦重建规划
资料来源：© Corbis

上占主导地位的权威（国王、独裁者、政府或神）。这一策略不仅已经被许多极权国家、法西斯主义者实施，而且也被正教采用，比如哥特式大教堂、罗马圣彼得大教堂等，虽然巴黎圣心堂（图 5.10）是例外，但它是作为巴黎公社支持者与皇家力量之间在法国社会冲突与斗争的象征而存在的（Harvey，1989）。通过它的本质和对规模的压迫性地使用倾向，纪念性建筑一向以宗教、国家、君主制和政治形式存在的制度权威传达个人从属的信息。关于塔特林的第三国际（共产主义）纪念物，内格特和克鲁格（Negt and Kluge）指出：

> 塔特林的纪念物所表达的意思只有在与资产阶级纪念建筑做对比时才显得清晰易懂。法国大革命时期的建筑总的来说也仅以规划的形式存在。它们由巨大的、静态的畸形组成，向往着宇宙、景观、宏大理想（如正义）；但是没有与人类有关的纪念物。
>
> （Negt and Kluge，1993：279）

涉及描述纪念物元素的数量少或许给建筑和街道命名造成麻烦，却在纪念历史人物和事件上具有持久的重要性（Johnson，1994）。比如，由玛丽・德・美第奇（Marie de Medici）1616 年启动、1667 年被路易十四开放的巴黎香榭丽舍大道

图 5.9　撒尿小童，比利时传说的象征，布鲁塞尔
资料来源：© Ziutograf/iStockphoto

(Boulevard des Champs Élyéses) 国际闻名，且经常被描述为“世界上最美的街道”。对于法国人来说，其名字按字面意义译为“极乐之地”，源于希腊神话中受保佑的人死后去的一个地方。街道名称具有政治意义仅是因为其命名过程很少体现民主的事实，通常它们支持演绎过的历史版本（Azarayahu，1986，1996）。街道名称总是由国家传承下去，比如“……普鲁士政权统治下的德国于 1871 年统一后，柏林的街道名称不仅纪念当时统治的霍亨索伦王朝，而且也纪念德国国家地位构造中建立的虚构的英雄人物”（Azarayahu，1996：314）。这就包括俾斯麦，德国在他的努力下得到统一，因此为了表示对他的尊敬修建了 400 多座纪念物（图 5.11）。

图 5.10 圣心堂，巴黎，修建于巴黎守护神圣丹尼（St. Denis）殉难地的纪念物
资料来源：© Christian Musat/iStockphoto

对比之下，自 1997 年香港回归中国以来，诸如“皇后大道西”之类的街道名称、“维多利亚海港”等场所、乔治六世纪念碑等殖民统治的纪念物，都被保留了下来。

因为政治原因，命名和重命名都可能发生。阿扎拉亚胡（Azarayahu）引用米兰·昆德拉（Milan Kundera）的小说《不能承受的生命之轻》(The Unbearable Lightness of Being)(1985)，讲述的是发生在 1968 年苏联入侵捷克斯洛伐克的故事。这里指示街道和城市的符号一夜之间消失了，使得整个国家没了名字。在殖民主义统治下，破坏之前的印记通常是入侵者采取的第一个战略。读者会注意到伴随美国入侵伊拉克采取的首个行动就是全球直播萨达姆·侯赛因（Saddam Hussein）的巨大纪念雕像的倒塌。这一行为在当时似乎比真正的入侵更加重要。一般而言，这一过程给殖民化打了保票，同时这种对记忆的象征性破坏也是毁掉一个国家、强加一种新政体的首要方法（Fanon，1965，1967，据说 1978；Ashcroft and Ahluwalia，1999)。对于后殖民主义社会，以象征形式重建记忆总是令人苦闷的，而新社会一个新身份的重生则充满了担忧，因为殖民化的历史现在已成为殖民地人民历史的一部分。在其他场合，我也在法西斯建筑是历史一部分的社会背景下讨论过这个问题（FOC3：67)。

图 5.11　俾斯麦塑像，柏林
资料来源：Jonathan Carlile/imagebroker.net/Photolibrary

在大量的纪念物意象中，战争走上了前台。某种意义上讲，很少有国家不将颂扬战争作为代表民族主义至高权力的方式，但也没有承认失败的。比如，在民主德国就没有纪念物，用于纪念在斯大林格勒保卫战和撤退回德国中死去的成千上万的生命：

> 公众已经接受将纪念物和历史标记作为承载普适性和永恒的统一体，无论是巨大的方尖碑、高耸的具象派雕像还是适度的纪念匾额。然后关于什么场所可以被标记以及什么是纪念物形式的讨论则常常具有更高的争议和政治化。
>
> （Walkowitz and Knauer，2004：5）

通过比较美国华盛顿特区的纪念物，这一表述可以被清晰地证明。总体而言，林璎（Maya Lin）的越战纪念碑（Vietnam Veterans Memorial）也许是 20 世纪所有战争纪念物中最富争议的（图 5.12）。完成于 1982 年的纪念碑是对已经倒下的所有人（男人和女人）的证明。整个设计是一面经过打磨的黑色石头墙，采

图 5.12　越南纪念碑，华盛顿特区，林璎设计
资料来源：© Rob Meeske/iStockphoto

用简洁的 V 字形，并在高度和长度上进行变化。正是由于黑色让它看起来更像墓碑而不是颂词而备受批评。事实上大量的刻薄和伤害的语言几乎利用了墙的每一个元素，从材料使用到纪念碑的抽象性质，再到林璎的中国血统。种族主义、歧视、偏执和无知都被保留下来的越战纪念碑所取代。林璎从 1500 个作品中脱颖而出赢得竞赛时还是一个年仅 21 岁的学生。为了平息潮水般的批评，另一座具有普世英雄风格的纪念物建在了附近，它描述了三位不同种族的美国军人进入这一空间的情景（MacCannell，1992）。尽管备受批评，林璎的设计现在成为美国来访者最多、最受尊敬的地点之一。为了那些无法去现场的人们，在美国的其他城市中还有一半原型大小的复制品供人参观。《公共空间的记忆与政治转变的影响》（Memory and the Impact of Political Transformation in Public Space）（Walkowitz and Knauer，2004）一书中指出，在城市中需要强调战争纪念物的意义。很明显，除了立陶宛一个例外，该书中所有其他例子都是应对冲突、折磨、死亡和民族主义的（表 5.1）。

由于各国间的战争产生了无数可能的表征形式，因此性别认可却很少被特别提及（Nash，1993）。纪念物特别能反映社会的政治与意识形态基础，在战争、统治、体育、艺术、科学和其他人类从事的领域，现存纪念物的建造几乎完全都是对人的活动表示尊重。这一过程也达到了空前的规模，就像为纪念意大利统一（1885—1911 年）后的第一位国王而以大理石建造的罗马伊曼纽尔二世（Vittorio Emanuele II）纪念碑。将女性与建筑结构整合在象征性描画人类愿望和意识状态等方面有着悠久的历史，比如，雅典娜（Athena）意味着智慧；维纳斯（Venus）意味着爱；卡莉（Kali）代表死亡；纽约的自由女神像尽管源于法国，但却代表了所有美国人对自由的追求。女性很少以领导者的身份出现，只是作为“其他人”

纪念物实例，它们的区位与表征　　**表 5.1**

纪念物		位置	年代	纪念
1	圣玛利亚纪念柱(现在是空地)	布拉格，捷克共和国	1650 年	30 年战争结束
2	华莱士纪念碑	斯特灵，苏格兰	1860 年代	独立战争
3	极乐寺	哈尔滨	1923 年	中国主权的巩固
4	和平纪念公园	广岛	1950/1992 年	核战争中平民死亡
5	越南战争纪念碑	华盛顿特区	1982 年	越南战争
6	议会大厦(未建)	斯里兰卡	1985 年	国家统一
7	索罗特朗湖	尼加拉瓜	1985 年	桑地诺反抗索莫查独裁的胜利
8	格雷莫迪集中营	圣地亚哥	1990 年	军队对爱国者使用酷刑
9	团结和纪念空间(未建)	萨尔瓦多	1992 年以后	8000 人受折磨或被杀
10	战争纪念碑	波克洛纳亚山，莫斯科	1995 年	战胜德国人
11	马萨达	以色列	1995 年	犹太复国主义者的生存战争
12	大屠杀纪念碑	柏林	1998 年	种族灭绝
13	消失者纪念碑	圣地亚哥	1999 年	皮诺切特敢死队的受害者们
14	巴厘岛爆炸纪念雕塑	悉尼	2003 年	伊斯兰极端主义分子的暗杀
15	记忆博物馆	布宜诺斯艾利斯	2003 年	审问与酷刑
16	宫殿重建	维尔纽斯，立陶宛	2010 年	场所与文化的系谱

资料来源：D.J.Walkowitz and L.M.Knauer（eds），*Memory and the Impact of Political Transformation in Public Space*.London：Duck University，2004，p.68

的身份。但她们不再是她们自己，而是爱、母性和真理的象征，或通过其他方式使女性身体美得以具体展现（Warner，1985）。然而纪念物中的男人却代表了征服者和英雄，其个人或集体的成就也成为关注点（正如在另一个越南纪念建筑当中那样）。女性的代表方式是以喻意象征和被动服从为主，也许代表女性的最为经典的表现方式要数雅典卫城中伊瑞克提翁神庙建筑门廊的女像柱了。它最早记录在维特鲁威的《建筑十书》中，该书是公元前 1 世纪的建筑专著。女像柱是根据头顶篮子跳舞的女性身体的样式代替了圆柱形式（图 5.13）。此种形象唤起的全国性热情程度从仅有 1.2 米高的小美人鱼铜雕像就可以证明。1913 年以来它一直

图 5.13 雅典卫城的伊瑞克提翁神庙，使用女像柱（caryatids，来源于希腊语 "Karyatides"，意思是 "少女"）作为建筑的顶柱

资料来源：© oversnap/iStockphoto

守卫哥本哈根港，2010年，当丹麦政府同意将铜雕像租借给中国作为上海世博会的一部分时，丹麦全国民众表达了抗议。

公共领域的文化象征作用显然是一项高成本的政治活动，在代表文化积极一面的同时，也会发生对信息的曲解。通过在战争中死去的名人志士毅然挺立、仰望苍穹的英雄形象，对共同的意识形态形成政治上的默许是最主要的目的。庆幸的是，这一过程有时也会失效，这足够维持思想自由和抵制文化的整体描述。甚至抽象艺术，或许并不是激起人类热情的最明显的方式，但总会在物体、场所、习俗和价值的意义上产生不守教规的对话。我们现在已经理解，林璎的越战纪念碑或理查德·塞拉在纽约联邦广场上的“倾斜的弧”，是如何具有远超过其本身存在意义的能力（FOC4：397，398）。

纪念物在西方城市化过程中似乎随处可见，而作为政治性表达的文化的具体展示，在某种程度上是其独特性的一部分。它们将各种同时存在的显性和隐性的、真实和错误的、幻想和现实的意识形态，灌输给城市的公共领域，个人体验在这些领域里为了国家和市民认同而被归类、扭曲和牺牲掉了。然而，文化不仅浓缩在第五空间的公共领域当中，它在家庭和社区的私有空间中也存在着，就像作为典范而在全球兴起的“新城市主义”建筑运动一样。

异源性与新城市主义

有两种新城市主义，都不是我们通常认为的那样。第一种由尼尔·史密斯在其论文《新全球主义，新都市主义：全球战略的绅士化》(New globalism, new urbanism：gentrification as globe strategy)(Smith，2002)中具体描述过。史密斯认为，由于第三个千年中新自由主义的产生，资本与国家的关系被重新建构：

> 这种转变以及我们刚开始看到的轮廓，通过修改的社会地理关系更加生动地表达——准确地说，是通过创造全新范围的混合重新调整了社会过程和关系，与“社区”、“城市”、“区域”、“国家”和“全球”的广泛的联系取代旧有混合……成为一种新的城市主义。
>
> （Smith，2002：430）

同样，新城市主义的第一种形式反映出在国际专业分工、从工业经济体到信息经济体的转变、电子通信和信息经济的发展等方面的重大变化。这种情况使得传统意义上的“规模”理念被混淆，也对之前基于就业和物质上形成某种关联的社区概念产生影响。尽管对电子通信取代个人物质传输存在期待，但持续上涨的通勤成本因石油储备的减少而进一步加剧。此外，福利国家的灭亡和从“社会再生产”（social reproduction）向“社会化生产”（socialized production）的转变已从私营部门利益与公共事业的合并走向国家新社团主义。史密斯称，在面对恐怖主义、大众移民和社会再生产的危机时，社会控制（social control）的扩大也已发生。

史密斯的（经济）新城市主义也标志着资本积累的重大发展，转向上文提及的消费已经永远地改变了社会生活（Sassen，2000；Smith，1996；Castells，1996，1997，1998）。原有的由集体消费领域的社会供给赋予的工业秩序是为了在生产和之后的产品积累中创造效率，而新秩序取决于个人和奢侈品消费以扩展和深化这一过程。另一种新城市主义（保持资本的连续性）——针对建筑师和城市设计师——被置于社会空间和社会关系的重构之中，其暗示和方式都来源于此。与认为（建筑和城市）新城市主义是由特定建筑实践（Duany，Plater-Zyberk and Co.，DPZ）所创造的观点相矛盾的是，如同其他社会形态一样，新城市主义是深深扎根于19世纪、盛行于20世纪70年代的经济社会状况的结果，虽然出现在世纪末（Rutheiser，1997）。在英格兰就已经存在新传统主义的形式，它基于已经存在并引入的建筑实践而逐渐在美国形成，是意识形态、源于历史的类型学和方言、市场营销的必要转变（Slater and Morris，1990；Franklin and Tait，2002）。实际上，其创始人帕特里克·格迪斯、伊恩·麦克哈格（Ian McHarg）和克里斯多弗·亚历山大都是英国公民。无论源头在哪里，新城市主义试图利用社区发展来消减美国郊区的荒地，这种发展是以人的尺度、无犯罪的、种族融合、以公共交通为导向的——无疑是令人称赞的目标。但是，在一些前沿的文献中所质疑的是新城市主义的两种形式都受之前存在的已经创建的环境所限，即新城市主义的正式架构对全球郊区化几乎没有影响。此外，关于新城市主义的社会文化规定以及认为它是为了实现具体社会目标观点的问题也已被提出（Audirac and Shermyn，1994）。于是，对其提升其他形式的郊区和城市发展的能力也表达出了质疑（Hall and Porterfield，2000）：

> 但是，迄今为止，新城市主义者的文献仍未涉及社会科学理论建构和实证检验，而只是进行了市场营销和理念宣言……除非新城市主义是整个复兴内城邻里综合战略的一部分，否则它仍只是一个有待市场去填补的壳。作为

一个孤立的方法，对于那些说其代表了快速的房地产修复的批评，依赖物质决定论这一不被信任的概念，新城市主义也是乐于接受的。

（Bohl，2000：777，795）

虽然这些核心理念是很受欢迎和不可否认的，通过新形式的意识、知觉和认知，向新经济的转变仍是平行发生的，就像过去发生的一样。但是，与过去年代不同的是，这些特质与某种程度上消除了物体、产品、利润和身份之间许多界限的资本形成关联。我们观察我们需要的东西并成为我们希望的模样。为了促进这一过程，后现代设计的方法在于制造假象、设计作为人生基础的所谓“客观现实”这样具有欺骗性的替代物，同时设计一些具象类虚构的形象，但对设计师和客户却是“真实”的图像。新城市主义极其符合这个概念，即属于新城市主义的社区反映了一个人在选择相应品牌方面良好的品位，尽管事实是超真实流行——就是一个传递适当的符号语言和辨别力的概念。人们是否希望赋予价值于此是个可能没有结果的问题，因为这就是全球资本主义和后现代文化（我们所生活的这个时代）的现实。

因此，新风格的建筑和城市逐渐产生，关注它们文化差别观念所附带的象征价值是十分重要的。异源的概念使新城市主义能够在文化和象征资本领域产生具有影响的话语和方法，有助于检验子结构，这些子结构强调新城市主义认识论关于文化和社区物质建设的原则假设。那么，当我们思考新城市主义形式的城市设计时，需要考虑哪些方面呢？

如同大多数设计师一样，建筑师为风格和品位所着迷。他们的建筑概念通常也因此而决定。这样，我们才有了埃及、波斯、希腊和罗马以及之后的维多利亚式、装饰艺术风格、新艺术、现代主义和后现代主义等。现代主义有自己的种族清洗，它试图擦除掉所有源于历史的细节和装饰特征。只要能达到功能性表达，上帝就存在于细节之中（God was in the details）[普遍认为，这句话源于福楼拜（Flaubert），而不是密斯·凡·德·罗]。作为如此贫乏的思想的回应，后现代主义决定“怎样都行”，富有感情的自由借用或并置任何适应语境的参考物。结果，后现代主义的趋势让建筑师感到不安，因为它没有可辨认的风格。因此，在过去的 15 年，新城市主义的崛起某种程度上可能会提供给这个世界在模糊的后现代主义重压下所缺少的安全性（Marshall，2003）。在这样（思想）混乱的时代，通过采取衍生理论、土地使用、建筑类型学、设计代码等形式，以及有组织认同的心理安全感和志趣相同的人形成的社区，它提供了救赎和令人愉悦的确定性。

尽管佛罗里达标志性的海滨小镇（town of Seaside）是从1981年开始建设的，但彼得·卡茨（Peter Katz）的著作《新城市主义》（The New Urbanism）却是首个将足够合理化的项目与管理机构进行组合，使得建筑和城市设计的新运动得以很好的建立，至少在美国是这样（Katz，1995）。所以，我们可以将新城市主义的起源追溯到15至25年前。从那时起，大量讨论这一新思想体系假设的书籍和文章开始出现（Duany and Talen，2002；Talen，2002a；Bell and Jayne，2004；Talen，2006），其历史源头也在阿尔·汉迪和斯塔登的文献（Al Hindi and Staddon，1997）以及紧随其后的新传统主义得以充分论证（Audirac and Shermyn，1994；MaCann，1995；Tiesdell，2002）。此外，在新城市主义的议题上，对乌托邦主义和与主流的美国城市主义传统分离的一次重大文化转向也有比较公平的衡量（Saab，2007）。相关的理论和方法在巴奈（Banai，1996）、福特（Ford，1999）、埃利斯（Ellis，2002）和格兰特（Grant，2008）中有所讨论，巴奈（1998）对土地使用和中央商务地区进行了评估；它也涉及自然灾害（Talen，2008）、对少数民族的适应性（比如拉丁美洲新城市主义，Mendez，2005）、社会分裂（Bohl，2000，Smith，2002）；在一些文章中谈及莫斯科（Makarova，2006）、中东（Stanley，2005）、马来西亚（Sulaiman，2002）等地的全球化；将可持续原则纳入新城市主义项目中的方法也被提及（Fulton，1996）。

跟随安东尼奥·高迪（Antonio Gaudi）“为了独创性”的名言，我们需要回到事物的本源，在这种情况下，回溯到帕特里克·格迪斯甚至弗雷德里克·勒·普莱（Frederick Le Play）（FOC9：206—208）。格迪斯是位博物学家，据说还是现代城镇规划的始祖（Boardman，1944；Mairet，1957；Kitchen，1975；Meller，1990）。通过这些参考文献，很明显，对格迪斯的兴趣在过去100年里并没有消退，最近也出现在维尔特（Welter，2006）的评论中。格迪斯的知识非常广博，他影响了他的整个一脉门徒，从刘易斯·芒福德到伊恩·麦克哈格（1969），直到当今的新城市主义世界。格迪斯所使用的主要的异源性始于1915年左右，被他称为“山谷截面”（the valley section）（Geddes，1997，始创于1915年，p.15）。然而，“截面”这一术语的使用总是让人想起建筑的固定几何形状，却将格迪斯的理念过于简单化地表达了。格迪斯的山谷截面实际上是不同地点的地理荟萃，包括居民、地貌、土壤和基岩（图5.14）。

这一理念为新城市主义理论核心提供了灵感（Duany，2000；Duany等，2000；Brower，2002；Talen，2002b）。杜安伊将格迪斯的山谷截面当作起始点，形成了新城市主义的理论和知识基础（Grant，2005）。尽管如此，格迪斯的山谷

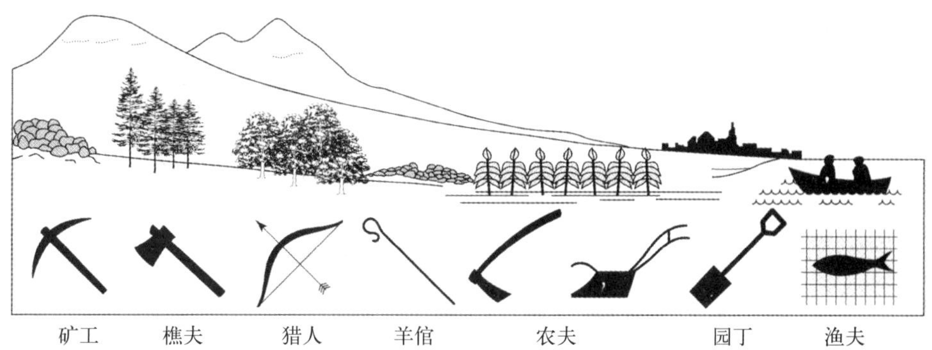

具有基本职业性特征的山谷截面

图 5.14 帕特里克·格迪斯独创的具有职业相关性的山谷截面
资料来源：城乡规划协会

截面理论并不只是一个应在新城市主义中的“设计概念”,而是对自然过程的信奉。使用横断面（transect）是对格迪斯成果的基本误解，但却是很好的意愿（表 5.2）。据称，横断面是土地使用区划实践的一个新方法和对传统的土地使用区划实践方法的一种替代：

> 横断面法是一种分析方法和规划策略。形式上被描述为：通过保存不同类型城市和农村环境的完整性这一方式力求将城市主义元素——建筑、土地、土地使用、街道和所有其他人类居住的物质元素组织起来的系统。
>
> （Talen，2002b：294）

在某种重大意义上，这是一种变革，因为它认为所有现有的规划、建造、建设、开发和设计等实践模式都可暂停，与亚历山大的模式语言类似（Cuthbert，2007：202）。这样，基于利润和投机的资本主义城市主义的主旨将不得不重新协商来提升真实性、公民共和主义和美德感以及美学的公式化构思的方法。这似乎是一种不可能的可能性。

很清楚地发现，“新城市主义”并没有什么新内容，它构成“城市”的概念几乎都很肤浅。不仅如此，而且有关城市如何真正成长变化的问题则具有惊人的天真，巨大的城市复杂性是不可能按照简单的物质模式应用程序进行排序的。尽

横断面区域的描述 **表 5.2**

区域	主要特点
乡村保护区	• 法律上永久受保护、禁止开发的开放空间 • 包括：水体表面；受保护的湿地和居民；公共空地，以及保护地役权
乡村保留区	• 尚未保护和不受开发、但应添加到农村保护区行列中的开放空间 • 包括认定为公共收购的开放空间及开发权转让（TDR）的输送区域 • 可能保护冲积平原；陡坡；含水层补给区域
郊区	• 社区最自然的、最低密度、最适宜居住的栖息地 • 由单一家庭独立式住宅构成的建筑 • 允许在规定条件下的办公和零售商业 • 建筑物限高 2 层 • 乡村特征的开放空间 • 禁止高速公路和乡村公路
城区	• 通常以居住功能为主的居住社区 • 小型和中型地块上，由单一家庭独立式住宅和联排住宅建筑构成 • 允许限定的办公和公寓 • 限于指定的地块零售功能，通常是在角落上 • 建筑物限高 3 层 • 绿地和广场组成的开放空间
城市中心区	• 高密度、充满混合使用的居住地 • 建筑物，包括联排式住宅、弹性住宅、公寓式住宅、位于商店上层的办公 • 允许办公、零售和公寓 • 建筑物限高 5 层 • 广场和购物中心构成的开放空间
城市核心区	• 高密度的住宅、商务、文化和娱乐聚集地 • 建筑物，包括联排住宅、公寓式住宅、办公楼和百货公司 • 布置在更大土地规模的建筑 • 停车场不允许布置在建筑物的临街面 • 广场和购物中心构成的开放空间

资料来源：Adapted from *The Lexicon of the New Urbanism*（Duany，Plater–Zyberk and Co.2000）. Taken from an article by Emily Talen（2002）‘Help for urban planning：the transect strategy’.*The Journal of Urban Design*，7（3）：293–312.

管它宣称提升种族融合、混合社会经济、公共安全和其他社会目标，但支持这些声明的证据却很缺乏，我们都被象征资本（symbolic capital）所欺骗。横断面假设一个包含 6 个分区的发展进程，包括从乡村保护区、乡村保留区、郊区、城区、城市中心区和城市核心区。每一个地区都对应一种被视为各个地区原型的密度、建筑类型和自然因素等模式。中心问题是山谷横断面（一个维度）之后直接被转换成一个区域（两个维度），外观与其他因素一同决定了所产生的邻里类型。但问题是，“比起社会影响，居民因其自身固有特质却很少关注外观。杜安伊的横断面有助于创建完全不同的组成。另一方面，居民也在寻找完全不同的住宅体验”（Brower，2002：313；Volk and Zimmerman，2002）。因此，新城市主义的应用方法似乎集中在象征资本的购买上，这也是品牌保证。

但格迪斯的理论却并不是提供给新城市主义唯一的异源性。在谈及自身历史时，美国城市主义者因其选择性失忆而备受诟病（Sabb，2007）。他们忘记了“许多早期的美国乌托邦城市规划不仅在应用等许多方面类似新城市主义版本，而且他们也应该对新城市主义试图修正的许多情况负责”（Stephenson，2002：196）。因此，经过至少一个世纪的实证，新城市主义形成了各种模式——理论的、道德的、物质的和经济的——但很少被认可。我们可以沿着这些内容将起源追溯到美国的城市美化运动，它起源于1893年芝加哥世界博览会，发起了整个公民尊严和美学的新愿景。此外，埃比尼泽·霍华德（Ebeneezer Howard）的经典文本《明日》（Tomorrow）也于1898年在英国出版，其中包括了他关于卫星城理想化的乡村生活模式的研究。作为田园城市的基础，莱奇沃思（1903）和韦林（1920）的建造也紧随其后（图5.15）。芒福德指出，在那时，霍华德再次引入了希腊有关有机生长的自然限制等概念作为“大都市大量无目的拥挤”的替代方案（Mumford，1961：515）。

20世纪20至30年代，由克拉伦斯·斯坦、亨利·莱特（Henry Wright）、刘易斯·芒福德和亚历山大·宾（Alexander Bing）等人建立的新社区运动，产生了许多将物质形态与社区概念相结合的实验，建立了许多类似的社区模式，标志就是位于长岛的森林山花园（Forest Hill Garden）、洛杉矶的鲍德温山庄（Baldwin Hills Village）和新泽西的拉德本（Radburn）等地。霍华德的设计模式（我们称之为“维多利亚新城市主义”）当然可与芝加哥城市生态学院的城市物理模型和居住地并驾齐驱（FOC3：59—60）。弗兰克·劳埃德·赖特（Frank Lloyd Wright）1934年的广亩城市继续着新型社区的实验。1939年纽约交易会和新政为提高二战时期的规划实践提供了急需的规划动力。因此，新城市主义很大程度上得益于田园城市、城市美化运动和新社区运动，以及参与到提升社区发展新方法当中的许多建筑师和规划师。新城市主义还保持了长久的一个神话，即物质决定论能够根据具体的人口限制和建筑规范自发地精心营造社区。

因为几个深层次的原因，这一历史遗产对新城市主义有着重要意义。在寻求真正社区过程中，依赖于过去而非想象未来，因为过去有着多种多样的表现——

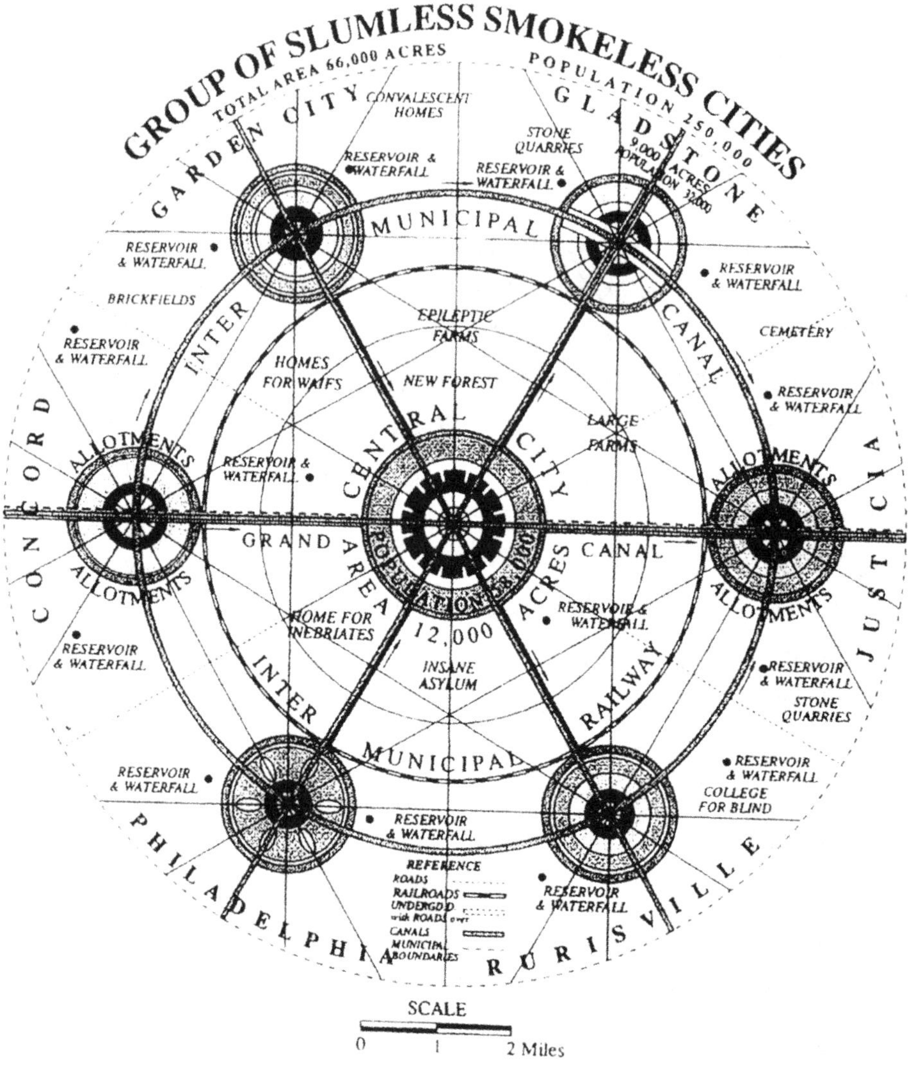

图 5.15 埃比尼泽·霍华德的田园城市原型

资料来源：M.Pacione，*Urban Geography：A Global Perspective*.London：Routledge，2009，p.169，Fig.8.2

风格、公民、社会关系、社区、意象、制度框架和人口。风格的理念与真实性和符号表征等概念密切相关。符号价值的“准文化”要求具有与风格同义的媒介（建筑、雕塑）、信息（正义、民主）和形式（装饰艺术、抽象）。这一差异的理由是这三种交流方式彼此并不融洽。如果你问一位建筑师他 / 她的建筑采用什么样的风格，他 / 她可能提供给你各式各样的反馈——这是一间房子（建筑形式），这是一间公寓（类型形式），这是高层建筑（建造形态），这是新城市主义派（风格形式/品牌）。形式和风格的概念遍及所有的社会传播当中，从语言到建筑。在这一背景下，我使用了“形态”这一术语表示一件完成作品的风格/方式，而不是类型或结构。

新城市主义社区的原型似乎在很大程度上取材于20世纪50年代美国小镇理想化的生活方式，不存在任何问题，即使新城市主义的项目有着鲜明的城市区位特征。这是真正意义上的城市意象，一个从未存在过的完美场所的幻影，一个现在似乎可被复制的地方，它被称为“规划美国梦”也绝非偶然（Bressi，1994：25）。在这里，历史、现实、真实性和怀旧交织在一起（Boyle，2003）。这些历史参照富于新传统主义的城市生活意象。新城市主义着重强调社区真实性的理念。“但他们是如何确定一个群体是否真实的呢？仅仅是一种推销形式，或者是竞争中区分其自身产品的一种手段呢？”（Sabb，2007：195）。当埃利斯（2002）指出怀旧被用作一种嘲讽的形式时，它已经被定义为“一种普遍错位的分享历史意识的产品，这种错位能够产生狭隘的地方观念并给个体造成社会意义的损失。它向孤独的陌生人在历史上提供了公共的避难所，即使在它而言这些人的损失是无法挽回的”（Fritzsches，2004：64—65）。在现实不是单向维度这个意义上讲，真实性的概念是永远无法“成真”的，因此，定义为真实的内容具有多种可能的来源和表征。“真实”这个词还被用于“假”的反面。正如鲍德里亚德和其他人所表明的那样，这一区别在我们所生存的这个超现实的世界当中毫无意义。新城市主义采用（或拷贝）在此之前存在的20世纪50年代美国小镇、科德角渔村的意象，如萨凡纳、查尔斯顿等维多利亚式风格和大量的其他参照物。因此，新城市主义只是副本的副本，其自身起源来自其他的建筑形式。正如奥迪拉克和谢尔迈（Audirac and Shermyen）指出的那样，即使“真正”的新城市主义项目正在建设，根据它们的声明和设计导则，项目只是具有新城市主义意象但没有真正的内容：

> 正如TND（传统邻里开发）原型烙有克里尔的印记，海滨小镇仍然保持乌托邦式的独立演变。然而，与海滨小镇类似的住宅项目在邻近的度假胜地开发中蓬勃发展。为了迎合世纪之交建筑的需求，在传统低密度的海滩地区，为寻找灵感正混合着加勒比民间风格。当佛罗里达的“红脖子海岸”（Redneck Riviera）采用后现代建筑形式的时候，人们不禁怀疑它或美国其他地方是否要放弃郊区空间和隐私性以及驾车出行的习惯，去接受后现代城市

设计所提倡的生活方式。

（Audirac and Shermyn，1994：171）

因此，新城市主义因为对昔日文化符号的乌托邦式重建而不断受到批评，就像仿冒表一样，对各个层面进行假冒的复制品在全美国被不断地复制。如此多的后现代郊区正变成假货的假货的假货。但正如鲍德里亚德指出的那样，自相矛盾成为当今社会生活的秩序，同时他更指出，这方面却一点不掺假。试图从虚假/虚幻中分离出真正/真实已变成毫无意义的任务。我在最近一次去印度尼西亚的旅程中，面临的是选择一块假表还是选择更好质量的假表的决定。但是，一块表和一个家之间的区别在于我们住在家里面，而不是外在的品牌，因此前者与我们的联系更加强烈。新城市主义的品牌价值是有重大意义的，而不是建筑的社会背景或形象。在美国小镇以及其他独立的新城市主义项目背景下，若没有新城市主义的支持，“海滨”这个品牌会消失殆尽，就像若没有弗兰克·盖里（Frank Gehry）的古根汉姆博物馆，毕尔巴鄂（Bilbao）的城市品牌将会消失。但重要的是：

从这层意义上讲，建筑物经常被描述为具有其作者气质的签名价值。然而，当一座建筑物的标志特性被说成是对建筑的品牌展示十分重要时，建筑师的具体签名则特指这位建筑师的光环或品牌。用市场营销的说法，城市被要求去诱导塑造主打品牌将冒着混淆“品牌建筑或结构”的风险。

（Kumic，2008：227）

结论

总体而言，公共范畴构成了一个巨大的舞台，记忆、历史意识、空间和形式在这里发生碰撞。但也正是在城市政治范畴，权力总是被否定任何客观事实的形式所代表。这是一个历史在被国家和公众认可之前就被净化和审查的场所，一个冲突地区无需在传统的阶级概念下结合的地方。将国家以城市形式建设是一种普遍接受的行为，同时，对于参与到空间和场所设计的人们来说，这是纪念性建筑的重要特点，是建立起来的公共文化记忆轨迹。纪念物作为符号和品牌类型对城市具有重要影响，这些影响似乎在不断加深。但我们不妨冒险做一次猜测，那就是大部分环绕在纪念物上的光环都属于一种意识形态实践模式，它牢牢地固定在对过去形式的积累之上。当前，“品牌”的概念和其对城市形态的潜在影响不仅反映了“观察”的新方法，也反映了“存在”（意识）的新方式。这并不是争论现象是好还是坏的场所，意识形态是否要放在物质性之后，或者在所有品牌识别范围内资本积累的新视野是否都是含蓄的。尽管如此，作为“品牌”的新城市主义在城市环境内仍旧是不断深化的商品关系的另一个反映。毫无疑问的是，新城市主义的实践者们抱着纯正的信念认为，通过使用其方法之后将会实现城市环境的巨大改善。实际上，这一点有可能是真实的，但再生的建筑和城市设计的寓意很难被资本主义及其行为所接受。底线就是新城市主义包含在资本主义经济之中，并要受其规则支配。只要品牌没有威胁到城市土地关系内的任何基础，就将获得成功。实际上，任何未融入新城市主义意识形态中的好建筑都将取得成功。

第六章
性别

我逐渐感到，大部分和我谈话的人都会感到不自在，因为我的推理论证会干扰他们的梦想：一个没有强制性别角色的无性别经济的女性主义梦想；一个包含人类平等课题的左派政治经济梦想；一个现代社会的未来主义梦想，那里的人们是可塑的，他们可以选择当一名牙医、一位男性、一名抗议者或是一名基因操作者，但都值得拥有他人同样的尊敬。

——伊凡·伊里奇（Ivan Illich，1983：9）

引言：遗失的部分

在《城市形态》一书中，我将有关性别这一章称之为“遗失的部分”。尽管书中其他的许多部分在城市设计理论和实践的框架下都进行了讨论，但性别部分似乎完全空缺。正如学术界一样，大部分城市设计教学大纲（和可能包含这方面的所有环境学科）都没有讲授性别对设计的重要性。《城市形态》中的第 6 章试图通过把性别问题放到与其他关注问题同等地位来填补这一缺失。这当然是错误的，因为它不仅仅是设计者的另一个词汇维度，更是一个基本原则，就如同灌输到每个设计过程中的可持续性概念一样。不能视为设计者概念的扩展——“好吧，让我们现在考虑一下本质 / 女性”——而是应该有意识地与我们的世界观和生活方式相结合。这一系列（三本书）的基础参考点是空间政治经济学，在前面的文本中，我已经阐述了女性主义与源于历史唯物主义观点之间暂时性的休战。现在意识到它们各自作为基本的解释形式，都只占一部分，却又具有互相关联的性质，于是我假设这两者是你中有我，缺一不可的（FOC6：127）。

然而，重要的是当说到方法的概念时，对空间政治经济学的选择就被加强了，因为不可能仅通过查看城市设计的文献来寻求方法或者去考虑关于性别的问题（Kimmel，2008）。这里我们必须关注人类地理、艺术历史、文化研究和其他可深入了解的学科。一直以来我都敦促我的学生去阅读“课程之外的东西”，如果他们想迅速成长为负责任的设计师，因为单纯依靠检索最新城市设计项目的图解或是查阅大部分当前的文献去完成这一任务是永远不可能的。我希望这一章内容能证明我的建议是正确的。在讨论性别问题，特别是性别与父权制的关系时有一点可以确定，即我们面临着修正整个人类历史的任务，而这不是一蹴而就的（Browne，2007）。说到源头，尽管我们可以追溯到几个世纪前讨论女性权利斗争的孤立事例，但1980年作为女性主义地理学的起点却具有一定的重要意义，因那时女性生存状况的空间维度开始日益突出：

> 不到十年前（1989年前），女性隐性的问题作为地理研究和该学科的从业者共同的课题开始浮出水面。期间断断续续的几年，地理学家对女性主义理论及有关女性在社会经济生活各个方面以及全球范围内受到的不公平和压迫的文献爆发出强烈的兴趣和热情。
>
> （Bowlby *et al.*，1989：157）

在此期间，还出现了建筑和城市规划领域纠正这股过热情绪的运动。在建筑方面，可以发现对性别研究范围小却很鲜明的关注，如《性和空间》（Sexuality and Space）（Colomina，1992）、《性的建筑》（The Sex of Architecture）（Agrest等，1996）、《设计女人》（Designing Women）（Adams and Tancred，2000）和《家与住宅的解码》（Decoding Home and House）（Hanson，2003）。在规划方面，也出现了类似的参考文献匮乏（取决于如何定义“规划”）的情况，但《规划的转变》（Change of Plans）（Eichler，1995）、《女人与规划》（Women and Planning）（Greed，1994）和《性别与规划》（Gender and Planning）（Fainstein and Servon，2005）却是重要的试金石。城市设计与城市规划处于类似的地位，但重要的是，《设计的歧视》（Discrimination by Design）（Weisman，1992）、《走向城市设计》（Approaching Urban Design）（Roberts and Greed，2001）、《设计与女性主义》（Design and Feminism）（Rothschil，1999）和《构建公共空间的不同》（Constructing Difference in Public Space）（Ruddock，1996）等文献却引人注目。可以理解，迄今为止，大量出版文献来自城市研究领域（特别是城市地理学），较为突出的是《女性与空间》（Women and Space）（Ardener，1981）、《城市中的女性》（Women in Cities）（Little等，1988）、《性别化空间》（Gendered Spaces）（Spain，1992）、《空间、地点和性别》（Space，Place and Gender）（Massey，1994）、《热带世界的

性别和城市空间》（Gender and urban space in the tropical world）（Huang and Yeoh，1996）、《都市中的女性》（Women in the Metropolis）（Von Ankum，1997）。这些文献都是各个领域的代表，但并不是要诋毁其他许多开创性的作品，只是它们不容易归入有限的类别中，其中就包括陶乐丝·海登（Dolores Hayden）的三部杰出作品——《七个美国乌托邦》（Seven American Utopias）（1976）、《国内大革命》（The Grand Domestic Revolution）（1981）和《重新设计美国梦》（Redesigning the American Dream）（1984）都是自成一类的重要著作。

历史联结

在《天堂之路》（The Way to Paradise）一书中，马里奥·巴尔加斯·尤萨（Mario Vargas Llosa）描述了两条路：一条是保罗·高更（Paul Gauguin）这位富有远见的画家之路；另二条是高更的祖母弗洛拉·特里斯坦（Flora Tristan）所走的路。他们的故事交织在一起，对比之下凸显出世上两种对天堂的不同设想。高更之路将其带到塔希提岛（Tahiti）上的法属殖民统治外围。弗洛拉的追求也让她走出国门来到了秘鲁，在那里她为 19 世纪中叶法国的乌托邦社会主义政治而抗争，毕生追求天堂乐园。高更寻求天堂之路则完全是以自我为中心，那是一条被性、酒精和法国人颂扬的“野性思维”的嗜好中和之路。弗洛拉却尽可能从所有事物中获得最大益处，她的投入正处在那个年代的几大社会运动时期，自由、平等和友爱的原则作为法国大革命的核心目的予以实施。弗洛拉对增加同道女性数量参与之中也很感兴趣。可以认为是人类历史上第一次劳工组织的斗争与妇女解放并驾齐驱。对于我们讨论至关重要的一个事实是尝试将这些关系空间化，此做法尽管范围小但很重要。这是一场试图将女性解放革命从生产和父权制扩展到家庭生活、抚育子女、性和空间的运动。

但矛盾的是，几乎完全是通过男人的行动才使得乌托邦社会主义的原则变成社区激进的实验形式，主要通过该运动的三大创始人，即圣西门（1760—1825 年）、夏尔·傅立叶（1772—1837 年）和罗伯特·欧文（1771—1858 年）。他们都是利用直接的行动作为方法坚定的投身于社会变革中，而不像之前的乌托邦成员，如托马斯·莫尔（Thomas More）、埃蒂耶纳·卡贝（Etienne Cabet）等是通过想象来预见愿景。关于这三个人的相关文献，特别是圣西门的《一个日内瓦居民给当代人的信》（Letters from an Inhabitant of Genève）（1802）、傅立叶的《关于四种运动和普遍命运的理论》（Theory of the Four Movements）（1808）和欧文的《新社会观》

（A New View of Society）（1812）都个性地表达了各自的乌托邦社会主义理念。尽管非常具有变革气息，但这些文本尚未发展到对资本主义进行剖析的阶段。这需要时间等待，直到 1867 年马克思《资本论》（Capital）（德语版）的出版。在马克思主义的范式下，女性角色在最广泛意义上不受性自由束缚，但却受其在无产阶级革命内部的地位束缚，理论结果就是自动生成两性间的平等。就如弗洛拉一针见血地指出：

> 傅立叶主义者是没有希望的……他们的原罪与圣西门派是一样的：不相信制度受害者发起的革命。他们都不相信无知、贫苦的大众，并怀有美化的那种天真，认为资产阶级正是由于受到他们理论启发之后拿出了诚意和金钱，社会改革才得以实现。
>
> （Llosa，2003：71）

圣西门、傅立叶和欧文三人表面上的天真都源自根植于社会和谐基础的道德、伦理和意识形态等概念中的方法，而不是经济结构与社会工资之间的关系。对他们而言，一个具体的经济领域并不是社会动荡的起因。同时，由于他们从根本上对抗和谐的社会发展，因此不同意主流的宗教和政治概念。

> 既然存在自然和人类本性间自然和谐的公理假设，那么敌对与邪恶的问题将从生产领域开始转移……（当时）对政治经济学的社会批判恰恰集中于强调不可能分隔出一个清晰的经济领域。
>
> （Steadman-Jones，1981：86）

因此，在面对社会变革时，乌托邦社会主义倡导者具有各自的研究范围，他们使用的方法从根本上讲也是不同的。圣西门推崇的是一种尚未成系统的社会心理学，傅立叶关注的是相对于生产经济关系的情欲关系，而罗伯特·欧文则从新科学主义出发，将物理科学方法与社会科学方法结合（参见第一章）。由于圣西门并不想为其思想付诸物质形式，因此傅立叶和欧文关于将意识形态与物质形式相匹配的实验在城市设计的编年史中仍具有重大意义。

尽管傅立叶的文字作品中有许多漫无边际、毫无意义的观点，而且他的某些信仰也完全不合理（比如，当达到完美和谐时，将有六个月亮环绕地球；世界上有 3700 万个数学家、诗人和天才剧作家的组合），但他的核心关注点却令人称道——通过人性化工作、解放女性生活、重建被宗教正统所囚禁的家庭生活的概念和促进各方面性别平等来扭转工业革命带来的退化。在这一背景下，性别问题开始与工作和生育脱节。傅立叶是一位拒绝父权制的极端女性主义者（同时仍重男轻女），提倡性解放（但同时拒绝不同性别的平等），并且他对所有形式的性活动还很宽容，除了那些会导致痛苦或起于强迫的。然而，他的人类解放观很显然不包括民主，因为他自己就是傅立叶理念的全部。尽管这一理念充满了矛盾，但他的贡献在于创建了许多实验性的社区，从而完成了以人类解放为基础的意识形态与实体环境相匹配的第一步尝试。目前为止，这一形式还从未被他人复制，也许除了以色列人在巴勒斯坦定居点建立的基布兹集体农场体系（kibbutz system）。

傅立叶鼓励社会变革的方式是建立他所谓的“法伦斯泰尔”（phalanstery），这与希腊的“方队”（phalanx）概念或军事队列类似。每个法伦斯泰尔都具有工业和农业的双重功能，可为由 1620 名人员组成的自给住宅区提供经济基础，住宅区内部又存在许多小的群体。傅立叶于 1843 年到 1858 年期间在美国建立了 30 个这样的社区，代表着和谐或是法伦斯泰尔的社会状态。他的理念遍及全球，按照他的预测，将取代基于市场机制的无政府主义关系的城市化。针对每个法伦斯泰尔在具体活动的分区以及建筑、街道、庭院、画廊和其他城市功能的具体设计等方面的组织结构，傅立叶给出了详细的说明与指导。最重要的是，内部劳动是集体式的：食物准备、洗漱、抚养孩子等从前仅由女性从事的事情现在成为社区社会组织活动的一部分。这是首次将家庭内部的生产模式进行重组，也是第一次将女性在厨房里的位置转化为与男性同等地位的社会劳动。那种个人的厨房作为女性受驯化的最有力象征被摒弃了，作为傅立叶的主要建筑师，维克多·康席德朗（Victor Considerant）决定将法伦斯泰尔的主要建筑的高度定在 700 米左右。陶乐丝·海登曾提到：“康席德朗关于作为设计者的建筑师的观点，以及作为一种被动材料的人类活动可以通过设计来塑造的观点，被许多乌托邦建筑师所接受”（Hayden，1976：150）。

与傅立叶不同，罗伯特·欧文是位实业家，他的财富主要来自纺织工业并运用新技术推进工业生产。但正如其他的社会主义者，欧文支持女性主义，尽管对于他的理念还存有一定的质疑，即他是否属于乌托邦或者仅仅是通过卓越的工业实践而对社会化生产有所发展。无论怎样，欧文主义者承认性别平等是社会工程的基础，并推动法律框架内女性平等地位的解放。这种对性别角色转变的接受对空间有重大的影响，因其再次通过有组织的宗教强制形成了基本性别关系。社会和空间需要家庭内部领域的重建并与全新的性别关系体系结合：

> 核心家庭（不仅对女性顺从男性，而且对“竞争性”意识形态的教诲负有责任）将被摒弃，而被共有制家庭和共同抚养子女所代替。这一生活状态的转变将产生新的性别分工：家务（“家庭枯燥繁重的劳动”）将轮流完成（或由女性，或由子女），且通过使用“最为科学的可行方法”，使得女性可以参加社区的其他生活，从制造、农业劳动到政府、办公、教育和文化活动。由于共同负担了子女的抚养义务，并且没有了经济压力，因此，婚姻只剩下了“情感的维系”，可经双方协定建立或解除。
>
> （Taylor，1981：64）

欧文是首先意识到劳动力解放实际上利大于弊这一事实的人物之一，他认为由于繁荣、健康、教育、劳动和孩子的福祉不断增加，以及社会福利增多随之会引发更高的效率。与其棉花厂相关的苏格兰中部的新拉纳克村（图 6.1）成为乌托邦社会主义的开拓型范例。每年去该村拜访的人数达几千人，尽管据称泰特斯·索尔特（Titus Salt）在利兹的索尔泰尔地区取得的成绩也很突出（图 6.2，图 6.3）。跟傅立叶一样，欧文也否定基督教以及以贪婪、自私、剥削和人类苦痛为基础的工业革命工厂体系。他对英国警惕地接受他的理论大失所望，于是移民去了美国，在那里又建立了 16 个欧文主义社区，其中最著名的是印第安纳州的新和谐公社。

陶乐丝·海登在她的《七个美国乌托邦》（1976）一书中详细分析了通过建立理想化的社区在美洲大陆上创建乐园的尝试。这其中有许多社区源于极为广泛的意识形态和宗教以及许多强大统治者的主张。但是，马克思和恩格斯针对圣西门、傅立叶和欧文所明确使用的术语“乌托邦社会主义者”是具有误导性的，并不适用所有类型的乌托邦项目。更起作用的是另一个法语词“公社”（commune），其成员称为“社员”。这个词指的是法国政府的最小管理单位(公社)。更广泛来说，指的是意识形态、财产、物质财富、劳动和其他因素不同程度上共有的公共聚落。同时这个词还有 1789 年法国大革命、推翻波旁王朝的意味。尽管海登只选择了七个群体（震教徒、摩门教徒、傅立叶主义者、完美主义者、神感论者、联盟殖民者和大草原殖民者），但在 19 世纪下半叶在美洲建立了许多其他的公社、党派等聚居点。

然而，这其中很多消失的速度跟其出现一样快。一些发展壮大成为宗教

图 6.1 艺术家对新拉纳克的印象，1785 年乌托邦主义者罗伯特·欧文在苏格兰建造的工业社区的模型
资料来源：The Art Archive/Eileen Tweedy

图 6.2 西约克郡索尔泰尔村中的房屋后门景色，1833 年
资料来源：© Washington Imaging/Alamy

图 6.3 西约克郡索尔泰尔村中的磨坊景色，1833 年
资料来源：Duncan Walker/iStockphoto

组织，如摩门教，而奥奈达和阿曼那等团体现在代表了美国的大型企业。乌托邦社会主义者和许多在美洲建立的公社为我们传统的家庭生活提供了大量的实际替代方案，从对核心家庭的再设计到乡镇与城市的宏伟计划，如印第安纳州的新和谐公社、伊利诺伊州的纳府、墨西哥的托波罗班波、马萨诸塞州的汉考克、加利福尼亚州的拉诺镇和艾奥瓦州的阿曼那社区。在此期间，不断酝酿和打造了家庭、工业和农业建筑、庙宇、集体车间、托儿所、城镇中心、田园城市、集体公寓建筑和其他结构的设计。集体的结果是一种全新的、试验性的建筑形式分类，也是空间上这些形式以及之间的关系。尽管社会阶层一直存在分界，但通过性别的重新定义可进行大部分（若不是全部）的重组。女性受压迫而强压的怒火被爱丽丝·康斯坦丝·奥斯丁（加州拉诺镇的建筑师和规划师）生动地表达了出来，即传统家庭的建筑就像普罗克汝忒斯之床（指逼人就范之物——译者注），在上面“每个女性的个性都必须顺从各种致残性或致命性的精神或理性压迫……并且（个性）是由吞噬女性劳作的、极其愚蠢和低效的体系所带来的毫不领情和无尽无休的苦力所塑造组成的”（Hayden，1981：242）。

可以肯定地说，几乎在每一个公社中，性别和空间问题都不可避免地涉及性，这是跨越所有年龄障碍，从生到死都存在的问题。正如一些公社将传统核心家庭视作女性受奴役的源头，它们在解构和空间再构时也推翻了女性作为父权制财产的地位。某些情况下，这能使女性获得完全的性自由，但在其他情况下，父权制的概念却被大大加强了。比如，摩门教是支持一夫多妻制的；在奥奈达社区，群婚制是被推崇的，而一夫一妻制倒不被看好；但另一方面，阿曼那社区却坚持单身主义或一夫一妻。总体上很清楚的一点是，新的性别分工和性别角色形成了新的空间结构。性别概念和性别空间给社会阶层对社会重构的影响方面带来了挑战，现今依然如此。

陶乐丝·海登在其《伟大的家务革命》(Grand Domestic Revolution)(1981)和《重新设计美国梦》（1984）中一针见血地分析了家务生产的模式——相当于世界一半工人的劳动都是无报酬的，因此被贬低为任何国家经济的组成部分（无疑影响了自由市场体系内部的“自由”成分)。到第一次世界大战结束时，无论什么类别的乌托邦社会主义实验大都分崩离析了。

然而，少量的共有式生活仍在继续。作为费边主义者（流行于英国的一种主张采取渐进措施对资本主义实行点滴改良的资产阶级社会主义思潮——译者注）的埃比尼泽·霍华德仍在实验合作建屋和分担家务劳动的想法，这是其理想中的“田园城市”的基础。而田园城市的概念今天仍在规划思想中不断闪现。他将这些想法融入他在莱奇沃思（1909）的合作建房设计当中，并携妻子搬入了一间无厨房的公寓（Hayden，1981：231)。住在有32间房间规模的公寓中的人们可以选择共同进餐或在自己的房间里进行。无厨房概念在包括美国在内的几个国家很受推崇。20世纪30年代（1930—1939年）的大萧条期间，建立了许多这样的公社，成为生存的必要部分，在欧洲也有其翻版（图6.4)。同样情况俄罗斯在革命过后也出现过（图6.5)。在土地广阔的澳大利亚，外来移民为了逃避贫穷和无家可归而在这里建立了许多这样的公社。然而，第二次世界大战之后，在西方城市化进程中，核心家庭作为基本社会单元的地位已经根深蒂固，并且因创建大面积蔓延的郊区使得家庭实体间出现分离而被加强了。之后大概在1960年左右，基于固有的女性主义意识形态，由分享劳动责任所决定的遗留的性别平等逐渐转向市场经济内部的政治平等，受到生理学、神经学、哲学和心理学等新的发展的影响。

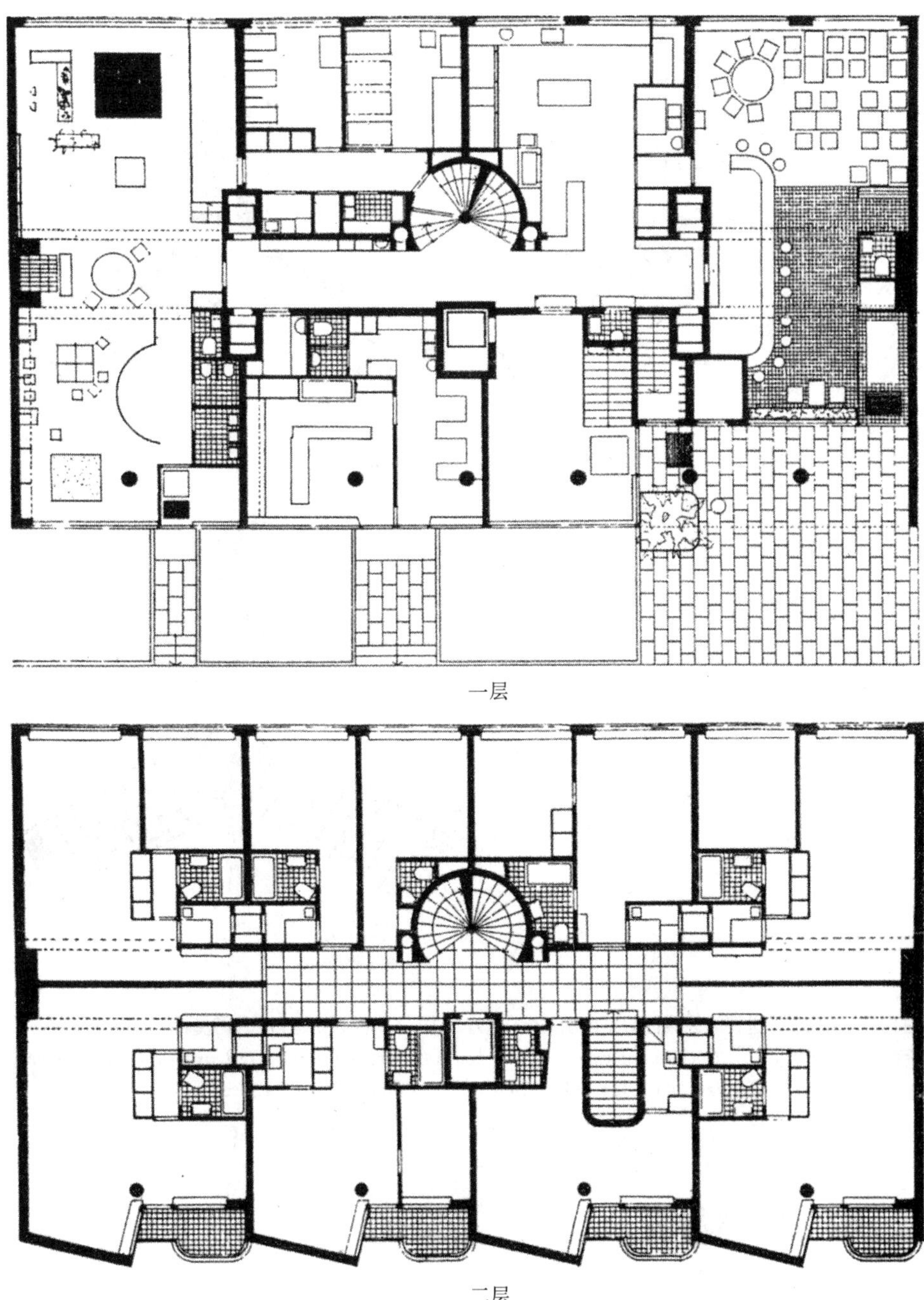

图6.4 S·马克利乌斯和A·米达尔的公共住宅，斯德哥尔摩，1935年

资料来源：D.Hayden，*The Grand Domestic Revolution:A History of Feminist Designs for American Homes*，*Neighbourhoods and Cities*.Cambridge，MA：MIT Press，1981，p.165，Fig.6.2

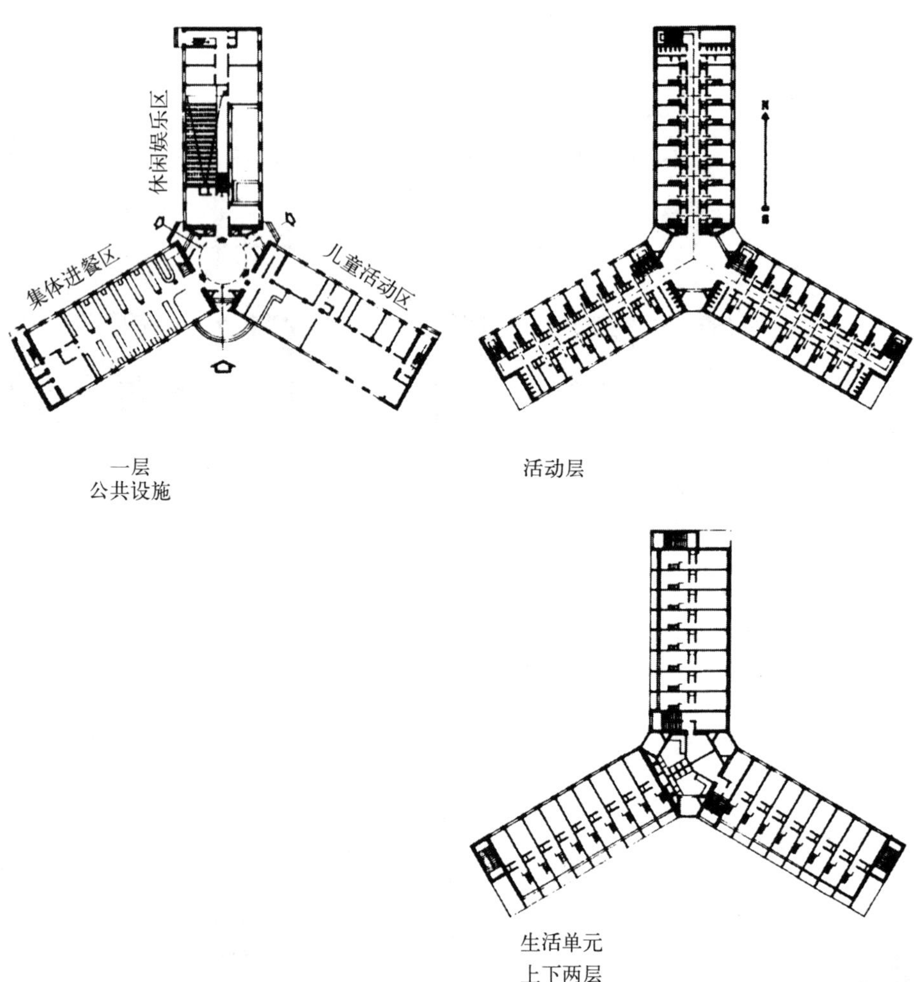

图 6.5 采取集体进餐的公共住宅平面图。K・伊万诺夫、F・特瑞克廷和 P・斯莫林，1924 年
资料来源：D.Hayden，*The Grand Domestic Revolution:A History of Feminist Designs for American Homes*，*Neighbourhoods and Cities*.Cambridge，MA：MIT Press，1981，p.259，Fig.11.23

性、性别和女性思维

> 不存在女性思维，人脑不是性别器官，不妨谈谈女性的肝脏。
>
> ——夏洛特・珀金斯・吉尔曼 [Charlotte Perkins Gilman（1860—1930 年）]

尽管讨论性别如何与城市设计问题结合似乎没什么必要，但我们也不能跳过关于人脑及其与性和性别关系的科学探究（Harding，1991）。所谓性别的生理区别总是存在这样或那样的滥用，使得女性自由受到破坏，父权制得以巩固。除此之外，还存在相关的却有问题的“思维”概念（Kimura，1993，1999；Blum，1997；Geary，1998；Hines，2004）。需要简要地考虑性别的基本生理划分，以便充分了解女性在所创建的环境中的需求。比如，如果夏洛特·希尔曼（Charlotte Gilman）能够了解20世纪所进行的研究，她可能会对自己的观点有所质疑。比如，她将“大脑”和“思维”合并；认为大脑与性别无关，并不是一个“器官”；表达出性别某种程度可以不受功能支配。最初，试图消除性别间生理差异的尝试，并作为极端女性主义及同性恋秩序的一部分政治议题，已被性别间（除去环境影响之外）确实存在重大差异的事实所取代。当前的研究正显露出性别之间在结构、功能和生物化学等方面越来越大的多样性。于是造成两者在知觉、行为、情绪、认知和发现方面存在重要差别，而这都是通过近些年精深的技术发展才得以实现的，比如功能性磁共振成像（FMRI）。尽管这些差别并不一定会造成行为变化，但仍然是非常重要的。虽然生理区别并非决定一切，但也有其重要作用。

尽管大多数调查关注的都是男性的大脑，但是最近的研究却试着将这一状况加以平衡。剑桥大学自闭症研究中心主任西蒙·贝伦科汉（Simon Baron-Cohen）在其最近的著作《本质区别》（The Essential Difference）（2004）中确认了男性和女性思维的具体生理区别。同样，哈佛大学顶尖神经精神病学家罗安·布里曾丹（Loann Brizendine）（2006）的《女性大脑》（The Female Brain）即是针对女性的思维和行为方式做出了大量研究后的成果。重要的是，大脑类型的区别远远超过了生殖差别。罗安在美国成立了首个研究和治疗女性大脑功能的诊所。她的书是对大部分现有的神经学、精神病学和神经生物学临床数据一般都关注男性领域这一事实的很好补充。她的作品对提高女性的社会地位作出重要贡献，大部分差别的出现是比较明显的，但有一点需要考虑的是女性大脑（生理）并不一定与女性思维（性别）相关。比如，英国广播公司（BBC）组织了一个心理学家团队测试一个人到底是具有“男性”还是“女性”头脑，而与性别无关。测试结果提供了大脑——性别分布表，来揭示一个人的“思维”是否是男性或女性，并可以从网址（www.bbc.co.uk/science/humanbody/）处看到。

最基本的一点是每一个大脑在最初孕育时都是女性的。只有在子宫内8周之后，睾丸素水平飙升，从而才决定是男性还是女性。总体而言，男性大脑尺寸要大10%左右，所含脑细胞多4%（以及100克组织）。但这些数字似乎无关紧要，因为我们处理各种事件仅用了脑力的10%左右。男性左脑比右脑使用的多，而女性大脑中的树状连接则更多更复杂（Lippa，2002）。高级的认知功能所在的前额叶也更大。因此，女性两个脑半球间传输信息更快，这对语言能力和语言学习有着重要的影响。比如，它会影响中风后的恢复，而中风后，男性的语言能力更容易受到损害(Blum,1997)。这些结构区别和更大面积的海马体(情绪和记忆的位置)也提高了女性回想和产生记忆的能力，这要优于男性。因此，男性和女性对空间的方向感是不同的。男性通过图像的思维轮转具备解决问题的能力，而女性则依靠更加卓越的记忆功能。大致来说，男性在空间里时倾向计算，而女性则靠感觉和记忆。

现有的研究不仅具有了解和处理某种形式疾病更大的能力，而且还打开了更广泛了解性别与差别的大门。尽管这一信息可能不直接转化为设计概念和战略，但不能否认的是性别对设计的重要性。很少人(希望是很少男人)会认为它不重要。那么，那些寻求连接性别异源的直线图像来设计结论的人们可能会失望了。但是，我们对这一关系更加了解的事实却无情地改变了我们的意识，也改变了我们以不同方式处理问题的能力（Hines，2004；Geary，1998）。性别、平等、城市政治和社会变革间的关系受到明确的女性主义意识问题的影响，进而受到明确的女性主义方法的影响。

女性主义的方法？

典型的女性主义方法的概念引出了明确的女性主义科学的问题，科学调查作为所有探究的主要范例。因此，是否存在明确的女性主义科学呢？这种推动了独特的女性主义认识论，但还未能包含所有男性科学的科学对照文化是否能建立起来呢？而两个问题的答案似乎都是掷地有声的“是的”。还需指出的是，根据女性主义行为的意识形态范围，我们不能仅讨论一种女性主义，而是应该涉及多种女性主义（FOC6）。由于论证过程复杂而富于挑战，所以在这我仅概括一些更为重要的争论内容（Bleier，1986；Harding，1991；Hesse-Biber *et al.*，1999；Lather，2007）。与以男性为中心的古典绝对论传统相抵触的是，其基本论点指出科学不是理性、抽象的过程，而是充满了几十亿个独立自给的事实有待被发现，它独立存在于价值、主观性、意义和性别现实之外。与其他事物相同，科学也是社会创造的文化机制。但与其他社会过程不同的是，科学有其特殊的伪装工具，因为它否定社会构造中的意识形态基础而认为所有事物都具有客观性，这种客观性超越种族、阶层、性和性别。但不言而喻的是，父权制占据了科学的主导地位，因为它代表着经济和家庭生活。因此，有理由认为，科学的各种传统与其他任何知识领域一样具有同样多的偏见。所有层次的科学过程体系都将女性排除在外，从实验室助手到具有全球重大意义的研究："既然想法不是在文化真空中生成的，那么将女性排除在科学实践之外而得到的男性的、父权制的科学架构就能在（其）概念、隐喻、假设和语言中体现出来了"（Bleier，1986：6）。

因此，基于被歧视进而在其目的、结构、认识论和调查方法方面被扭曲的事实，女性主义对科学过程的每个环节都表示了质疑。堂娜·哈拉维（Donna Haraway）（1985）从灵长类动物学的角度出发认为，女性主义若仅用一个范例代替另一个是不可能探索成功的，而是要通过修正研究区域（领域），然后用描述一系列叙述操作的新故事和解释来对自身改换格式才能实现。正如她所说的：

> 改变一个领域的结构可不是用真实版本替代虚假版本。为在具体历史条件下人们所认识的知识创造不同系列的界限和可能性是一个具有突破性的项目。
>
> （Haraway，1985：81）

然而，哈拉维使用的术语"领域"与布尔迪厄所用的并无多大不同。后者观察到"科学是对手之间的武装斗争"，并指出：

> 每个人或明或暗所指的客观事实最终只不过是研究者在某一特定时刻所从事的领域。同意以这样方式来考虑，那么，由引发仲裁的人们对其给出陈述，再通过这些陈述即可在领域中展示出客观事实本身。
>
> （Bourdieu，2000：113）

正是这种代表了众多女性主义研究才具有的微妙的、相关的特性与找到通向真相的路径相对立，通常这些路径主要以男性中心化作为关注点。

当我们讨论女性主义方法的理念时，也进入一个虚构的舞台，那里上演的是政治气氛紧张和敏感的辩论场面。自相矛盾的是，正如后现代主义和许多女性主义作家澄清的那样，逻辑上认为单一的女性主义方法是不可能存在的，因为所涉及的意识形态是极其复杂的（FOC6：128—130）。询问女性选择解决何种类型的问题而不是寻找原初的女性主义方法则更具有实际意义。当然，这并不否定每个立场的价值以及立场的协同效果，它们共同对抗父权统治、性压迫和人身攻击已达千年，目标是清晰的。核心观点即性别不平等的内在问题不能归因为简单的观察方法。不管怎样，对性别的关注为所有方法论打下基础，同意问题起于神性，止于诸如哪里的公厕向哪种人开放的扰人问题。而期间会遇到生理、神经、政治、哲学、心理学、宗教的问题以及数不清的其他问题，再加上各方所提出的中肯立场。然而，形成共识的一点是，尽管性别是生理决定的，但性别也是社会建构，其中甚至广泛所接受的用语“男性”和“女性”都是极其模糊的概念。这一观点被最近的研究方法加以提升，认为“设想性别是创造主观性并随着时间发生转变的过程”(Nightingale, 2006: 165)。该立场在伊凡·伊里奇的经典著作《性别》(Gender)(1983)中已有所阐述，他认为随着历史进程的推移，极少有社会能按照被某一特定性别吸引的性趣本质来划分个人。这种模糊性不但受种族和阶层的进一步影响，而且也受主流人类行为的性取向问题影响。因而，现在存在一类重要文献，称之为“怪异研究”(Berlant and Warner，1993；Browne 等，2007；Clarke and Peel，2007；Haggerty and MaGarry, 2007)。这类研究勾勒出性异位（Foucault）或性变态（Oscar Wilde）的研究领域范围——这一类人认为“罪孽是现代生活中仅存的颜色”。

因此，有理由假设理解女性主义方法的最佳方式是通过探寻女性主义者的行为、主要关注的方面以及提出某种战略后再做出假设的方式。比如，从 19 世纪性别平等的概述中，父权制、家庭生产模式、女性无酬劳工、家庭和城市空间的男性化以及政治和法律平等都在法令中清晰地规定，广泛地在女性意识中成为需要彻底革新的领域。同样，陷入平等和空间等问题的新马克思主义政治经济学仍毫无保留地作为探究的主要模式之一。例如，哈贝马斯将生活世界视为由两个公共范围和两个私有范围组成，这可被定义为日常生活的私有领域以及资本主义经济的私有领域；公共领域则在政治参与的个人领域以及国家的集体公共领域中体现。然而，这一总体模式需要限定，“通过观察这四种角色对男人和女人有何不同；换句话说，我们需读出‘性别的潜文本’以便弄清性别问题怎样影响现代社会的各方面及其演变发展”(Saraswati，2000)。

关于女性主义和方法论发展的论文集揭示了问题的复杂性和过去 20 年的扩展（Harding，1987，2004；Hartsock，1991；Hesse-Biber 等，1999）。例如，政治经济学框架下多琳·梅西（Doreen Massey）的作品阐述了女性主义方法论的重要角度（Massey，1984，1994），正如堂娜·哈拉维所使用的接近科幻色彩的反乌托邦则代表的是另一个角度（Haraway，1991）。并且越来越多的文本是基于女性主义和方法论（Harding，1991，1998；Lather，2007）。无论性别怎样，人们在社会所发挥的作用是认识论研究的基础，甚至科幻也有其作用。与大部分女性作家相比，堂娜·哈拉维在其著作《赛伯人宣言》（Cyborg Manifesto）中针对盲目的自然崇拜、有机体论、性主义和身份概念走得更近了一步。她的文章包含“基于赛伯人的概念且忠实于女性主义、社会主义和唯物主义的一种具有讽刺意味的政治神话。赛伯人是指控制论中后人类阶段的机器和有机体的混合体，也是高科技社会现实的一种产物、虚构的生物”（Haraway，1993：272；Haraway，1991；Hayles，1999）。在乌托邦传统中，赛伯人被视为生活在后性别时代的一种人工构成的现象。除了追求轰动效应，主要功能是将我们的思维从性别政治、种族主义、父权主义和压迫的责难中解放出来，以期未来社会构筑的界限和对以上这些的集体反抗能更加显著。这没那么奇怪，实际上，它是所有规划（城市或其他）的基础—— 一条值得怀疑的原则，即若我们能预测未来，我们或许能避免最坏的过度行为：“赛伯人的女性主义者不得不辩驳说，‘我们’不再想要统一的自然矩阵，没有构造是完整的，无辜和坚持认为受迫害情结是洞察力的唯一理由，这样的推论带来的损害够多的了”（Haraway，1993：278）。在这种条件下，哈拉维的方法是将赛伯人的演变与现存社会机构的发展和过程相互关联，这让我们想起乔治·奥威尔的《1984》（1992,始创于1933年）或阿道司·赫胥黎（Aldous Huxley）的《美丽新世界》（Brave New World）（1960）。她重新定义和重构现有的空间结构，如家、市场、有酬劳的工作场合、州、学校、诊所（医院）、教堂等，以便在未来得以生存的可能性更大。然而，她的构想是无可救药般地渺茫，却也不能说不可能。比如“教堂”的未来被预测为是这样的场景：

> 电子原教旨主义的“超级拯救者”牧师庄重地庆祝电子资本和自动化崇拜神的结合；强调教堂在反抗军事化国家方面的重要作用；为女性在宗教中的意义和权威进行的核心斗争；交织着性与健康的精神性的持续相关性。
>
> （Haraway，1993：291）

学校被重组：

> 高科技资本需求和公共教育全面、深度的关联，并按种族、阶层和性别区分；涉及教育改革和再融资的阶层；为在技术统治和军事文化中能够保持大众无知并对其镇压的教育；越来越多充满了憎恨与极端政治运动的反科学神秘膜拜；白人女性和有色人种持续、相对的科学文盲比例；不断增长的以科技型跨国企业（特

别是依赖于电子产品和生物科技的公司）为导向的教育（尤其是高等教育）产业发展方向；大量渐进式双模社会的高等教育精英。

女性在这样社会中的地位是否比现在优越还存在争议，而全球变暖问题则成为潜在的决定因素。撇开反乌托邦不谈，从以上所有这些我们能得出的结论是：科学遇到了麻烦。过去 30 年，女性主义认识论的发展不仅为以男性为主的科学正统派带来了重大挑战，同时也提出并实践了其自身性别的替代方案。然而，尽管关于女性主义政治、意识形态、科学和文化的文献如今多如牛毛，但对空间和地点的关注仍然十分有限。为了填补这一需求，在对“漫游者”（近百年来在城市空间象征女性压迫的神话人物）描述之前，针对性别对设计的影响作出简要阐述，是很有必要的。

作为异源的漫游

城市最普通的从业者生活在“底层”，即可见性的门槛以下。他们步行——城市体验的最初形式；他们是步行者、漫游者。他们的身体跟随着他们书写的城市“文本”的悲欢离合，但却无法去品读。这些从业者充分利用无法被看到的空间，他们对这些空间的了解就如情人在彼此眼中那样盲目。与这些互相交织、无法辨认的诗歌相对应的道路，因为它其中的每一个主体是一个被许多其他内容所表示的元素，以至于很难辨认。就好像构成这喧嚣城市的实践，其特征都是盲目。

（Michel de Certeau）

漫游者是市场的观察者。他的知识与难以理解的工业科学紧密相关。他是资本家的间谍，担负关注消费者领域的任务。

（Walter Benjamin）

对于那些参与城市设计过程中的人们，城市的实际体验能被设计师思考是最为关键的。“漫游者”的概念出自 140 年前，正是这种体验的化身，他在城市中漫步，吸收声音、气味、秘密和街景（de Certeau，1933，1984；Parkhurst，1994；Wilson，1995；Huang，1996；White，2001）。漫游者还是历史的偶然，是随着意识的变化和从历史林荫大道到后现代城市化发展而演变出的神话人物。

“漫游者”一词源自法语的动词“flâner”，意思是到处游荡。因此，“flânerie”

指无目的行走,为的是体验在城市行走的快乐。该词与英语中的"rambler"(漫步者)有密切关系,

> 19 世纪早期人们光顾伦敦休闲、娱乐、消费、交流和展示的场所，包括：剧场、歌剧院、游乐园、俱乐部、运动场地和集市。漫步者通过游览室内和室外空间探索冒险和娱乐休闲，从而形成对城市概念和物质的景图。
>
> （Rendell 等，2000：136）

尽管漫游者的意图是为了获得性快感，但漫游者关注的却是我们称之为运动的“第七感觉”，即身体在城市空间中移动的感觉。他很享受作为一名随意的城市观察者、窥探者和分析者这样的身份。他收集电影文本、印象和视图转换以及城市和建筑的形式和空间，他是终极的认知地图。漫游者的概念最初由查尔斯·波德莱尔在其诗集《巴黎的忧郁》（Paris Sleepn）（1869）中提出。波德莱尔认为艺术的传统形式不足以表达现代感，因此艺术家应将自己沉浸在都市中体会其所有的复杂性。漫游者就是波德莱尔关于城市体验的体现。

1935 年，马克思主义者沃尔特·本杰明在他的《拱廊街计划》（Arcades Project）中为批评资本主义推出了一个概念（Benjamin，1997，1999）。在这一任务中，本杰明受到社会学家乔治·齐美尔的影响，后者的论集《大都会与精神生活》（The metropolis and mental life）（1903）被城市规划专家视为经典之作。因此，最初所说的漫游者为男性法国人，背景为 1851 至 1870 年期间奥斯曼男爵重建时期中的巴黎（尽管这一过程的起点要远早于此，并一直持续到他 1870 年卸任后）。因此，波德莱尔的漫游者也许想围绕欧洲最大的建筑场地之一来漫步，可能因为本杰明的原因，即比起正常的城市街道，巴黎的拱廊为漫游者提供了无限的机会。从那时起，围绕漫游者主题的文献开始大量增加（Mazilsh，1994；Tester，1994；Gleber，1999；Parsons，2000；O' Neill，20002；D' Souza and McDonnough，2006；Wilson，1995）。正如奥尼尔所说：

> 他是现代城市“景象”的“阅读者”和作者。他是现代世界公共生活的移动观察者……他出现的身份是“历史学家、城市批评家、城市建筑的细致分析者、景象的收集者以及将其印象和经历转换为世间存在的方式和代表这些体验的文本的口译者”。
>
> （O' Neill，2002：3—4）

漫游者经历的大量事件和情况已大大超越其本身简单的定义，这其中主要的原因是这些情况浓缩了对城市形式和经历的研究中至关重要的一系列因素。它提供了一种简单的方法——在城市中行走的想法——可扩展到包含对资本主义，尤其是消费主义的普遍批判，将性别、社会阶层、乌托邦主义、城乡差距、运动知觉经历和其他都市生活的重要方面囊括之中。许多作家在理论和实践中都提到过漫游者，包括米歇尔·德·塞杜、沃尔特·本杰明、乔治·齐美尔、詹姆斯·乔伊斯和埃德加·爱伦·波（Edgar Allen Poe）。总体而言，詹姆斯·乔伊斯在 1922 年具有变革意义的著作《尤利西斯》（Ulysses）则涵盖了此类最佳的范例。他描述了漫游者的反英雄式人物利奥波德·布卢姆（Leopold Bloom）人生中的一天，即 1904 年 6 月 16 日他在都柏林的大街上游荡，体会都柏林带给他的一切。这一作品被视为 20 世纪的经典之作。乔伊斯完成《尤利西斯》（1960，始创于 1922 年）之后并于 1922 年在巴黎开始了他第二部巨作的构思《芬尼根守灵夜》（Finnegan's Wake）（1992，最初 1939 年）：

> 于是，关于漫游者是否属于历史概念而与今天无关的问题出现了。而漫游者也在 20 世纪后期被完全商业化的身份取代——游客。奥尼尔指出，这两者间的区别是根本性的——游客在不同地点穿梭，其终点是珍贵的经历。而漫游者探究的是两地间的空间，且无目的是其目的。他的行为只是实践自身行为而已。
>
> （O'Neill，2002：2）

在揭示男性为主的城市空间（更不用说父权制、压迫、霸权、不平等、社会阶层和家庭生活）问题过程中，漫游者显然是位男士，女性的角色是隐藏的，或从景象中湮灭或作为男性关注的对象而被迫加入。几乎所有关于城市空间的感悟和相关的点缀艺术又一次强化这样一个概念，即城市空间无论是概念上还是现实，虽然包含许多女性，仍然由男性主宰。波德莱尔和本杰明时期唯一能凸显出自我空间的一类女性是妓女。而科莱特（Colette）、阿娜伊斯·宁（Anaïs Nin）、西蒙娜·德·波伏娃以及其他极端女性主义者或许是这一规则的例外。更近一些时期，为了主张公共空间领域中的女性权利，“flâneur”（阳性）的概念受到了“flâneuse”（阴性）的挑战。于是正大光明地置于女性主义政治和批判主义的范围当中（Wolff，1985；Von Ankum，1997；Gleber，1999；Olofsson，2008）。“Flâneuse”强调了女性在家庭内部的从属角色到男性角色在社会生活的公共领域中主导地位。尽管漫游者显示出一种初期的现代性，但女性仍隐匿在家庭领域当中，不得喘息（Thompson，2000；D’Souza and McDonough，2006）。

“Flâneuse”的出现仍存在问题。一位如同其男性伙伴一样自由穿梭于大街上的女性漫游者是对该地域的挑战，不可避免地遭受杀戮（图 6.6）。因此，20 世纪末期的百货大楼和奢侈消费的空间代表着女性可以自由穿梭而毫无危险的第一空间，男性领域未受威胁。购物这一标志性的资产阶级活动显然把工薪阶层的女性排除在外，她们的活动场所仅限于家中。然而，资产阶级女性的自由并未达到与其同阶层的男性同步的地步，因为其自身活动是与新型资本主义消费紧密相连的，而后来其发展到当代生活中的超市和大卖场，生产仍属男性领域。明显的区别是女性自由无法改变地与内部公共空间相连，这其中她的安全是可以保证的。由男性漫游者所开拓的街道总是被许多女性在从一个内部空间向另一个空间过渡的过程中走的路所代表，这条路并非男性所享受的城市空间的内在自由。适用于男性的惯例却不一定适用于女性，其效果是限制了女性的凝视，降低了女性的公众地位并演变为一场程式化的展示或偷窥者享乐的对象。

图 6.6　女性漫游者：公共空间及男性的双重标准

资料来源：D.Hayden，*The Grand Domestic Revolution: A History of Feminist Designs for American Homes*，*Neighbourhoods and Cities*. Cambridge，MA: MIT Press，1981，p.29

为了维护女性漫游者不断提升的作用，珍妮·奥洛夫松（Jennie Oloffson）采用了一种语言工具，倾向使用“fl@neur”来称呼女性漫游者。这是一种很机智的开始，因为从语言上将称谓进行整合，我们则不得不指出两者区别，从而认识到并暴露出我们自身的偏见。同样，通过整合术语，奥洛夫松创建了更为激进的方法——不是采用更明显、更可区分的其他激进策略，而是将对立面吸收到同一个世界观当中。这种方法对于否定二元论和无用的冲突十分有效。因此，这一举措是十分大胆和具有眼光的，针对所有范围的问题，包括从物质和社会到虚拟世界都给予了政治微妙但却不可否认的对男性主宰的抵制(Oloffson,2008)。有趣的是，关于挪威理论家达格·奥斯特伯格（Dag Osterberg），她选择关注“密度”的概念并称“密度的研究不仅是为城市与乡村模糊的边界铺平道路，使用这一术语还能从其他角度来审视人类与空间关系的表现形式”，因此，“我从女性漫游者所占密度入手而非林荫大道”（Oloffson，2008 ：8）。

因此，女性漫游者和密度的概念就给漫游的几个构成元素带来了挑战：城乡差距、公共与家庭领域、两者的内部和外部空间以及空间重组的适合形式。比如，我们现在可以在郊区考虑漫游者的想法，并使其适应小汽车领域，同时谨记漫游者并不是个人，而是一种分析工具，能给出对城市更深刻的理解。保罗·奥尼尔在其文章《带漫游者转身去郊区》(Taking the flâneur for a spin to the suburbs)中认为，从街道至百货公司的缓慢前进改变了漫游者与城市的关系：“观察者与被观察者间,更重要的是个人与商品间的划界现已摒弃,漫游者现在被带’入’了消费空间”(Hulser，1997；O’Neill，2002：4)。同样地，源于百货公司的运动——仍然是城市现象——本身逐渐被超市和郊区购物中心的活动所吞噬，后两者通过允许大众获得汽车得以实现。大型卖场将这一理念进行了推广深化。这就使漫游方式扩展到汽车漫游，这种适应城市生活的完全不同的方式，却也是波德莱尔最初想法的另一种延伸。

尽管这一过程并未直接破坏仍有希望在许多大城市盛行的漫游，但却将其完全或部分地从美国大规模的城市地区中消除。购物中心将凯文·林奇（1960）所指的城市的传统痕迹，如道路、边界、区域、节点和标志等抹除，而换之以品牌、扶梯、电梯、停车场、大型超市等。同样，我们的知觉现在越来越快地通过空间已扩展到行动。漫游者的身体 / 行动是不可分割的过程，而随着新型“汽车半兽人”这种生物的诞生，人的身体被禁锢了，没有了汽车的帮助便无法移动 [J·G·巴拉德的小说，如《撞车与帝国的来临》（1973，2006）即表达了这一观点]。由于男女漫游者分析城市空间的方法不同，因此“汽车半兽人”又增加了新的分析角度。

然而，无论哪一个，渐进式的分析方法开始起作用，能使我们搞清楚资本主义的消费过程与不断变化的城市空间和设计模型之间的关系转变：

> 界定人与物体关系的能力以及资本主义空间内有关这一经济交换的知识与控制都使得创建专用的新空间以便监控这种交换成为可能。这在基于资本主义意识形态的全新城市建设时，如拉斯韦加斯、底特律或芝加哥这样的边缘城市，或是如美国欢庆镇或海滨小镇的郊区发展以及英国的韦林田园城或米尔顿·凯恩斯时可以找到明显的例子。
>
> （O' Neill，2002：8）

也许最能体现漫游者的真实发展的是各地的“矮骑手”（low rider），以美国的芝加哥人和黑人为代表。他们开着汽车缓慢而无目的地在大街上如花花公子般闲逛，吸收城市的光影声色，即便他们的速度比漫游者的四处巡视快不了多少也没关系。

异源性、性别和设计

正如漫游者代表了男性在空间经历中的主导地位，以男性为中心的控制也通过物质组织构造得以实施。当漫游者代表了男性注视的权威，那么对城市设计和组织的控制也同样通过男性所做的决定而变得强大。事实是不言而喻，也无需强调。对社会空间的组织构造和设计等决定在国有及私有部门、金融、管理、规划、文化和企业等机构中做出，这些机构的委员会、董事会、股东和各种形式的决策直到今天一直由男性主导。因此，城市设计过程的各个层面上女性解放的问题要从女性的教育和就业开始，在政府和企业最高级别的董事会办公室里终止（Adams and Tancred，2000）。在男性意识层面，所涉及的完全是如何改革我们的世界观（Akkerman，2006）。源于城市的可持续发展危机与女性赋权的危机旗鼓相当，男性家族制背景下的全球变暖危机的发生也是不言而喻的。

同等程度上，男性家长制的资本主义所形成的空间分工在性别问题上也不是保持中立的（Andrew and Milroy，1988；Spain，1992；Massey，1994）。通过异源特征，女性的从属与控制被包含在空间里（Drucker and Gumpert，1997）。城市转变的方法——从中央商务区的规划和法规条文，到郊区、运动场所、娱乐区域、工业区等整个城市功能区——都包含着性别化现实。大部分情况下，它们包含物质背景和其所涵盖的过程。同样的现实以各式各样的物质性的压迫形式构成了历史赋予的限制，这些压迫是由资本主义城市化支持和产生的，包括精神和肉体的虐待、心理支配、欺骗、侮辱、不安、身体限制以及遍布所有媒体形式的性别歧视者形象的负面表达等，就不一一列举了（Valentine，1990，1995；Borisoff and Hahn，1997；Day，1997，1999）。从更大的方面来看，整体的影响就是控制、抵制、反对、破坏、威胁或表达对女性需求的无视。这在怪异的群体、少数民族、儿童、老人和残疾人当中都有不同程度的真实性体现。其必然结果就是为了产生能反映女性权利的赋权和必要的自由，空间也开始变得十分重要。不仅权力体系需要改变，而且关于空间影响和后果的方法也要转变。这一论述并不代表对物质决定论无意识的辩护，恰恰相反，它强调除了内在的意识形态偏见，最终成形的空间的决策才是控制因素。城市设计的决定不但是物质的关于砖和灰浆的决定，也是政治和道德的决定，且产生了几个世纪的影响。并不存在价值中立的城市设计过程，这一事实已扩展到专业的各个层面（Roberts，1997，1998）。

尽管我认为城市设计应作为独立的知识领域存在，但作为实现性别平等的最佳方式，关于女性接受教育和就业的建筑和城市规划研究正朝着好的方向发展（Mackenzie，1988，1989；Greed，1994；Loevinger 等，1998；Madsen，1994；Adams and Tancrid，2000；Weddle，2001）。莫泽和利瓦伊撰写了一篇关于性别规划方法的开创性文章（Moser and Levi，1986），为女性主义方法论给出的描述很受欢迎（Olofsson，2008）。甚至英国皇家城镇规划学会也在其出版的《性别主流化工具包》（Gender mainstreaming toolkit）中贡献了对性别方法论的观点（Reeves，2003），虽然晚了 20 年才承认的确存在一些缺陷（RTPI，1985）。正如上面指出的，随之相伴的警告则是研究方法也常常倾向于性别歧视，即使它们是女性所主导的（Grant 等，1987）。事实上，建筑设计行业也有性别歧视的历史，比如两本杰出的著作《设计女人》（Adams and Tancred，2000）和《设计的多样性》（Designing for Diversity）（Anthony，2001）。两本书都会引起人们不安，因其破除了我们所有的偏见，即若两本书伪装得好，在社会各个地方同样流行，从某种角度而言，贬抑女性和歧视与职业的文明世界无关。事实上，建筑设计职业也存在种族和民族歧视。安东尼的方法是基于在加拿大进行的初始和二次研究，使用了 1921 年至 1991 年间关于女性建筑师的人口普查资料、档案资料和对不同群体的注册女性建筑师的访谈，包括那些不再从事该行业的女性。除了得出一些颇有见地的成果以外，最重要的一个结论就是极少数事业成功的女性不得不将自己投入以男性为主的职场当中，并接受其价值，而非归属于无性别歧视、自由的氛围中。关于职业的批判也伴随着学术的批判，以男性为主的空间和形式组织中意识形态做法是跨越性别界限进行教授的（Sutton，1996）。有关规划教育也表达了类似的情绪（MacGregor，1995：25）。

通过设计来进行方法上的区分有多种形式，机构层面上的职业偏见仅仅是开始，还存在其他数不胜数的将城市环境与性别相关联的方法，从建筑的内部空间到公共领域、纪念和艺术形式的建造（Gardiner，1989；Weisman，1992）。最初，女性的内衣被神话为时装精品店里的精彩展示，遍布西方世界无数的大街。在某些地方，比如阿姆斯特丹和汉堡，受迷恋追捧的是女性本身，她们被置于商店橱窗里，或在红灯区销售自己。更敏感的是久而久之构成家庭内部领域的实践、房间之间的关系、内部与外部之间内容的形式和地点，以及居民的性别与社会的分层。比如，弗吉尼亚·伍尔夫（Virginia Woolf）是所有作家中最为敏锐的一位。她在《雅各布的房间》（Jacob' s Room）和《一间自己的房间》（A Room of One' s Own）中细致地分析了家庭内部空间，并对其人物做了外科解剖式的分析。正如她所展示的那样，性别差异甚至体现在家具的使用上，如类型、位置和材料。举个简单的例子，历史上最著名的椅子，包括索耐特、密斯·凡·德·罗、勒·柯布西耶、阿尔瓦·阿尔托、格里特·里特维德等设计的都是男性化的。显然很难将家具和配件从性别化空间分析当中去除，因为空荡、未装饰的房间仅能传达一定的信息（Colomina，1992；Leslie and Reimer，2003）。性别化家庭空间也可被当作家庭的性别化社会空间的隐喻说法，即使范围和背景不同（Frank and Paxson，1989；Weisman，1992：86）。由于男性仍然占据设计职业的主导，所以需要女性服从的环境也是男性从意识形态上再造出来的，且整个过程让人毫无觉察。

在政策层面，为了适应城市女性的需求启用了多种多样的方式，尽管恢复平衡实际上仅需要其中的一小部分。另外，关于女性的社会化，更多女性与更好的结果间并无必然联系。然而，欧洲的女性规划者开始实施《欧洲有限元法倡议》(The Eurofem Initiative）以将女性强制于空间和政策规划的过程之中。这与所谓的“女性的问题”和设计以及土地使用无关的概念有重大对立（Boys，1985；Huxley，1988；Sandercock and Forsyth，1992；Fainstein and Servon，2005）。这一倡议也得到了提倡规划问题网站（www.gendersite.org）的支持。自 1980 年陶乐丝·海登发表其标志性文章《无性别歧视的城市什么样？》（What would a non-sexist city be like?）以来，规划无性别歧视的城市取得了缓慢但却不可阻挡的进步。这里仅提及一些倡议方案（FOC6：143）。比如，英国皇家城镇规划学会为了满足性别平等（这当然也包括男性），指出在规划过程中各个层面需包含八个问题，它们是：

- 决策团队都包括谁？
- 男性和女性都代表谁？少数民族群体？
- 规划者为谁规划？男性、女性、工人还是少数民族？
- 数据如何收集？数据是否按性别分解？
- 规划的核心价值、重点和目标是什么？
- 向谁咨询？谁将参与？
- 如何评估计划？由谁评估、依据是什么？
- 如何实施、管理和监督政策？

尽管这些看上去并不是设计标准，但显然在规划阶段通过提供更多样的信息将会影响设计结果。陶乐丝·海登也建议更为平等的社会应具有的住房社区所需的六大重点（Hayden，1980：72）。在此基础上，应存在减少设计中性别歧视方法的重点分类：

- 处理针对女性儿童的暴力问题比较完善的服务系统；
- 通过具有专门职能的公共机构来消除针对女性的公共暴力；
- 以行人而非汽车为导向的混合使用空间和街道的友好社区；
- 低廉、安全、高效的公共交通系统；
- 包含合作式住房、离开过渡家庭的女性的住房和残疾女性的专门住房；
- 不同形式的日托机构，从青少年社交中心到全日托育服务；
- 积极鼓励以社区为基础的经济发展，并与日托机构协作可为女性提供有意义的工作；
- 在服务、居住、工作场所形成紧密的关系，鼓励城市土地混合使用；
- 女性主义规划过程，与群体共事而不是为了群体工作；
- 公共艺术是以女性和以女性活动为代表。

（Eichler，1995：16）

其他早期的倡议还包括伦敦规划援助服务（1987）和多伦多的城市规划和设计。它们将女性需求融入城市规划，从而产生了巨大影响，主要是通过研讨会来提高认识、对政治家游说、与社区团体会见以及对女性进行普遍动员以支持自身的最佳利益（Modlich，1994）。其他地方也提出了关注性别平等的一些建议，如改造公共空间用于日常生活、强调本土性而非全球化、复兴文化、创造更多民间接触机会及其他特质（Watson，1988；Ruddock，1996；Jaeckel and Geldermalsen，2006）。

结论

除了本质问题，性别的事实可以说是资本主义制度最具剥削性质的一方面。不幸的是，社会主义在这方面也没能做得更好。尽管在性别平等方面连同家庭内部生产方式有了缓慢的进步，但在性别多样性和差异方面，包括从生物化学到儿童教育，都出现了重大消耗。实际产生的结果不少，可以解释这些差异如何成为关于空间的学习能力、生理学构造和感知。于是很自然归结到典型的女性主义方法的问题上，并将我们的案例应用在城市环境中。考虑到女性主义在社会科学的方方面面都有所体现，那么可以说，并不存在具体的女性主义方法。更为重要的是，女性主义贡献的方向有所不同，是针对整个知识领域如何在父权制中构建的问题，而无论理论方向是什么。所有这些都会对城市环境产生影响，这一点通过对漫游者（fl@neuse）比喻的解释可以得出，即将大量的城市冲突浓缩成一个简单的概念。更为具体的是，在作为整体的城市环境的领域当中，整个范围的偏见和不平等现象已存在了许多年，从教育到就业、再到职业活动都存在着性别歧视。因此，关于陶乐丝·海登30年前提出的问题“非性别歧视的城市什么样？”，也许在未来仍没有满意的答案。

第七章
环境

我们有什么权利把一切小到微观硅藻大到足有3000年历史的侯恩松树的非人类种族完全当作是人类欲望的俘虏？这种对其他生命形式的奴役、整个星球的堕落早已使我们陷入生态灭绝的边缘。

——巴里·里特伍德（Barry Littlewood）

引言：市场崩溃、密度与城市形态

当前（2008年10月），我们正处在次贷危机和市场崩溃的中心，而这恰恰证明了我们的贪婪、腐败、追求高利、投机和彻头彻尾的愚蠢。私营部门现在要靠社会福利才能生存，整个金融业以及包括通用汽车在内的私营企业也正排队等待美国政府的救助，甚至带来了全球范围内的连锁反应。所谓的市场资本主义及其放任主义理论在一夜之间消失殆尽，只能仰仗美国中产阶级和他们的存款摆脱困境。在短期经济学理论的驱使下，城市环境及其设计表现形式仍然是国家政治权益和私营部门利润的伺服机制，且两者之间因对国家新社团主义理解的不同而存在着显著的合作或共谋关系。整个灾难的主要发生地处于美国上百万的郊区家庭中，在这里，消费者无需任何资产即可获得房屋抵押贷款。美国人过度消费的资金来源并不是政府，而是来自其他发达国家的借款。在这种情况下，效率变得尤为重要，金融市场是如此，城市环境也不例外。这也进一步说明，一切形式的事业都需要具备可持续发展的能力，并由法则将资本主义市场系统与人类种族的生存直接联系起来。

在《城市形态》第七章中，我把能够支撑当前可持续发展理论的概念框架做了一个概述，并指出此类理论与城市形态之间明确存在的关系，而这正是有关城市密度争论的关键（FOC6：168—170）。这种关系不可避免，但却仍然是今天未解的一道难题。城市密度是空间政治经济学的直接反应，千百年以来都是如此。

在这里，影响西方世界城市发展中最为重要且最为持久的冲突之一就是城市整合倡导者与郊区理论实践者之间的碰撞。在下面的论述中，我认为，争论正是那些无谓追求斗争人士的一种伪意识，而在面对先前已存在的资本主义城市化时，冲突本身毫无意义。很显然，未来城市化的进程将会需要很多战略支持，比如地理学、政治学以及其他城市形态的决定因素。在此过程中，将城市空间进行武断地分析并分解为城市、郊区和农村就变得基本不具备任何相关性了，而且在很大程度上，几十年以来都是如此。技术、政治、社会关系和可持续发展的新形态的出现对城市化如何发展产生影响，但却仍然无法成为无谓争论的真正赢家。

郊区－城市

冒着提出两种无用观点的风险，很显然，在有关城市建造方式的争论中，没有比郊区开发与城市整合之间的碰撞更激烈的了（Gottdiener，1977；Fishman，1987；Sharpe and Wallock，1994；Haydon，2003；Davison，2005）。毫无疑问，有关城市形态与密度的政策冲突的过热发展是一项严峻的考验。大体来看，似乎这种冲突来源于某种困惑，即先前已存在的城市形态并不是资本主义世界体系的附属结果，而是对生活方式的一种有意选择。从这种文化的世界观来看，像洛杉矶（或伦敦、墨尔本、布宜诺斯艾利斯等）这样的城市就是其本应有的样子，因为人们更愿意生活在郊区，从而为家人提供更大的活动空间，呼吸干净的空气。但事实上是，此后他们呼吸到的仍然是受到污染的空气，住在离工作地点几英里之外的小区住宅，不得不从其可支配收入中拿出很大一部分用于支付汽车和燃料费用，还需要支付一大笔税款用于高速公路这类基础设施的建设，而非公共交通，所有这些都要归因于错误的判断。

迈克·戴维斯在《石英之城》（1990）一书中对洛杉矶郊区的景象进行了详细的描述，将其表述为在贪婪与剥削的政治驱使下走向生态灭绝与堕落的土地开发过程（Rome，2001；Gwyther，2004；Lang *et al.*，2006）。在此过程基础之上，“城市规划就更像是对‘可行性’补救措施的事后探究，以减少这种自相矛盾式的土地开发过程所带来的负面影响”（Scott and Roweis，1977：1109）。对于城市规划必须解决中心城市与郊区开发之间紧张局势这一事实而言，还带来了一种意识形态方面的“规划”冲突，这种冲突主要体现在郊区化或城市整合的反对阵营中。最终，对任何一种形态所作出的一切承诺都有其思想根源（Stertton，1970；Troy，2004；Searle，2007）。这一漏洞错误地将问题根源从某种资本主义城市化过程转移至某种城市规划做法，而这在带来无穷无尽争论的同时却并没有从本质上解决问题，反而在城市政治层面上使问题变得更加复杂，也没有带来任何能够实现增长、可持续性、利润、发展以及对话等其他因素的效果。

与其他许多国家相比，澳大利亚关于城市整合的争论更加激烈，这也许要归因于其国家的大小以及各城市中心之间的距离，但更是因为其主要城市的总居住密度要低于洛杉矶（Dawkins and Searle，1995）。考虑到干燥的环境条件，这些城市可以说是地球上最奢侈浪费的地区了，其碳足迹足以使整个世界都陷入过量的境地。对于郊区扩张的原因，人们认为从某种程度上来说至少是由于房屋所有权的一种普遍迁移思想，而能够拥有“1/4 英亩土地”恰恰是许多家庭的黄金标准。由于以上及其他原因，麦克洛克林（1991）注意到，澳大利亚城市的人口密度平均为欧洲城市的 1/4，是任何发达国家中城市密度最低的。另外，单位人口的道路长度高达 4 倍，但公共交通却只有 1/4，步行或骑车的距离也只有 1/2。他还提到，与欧洲 46% 的步行、骑车或公共交通出行记录相比，澳大利亚仅有 12%（McLoughlin，1991：148）。毫无疑问，这也就从某种程度上解释了为什么澳大利亚和美国是地球上平均拥有肥胖人数最多的两个国家。基于以上重大实证研究，其名为《城市整合与城市扩张》（Urban consolidation and urban sprawl）（1991）的经典论文很明显就是对郊区生活的一种维护，而休·史卓顿（Hugh Stretton）一篇名为《澳大利亚城市密度、效率和平等》（Density，efficiency and equity in Australian cities）（1996）的论文也是如此。麦克洛克林的核心观点是，城市扩张并不仅限于增加密度（因此，可以开发更多的郊区）。经过大量的研究，他得出结论，即通过整合的方式节约城市土地资源是一种荒谬的想法，因为“即使在最为理想的情况下，通过提高居住密度所能够节约的数量也是非常有限的”（McLoughlin，1991：155）。

休·史卓顿支持麦克洛克林在论文中的观点，对澳大利亚城市扩张表示赞赏，认为这并不会影响环境的可持续发展和经济的效率提升，也不会带来不平等和社交方面的问题，而这正是此前用于宣传整合与可持续发展的核心论点（Stretton，1996）。他指出，若最终能够达到欧洲的密度水平，也只能节约大概 6% 的总能耗，而这一比例本来是可以通过建造花园带来的（有形和无形）收益来抵消的。尽管郊区土地的分配费用非常昂贵，但这也是可以抵消的，比如拆毁现有基础设施、对已有区域重新开发、为生活在高密度环境中的几十万新住户提供新服务。总体上讲，史卓顿关注的“社区”并不是一个可以量化的概念，他认为社交活动仍然是中上层阶级的不变属性，因此这类人群更具有购买外部空间的支付能力，而这在史卓顿看来恰恰是睦邻关系的基础，但却会随着密度的提高而逐渐削弱。特罗伊（Troy，1996）也认为，大多数的整合行动都是极为简单的，对减少环境压力并没有什么益处，相反还可能会给环境带来更大的压力。他坚持认为，提高住房密度会：

- 从实际上削弱我们处理家庭废弃物的能力，减少循环利用的机会；
- 降低收成，或增加市区雨水问题和减少径流；
- 增加城市居民自我生产粮食的困难；
- 因树木与灌木的生长空间被剥夺而带来更为严重的空气污染问题，无法净化空气，也无法为市区降温；
- 降低燃料木材的生长概率，侵占鸟类及其他本地动物群系的栖息地；
- 带来更严重的拥堵问题，增加事故发生概率，增加能源损失。

（Troy，1996：129）

对于城市整合而言，有反对就有支持。支持者们认为，城市整合可以对有价值的农业用地形成保护，提高现有城市基础设施利用率，节约交通与服务接入成本。蒙罗（Munro，2005）一直支持这种有关基础设施效率的观点，在新城市主义的背景下，他对不同密度的不同社区建造方式进行了比较。总体而言，认为提高低密度开发地区的密度是节约居住用地最为有效的方式的观点获得了广泛的支持，因为集体消费要求所有其他因素为此目的（大学、学校、公园、运动场和医疗设施等）而进行土地分配中所占的比例是固定的。因此，“将密度从每英亩 24 人提高至 40 人可以节约的居住用地相当于从每英亩 160 人提高至 220 人所节约土地的十倍”（Dunleavy，1981：73）。邓利维（Dunleavy）认为，除了提高低层建筑密度以外，在整个大伦敦地区采取不同的建筑形式几乎或者根本没有任何用处，而在中心地区建造高层建筑无疑只有在房地产投机中才变得有意义。高层建筑现在使得居住空间与开放空间之间的比例越来越小，而随着楼层的提高，提供与维持居住场所实际成本也以更快的速度增加。

当前解决可持续发展与城市问题的主要趋势在于公交都市的建设，即与私家车使用相比，更倾向于公共交通的使用（Newman and Kenworthy，1989，1999，2006；Cervero，1998；Newman，2006）。与此同时，在可持续发展计划基础上通过提高密度来发展紧凑城市的整体方法也是考虑的一个方面（Satterthwaite，

1999；Jenks and Burgess，2000；Williams 等，2000；Jenks and Dempsey，2005）。

赛维诺（Cervero）引述了 12 个重要城市的案例研究，他认为单纯依靠自由市场的选择是不足以回答案例成功与否这个问题的，互联网电子通信、经济结构调整以及性别平等的提高所带来的影响也都在其中发挥了重要作用（言下之意，市场不会自动适应以上变化）。尽管有着 450 页密密麻麻的文字以及典型的案例研究，书中最终并没有给出最佳的城市设计解决方案。通过大量的案例研究，作者希望"能够出现与未来公交都市成功建造和维持方式有关的潜在格局、普遍主题以及有用的经验"（Cervero，1998：23）。

另一方面，纽曼则表示，在评估可持续发展的过程中主要有三大关键模式可以借鉴，即人口影响、生态足迹以及可持续能力评估。尽管他并不对任何政策表示支持，但他认为，只有可持续能力评估这一项"就可以使我们看到城市发展所带来的积极效应，并提供一系列的政策选项，从而在提高城市宜居性的同时降低本地化与全球化的影响"（Newman，2006：275）。因此，尽管郊区扩张这种用于控制人口增长的方法看上去似乎只是一种单一的逻辑，但反对城市整合的观点也有其可信之处。那么摆在我们面前的必然结论就是，虽然两者都同样令人信服，但还是要在两者之间做出选择的错觉仍然存在。

自然资本主义

与资本主义的持续狂热不同，"自然资本主义"这一说法源自一部著作，其副标题为"下一次工业革命"（The Next Industrial Revolution）。该书提出了解决可持续发展问题的新方法，即从全球化向本地化的转变（Hawken *et al.*，1999；McDonough and Braungart，1998）。书中，作者要求我们接受这样一种观点，即先前已存在的造成 2008 年金融危机的资本主义会渐渐转变为一种更加人性化、更加绿色生态的系统，即使整个资本的组织运作方式并没有发生改变。从根本上来说，自然资本主义这种新方法是通过商品生产与消费模式的逐渐转变和效率提高而从自然与建筑形态中获取资本。此概念得到了一系列文章的回应，文章内容多样，从发展中国家和发达国家中的商业与政府作用到教育、交通和城市环境的绿色改造（Hamm and Pandurang，1998；Hargroves and Smith，2005；Benedict and McMahon，2006；Sorensen *et al.*，2004；Zetter and Watson，2006）。这一观点对于资本主义系统及其构成环境的批评者来说是一个巨大的挑战，因为自然资本主义认为，整个资本主义事业的基础正在发生转变，过去是通过开发获利，而现在可持续发展作为一种已采纳模式的同时也可以盈利。因此，当前的系统会发生转变，与此同时，一种更加民主的政治和平等的社会也将会出现。鉴于过去 400 年的资本主义剥削史，以上所有假设尚存疑问。

新城市主义虽然其看上去非常吸引人，但其实对于自然资本主义来说并无新意可言。这一概念是对先前资本主义事业和可持续行动发展轨迹乌托邦式的描述，从降低二氧化碳的排放到使用氢电池和光伏电池，再到太阳能电厂、风场或是夯土式和草扎式房屋。这种潜在的理论假定，资本主义在开发自然过程中所通用的做法及其固有的低效率和污染效应将会转变为一种环保、可持续的新型过程，也是对政治的一种改善。若将整个产品周期作为研究对象，就会发现可持续发展要比污染获利更多。新的方法为盈利提供了新的空间，过去在产生污染的过程中所获利润，现在通过绿色行动消除污染能获取同样的利润。因此，自然资本主义将长期关注商业技术过程，而非社会政治领域。从原则上来说，商业能够指出社会的问题所在，并形成技术解决方案，而并不是由公民社会指出在城市政治转变基础上其需要解决的问题。自然资本主义对这一过程的最终状态进行了描述，可持续型设计的整个替代方案参见表 7.1。然而，对于新的、绿色的、新社团主义国家而言，如果我们把更多的疑问放在一边，那么这一系列基本假设还是值得赞赏的，具体内容如下：

- 环境并不是生产过程中一个微不足道的因素，而是包含整个经济在内的一个巨大整体，它为经济提供资源供给，支撑经济的发展。
- 未来经济发展的限制因素在于自然资本的储备及其功能表现，特别是与维系生命有关的服务，此类服务不可替代，并且当前没有市场价值。
- 造成自然资本流失的主要原因包括错误的设想或设计不当的商业系统、人口的增长以及奢侈的消费模式，只有解决以上三大问题才能最终实现经济的可持续发展。
- 民主和以市场为基础的生产与分配系统可以实现未来经济的最优发展，而系统中包括人力、制造、金融和自然资本在内的一切资本形式也都能够被完全重视。
- 在使用人力、金融和环境资本的过程中实现最大收益的关键之一在于从根本上提高资源生产力。
- 经济与环境的可持续发展取决于是否能够解决全球收入与物质财富的不平等问题。

- 只有真正基于人们需求而非商业利益的民主管治体系才能够为商业发展提供长期的最优环境。

（Hawken *et al.*，1999：9–10）

工业、效能与可持续发展等不同设计系统间的简要差异对比　　表 7.1

基于工业革命时期生产系统的建筑设计	基于效能革命生产系统的建筑设计	基于可持续生产系统的建筑设计
每天百万吨的有毒物质排放到大气、水源和土壤中	每天排放到大气、水源与土壤中的有毒物质有所减少	不向大气、水源或土壤中排放任何危险物质
富裕的衡量标准为活跃程度，而非遗产	减少对活跃程度作为富裕衡量标准的依赖	以我们高效积累的自然资本数量作为富裕的衡量标准
需要上千项复杂的制度防止人们以及自然系统中毒过快	符合或超越上千项为防止人们和自然系统中毒过快而出台的复杂制度规定	以高薪高职聘用的人群数量作为生产力的衡量标准
所产生的危险物质需要未来子孙后代不断地警觉防范	需要未来子孙后代不断警觉防范的危险物质产量有所减少	以没有烟囱或不会排放危险污水的建筑数量作为进步的衡量标准
产生大量的废弃物	产生的废弃物数量有所下降	不需要任何以防止过快自杀为目的的制度规定
使整个地球上有价值的矿产消耗殆尽，且无法恢复	整个地球上消耗殆尽且无法恢复有价值矿产数量有所减少	没有任何需要未来子孙后代保持警觉防范的物质产生
造成生物种群与文化活动多样性的枯竭	实现生物种群与文化活动的标准化与统一	对生物与文化活动多样性以及较高的太阳能收入表示赞赏

资料来源：Retyped from W.McDonough and M.Braungart，*The Atlantic Monthly*，1998，p.85

此外，通过对资本主义重新定位使其支持可持续型企业的发展，我们假设自然资本主义会自发地带来更广泛的社会公平：

通过这种转变，社会能够创造出的重要经济形式将消耗更少的物质资料与能源。这样的经济形式可以节约资源、降低个人所得税、提高在社会问题方面的人均支出（同时降低社会问题的数量）、恢复之前遭到破坏的地球环境。若处理得当，此类必要的改变是可以提高经济效益、加强生态保护和实现社会公平的。

（Hawken *et al.*，1999：2）

然而，10 年后，面对上述金融劫难，先前已存在的资本主义正拼命努力想要对所有与全球变暖和环境保护有关的协议产生影响，为的是弥补其在持续 10 年之久的 1929 年大萧条时期迈向公平之路的过程中流失的利润。从资本主义的真正本质出发，任何事物都有其价格，而自然资本的价值基本相当于 37 万亿美元的全球 GDP。衡量自然资本充其量只能算是一种粗略的估计。然而，最近有几项评估研究却指出，每年从自然资本储备直接流入社会的“生态服务”至少值 36 万亿美元（Hawkin *et al.*，1999；5）。我在这里提出的所谓“生态服务”指的是整个地球的生命支撑系统，令人高兴的是，它们还是有一定的价值。作为一种意识形态，自然资本主义主要包含四大中心策略——基础生产力、生物仿生、服务与流动经济、自然资本投资。简言之，所采用的方法包括提高资源的开采、处理和消费效率以及实现工业循环，从而保证对新型资源形式的有限需求。生物仿生指的是“模拟”或模仿自然的工业生产方式，其中有关废弃物的概念仍然未知。这种闭环式方法同样适用于消费，从过去专门用于产品生产的老式工业模型转变为不含所有权的服务提供模式。对于产品而言，要么会退化至自然循环中去，要么是到技术循环中来。所有这些都会从多方面给城市设计带来潜在的影响。

整个自然资本主义在需要对农业实施根本性转变的同时，也会放弃对城市与农村、人口与位置之间进行荒谬的区分，而其成功的关键就在于城市化和城市的未来。在这里需要重申的是，我们的主要研究对象是由技术所引领的发展。在“自然资本主义”中，我们可以发现，包括发展、城市环境、城市和建筑在内的这类词汇并不存在于其所谓的广博索引中，也没有对大多数污染的主要来源做出评论，即城市化。不论是想象中的城市转变（Landry，2000）、促使想法萌生的创新与创造力（Florida，2003），亦或是城市可持续设计方法的实际贯彻落实（Jenks *et al.*，1996；Girardet，1999；Thomas，2003；Garde，2004；Moughtin，2004；Zetter and Watson，2006；Farr，2008），城市的可持续发展及其设计总是形影不离的。如今，城市依然是工业、商业和金融中心的不二之选，而针对城市可持续发展的创新解决方案也加入土地开发的获利名单之中。然而，很多地方政府却让问题雪上加霜，而通常都是在一些不可思议的地方，比如（巴西的）库里蒂巴和（田纳西州的）查特诺加。此外，其他可能性更大的地区，如（俄勒冈州的）波特兰和尤金以及（加拿大的）温哥华，则为其他城市提供了效仿标准。据预测，中国的环保产业将以每年 15% 的速度增长，而像北京和上海这样的大城市则已经对城市可持续发展所带来的环境和健康收益有了充分的认知（Diesendorf，2005）。甚至是印度的果阿也在自然资本主义介入后于可持续发展的道路上取得了巨大的进展，其基本实现途径见表 7.2。

果阿 2100 年可持续设计准则 **表 7.2**

可持续性转型的三大目标	
1	充足与公平。整个人类、社区和生态系统的健康
2	效率。使物质—能量—信息生产过程中的资源消耗量降到最低
3	可持续发展能力。对自然、社会和未来的子孙后代带来最小的影响
可持续发展的七大组织原则	
1	满足人类的基本需求，为其潜力的发挥提供平等的机会
2	物质需求应从物质的角度得到满足，而非物质需求则需从非物质的角度得到满足
3	可再生资源的使用速率不应超过其再生的速率
4	不可再生资源的使用速率不应超过其被可再生资源替代的速率
5	污染与废弃物的产生速率不应超过其降解、回收或转化的速率
6	当“反应”时间有可能小于“休养”时间时，应采取预警原则
7	应保证“自由能源”与资源的可用性，从而满足超额、应变与再生产的需求
土地使用管理的五大策略	
1	实现从森林到耕地，再到城市，最后又回到森林的长期生态回归
2	首先进行景观设计，之后再将城市穿插进去
3	由生态系统服务、资源潜力、自然生态演替与毗连等需求所制约的土地使用方式的转变
4	找出城市中静态与动态元素，对前者加以设计，为后者准备一份动态的数据表，实现与景观的共同发展
5	将管治与税收降至最低有效级别
管理物质存储与流动的六大战略	
1	降低技术的使用率，因为在满足充足和公平需要的过程中仍面临着供应与社会等方面的限制
2	自我生长，实现可收获产量最大化
3	建立双向安全网络：每个消费者都是生产者
4	实现大量库存，因为可再生资源的生产通常都发生在白天，且受季节因素影响
5	减少运输距离，应用最短生存周期技术
6	利用智能无线网络实施交换，实现物品的实时交易与转送
动态分形形态学	
1	细胞结构：细胞核、核心、脊椎与皮肤
2	以地形为基础的等级网络
3	最适密度、沉降结构与安全高度
4	与居住网络的相互渗透有着紧密的联系
5	在分形边界与表层周围实现动态聚集与集合

资料来源：C.Hargroves and M.Smith，*The Natural Advantage of Nations*.London：Earthscan，2005，p.311，Table 16.1

虽然我们很容易被自然资本主义所固有的乌托邦原则所诱导，但我们必须面对这样一个事实，即全球收入与物质财富的不平等恰恰是在社会中产生的，它们并不是低效生产的意外产物。物质的匮乏是一个政治问题，与可持续性毫无关系，因此也就没有理由相信，发展所带来的收益，不论它可持续与否，不会像此前的一贯情况一样由垄断资本主义所获得，事实上收益的不平等分配问题仍然存在。此外，我们还假设市场仍然会像是一个恒温器，在企业与公司的驱动下实现过程的运转。鉴于上述全球金融市场的崩溃境地，想要建立一个内稳市场系统的想法最终在全球和国家层面上土崩瓦解。因此，即便是把资本主义的寄生形态放在一边，经济学方程式也认为自然资本主义本可以阻止全球经济崩溃这样的假设不成立，更不一定会因此而带来平等，因为问题的根本在于资本主义企业思想，即其实践体系，而非其低效性。

（自然）生态

> 我的童年与青春期完全是在两个截然不同的环境渡过的，一个是人类世界，一个是自然世界。离我家 10 英里的地方坐落着格拉斯哥市，作为所有基督教国家中能够体现城市辛勤劳作状态的最无情证据之一，这里可以说是对极度丑化能力的一种纪念，也是一种充斥着烟尘的砂岩状结构。每个夜晚，这座城市在东方地平线上的投影都会被火炉的火焰照得灯火通明，可以说特纳的幻想终于成真了。
>
> （McHarg，1969：1）

20 世纪人口的爆炸式增长以及包括航空旅行和大规模燃煤发电站在内的新型危害地球环境形式的出现，使得之前被人们认为最糟糕的做法也变得温和了许多。而在改善生产的同时所带来的人口向市中心的集聚更是加深了这种效应。对于使用新型城镇与城市建设方法来营造可持续环境这一原则而言，几乎没有设计师表示支持。但伊恩·麦克哈格在 40 年前（1969）所写的《设计结合自然》(Design with Nature）一书是个少有的例外。该书是对上述某些论述的挑战，而对自然的保护才是我们最重要的目标。刘易斯·芒福德在为该书作序时将其与希波克拉底、梭罗、卡尔·索尔及其导师帕特里克·格迪斯的作品共同归为“经典之作”。经历了二战的残酷蹂躏，当麦克哈格再次回到格拉斯哥时，他被眼前城市化给这座美丽的村庄带来的破坏性影响而感到震惊，而他的著作正是在这样的情况下诞生的。此书全篇都以一种新型设计法作为其写作主题，寻求掠夺式工业化进程与自然世界的共生关系，从某种程度上来看，这种理论与自然资本主义颇有几分相似。这也标志着将城市形态与生态敏感型开发联系起来的首次尝试。然而，他将人体病理学与社会异常行为也加入方程式的做法却常常为人们所忽视。可以说，这也是第一次将开发问题、人类的生存与设计相互联系起来。很显然，麦克哈格的论点对于城市设计师及其所运用的方法论来说具有极大的启示意义，并对他们最为坚守的信念提出了挑战，包括物质决定论、抽象设计理念与美学理论，取而代之的是自然的管治力量。

> 我们在承认每座城市“都是对感知、智慧和艺术的某种反映”时，也要认识到，城市增长的一般模式“恰恰证明了我们为满足一己私欲而拥有不可剥夺的丑化与破坏秩序的权利，也将人与人之间不人道的对待方式充分暴露了出来”。
>
> （McHarg，1969：5）

麦克哈格认为，尊重自然过程意味着生存，而破坏自然则意味着人类的灭绝，这一点不言自明。在此理论框架下，达尔文有关适者生存的概念颇占优势。只有在竞争中获胜的生物和群体才能得以繁衍生息，而剩下的将会消亡，因此，在创造力、适应性和城市形态中存在着一种直接的联系（Lynch，1981）。照此来看，适宜的空间系统的产生要依赖于对现有自然与人类病状的成功的生态分析，因此可以通过规划政策采取行动，根除这样的进程（Platt，1994；Gordon and Tamminga，2002；Register，2002）。

麦克哈格的全书可以说是对生态原则的一种最佳诠释，也证明了他在设计方面所拥有的非凡才华。他对波托马克河流域的分析开创了研究城市土地使用与自然过程之间关系的先河（McHarg，1969：127-151），而其标志性的方法论在相容性模型中也有所体现（图 7.1）。在该书最后两个章节“城市：过程与形态”和“城市：健康与病态”中，他对是否应将现有城市同样地理解为“自然”环境这一论题做了阐释。在针对华盛顿特区所做的典型研究中，麦克哈格向我们展示了生态学方法在面对城市化进程中农村都市地区问题上的用处。在该研究中，自然生态系统的主要组成部分由影响身体健康（肺结核、糖尿病、梅毒、肝硬化、阿米巴痢疾、杆菌痢疾、沙门氏菌病与心脏病）的主要社会经济决定因素所代替。之后，社会异常行为（凶杀、自杀、药物成瘾、酗酒、抢劫、强奸、严重伤害、少年犯罪与婴儿死亡）也被加入方程式当中。另外，精神疾病也在考虑范围之内，尽管从精神病人的住院情况来看，这是所有疾病类型中最轻的一项。

同样重要的还有种族（六种类型）与环境污染。重要的经济因素包括收入、贫困、失业、住房质量、过度拥挤与文盲。在整个模式中，密度是一种独立的变量。通过筛分制图，麦克哈格能够将任一或所有因素重叠组合，从而确定各组之间所特有的互动关系。如此一来，我们就可以推断出城市不平等问题的空间基础，很显然，这也是城市规划与设计实践的客观基础。

麦克哈格对城市人口密度的重要性极为推崇，并在卡尔霍恩与克里斯蒂安的研究与康奈尔医学院针对曼哈顿市中心区域居民精神健康状况所做的研究之间进

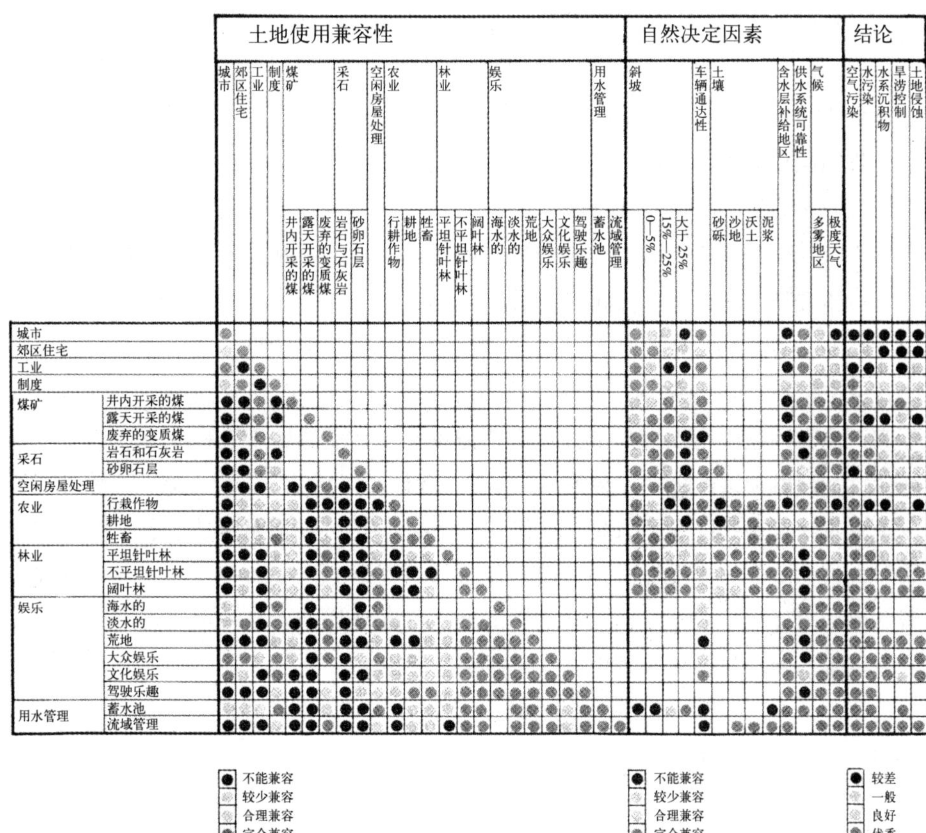

图 7.1　麦克哈格资源相容性矩阵图

资料来源：I. McHarg, *Design with Nature*.Garden City, NY：The Natural History Press/John Wiley, 1969, p.144

行了类比。麦克哈格因此引用了雷豪森（Leyhausen）的话证实了自己在这一问题上的立场："社会互动与组织的基本力量从原则上来说是一致的，而在整个脊椎动物类群中，人类与动物之间也存在着真正的同源关系"（McHarg，1969：194）。至少从形式上来说，该研究进一步肯定了精神健康、城市密度与许多其他因素之间存在着空间关系，而此处在人类与动物行为之间的类比毫无疑问需要单独加以说明。因此，我们可以清楚地推断出，城市密度在超过一定限度之后就会变成一种病态，就像动物群体那样。

虽然麦克哈格的研究项目因其重要的方法论而备受人们推崇，而且也具有当代现实意义，但其研究至今已有半个世纪之久，在成书之前就已经进行了很多年。麦克哈格城市空间系统综合理论的智慧活力主要来自芝加哥社会学派方法论以及动物行为学和医学研究，而该文化世界观的优势与弱点在此背景中均有所体现（FOC3：58—60）。因此，我们可以从中看出年龄的差异，但并没有把黑人、社会"疾病"以及同性恋看作是异常行为。鉴于此方法在与病理学等其他因素有关的城市空间模型问题上为我们提供了一个清晰的说明，此综合理论是片面且不完整的。城市系统的效果主要是在空间上体现，然而临时非空间过程的定义还并没有明确，而且我们假设规划的目的就是对此类缺陷进行修正。有关政治行动、经济活动以及社会冲突的整个问题并没有被纳入模型之中，在任何地方都没有被提及。因此，这本身就是一种假设和省略，是对城市问题的某种乌托邦式的分析，仅仅需要分析技巧和规划行动之间存在同源关系。

此外，对"病理学"和"疾病"这类医学概念的依赖也创造出了两种明显的比较中立的状态，即身体与精神状态（且毫无理由），但却忽视了一个最基本的事实，此类问题中有很大一部分是由西方资本主义创造城市进程中复制出的一种社会状态。由于该系统中社会关系的本质，我们可以认为，药物成瘾、酗酒、抢劫、少年犯罪和婴儿死亡等行为并不是某种社会"疾病"，而只是种族问题。精神"疾病"也是如此，忽视了社会化与城市化进程所需要的抑制力在神经症形成过程中所发挥的重要作用。因此，一种适合的城市空间结构模式必须在因果之间、在人类的身体条件及其经济生活状况之间寻求一种和谐。

密度：形态的基础

更为特别的是，资本主义城市化进程在需要规划的同时也是极为抗拒规划的。也就是说，资本主义社会与所有权关系所建立的城市进程是反规划的，而规划恰恰是其继续存在下去所必须依赖的要素，即集体规划行为。

（Scott and Roweis，1977：1108）

“城市”问题的核心是确定密度，有关此问题的争论已经持续了50多年，而且在许多有关城市建造形态的理论和解释当中都可以看到（Wirth，1938a，1938b；Alonso，1965；Castells，1977；Newman，2006）。在高楼林立且人口众多的环境下，存在着某种意识上的假设，影响着资本主义和社会主义经济中城市空间的政治分配（Dunleavy，1981；Szelenyi，1983）。在“西方”世界中，新古典主义经济理论在指导城市土地市场运行方面最具有影响力，并通过规划政策和“租用”机制加以贯彻落实（Lamarche，1976）。在该系统中，建筑是表达城市环境结构、指导环境利益、强化阶级界限和环境病理的工具。

对城市形态与结构的诠释方法通常都将土地使用与经济和政治的二维现实联系起来，事实上，很多规划方法论都根植于这种思想。然而，如果我们看一下“形式化”几何（三维与四维）而非“平面化”几何（主要研究平面），就会发现，越是精密复杂的方法越有可能对社会、空间和物质形态之间的关系进行评价。尽管资本主义城市化进程因其价格竞争和对开发收入最大化的需求而被认为是对土地的最高效利用，但实际情况并非如此，这种方法已被事实所否定。在经济中占支配形式系统的机制不仅会扩大和复制社会不平等问题，还会削弱高效土地利用的优化进程，甚至是对发展产业预定利益的反对。另外，此类缺陷并不能反映出具体环境几何与模式的局限性，相反，它们却会反映出普遍意识形态价值的本质缺陷，肯定了整个经济形态中的社会空间因素。

对形态产生进行科学调查的需求给40年前的空间与形态异质性带来了一系列重要的处理方法，当时正值剑桥建筑学院土地使用与建造形态研究中心打算做一项测试，试图验证某些几何原理是否具有深奥的空间含义。20世纪70年代初出版的两本书正是是为了寻求打破有关建成形态与空间效率之间关系的神秘性，莱昂纳尔·马驰（Lionel March）与菲利普·斯戴曼（Philip Steadman）的《几何环境》（The Geometry of Environment）（1971）以及莱斯利·马丁（Leslie Martin）与莱昂纳尔·马驰的《城市空间与结构》（Urban Space and Structure）（1972）可以说是我们理解城市形态的里程碑。研究先对不同人口密度与容积率之间的关系进行分析，之后继续对不同建筑形态与结构的含义进行研究（图7.2）。由著名建筑师提议或建造的许多城市规划和建筑都被用来作为范例，展示科学与直觉之间的关系，包括埃比尼泽·霍华德的田园城市、勒·柯布西耶的“光辉城市”、弗兰克·劳埃德·赖特的芝加哥公寓、密斯·凡·德·罗的西格拉姆大厦（图 7.3）。尽管计算方式极为复杂（March，1976），但其最基本的原理却是非常简单的，马丁与马驰都曾在“网格生成器”以及“推断”这两个章节中对此做过最好的诠释（1972：1—54）。此类研究表明，建筑形态及其所在土地之间的关系并不是随意的。在拥有精确照明角度、相同楼层数目以及相同土地面积的特殊条件下，某些建筑的建筑面积可以比其他建筑高出 50%，而同样是 3 的容积率，在某些情况下可以建成 3 层楼的建筑，而在其他地区则可以建成高楼大厦。若是在大城市中，所有的建筑、土地配置与关系要么会带来对效率的需求，要么则恰恰相反，造成对城市空间的

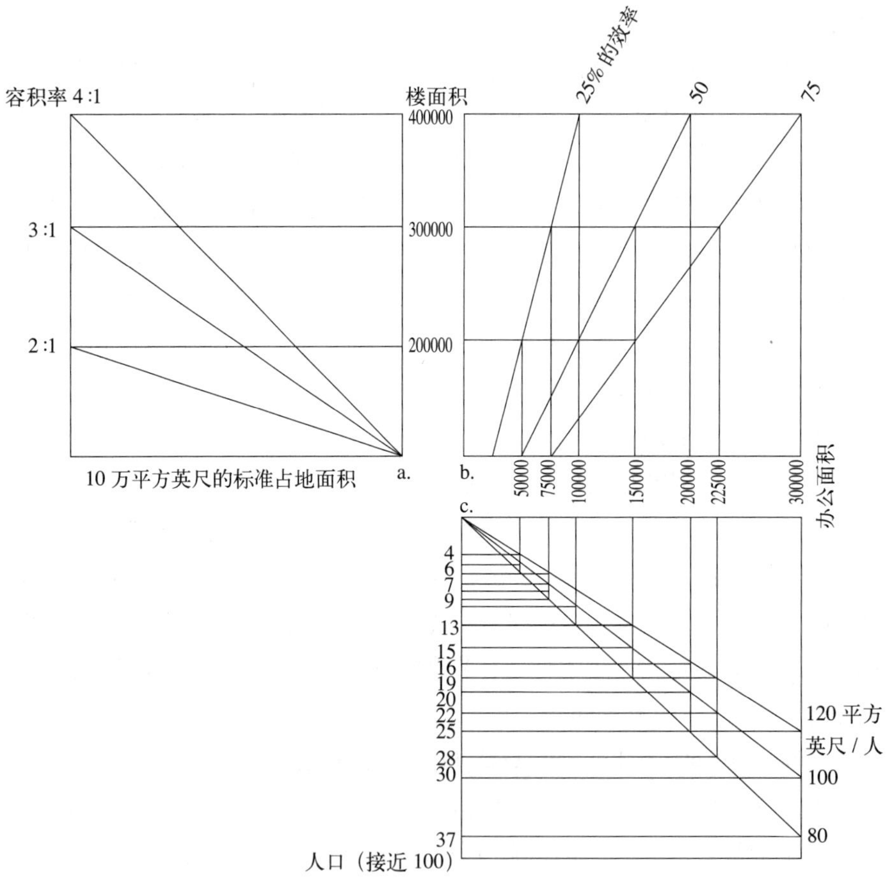

图 7.2 具有容积率功能的人口密度的范围

资料来源：L.Martin and L.March（eds），*Urban Space and Structures*.Cambridge：Cambridge University Press，1972，p.34，Fig.2.2

过度使用。因此，空间配置方法一定会提高形态效率。

在“网格生成器”一章中，莱斯利·马丁以曼哈顿为实例说明了自己的观点，即鉴于周边空间规划的基本原理,空间效率与建筑高度成反比。基于亭台（塔楼）、街道（线性开发）以及庭院（方形或直线形开发）三种基本建筑形式，描绘出一个由 49 个单元组成的网格，其中既可以在每一个街区的中心建造塔楼，也可以在周边区域开发庭院，土地覆盖率均为 50%（图 7.4)。在将亭台作为基本形态的情况下，他向我们展示出，反式（或亭台的倒置形式）的应用对于建筑高度有 1/3 是采用了同样的建筑形态。此类基本的关系可以从图 7.5 中看出。之后，作者将此基本想法应用于曼哈顿网格，不仅说明 21 层楼高的塔楼可以被 8 层高的建筑代替，同时还表明每个庭院都可以包含一个华盛顿广场大小的中央公园。这些

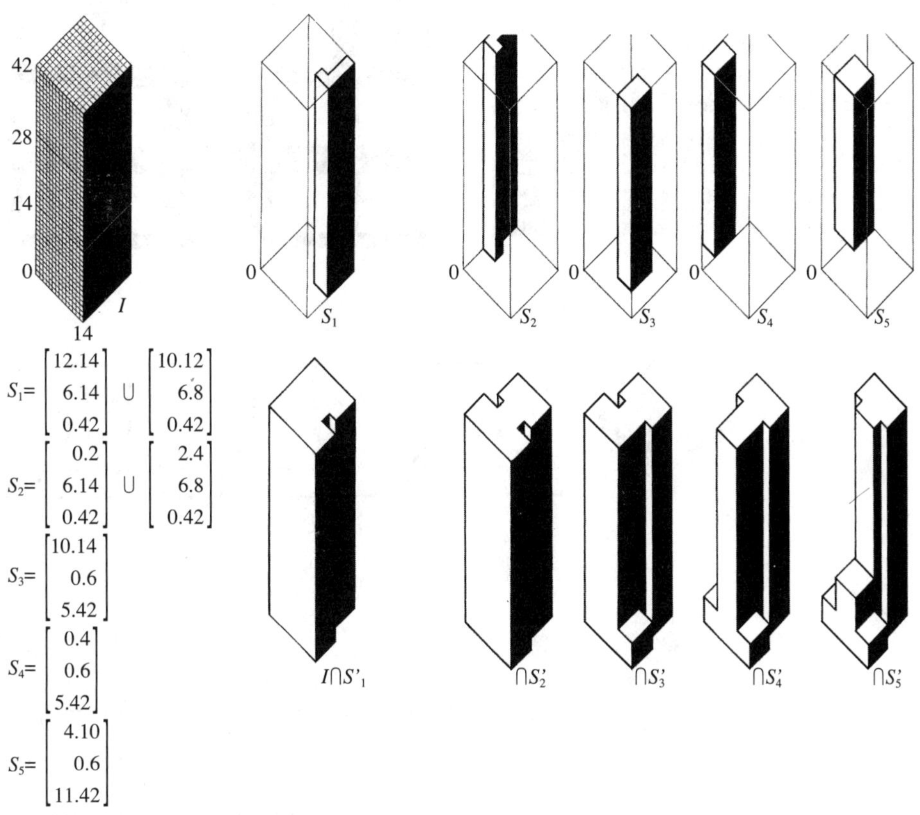

图 7.3　西格拉姆大厦形态特点分析，纽约。建筑师：密斯·凡·德·罗

资料来源：L.March and P.Steadman(eds), *The Geometry of Environment*.Methuen：London, 1971, p.142–3, Fig.5.31

例子都清楚地向我们展示出在不损失任何建筑空间的情况下，使用其他建构系统所带来的巨大环境利益，而且自20世纪70年代初以来，城市建模的整个过程都已经变得越来越专业化，这种趋势毫无止境（Steadman，2001）。总之，如果我们看一下那些人口密度较大且高楼林立的环境（如曼哈顿或香港）就会发现，通常情况下所应用的建筑形态只有亭台这一种，换句话说，也就是那种能够给任何人都带来最小空间利益的建筑形态，但土地投机者除外。因此，该研究的结果开

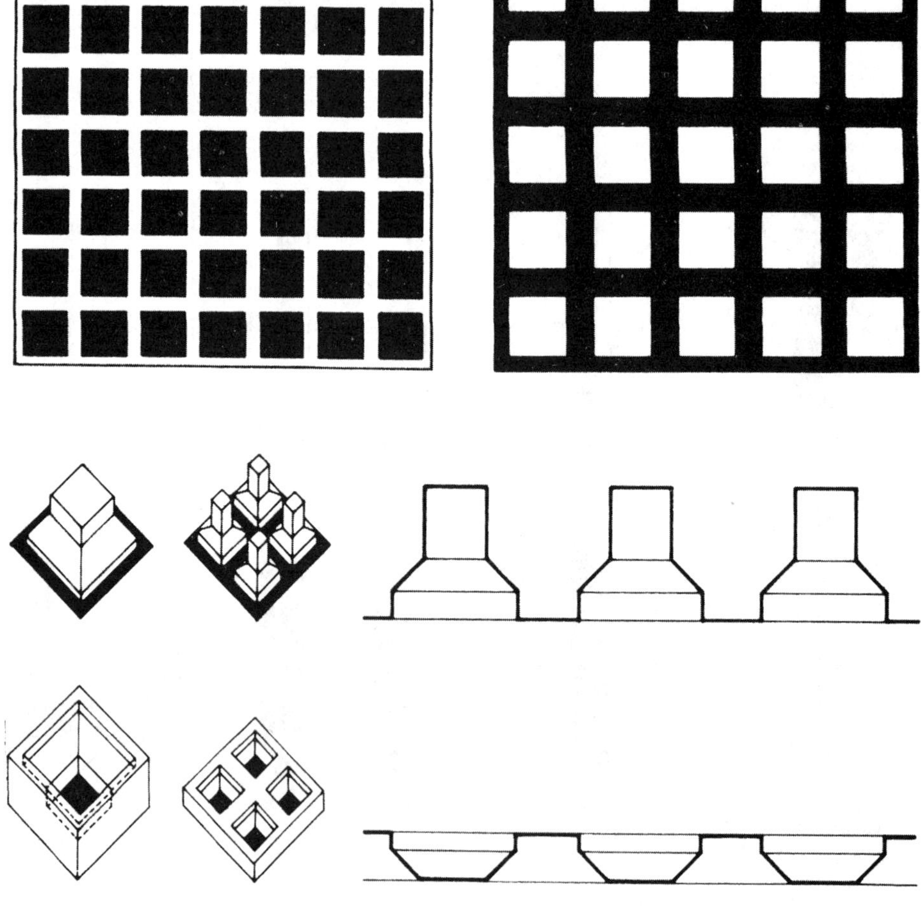

图7.4 50%土地覆盖率的49个亭台式建筑。亭台形态及其反式形态；亭台形态的改进型反式形态，同一场地上拥有相同规模与建成容量；大致的高度比率为3：1

资料来源：L. Martin and L.March(eds), *Urban Space and Structures*.Cambridge：Cambridge University Press, 1972，p.34，Figs1.6 and 1.7

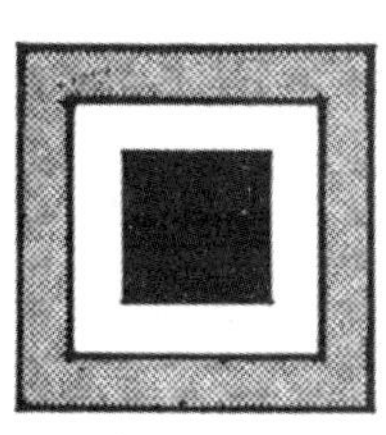

a

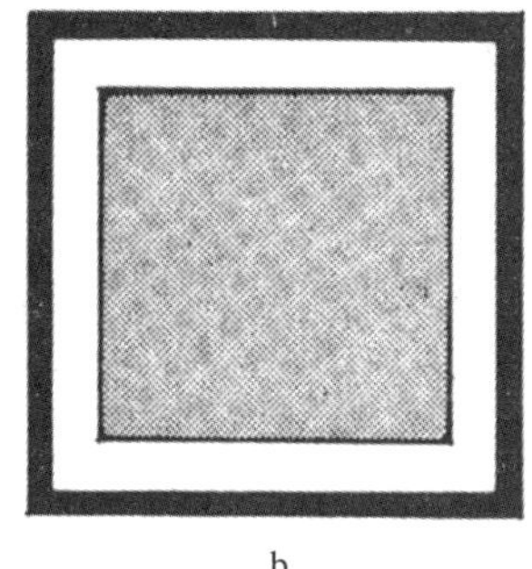

b

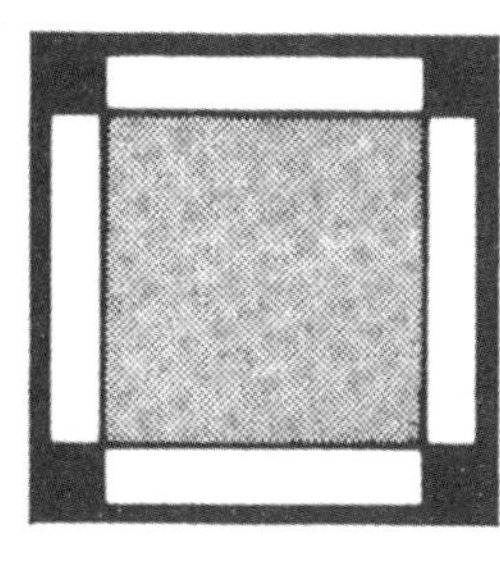

c

图 7.5　图示说明（a）亭台式建筑开发以及（b）和（c）庭院开发，其中有关土地使用的几项指标比例——覆盖率、建设潜力（体量）以及不包含周围景观在内的建筑面积——都是一致的。在楼层数目相同的情况下，以上三类建筑的建设潜力也相同

资料来源：L. Martin and L.March(eds), *Urban Space and Structures*.Cambridge：Cambridge Univeristhy Press, 1972, p.34, Fig.2.6

图 7.6　周边规划法举例：布鲁诺·陶特于 1925—1930 年间在柏林设计的胡夫爱森住宅区项目

资料来源：AKG Images

创了一种设计方法，即周边规划法（perimeter planning），它比其他两种替代方案具有更高的效率。历史上有很多这样的例子，比如说在爱丁堡的乔治亚新城区（1750），一个橄榄球场规划项目能够为公寓住宅楼群内部及其周边提供更多的开放空间，或是之后布鲁诺·陶特（Bruno Taut）于1925—1930年间在柏林设计的具有现代主义特征的胡夫爱森住宅区。最近，那些试图提高住宅形态效率的建筑师们采纳了这一原则，如拉尔夫·厄斯金（Ralph Erskine）的纽卡斯尔贝克公寓。

虽然建模过程从数学角度来说具有完整性，但这里举出的所有例子都反映出整个建模流程中所固有的缺陷——即模型中所包含的争议性信息并不多，甚至比省略的信息还要少。上述建模过程中最明显的省略之一就是其对于社会、政治或经济现实的抽象反映程度。尽管从实际角度来说周边规划法可能是最高效的建筑方式，但其他的因素却会对此产生负面影响。起初，大多数城市都是建立在土地权属、所有权形式以及租用管理等因素的基础上，否定了周边规划法原则的大量应用。之后，城市环境专业中的普遍方法论主要由一系列极为模糊、定义不清的概念组成，而且不同国家、不同机构、不同公司对其的定义也都不尽相同。在很多情况下，定义概念通常都要针对不同项目而进行不同的考量，从而消除差异，并免受法律和其他意外事件的影响。例如，人们通常很容易混淆建筑密度与高度之间的关系，不清楚建在低密度地区适合的建筑究竟是高层还是低层。这完全取决于各单元的规模大小，如何从开放空间、停车位与人行道的角度对净密度进行定义，以及“花园”等空间与建筑等其他因素的依附方式。除所有权与密度这两个概念之外，大多数建筑师以及规划师们对城市环境的构想都依赖于传统、定型（商品化）的“建筑”形态，如独立的、半独立的、联排式的、低层的和高层的等等，且在其可销售能力基础上进行的规划恰恰是对周边规划法抽象建筑效率的隐含否定。虽然此类概念具有很明显的优势，但它们会对一系列的历史条件产生负面影响，而所有权、现有基础设施和建筑以及管理准则和法规等实际问题恰恰应用于此类历史条件之上。总之，周边规划法既可以提高效率，也可以扩大实际规模，但也同样需要更多的物质资源、金融资本以及政治权力。

高层建筑还是垂直建筑？

将高层建筑屋顶空间用于娱乐和家用目的的方式已经推广了几十年，至少从1947年勒·柯布西耶建成马赛公寓以来就是如此。这种标志性建筑以集体生活为设计基础，构想的目的是为 1600 人提供一个垂直式村庄，包括自用的购物街以及社区设施，而屋顶空间则用于学校以及娱乐等功能。总之，现代主义对于可持续发展就是一种大规模的灾难，其大多数高层建筑（如果不是所有的）都会接收大量的太阳辐射、无遮光措施、自然通风系统较差或完全缺乏、缺少或未设置绝缘系统、过量的能源消耗且无任何生产能力以及因低劣幕墙等其他因素造成的大规模泄露问题。然而，在过去的 20 年中，出现了一种更为深思熟虑的可持续建筑方式，特别是对中低层结构而言。在城市地区，巨大的屋顶空间被视为一种未开发的资源，可以用于产生太阳能、休闲以及粮食种植，大大提高了城市可用土地面积。这里所包含的原理很简单，就是为了构建符合某些描述的传统建筑形式，能够容纳更多的生命体以及非生命体，例如人类、土壤、植物、水源、太阳能板以及其他硬件形式。若只考虑高层结构，那么这些想法就明显不够充分，原因很简单，因为屋顶空间除了能够用于水源的储存、空调废气的排放、电信以及基础设施的安置等，就没有其他额外的空间了。除了用于安置建筑本身所必需的服务硬件设施，屋顶很少会用于其他功能，尽管通常情况下可以通过使用较低楼层通过机械服务和其他功能来克服这一缺陷。因此，为了能够真正推动可持续发展并实现与中低层结构同样的发展目的，就必须对整个高层结构这一概念进行变革。

这种新理念在 2001 年 5 月于伦敦举行的主题为“高处场所：绿色摩天大楼设计”的垂直建筑研讨会上得到了阐释。部分会议成果如下：

1. 为了解决城市发展与农村移民，世界各个城市都在开发生态高层塔楼。这种建筑形式为我们解决此类问题提供了一种很好的方法，同时避免了对周围耕地的影响。

2. 根据联合国数据显示，生态高层塔楼有助于降低交通运输成本，从而减少能源消耗。

3. “绿色”方法意味着有机与无机机制之间的平衡使用，为的是实现一个平衡的生态系统。传统意义上来说，设计师们会试图选择添加环境因素，而不是采取一些被动方法使环境影响降到最低。

4. 设计的目的是为了建立“空中城市”取代传统的高层建筑。但现在面临的挑战是如何以一种有机且人性的方式进行设计，从而实现规划方案在水平与垂直方向上的统一。

5. 生态设计仍是一个不成熟的概念，同时也非常复杂，需要对各因素之间的相互影响有充分的理解。

6. 由于此前缺乏公共部门的资金支持以及充分的管理安排，生态设计可能无法获得成功。鉴于此，要想说服住户并使他们相信创新型方式能够提高他们的生活质量，仍然需要巨大的努力。

7. 我们需要对规划当局进行游说，使他们对开发生态高层建筑所带来的收益有所了解。

（生态高层建筑研讨会会议纪要
www.sustainable-placemaking.org）

然而，使用生态高层建筑的这种想法之前就已经出现过，但却带来了灾难性的后果，推动了英国二战后高层建筑的发展（Dunleavy，1981）。源于建筑理念的政策指令与专业影响力结合，都是推动变革的有力机制，但却很少建立于最原始的社会与政治假设基础之上，如果有的话，甚至那些基本的物质几何形态也被放错了位置。物质决定论以及尤里卡原则（Eureka Principle）再次占据主导地位，其作用几乎完全取决于好想法总会成功这样一种美好的希望，当然，结果不尽为然。若我们能够接受马丁和马驰（1972）非常简单且基于上述建造形态与空间的观点，那么生态高层建筑就是最为低效的建筑形式。然而，即使是现在，那些“重生的”摩天大楼仍然是呈现在我们面前的建筑形式，只不过这次本应建立于上述可持续原则基础之上，将高层种植、能源生产以及城市空间包含进去。人们常常要求我们相信，需要对规划当局进行游说，使他们看到这里所包含的巨大收益，且不对其他的住宅形态提出任何反对意见，因为即使失败了，也会把责任归结于该项目的住户，而非建筑师，看来历史又要重演了（见上述第 6 点）。然而，尽管可以暂时不考虑高层建筑在原则上是否是一件好事情，但还是会存在一种与高层设计演化相关的新想法，它比之前的各种模式更具有优势，所包含的具体内容请参见 www.battlemccarthy.com/。

该领域中的标志性人物要数杨经文（Ken Yeang），他是一位马来西亚建筑师，目前在建筑领域仍然拥有最高的评价，他为传统意义上被称作摩天大楼的高层建筑形式引入了一种革命性的新设计方法。杨曾就读于伦敦的建筑联盟学院，重要的是，与传统意义上仅满足于本科学位就开始职业建筑生涯不同，杨选择了继续深造，并在剑桥完成了其生态设计博士学位的学习。他可以说是高层建筑结构低耗能被动设计的先驱，在该领域持续 20 年发表相关作品（Yeang，1987，1994，1995，1996，2002；Powell，1994）。因此，杨在学术材料与项目方面拥有非常坚实的基础，能够证明其想法的正确性。总的来说，他的哲学理念是构建建筑及其

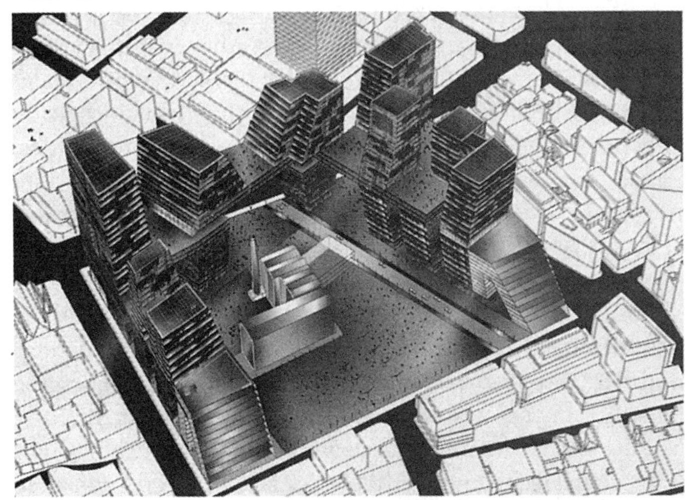

图 7.7　能源产生与食物加工一体化的城市建筑案例。悉尼新南威尔士大学城市环境学院垂直建筑工作室（VAST），负责人为克里斯·亚伯（Chris Abel）

资料来源：Chris Abel www.chrisabel.com

周围环境之间的共生关系。

杨宣称其建筑作品均为可持续型建筑，即具有公共性质、建筑过程中使用的所有材料均可回收利用、能耗较低且建立于现有的基础设施与服务基础之上。因此，其建筑形式非常独特，与其他高层建筑完全不同，目的是创建一个更加稳定且具有生产能力的生态系统，促进必需品种类的多样化。最特别的是他对摩天大楼的绿色改造，利用植物改善微环境、抵挡太阳辐射、吸收二氧化碳、促进生物多样性、实现交叉通风以及提高建筑的整体形象美感。他指出，高层建筑造成了无机物质在小型空间范围内的积聚，同时，

> 这种积聚完全打乱了当地的生态平衡。为了抵消这种影响，设计师必须在摩天大楼内外部引入足够的共存有机物，如各种植物与景观（甚至是一些可为人们所接受的共存动物种类）。
>
> （Yeang，1996：100）

从这一立场到致力于专门领域只有一步之遥，包括园艺、无土栽培、渔业以及其他与粮食种植有关的活动，这也就意味着以竖向的绿色、可持续、制造城市空间的形式接受了不可避免的摩天大楼的建筑形式。

克里斯·亚伯（Chris Abel）曾将此作为其许多著作与文章的主题，最为著名的是在《超高层建筑》（Sky High）（2003）一书中提出的“垂直型建筑”。对此，亚伯在其位于新南威尔士大学的垂直型建筑工作室（VAST）中进行了详细的描述（图 7.7）。在这里，高层建筑的概念被抛在了一边，将高密度住宅转变为容纳整个社区的形式，至少在部分情况下是自给自足的，可以加工食物、产生能源，同时还包括公园、花园和商业设施。此类项目非常具有开创性，在选择了概念之后能够坚持将其付诸不同的物质表现形式。详细信息请参见 www.chrisabel.com。尽管这样的想法有些牵强，但其中的观点却不无道理，即新的建筑类型需要一个调查研究的过程，并对其经济与社会可行性进行评估。例如，最近由阿特金斯中东公司完成的巴林世贸中心新楼初步建筑方案就包括三个巨大的风轮机，能够满足 15%—30% 的能源需求。在此方面更为出色的是戴维·费舍尔（David Fischer）在迪拜设计的风力旋转摩天大楼，该建筑现在仍处于建造阶段。此外，生产生态系统与基于数字通信系统的智能式建筑设计之间的关系也为其他目的的高层建筑技术开辟了一个全新的领域。新结构确实巨大和复杂，而且与传统的高层建筑开发之间没有任何联系。

可食城市

正如我们所见，麦克哈格的异源的目的是把传统建筑形式纳入的同时将对自然造成的影响降到最低。尽管意图是值得称赞的，但城市仍然被视为是自然的“对立面”，而非自然的一部分。与此相反，环保主义者的另外一种立场则认为，城市开发特别是住宅开发应更加关注具有生产能力的城市运作机制，即在居住空间实现粮食的可持续生产，而不是郊区开发与城市整合（如上所述）之间的假想性冲突。在此模式之下，城市与郊区之间的界线就变得极为模糊，甚至融为一体。而继续沿用“农业”与“城市”此类概念就会带来语义上的障碍，使得对可持续性问题的新的回答落空。这种观点在接受一切居住形式的人工特征之时，也推动了整体式社区生活的发展，即以土壤、可持续能源、每个家庭生产自用粮食的能力以及邻里之间的亲密关系为基础。这个系统极为反对浪费，鼓励一切材料的循环利用，将人类直接作为粮食生产周期中的一部分，能够产生健康效益与经济效益，同时还切断了本地政治与开发商的贪婪和国家强制性基础设施扩建之间的关系。在很大程度上，非集中式的方法以及乡村或小镇生活方式被推崇，尽管这并不一定意味着是对杨经文倡导的新式发展的否定。

此想法在一种更为成熟的理论中有完整的体现，就是“可食城市”（Edible City）（Britz，1981）理论。这种概念同时也进一步加强了城市属于自然保护区这一观点，即动植物可以通过不同的自然景观渠道渗透到城市地区，并鼓励动植物种群的定居与迁移（Wolch，1996，2002；Beatley，2008；FOC：167；DC20：254）。总的来说，以上三种假想城市发展方法——“设计结合自然”、“可食城市”以及“动物园都市”——是对整个商品与品牌型资本主义发展的理性反对，也否认了新城市主义中所谓的标准化与随意式分区模型。不管新城市主义的美学价值多么具有说服力，其生产系统仍然没有发生改变，只是换了一层更为人所接受的表皮而已。与此相反，布里茨所推崇的城市概念理论则认为，城市应在满足其大部分能源与食物生产需求的同时，带来有意义的社会变革。因此，城市就成为一种生产性景观，甚至把用于装饰目的的街道树木变成果树，同时也是农业生产的一部分，一种可持续的自足体系，通过菜园、渔场、果园以及鸡舍等形式提供食物，而不是把农业当作“异己之物”。这种城市形态可以通过覆盖的方式保护土壤肥力，实现水资源的收集与循环利用，利用太阳能和风能发电以及生产甲烷用于天然气的供应。在这一过程中，过去那种将郊区视为农业用地与基础设施的浪费，且面临着公共服务、核心家庭分离型生活方式以及社区生活整体匮乏的传统意象被一种更为积极的品质所代替，也进一步消除了很多对未来郊区开发的批评意见。

城市农业形态也有很明显的革新特征，使很多社区与当地政府和州政府相分离，至少是在公用设施方面。这样的社区会形成一种新的社区组织，拥有电子通信方式与现代技术，只不过其所处的社会与政治环境是以社区为中心，更加具有意义，对于演进式变革也持有比较开放的态度。这非常有助于降低税收、削弱本地政治权力、减少对跨国公司粮食供应的依赖以及对“转基因食品”的需求。“可食城市”的目的正是去创造：

> 一种普遍且系统化的跨学科方法，实现土地规划与设计过程的民主去集中化。这个假设的前提条件是，通过直接的人人接触，个人、家庭以及邻里为改善其环境与经济条件形成的合作关系，能够扭转环境的无序化以及社会的碎片式发展趋势。
>
> （Britz，1981：92—93）

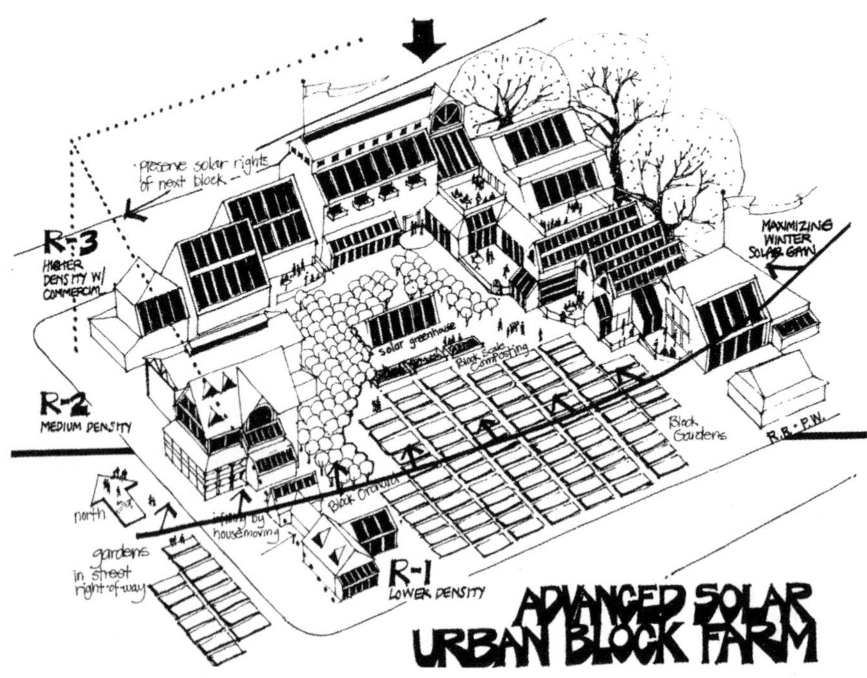

图 7.8　理查德·布里茨的先进太阳能技术城市街区

资料来源：R. Britz，*The Edible City*，Kaufmann Inc.，1981，p.107

可食城市的总体目标是停止城市对自然的索取，而使其成为自然的一部分。在此过程中，所有的生命形式都得到了尊重与保护，社区得到了改善，自然得到了恢复，废弃物在丢弃后仍具有利用价值，正如其在城市街区农场理论中所提到的（Britz，1981；图 7.8）。毫无疑问，这是对城市农业发展的一种极为乌托邦式的假想，其基本观点与前一章中所讨论的乌托邦社会主义或空想社会主义并没有很大的出入。尽管如此，该论点与我们当前的废弃物与处理系统相比仍然具有更大的说服力。可食城市概念中所包含的观点与实践来源于许多有关俄勒冈州尤金市街区生态系统的实验性研究。布里茨指出，这也同样直接产生于“我们瞬息万变的政治与经济环境，而 1974 年（美国）住房与社区发展法正是对此的最佳诠释”。通过这种自足型的可持续生产方式（而非政府控制型和推动型），郊区的密度会自然而然地提高，而且是以一种更加民主的方式实现。最为重要的是，可持续发展与社会变革被看作是相互联系的，这也就意味着，为了生存，我们必须选择极为不同的生活方式。这与上面所讨论的自然资本主义概念或高层建筑工业化农业完全相反，因为在此理论下，新型集体化重组活动维持着利润，而社会仍然有适应的自由选择权。自《可食城市》一书完成以来，布里茨的观点就在全球很多地方生根发芽，尽管在国家层面上仍然比较碎片化且不够协调。如今，一种发达的农村掩土式住宅体系也被纳入其著作中（Golanyi，1996）。

《可食城市》对整个有关可持续发展讨论的贡献首先是在语义层面上的成功。将空间与功能这两大具有挑战性的概念结合起来就使得一系列新型关系变为可能。在这个过程中，还产生了一种以食品生产和郊区住宅开发一体化为基础的新型模式。该模式对概念与实践的结合进行了详细的描述，而在此（1980 年）之前，一直受困于“城市”与“农业”的分离。布里茨很清楚，其观点同时也是传统的一部分，始于霍华德的田园城市、赖特（F.L.Wright）的广亩城市以及斯坦和莱特（H. Wright）的拉德本体系等。而布里茨与他们的不同之处就在于他们都将自然视为还未付诸农用的土地，或是作为对工业化产生负面影响的娱乐和逃避主义，而并没有从其本身的条件出发。当前，“城市绿化”已经成为全球很多地方管理机构的信条，特别是在丹麦，布里茨的观点也成为社区开发的一部分。例如，纽曼与肯沃西（1999）指出，仅在哥本哈根就有大约 45 处这样的场所，包括 Oster Faelled、Korsgade 20 以及最值得一提的 Mariendalsveg Kolding。珊索岛也是展示生态自足的一个极佳案例，其碳足迹已完全消除，而且现在还能够向国家电网输送能源（《卫报周报》，2008 年 10 月 3 日）。类似的项目在全球都有出现，例如在北美（波特兰、尤金、伊萨卡和杰里科山村）、库里蒂巴（巴西）、赫尔辛基的维基、温哥华的摩尔希尔、阿姆斯特丹的GLW社区以及伦敦的贝丁顿。正如比特利（Beatley）所说，“城市农业承载了很多期望，从芝加哥中心城区的密集型商业食品生产到东京高层建筑的稻田”（2008：194）。可持续城市发展更进一步，从单纯的可持续交通网络构建到可食城市概念的引入，虽然规模很小，但却一直处于扩张的过程中（Jefferson等，2001）。因此，现在布里茨在城市农业领域中的重要工作也得到了巨大的补充（Martin and Marden，1999；Quon，1999；Bakker *et al.*，2000；Mougeot，2000，2006；Vijoen，2005，以及 www.ruaf.org/node/692 与 https：//idl-bnc.idrc.ca/dspace/handle/123456789/32959 中的参考书目）。

因此，对于高密度住宅开发比低密度拥有更大的空间效率的这一观点，理查德·布里茨是对其提出挑战的首批人士之一，只不过是以一种全新的方式。两种密度形态只有一种功能，就是让人居住。布里茨的贡献并不在于通过技术的掌控实现城市密度的提高或降低，而是一种改变整体居住空间功能的策略。将住宅与能源和食品加工融合，使得居住空间效率提高至原来的三倍，同时还带来了额外的社会收益——生活方式、社区、当地政治与独立性得到了改善。正是这种一体化的社会生活在如今的高层建筑农业社区讨论中完全缺失，而这也是讨论失败的关键。随着电子通信聚集力量的大力发展以及人们在家办公能力的不断提高，可食城市也提供了一种传统的城市整合方法之外的其他可行性替代方案，该方案以狭义的土地使用定义为基础，用于解决可持续发展的功能性问题。

密度与新城市主义

至今，新城市主义都是全球思想体系的构成要素，很多优秀的项目与富有活力的方法论为获得全球性赞誉，据称该理论可以解决城市化的形态问题（参见 www.cnu.org/resources 中的一切非学术性资源信息，例如宪章、引言、法规与数据库等）。尽管新城市主义在此前已经对品牌和真实性进行了讨论（第五章），但下面我们将要对其哲学的另外一个方面展开探讨。本小节主要对新城市主义在多大程度上被视为一种普遍应用的城市发展异源理论进行研究，特别是对城市密度这一角度而言。虽然这种思想体系为一些顽固的形态和美学问题提供了很多优秀的建筑与城市设计解决方案，但该运动当前的发展态势使得它的诉求远远超过其作为一种提升型城市设计技术的能力，即使在这方面有很明确的反对意见（Falconer，2001）。此外，这种新思想体系所需的合法过程及其组织已经远超出了其所谓的“理论”范围，仅靠形式载体无法满足信息需求。

在最近一篇名为《新城市主义及其前景》(New Urbanism and Beyond)的文章中，一些世界顶级的理论学家和学者都被涵盖了进去，例如萨斯基雅·萨森(Saskia Sassen)、艾德·索贾(Ed Soja)以及曼纽尔·卡斯特利斯，但事实上他们与这一运动并没有什么联系(Haas，2008)。新城市主义极力避免使用这些学者的作品以及其他试图使其理论来源合理化的一些类似方案。与这些人为社会科学所做的巨大贡献相反，新城市主义的自我生产理论在表面上显示出的不过是一种微弱的尝试，试图在密度导则和法规的基础上使一系列城镇与乡村之间尚存疑问的物质联系合理化。不论试图表述该问题的愿望多么强烈，新城市主义自身其实并没有很重要的理论。尽管这种观点对于很多人来说毫不相干，但事实上，新城市主义自身所标榜出的理论基础使其合理化变得可信。这种说法毫无事实根据，但却使得很多实践活动充满自信。正如我们所见，即使是理论观点根源于三大方法论原则，没有人否认优秀建筑、城市设计和城市规划所带来的收益，也没有人否认针对管治开发所提出的法规。然而，很明显的是，该运动所拥有的乌托邦理想从系统上忽视了资本主义城市化这一事实，正如上述理论学家以大量研究为基础所做的详细描述那样。若深入发掘，就会发现，新城市主义大体上还是有其更为深层次的意义。因此，它仍然是探索资本主义城市化、品牌营造和城市设计理论的方法。

新城市主义章程的加速制定意味着对城市密度及其“横断面”概念的坚定承诺(Brower，2002；Talen，2002b)。正如杜安伊(Duany，2002)所说，横断面原则的基础具有三种合理性声明：首先是帕特里克·格迪斯在1914年《进化中的城市》(Cities in Evolution)一书中所提到的且被很多新城市主义文献所引用的山谷截面理论。简单来说，这一理论解释了某一地区地理环境、城市化与居民之间不断演进的关系(FOC9：206)。这一理论是整个新城市主义的基础，但杜安伊却认为这种理论是“工业革命时代中一种具有明显不准确性以及异常无用性的模式”(Duany，2002：295)。换句话来说，他认为这种理论毫无用处，即使是在100年前提出该理论时也是如此。

对于该理论的批评言辞，我们从《进化中的城市》一书中可见一斑，格迪斯的实际意图如下：

> 山谷截面理论是“调查”的基础。通过此方法，“我们可以得出”很多具体且明确的文明价值。“我们可以发现”场所及其相关工作深深决定了其居民的居住方式与结构。“这才是对历史的真正经济学解读”。
>
> (1997，始创于1915年：xv111)

此外，在1915年第二次城市展览（首次展览的展品于1914年在印度金纳伊（Chennai）被德国人毁坏）的介绍中，格迪斯再次对山谷截面理论的功能进行了详细的描述，将其“作为城市地理环境在地区起源方面的理性选择方式”（1997，始于1915年，p.165—166）。因此，格迪斯所引用的典型山谷截面与新城市主义极为不同。从战略角度来看，更为准确的观点是，“虽然历史学家和地理学家选择用横断面理论来描述事物‘现有的’样子，但他（杜安伊）却将其用于描述事物‘应有的’样子”（Brower，2002：314）。很显然，格迪斯用山谷截面（他从未使用过横断面这一说法）作为实现调查分析目的的方法，且正如其所说，进一步对历史进行经济学解读是新城市主义理论绝对不可能到达的高度，而只能陷入“历史遗忘”（Saab, 2007）和“理论素养缺乏”（Grant, 2002）的糟糕境地。此外，更为重要的是，格迪斯在《进化中的城市》一书中所提出的整个愿景都是基于一种极为不同的角度，是在工业革命结束时所形成的。不论当前是否还持有相同的理论，在全球化的背景之下，信息资本主义以及可能即将来临的生态灭绝都还是一个悬而未决的问题。

第二个理论观点基于伊恩·麦克哈格的《设计结合自然》一书（见上），再次证明了横断面方法论的合理性：

> 通过对生态系统的运作方式加以解释，横断面理论在（本书）引言的其中一章中得到了清晰地阐述。而在本书的主体内容中，一系列透明的覆盖图版被用于确认土地的横向斜度，使其更具可操作性。
>
> （Duany，2002：254）

事实上，麦克哈格的著作与此毫无干系。引言和各章节中唯一与此相关的内容就是对一个沙丘的描述，展示出植物移植与演替的典型状态。此外，该书的其余部分也并没有对任何横断面斜度的发现过程加以描述，而是对某些地区及其自然生态进行了深度的案例研究，阐释了城市化的安全实施领域与实施程度。杜安伊同样也被误导了，他说：“麦克哈格的所有分析论点都是自然的一种变体，而与社会居住方式无关”（2000：254）。事实上，《设计结合自然》一书最后一个章节全部都是对他所指导的一个学生的项目，即关于费城社会病理学的深入分析。

第三个理性论点基于杜安伊从克里斯托弗·亚历山大著名的《建筑模式语言》（1977）中选取的四大模式，即（2）城镇分布、（13）亚文化区边界、（29）

密度圈以及（36）公共性程度。他指出，这四大模式是从252种（实际为253种）模式中甄选而来，并构成一个横向剖面，即“伟大作品中的一个小插曲，这在其余的252种模式中是缺失的，且几乎没有任何独立的影响”。当然他也可以另外选择四种其他的模式，比如说对麦克哈格有确切提及的（4）农业谷地、（8）亚文化的镶嵌、（14）易识别的邻里以及（16）公共交通网。对于横断面策略隐藏于亚历山大《建筑模式语言》一书并在此后挖掘出其隐藏含义的这种观点而言，可以说毫无意义。而杜安伊的观点也是如此，他认为，横断面“这种分形理论能够在不同的等级层面实现设计的融合，从地区等级到社区建筑标准准则”（Duany，2002：258）。很显然，横断面方法论不论是在政治经济学家的工作中还是在麦克哈格、格迪斯和亚历山大的自我指认的案例中都没能够获得支持。这样一来，所剩下的论点就只有一个，即建立该运动的可信度是为了以方法论本身而非理论来证明设计方法论的合理性，并利用不同目的与目标的来源来实现。

因此，在一些极具争议性的逻辑基础之上，新城市主义的基本理论完全脱离格迪斯、麦克哈格和亚历山大的分析过程，而是将山谷截面理论转换为一种强行的设计思想体系。从以上内容也可以清楚地看出，虽然横断面理论缺乏理论深度，但对于很多的环境学家而言，它仍然是一种非常令人信服的方法论，这要归功于其对可持续性和多样性的推崇、对郊区扩张的抨击、对种族一词的融汇运用以及极具争议但仍然最重要的对物质决定主义这种具有社会意义性策略的复用（Day，2000；Duany等，2000）。横断面方法被视为一种以“生态分析成熟体系”为基础的“分区理论之外的实用型替代体系”，可以将其定义为“一种寻求将城市主义不同元素——建筑、场地、土地使用、街道以及与人类居住地有关的其他所有元素——在保护城市与农村环境的前提下组织起来的体系”，目的是“使得横断面理论具有成为设计工具的潜力”（Talen，2002b：293—294）；此外，“通过农村与城市之间一般性连续统一体理论而在不同元素间所形成的联系也构成了一种新型分区体系的基础，从而创造出复杂且具有背景相关性的自然与人类环境”（Duany，2002：255）。

横断面方法论所运用的一般性或典型性理论来自城市中心至周边地区的转移或是近城市边缘规划这种不当描述的运用。而有关密度、建筑类型以及建筑形态的概念却较为隐含。高密度存在于城市核心区域，并逐渐向几乎毫无密度可言的农村区域递减。而建筑的不同形态与空间则来自密度变化，并作为城镇与城市顺序的自然划分。杜安伊提出7个主要的密度区域及其相关功能，如为地区机构、

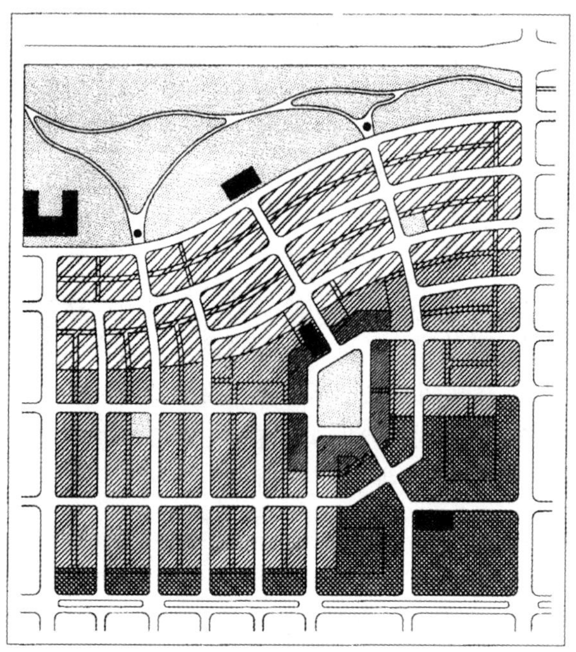

区域划分	地区类型
市政	CS 市政空间 CB 市政建筑
城市	T1 城市核心 T2 城市中心 T3 一般性城市 T4 次级城市
乡村	T5 乡村保护区 T6 乡村保留区
行政区	DN 差异型行政区域 DE 例外型行政区域

图 7.9 新城市主义横断面图

资料来源：Duany, Plater-Zyberk and Co., *The Lexicon of the New Urbanism*, 2001, p.299, Fig.3.Taken from an article by Emily Talen (2002) "Help for urban planning：the transect strategy". *The Journal of Urban Design*, 7 (3)：293—312

购物中心和广场设置的特殊区域（图 7.9），展示的各种建筑形态均为居住密度指标。每个区域都要受规划准则的制约，其目的不仅是为了保护农村与城市之间的连续性，同时也是为了逐渐实现其转型（Duany 与 Plater-Zyberg 的“智能准则”可从新城市主义者网站上获取）。虽然横断面理论本身所具有的一般性特质已为人所接受，但还是应该对各个准则进行调整，使其能够适应不同地区的具体情况。因此，所使用的方法非常直截了当，为所有地区选择一个一般性区域并将其分为 7 个类型、建立相关领域的发展控制准则、采纳针对各领域不同情况且为新城市主义所用的建筑形态标准类型。如此一来，“通过将其顺序体系与自然而非社会过程联系起来，横断面理论能够同时解决两个问题，因此也是对批评意见的回避，即空间形态的组织方式必须搜寻对道德与政治秩序的控制”（Talen，2002b：305；Talen，2000）。

无可否认的是，许多声称是新城市主义的项目都是对城市设计的极佳展示。尽管如此，对于这种原因正是在于个人设计才能与新美学直觉能力之外的因素这种说法，仍然值得怀疑。此外，新城市主义文学还充斥了众多的矛盾以及未定义的术语，因此，它的成功便不得不依赖于一些简单的解决方案，以满足那些拒绝深入思考的人的需求。举例来说，如何才能让一个人接受塔伦或杜安伊的观点，即“当前的主流理论并不是真实的城市主义，而是基于横断面的另外一种理论”（Duany，2002：257）。对于究竟这种“当前的主流理论”是什么、什么才属于“真实的城市主义”（与非真实城市主义相对）或者新城市主义是如何真正实现对真实性的控制，这些问题并没有被提及。新城市主义被此类言论所充斥，同时对全球的许多优秀项目都带来了不利影响。事实上，比起回顾之前提及的曼纽尔·卡斯特利斯的早期作品，新城市主义理论学家可以做得更糟。卡斯特利斯对城市形态差异所做的评论、对空间单元所下的定义以及对农村与城市、城镇与乡村所提出的划分理由构成了新城市主义方法论的本质：

> 然而，“城镇”与“乡村”之间难道没有任何区别吗？难道这不属于“普遍城市化”吗？事实上，这种以普遍口吻提出的问题并没有什么意义（思想方面的情况除外）。因为这已经预先假定农村与城市之间存在着差异，甚至是矛盾，而这种差异与矛盾在资本主义中毫无意义可言。
>
> （Castells，1977：446）

尽管新城市主义既无理论支撑也无实践意义，但它仍然为建筑、城市设计以及城市规划从业人员提供了一种明确的基本形态准则。而横断面理论这种想法本身是无害的，且实施之后也无疑要比资本主义城市化的郊区扩张更为出众，即使是出于错误的原因。这使得一系列的原则与方法论更容易理解，其目的是将促使环境学科与可接受发展模式结合起来的重要元素加以融合，可以说该目标值得称赞。同样，以某些特定基本城市形态、美学理论、制度规范以及密度为基础的发展标准化活动也是非常积极的，而且这也迫使我们看到，西方世界历史上很多包括巴黎、伦敦、纽约等在内的大型城市中心都拥有非常类似且非常简单的统一标准，如材料的使用以及比例等其他设计因素。

结语

几十年来，充斥于规划与城市设计领域的争论焦点主要在于高密度是否比低密度更加高效，或者城市整合是否比郊区扩张更有效。尽管这种对立分析方法并不正确，但所提出的问题却是密切相关的。美国郊区的建造并不是因为其更加高效或更加有利，而是因为这是城市规划实践推动下从土地及其改善过程中获得资本的最有效方法。如今，这种情况并没有发生改变。虽然现在学术界一直对高密度或低密度问题争论不休，但其整个体系仍然要依靠资本主义利益驱动，该利益已经适应了由其所创造出的普遍性盈利城市体系。因此，学术界有关“我们应该推动何种城市的建立”这一方面的争论正如其思想意义一样的幼稚、一样的乌托邦。而真正的问题在于，究竟规划对国家新社团主义以及艾梅丽·洛文斯（Amery Lovins）的所谓“自然资本主义”的抵制能力有多强，使得资本主义体系在没有发生根本变化的情况下仍然能够保持它的合理性。在有关城市结构的争论中，所缺失的是有关理想社区类型的基本问题，之后再考虑它的形态与运行方式。

当前的差距主要是缺乏与建筑学相符的有力的社会规划，这也正是许多乌托邦失败的原因，不论是普鲁特伊戈，还是英国的新城镇体系。很显然，将新型空间形态与新型社区形态加以融合的研究现在仍然非常缺乏，而历史似乎又要开始重蹈覆辙，除非我们最终能够放弃将物质决定主义作为人类社区的规划方法。复杂的高层建筑城市形态，不论其具体构造如何，都不仅仅是地面生活的不同形式。新型三维的自给型物质环境能够带来在社会关系、公平、交流、犯罪、文化、公共空间、废弃物处理、娱乐、购物、监视与社会控制机遇、制度框架、法律问题等多个领域的新型发展形式。所有这些都需要在认真考虑新型垂直建筑之前加以解决。在这种情况下，我们有必要对理查德·布里茨的著作重新加以审视，其作品是对新型概念性环境的直接抨击。布里茨的项目试图将社区、可持续性、生活方式以及性别平等等问题加以融合，这种示范性的方法应该从根本上被纳入一切城市社会计划和项目之中，不论它的密度如何。

第八章
美学

艺术是对命运的反抗。

——安德烈·马尔罗（André Malraux）

引言：美学评判中的问题

对每个城市设计者来说，中心问题是什么使城市更美。这自然引向另一个更具体问题：对美化的城市空间该怎样进行设计？在开始设计之前，我们应该先考虑什么问题，是那些可以实现我们理念的科技吗？应该如何应对在城市演化过程中的美学评判问题（Porteous，1996；Bosselman，1998；Cinar and Bender，2002；Light and Smith，2005；Berleant，2007a，2007b；Delafons，1998）？虽然美学体验最终是个体辨别力和个人选择的问题，但它也受条件限制（Rappoport，1977；Wolff，1981；Webr，1995；Orr，2002）。一个人到邻国旅行，立即就会感受到各地的美学体验和美学价值观存在极大不同，代际也是不同的。尽管存在差别，但可以说人们共同持有的一些基本观点是不变的。可是，既有的一般或普遍的美学价值观一定会受到严重挑战（Graham，1997）。例如，对澳大利亚原始土著居民来说，他们既没有固定居住地，也没有建筑，“美学”概念到底意味着什么呢？他们的美学体验是不是简化到只涉及自然和感官，美这个抽象的概念是否实际存在呢？

在如今这个商品生产的社会，美学体验极大地和大众传媒成为一体，并取决于大众传媒，这都建立在全球化商品流通的基础上。地球上的每个人都可能穿Levi牛仔裤，并觉得牛仔裤是具有美感的。我们被不断涌来的图片意象所包围，每一刻都被灌输如何才算美，我们的欲望被调教，美的观念被操控，所以市场上护肤化妆品、香水、服装、汽车、食物、建筑和其他商品才能畅销——今年的新款汽车总是比去年的看起来要好（更想要得到）。因此，有没有普遍的美学价值观，可以在城市美学领域为我们提供对美的判断指导呢？或者是不是所有的价值观，比如对商品的看法，都是社会的产物？更重要的是，在过去，什么样的思维方法用在了美学上，同样的方法现在是否也适合？作为城市设计师，哪些异源性应该贯穿我们对美学在空间和形态方面的判断，超越我们自身或集体在城市空间方面对颜色、维度、运动、形态、目的和物体位置的“直觉”呢？

美学价值通过生产、感知、历史和个性化持续稳定的修正。如此，几千年来，根植于生物学、数学、哲学、心理学、文化和其他因素的发展，每一个文明都有着自己不同的答案，无论从个体的角度还是集体的角度，这种探索都是进步的（Pickford，1972；Scruton，1974，1979；Cosgrove，1984；Olsen，1986）。其结果就是，我们必须接受这样的事实：这种探索是不可能有最终答案的。原因很简单，文化、发展、城市化和人类的想象力都是动态的过程，因而美学价值也处在一个不断流动的状态。它们随社会一同演变，并和个体的认知和体验有关，不管我们付出多大的努力，“美学”是无法定义和难以察觉的。尽管这听起来像虚无主义（为什么要纠缠没有答案的问题呢？），显然这些是人类生存中没有答案、很难解决的问题，这些问题赋予了存在的价值。因此，付出努力来解决问题（至少保持一种持续的清醒态度），对于人类的进化是至关重要的。美学概念根植于哲学讨论，对于美学的基本问题，如：“什么是美”、“什么是真”、“什么是人类体验的本质”依然没有答案，尽管约翰·济慈（John Keats）在他的《希腊古瓮颂》（Ode on a Grecian Urn）中著名的诗句中说道，“美就是真，真就是美。这是你在世界上所了解的一切，也是你需要了解的一切。”

在《城市形态》（FOC8）这本书中，我认为有三大构成要素有助于我们理解美学和城市。它们共同构成了一个强大和互动的概念体系，在这个体系之内，动态美学研究可以进行下去。它们都有着广泛的理论基础，且每一种都构成对设计问题的思考方法。首先是符号学，或者说是表意的科学。考虑到意义渗透在我们整个物种生存之中，把意义设计到空间和地点的方法，或者通过人的行动使之和意义协调的方法，对于城市设计者的理解和词汇来说是非常重要的。（Harvey，1979；Krampen，1979；FOC3：65—69）。其次是现象学，它试图对抗人类感官领域，即我们与周围环境互相作用时的直接体验、建筑和空间构成的城市生活主导维度、我们在这样的环境中共同生存以及体验所发生的事情（FOC3：69—72）。第三，是政治经济学，它让我们能够洞察表面看来随意无章的个体、物体和各种过程是如何在社会和空间层面构成了城市（FOC：72—78）。显然，这三个方面以复杂的方式相互作用，5 个世纪以来资本主义生产对人的意识形成了巨大的影响。由于技术、劳动力、生产和文化各个词素之间关系错综复杂，人类经验的本质也发生了变化。由此，与这些过程关联的含义也有了新的符号、联想、行为规范和美学价值，所有这一切都影响着我们对城市的体验，在很大程度上，改变了城市的建造方式。对于城市设计者来说更重要的是，城市环境既是重要的生产象征，由于它在我们日常生活中的主导作用，同时也是美学的产物。那么，什么是美学？

美学存在三个决定性因素，它们与环境、经验和交流有关。首先，我们的外部环境，创自人的行为与自然的关系，是人类嘉年华发生的环境。从广义的设计来讲，这一环境服从设计，即由人类的行为所组织。它可以包括一切，从贫民窟到大教堂或皇宫。其次，在个体化层面，我们的美学体验是有条件的，一方面通过五个感官——视觉、听觉、触觉、味觉和嗅觉来完成，另一方受环境所限。在很多文化中，与这五个感官相关的，是我们所称之的“第六感官”，被认为是一种无意识的理解或对事件的预感，逃避我们理性的头脑。第三，美学体验根本上说是媒体、个体和环境的交流形式。所有形式的艺术都是以一种高度专业的方式来传达信息，取决于个体的参与与解读。对于个体性来说，我认为需要加入第七种感官才能完全理解城市美学，也就说动觉，或叫作运动的感觉（FOC6：13）。没有运动的喜悦，就失去了对美的普遍体验，也失去了理解城市形态的重要方法。比如，漫游者，象征着城市领域的第七感官，游离在城市的空间，体验着开放和封闭、街景、景色和建筑，构成了漫游的本质。

然而，涉及术语的一个基本问题是，“美学”通常指的是察觉到的美、艺术、愉快和感官感受。《新牛津英语词典》在不同的方面为美学做了定义，所有的定义都涉及对美的欣赏，唯美主义者被称为是“欣赏艺术和美，对艺术和美敏感的人。”实际上，希腊语“aesthesthai”只是“察觉”的意思，来自根词“aestheta”，意思是“可以察觉的东西”（Pearsall，2001：28）。因此，在最初的意思中，这个词与美无关，它是在 19 世纪初从德语引入并成为英语的用法。美学与美的联系是最近才形成的，与其最初意思已经没有关联。这就提出了一个新的问题，城市形态美学是不是夸大了城市视觉（这极大程度和建筑教育有关），而低估了经验。如果美学的定义如同其在现象学中一样，主要表明是和感官相关的，那么没有什么可以表明美学体验不可以让人不舒服、有侮辱性的、强势的、丑陋的、让人有痛感的、罪恶的或可怕的。因此，尽管美学和美是同源的，艺术和美学之间却未必是同源关系。显然，很多艺术是为了产生震惊效果，并不一定需要表现美。美学可以被视作一套原则，指导或影响艺术创作，这就引发了这样的问题：美学原理和创作过程是否可以从一种艺术形式转移到另一种形式上。

这种想法无可避免地把我们引到美学和形式的问题——音乐、雕塑、绘画、文学、戏剧、诗歌、电影、建筑，以及它们之间无可避免的相互影响。整体来看，其中的每一种形式都为美学的不确定性增加了额外的载体，例如，“几个世纪以来，戏剧滋养了大量的陈词滥调和老生常谈，不幸的是，现在它们又在电影里找到了栖息地”（Tarkofsky，1986：24）。即使是在选定的艺术形式内，若想达成一个最终的美学立场，其过程也存在很大的不同，这取决于创造过程中很多内在的因素。约翰·沃尔夫冈·冯·歌德（Johann Wolfgang Von Goethe）将建筑称为“凝固的音乐”的著名描述，提出的问题是，“那么建筑听起来是什么呢？”。伟大的美国画家马克·罗斯科（Mark Rothko）1958 年在普拉特艺术学院的讲演中也就艺术创作给出了自己的答案，并提出了他所认为的艺术作品的基本公式（请注意，他没有用“绘画”这个词）：

- 一定有一种明确的对死亡先入为主的思想——对必死命运的模仿……悲剧艺术、浪漫主义艺术等，涉及关于死亡的知识。
- 感官意识。我们对于具体世界认知的基础。它对存在的事物充满欲望。
- 紧张情绪。冲突或者抑制欲望。
- 嘲讽。现代构成要素——是对自我的抹杀和重新审视，这样一个人可以暂时成为不同的人。
- 智慧与玩乐……人的要素。
- 短暂与机会……人的要素。
- 希望。占 10%，可使悲剧容易忍受。

罗斯科关于阴暗和希望的看法并不是绝无仅有的，他的观点和伟大的俄罗斯电影制作人安德鲁·塔可夫斯基（Andrei Tarkovsky）在《雕刻时光》（Sculpting in Time）中自我剖析的结论相似，在书里，他探讨了电影美学：

> 艺术是什么？是善还是恶？它来自上帝还是来自魔鬼？它来自人的力量还是弱点？它是友情的誓言、社会和谐的象征，那就是它的作用吗？如同爱的誓言，知道我们要彼此依靠。是告白，虽然是无意识的行为，却反射出生命的真谛——那就是爱和牺牲。
>
> （Tarkovsky，1986：239）

有趣的是，想想这两个关于艺术和美学的审美内涵的例子，对于它们在城市美学中的应用来说，不知道城市设计者是否考虑过这样的问题。这些观点是否与设计城市有关我留给他人评判，但是即使只是稍微看一下罗斯科提出的七点要素，也会引发涉及城市设计美学的重大问题。为了构建以城市形态和城市美为形式的异源，本章大部分内容会集中探讨当设计者思考城市形态美学时，他 / 她们脑中的所思所想。此话题会一直延续到最后一章，介绍在不同的、有影响力的艺术和建筑运动宣言中，如何阐述什么意味着城市，以及如何构建城市。

美学创造，艺术和城市

我们应该怎样理解设计者在创造城市形态美学中所使用的方法呢？设计者有创造美的愿望，我们要用什么来领悟设计者的创造行为呢？罗杰·斯克鲁顿（Roger Scruton）在他的经典著作《建筑美学》（The Aesthetics of Architecture）（1979）中认为，建筑和城市空间源自三种主要的异源。它们出自弗洛伊德、索绪尔和马克思，而且有很广泛的适用范围。当然，它们有一个共同点，就是占主导地位的异源是遍布 20 世纪的结构主义思想方法（也可以参见他在《艺术和想象》（Art and Imagination）（1974）中关于美学态度的章节）。

弗洛伊德

西格蒙德 · 弗洛伊德是 20 世纪很有影响的心理学家，对他的评论毁誉参半。弗洛伊德创造了著名的心理分析法，影响巨大，不只是在整个社会学领域，在文学和艺术上也产生了巨大影响。可能除了他的学生卡尔 · 古斯塔夫 · 荣格（Carl Gustav Jung），他对人类心理结构的研究在现代世界无人能及。心理结构（本我、自我和超我）、性的发展（肛门、口腔和生殖器）、恋母与恋父情结的原型，甚至心理学“psychology”这个词的运用，都要归功于弗洛伊德。起源于法兰克福学派的批判理论，它的核心思想是通过精神和经济的结合得出无所不包的文明及其不满的表述，它对弗洛伊德的敬意堪比马克思。如果美学确实来自感官，那么显然弗洛伊德的影响就没有界限了。弗洛伊德心理学的中心主题是社会压抑原则，他最大的贡献是完善了社会学的无意识心理理论，认为社会机构和人的神经症是相连的，没有必要在治疗个体的神经症之后把一个健康的人放回到其基础呈现病态的社会。罗伯特 · 博考克（Robert Bocock）就这一观点说道 ：

传统的社会机构，比如宗教和意识形态，可以看它们为畸形的、病态的交流模式。

他继续直接引用弗洛伊德的话说：

对患神经症的个体的了解可以用来很好的了解主要的社会机构，因为神经症完全表明是由于个体意图解决本应由社会机构来解决的欲望带来的问题而产生的一种补偿。

（Bocock，1976：31）

弗洛伊德方法的中心是通过解构梦中的含义来对神经症进行分析。神经症行为，基本上是由于思想和感情的冲突引起的，可以通过分析其根源来了解和治疗。在这个过程中，现实和想象、压抑和升华、现实和超现实、渴望和欲望的本质，它们之间的关系都在本能、意识和牺牲之间的动态平衡中（经常是不平衡的）被叫停。或许弗洛伊德在美学方面影响最佳、最直接的例子就是在超现实主义和达达主义艺术运动中，在萨尔瓦多·达里（Salvador Dali）、胡安·米罗（Joan Miró）、雷内·马格利特（Rene Magritte）、马克斯·恩斯特（Max Ernst）和其他很多艺术家的绘画中有最好体现。然而，这把弗洛伊德的影响程度缩小到了一种特定表现形式中。弗洛伊德对美学方法的全部影响在于他的基本概念体系被应用在进行美学判断的分析和设计方面、建筑和城市设计方面，也被应用在人类活动的其他领域，如文学、绘画、诗歌、电影、音乐和其他艺术形式上。

罗杰·斯克鲁顿的《建筑美学》一书在1979年发表，极具突破性，其第六章和第七章很有指导性。精神分析学家汉娜·西格尔（Hannah Segal）和诗人及画家阿德里安·斯托克斯（Adrian Stokes）都提到过精神分析和美学之间的联系，但是斯克鲁顿是把建筑美学和社会学中心理论直接联系起来的先驱之一，这些理论涉及心理学、语言和历史唯物主义，反映了他“美学体验的培养如果不采用相应的批判观点，只不过就是自欺欺人”的信仰（Scruton，1979：137）。他还认为弗洛伊德自己对心理分析美学就是持批判态度的，因为心理分析虽然对创造力有很多内容可以说，但却无法评说结果。这个观点遭到弗洛伊德的追随者梅兰妮·克莱恩（Melanie Klein）和建筑批评家阿德里安·斯托克斯的反对。斯托克斯认为伟大的建筑能够激起个体强烈的感情，对个体的潜意识进行深入的精神分析可以找到这种感情的根源：“从心理分析的角度描述这些情感的同时也是在描述它们的价值。我们因此在建筑方面又向成功迈进了一步”（Scruton，1979：146）。

所有压抑的欲望中，性压抑很可能在任一层级中被视为最重要的。性暗示的建筑和空间设计因此构成了主要的实施模式，弗洛伊德和性的联系得到广泛认可。弗洛伊德理论认为自我或人格只是一个面具，而个体行动的真正动力来自（被压抑的）无意识心理。因此，只有设计者能够非常清醒地认识到他们自己掩藏的克制与欲望（几乎从来都无），然后，城市形态明显地成为潜意识得以发泄的主要表现形式，并在城市环境中得以显现。对设计者而言，建筑和城市形态因此就像一块潜在的大画布，可以表达设计者的神经症（冲突）和神经错乱（幻想）。在这里我要提一下以三维形式显现并带有明显弗洛伊德性质的几个特征，这其中最显著的是恋物癖。被恋之物指的是任何物品，用来替代能感知的、真实或非真实的阉割。“恋物癖拒绝承认失去：对物的依恋阻止或替代了由于发现失去而带来的创伤。本质上，被恋之物有表层的外貌，掩盖着更深的焦虑，更深刻的失去感”(Pouler,1994:182)。普勒进而认为产生的不安全感鼓励人退回到过去的想象世界，这样当前的事实回到超现实的过去，被昨日明确的幸福所代替。历史就成为抵消当前不安全感的一种手段。他认为恋物癖心理是后现代建筑的方法：

> 历史风格通过对抗当代的现实得以复苏；风格是固有的掩藏在意象之中，存在于建筑的外在品质、建筑正面、面罩、带有装饰的库房之中（所见掌控所知）。建筑和广场——也就是形式和空间——代替了合法的现象学场所，这些场所曾为个体和组织提供了本体论需求。
>
> （Pouler，1994：182）

我们可以把后现代历史诠释为偶像崇拜，恋物癖的影响直接而且效果明显。高层建筑的发展也明显地表明了这一点，对性器的象征和男根的迷恋导致了对摩天大楼的持续痴迷。从建筑大师弗兰克·劳埃德·赖特 1956 年预想的 1 英里高的摩天大楼（从未被建）开始，到半世纪后，各个城市争相建造世界最高楼的角逐从未停止。与之类似，女性对性的无意识表达体现在状如子宫的空间设计，运用曲线，寓意滋养庇护，靠近大地。同样，把女性与精巧的装饰和廉价的饰物联系起来是美学的耻辱，它是与现代工程及其建筑相违背。总体来看，这种诠释对两性平等毫无益处。粗糙的象征，否认两性差异的复杂性，更多是由于政治而非摩天大楼的原因。可以假设，对男性勃起的迷恋，无论是建筑还是其他方面，影响如此之广，从曼哈顿到香港，所有中心商务区建造都归功于这一思想的存在。显然这是很可笑的，这种做法忽视了城市政治因素、市场规律、城市密度和规划行为。很多著名的城市，比如奥斯曼时代的巴黎，就没有超过五层楼高的建筑。有些作家依然紧抱性器象征不放，弗洛伊德的著名格言“有时候雪茄就是雪茄”似乎是被忽视了：

> 女性城市形态意味着’性器’作为所有对立和等级的缔造者的结束——男性高于女性，年轻高于年老，美貌优于丑陋，古典的价值观和意义依赖于此。女性城市形态意味着建筑作为性器崇拜差异的消亡。
>
> （Bergren，1998：89）

索绪尔

符号学（semiology）和符号论（semiotics）的理论层面的重要性在《城市形态》（FOC3：69–69）中已经涉及。这门学科有一个不同寻常的开始，美国和欧洲同时为这一科学进行了意义框定。在美国，查尔斯・桑德尔・皮尔斯（Charles Sanders Pierce）在著作中采用了符号论（semiotics）一词；而在欧洲，费尔迪南·德·索绪尔（Ferdinand de Saussure），将自己的哲学命名为符号学（semiology）。严格说来，应该区别对待这两个术语。符号论包含对建筑形式的意义的分析或者综合意义的方法。我也将两篇描述符号论方法的文章包括进来，一篇是马克·戈特迪纳的《重建中心：购物中心的符号分析》（Recapturing the Centre：A Semiotic Analysis of Shopping Mall）（DC3），另一篇是萨拉・查普林（Sarah Chapin）的《异托邦的沙漠》（Heterotopia Deserta）（DC9：26），对拉斯韦加斯和其他地方进行了分析。把符号学作为异源进行设计是一种方法，它将结合在建筑形式和空间的意义进行解构（因而可以被理解），还可以选择性地进行有意识的设计。大约在 1980 年，正是后现代主义根深蒂固之时，三部关于符号学方法的先驱作品出现了，它们是坎蓬（Krampen）的专著《城市环境中的意义》（Meaning in the Urban Environment）（1979）、普雷齐奥西（Preziosi）的两部著作《城市环境的符号学》（The Semiotics of the Built Environment）（1979a）及《建筑语言和意义》（Architecture Language and Meaning）（1979b）。这些作品在戈特迪纳的《后现代符号学》（1995）中被修正更新。每部作品在城市符号学方法中都是先驱之作，从对语言的诠释中得出正式意义，符号学分析的词汇的使用——语用学、句法、语义学、符号、意象、象征、语言和言语。整个过程就是为了试图确定一种方法，通过这种方法“建筑物体被有意识地进行处理，如果说不是用来做交流的符号，至少是作为有意义的工具，使城市环境能够适合人类”（Krampen，1979：1）。

符号学对建筑和城市设计的重要性不容低估，它是区分现代主义和后现代主义的重要因素。从实用主义来说，作为结构功能主义的现代主义，将消灭存在于建筑形式和细节设计中的意义作为表达美的方式。通过这种手段，他们认为可以实现并全面表达建筑真正的功能/美感，在勒·柯布西耶、密斯·凡·德·罗、沃尔特·格罗皮乌斯等现代主义大师的作品中可以发现这样的例子（图8.1）。然而，那些认为像医院、学校、市政厅等建筑综合体可以缩减到简单明了的单一功能的想法就是荒谬的。大多数建筑都具有多重功能，除非仅限于科技方面，否则认为结构主义的想法是合理的就有些站不住脚。而另一方面，后现代主义将其他的背景、意义、场所和历史等综合，有意改变这一过程。它认为建筑物、纪念物、场所和其他城市要素等所具有的多重功能实现了对机械性的超越，查尔斯·摩尔（Charles Moore）的大作新奥尔良的意大利广场（图8.2）就是很好的证明。确实，

图8.1　密斯·凡·德·罗设计的巴塞罗那博览会德国馆

资料来源：© age fotostock/SuperStock

图 8.2　查尔斯·摩尔设计的新奥尔良意大利广场，是符号学用于后现代城市主义的最佳实例
资料来源：© Robert Holmes/Corbis

一个建筑结合的指示象征越多，它看起来就越丰富多彩。这里运用的方法也是文本的方法，城市环境也被看作是多重文本，依照语言学分析所提到的方法，可以被构建、被解构。因为，从定义上说，文本是文化的产物，城市环境不仅有展露隐含意义的功能，更重要的是，它还具有能够有意识地把建筑和文化联系起来的能力。尽管皮尔斯和索绪尔是结构主义语义学方法的先驱，但在后现代主义背景下推进解构方法，还是要取决于其他人的努力。这里提到的语言学理论正是结构主义学家的理论（Piaget；Chomsky and Helmsjev），但也延伸到后结构主义的语义学家，如戈特迪纳、巴特、克莉斯蒂娃（Kristeva）等。然而，在此我们想说的正是现代城市主义使美学的进程步入正轨，将美和功能融为一体。在后现代主义影响下，我们可以设想，美以交流为基础，同时众多的信息被存储、隐藏或转换。

无需多说，分析或设计的方法并非只有一种，有很多的方法可供从中选择。但其中的很多方法又很难采用，只有稍微体验。比如坎蓬追随了索绪尔异源的方法，使得意义通过能指和所指之间的关系得以揭示。例如，通过对多种形式的建筑立面的研究，他证实了所指在体验方面的意义（图 8.3），并以不同的方式解释了建筑内涵的符号学结构，这与建筑和城市形态等方面相联系并且基于个体美学

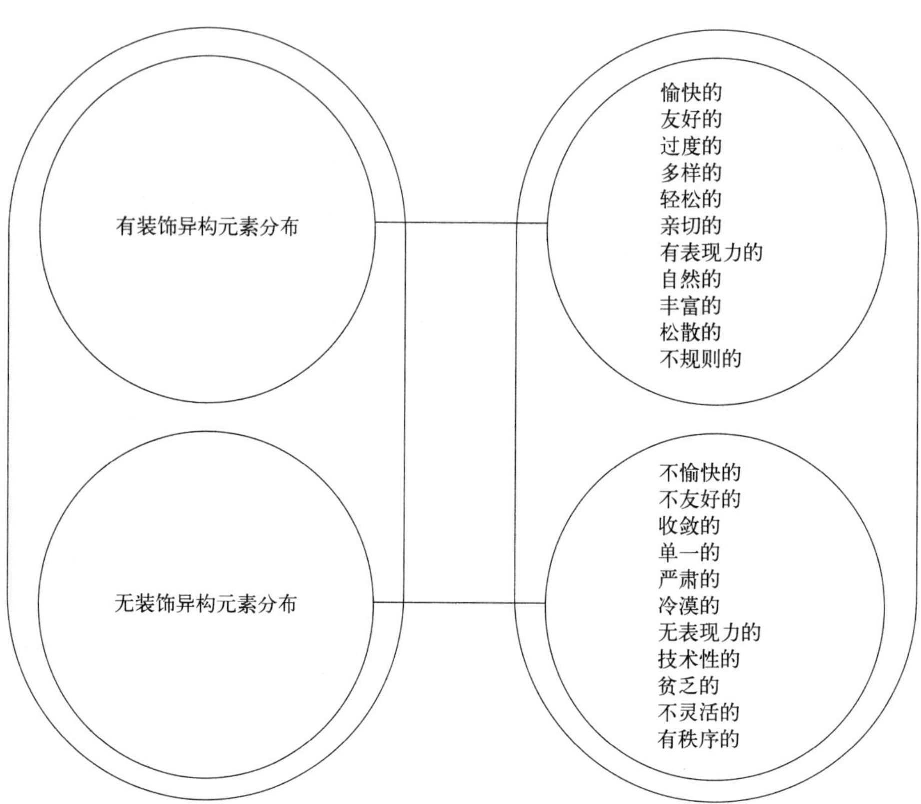

图 8.3 建筑内涵的符号结构。在这个结构中，所指和能指的领域是协调的，表现形式是相对立的
资料来源：M.K.Krampen，*Meaning in the Urban Environment*.London：Pion，1973，p.299，Fig.5.29

体验（图 8.4）。美学价值不是由抽象的“美”决定的，同时几乎也很少提及。可以推断，美学价值基于个体感知和建筑的符号形式所带来的满意度二者的关系。图 8.5 说明了建筑立面的分层法，它是由个体满足感和符号内容之间的相互关系所造成。

马克思

将马克思和美学联系起来需要一些想象力，但是有大量作品都在探讨马克思哲学中的美学，尽管大多数是关于社会学理论、艺术或意识形态的文章。巴斯克斯（Vazquez）（1973）、吉斯（Zis）（1977）、马库斯（1968）直接涉及美学的题目。拉斐尔（Raphael）（1981）、约翰逊（Johnson）（1984）、伊格尔顿（Eagleton）（1990）、格雷厄姆（Graham）（1997）和我就与政治、意识形态和城市规划等相关的马克思主义经济理论和政治经济进行了详细探讨（FOC3：72–81；FOC4：85—89）。

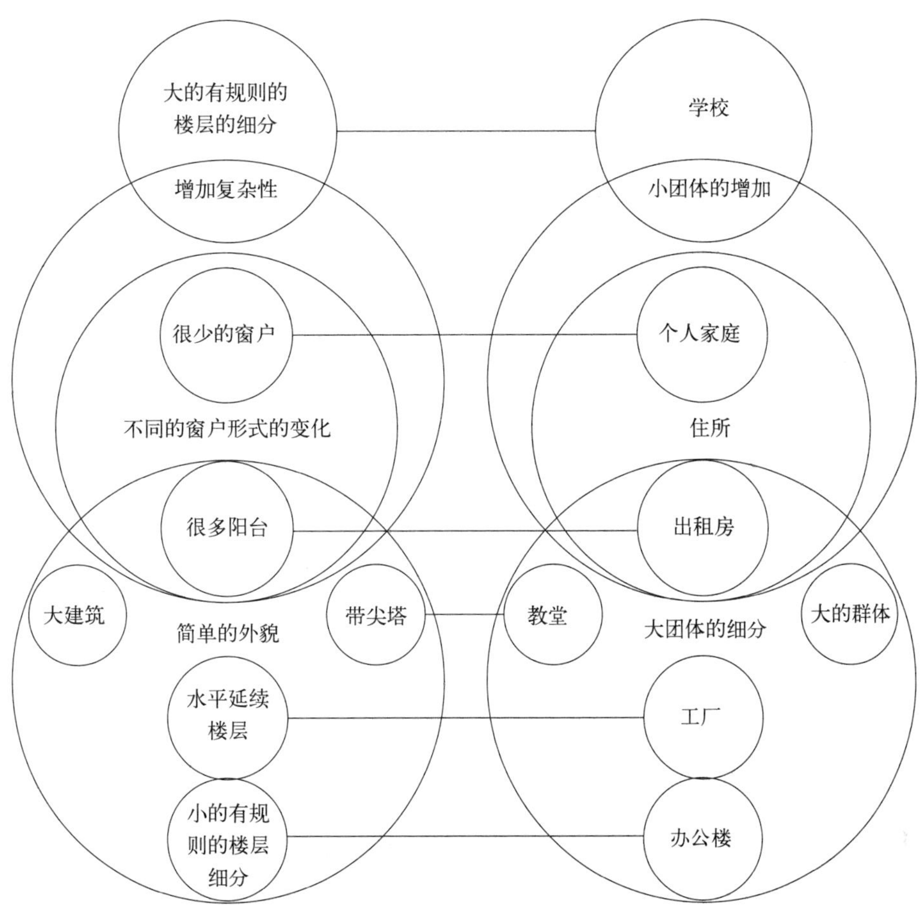

图 8.4　在所指层［即定义建筑社会功能（右）的小团体和大团体的活动］与能指层［即建筑设计特点（左）］之间假定的符号结构

资料来源：M.K.Krampen，*Meaning in the Urban Environment*.London：Pion，1973，p.177，Fig.4.63

和其他艺术理论相比较，马克思主义和新马克思主义美学的研究线索在于对机制的理解，这一机制把美学作品整体上看成是经济产品的一部分。因此，马克思主义关于美学方法最明显的关系，在于艺术创作是否有能力可以抵制，或者正相反，它如何看待马克思所定义的压迫。或者换一种说法，在于艺术是否可以批评地评价或刻画抵制阶级压迫所采用的方法。就此而言，马克思主义美学具有革命精神，并以道德为运行指引，在意识形态和历史的背景下思考艺术。艺术的首要任务应该是完善社会，抵制各种形式的压迫，评论社会不公，对资本主义社会进行激烈的批判。换句话说，真正的艺术不应该成为资本家的另一种积蓄资本的方法。然

图 8.5 关于建筑立面“衍指符号”形式的 5 个连续步骤
资料来源：M.K.Krampen，*Meaning in the Urban Environment*.London：Pion，1979，p.249，Fig.5.18

而，在资本主义制度下，艺术作品和市场机制密切相连，艺术家（可以看作是建筑师或城市设计师）反过来受到所处历史环境的影响，他 / 她的作品正是在这种历史环境下产生的。在整个劳动过程中，艺术成为一种高度专业化的剩余价值形式。

整体来看，巴斯克斯关于马克思主义美学的文章是涉及这方面内容最全面的。他的分析复杂而零散，均出自其包含 24 篇文章的著作之中，但在他的分析中有几个关键因素需要仔细考虑。巴斯克斯认为，虽然马克思没有专门写过美学论文，但是对美学的所有方面都很感兴趣，并把它留给其他的学者，比如，考茨基（Kautsky）、拉法格（Lafargue）、普列汉诺夫（Plekhanov）以及阿尔图塞（Althusser）、卢卡奇（Lukacs）、葛兰西、本杰明、詹姆森（Jameson）和伊格尔顿，他们都对马克思主义的美学方法进行阐述。不幸的是，在资本主义的意识形态下，马克思的名字被魔鬼化了，如同原始版本的“撒旦”（在印度尼西亚，他的三卷《资本论》在 2008 年才通过审查被解禁，这已经是该作品完成一个半世纪之后）。因此，存在着一种普遍的倾向，就是把他的美学观点与社会主义和共产主义联系起来，而忘记了他终生的成就都是批评资本主义，而非建立社会主义，即使对社会主义，他也没说太多。然后，还有一种相似的倾向，就是把马克思主义美学看作一种“方法”，去实现社会主义社会现实主义艺术（图 8.6）。马克思主义美学在 20 世纪 30 年代中叶与苏联的美学结合，并延及所谓的社会主义国家艺术领域，以及包括 20 世纪的中国、古巴、北越南和阿尔巴尼亚等国家的社会现实主义艺术。没有比这更远离真实的了，实际上这是对马克思主义美学概念和美学作品、物质生产、意识形态和道德价值关系的极端粗糙的理解。

> 然而，（20 世纪）30 年代早期的苏联所创造的有利环境，对马克思美学思想的全面创造性研究，本来可以提供科学的、开放的、非标准化的马克思

图 8.6　苏维埃社会主义现实主义艺术：海报
资料来源：IAM/AKG Images

> 美学基础，但是被斯大林独裁政治严重破坏，教条的、派系的和阶级的主观方法在美学理论和艺术实践中开始占了上风。
>
> （Vazquez，1973：19）

在那样的背景下，文学、绘画、制图设计、雕塑和建筑无一幸免成为服务于国家的工具，为国家成就歌功颂德，为劳动欢庆，审查报复那些不遵奉这些理想的行为。然而，虽然有这样无法抵抗的局限，偶像艺术，实际上是整个流派（结构主义、未来主义等）依然出现，产生了如波波夫（Popov）、罗琴科（Rodchenko）、塔特林、伊尔·李斯特斯基、列昂尼多夫（Leonidov）、克里斯基（Krinsky）、米柳汀（Miljutin）、马列维奇、塔可夫斯基（Tarkovsky）等艺术家。20 世纪 30 年代的苏维埃艺术构成了这一流派的繁荣时期。

> 但是同样，资本主义虽然对艺术充满敌意，但也产生了大量的艺术作品。社会主义本身并不能保证艺术优于资本主义下的艺术创作，这和很多因素有关，既包括主观的也包括客观的。简而言之，艺术和社会的不平衡发展，从定性分析的角度，需要艺术不断超越局限，也使艺术家无法完全在功德圆满时停下来。
>
> （Vazquez，1973：103）

因此，艺术创作所用的方法和国家政治形式以及资本积累的历史过程之间没有必然的联系。原因有几个，其中最基本的原因是在所有现代社会，无论共产主义、社会主义还是资本主义，对艺术创作都具有敌意。原因很简单，因为无论在哪种体制下，艺术都表现出其固有的抵抗社会和政治不平等的能力。也可以这样说，在资本主义制度下对马克思美学精神的反思要比在 20 世纪所谓的社会主义国家更多，原因在于由于它们具有更多艺术上的自治，因此有更多的艺术创作自由，这些都是马克思所倡导的。另一方面，由于物质生产使工人和自身物质分离，在资本主义内部，艺术创作的过程作为谋生的手段，就会自发地削弱了艺术创作的客观地位。艺术家为了能够在市场规律中生存，不得不受到商品生产规律的影响，建筑和城市设计也是如此。弗洛伊德的方法关注的是囿于心理学主体的个体美学，而马克思则关注在商品生产过程中，资本主义采用怎样的方式把人的主体变为客体，并关注这一主体自身成为商品时是如何与生产过程分离的。正如特里·伊格尔顿所说：

> 马克思具有深刻“美学”信仰，他认为人的感官、感觉和能力本身就是绝对的目标，无需实用主义的证明。但矛盾的是，只有采取推翻资本主义社会关系这样残酷的手段，才能展现感官的丰富多彩。只有当身体的冲力从专制的抽象需求中被释放出来，同样把自身从抽象的功用状态变回感官上独特的使用价值，才有可能生活在美学中。
>
> （Eagleton，1990：202）

也就是说，在资本主义，作为实体的人被分解为原子，被归纳为实实在在存在的一件物品。同其他人一样，艺术家也属于这个框架之内。只有逃离这个背景，弗洛伊德的快乐原则才能被实现，也因此能够释放真正意义上审美体验的能力，不会被缺乏道德内涵的压迫机制所玷污。

语境主义方法和美学创作

语境主义和理性主义是20世纪伟大的设计传统（FOC：179—186）。冒着过度简单化的风险，我们认为，语境主义诉诸内心、情感、感官和经验，并与现象学密切相关（尤其是舒尔茨的现象学）。更不必说，两个传统都根植于历史先例，延续了千年之久，有着清晰的方法原则，持续影响着当今的城市设计。语境主义传统作为建筑风格源自吉安·巴蒂斯塔·诺利（Gian Battista Nolli）的罗马城地图（1768）和卡米洛·西特经典的《城市建设艺术》（1945年，原版1889年）。正值遭受到工业革命的破坏，以及二战的空袭，引发民众普遍愤怒的时候，这一运动为英国注入了新的动力。这种普遍情绪最初在两期《建筑回顾》（The Architectural review）中得到表达，被形象地称为“愤怒”和“反击”（Nairn，1955，1956）。随后的《简明城镇景观》（The Concise Townscape），成为探讨英国城镇和城市美学特点的开创性刊物，包括如何对其完善的策略，集中探讨视觉原则（Cullen，1961；图8.7，图8.8）。在此之后，创造好的“城镇景观”的方法成为倡导和分析一个好的城市设计的战略性方法。在此之后大量的“城镇景观”刊物相继出版，如《英国城镇景观》（British Townscapes）（Johns，1965）、《城镇景观》（Townscpe）（Burke，1976）、《街道的美学》（The Aesthetic Townscape）（Asihara，1983）、《如何设计城镇景观美学》（How to Design the Aesthetics of Townscape）（Goakes，1987）和《城镇景观营造》（Making Townscape）（Tugnutt and Robertson，1987）。这一阶段（1955—1985）还有一些经典刊物，标题并没有采用“城镇景观”，比如《城市意象》（Lynch，

图 8.7　视觉秩序原则实例

资料来源：G.Cullen，*The Concise Townscape*.London：The Architectural Press，1961，p.6

14 雷恩设计的圣保罗教堂北部柱廊

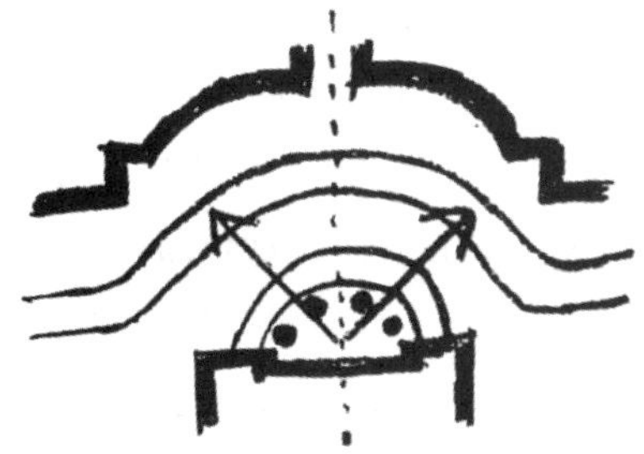

15 艺术学院方案

16 皇家学院设计

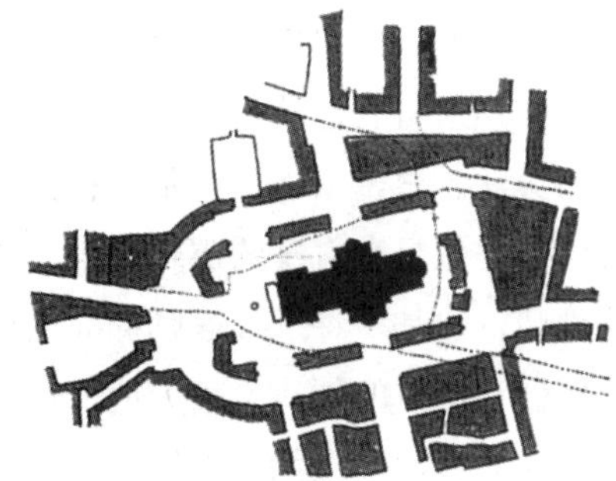

17 建筑评论方案

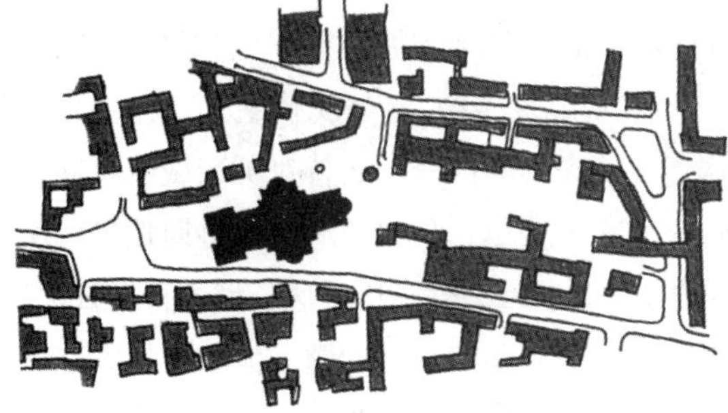

图 8.8 伦敦圣保罗大教堂周边地区的四个方案

资料来源：G.Cullen，*The Concise Townscape*.London：The Architectural Press，1961，p.296，Figs.14–17

1960)、《人造美国:混乱还是控制》(Man-made America: Chaos or Control?)(Tunnard, 1963)、《上帝自己的垃圾场》(God's Own Junkyard)(Blake, 1964)、《地方性和非地方性》(Place and Placelessness)(Relph, 1976)及《城市规划大灾难》(Great Planning Disasters)(Hall, 1982)。更普遍地说，直到现在，也有人重复着同样的观点(Bacon, 1965; Jellicoe and Jellicoe, 1987; Gindroz, 2003)。

尽管产生很大的影响，但是上述出版物实际上并未能指出语境主义面对实践问题的解决方法，通过选择实例，而不是具体的方法论引导，更多是诉诸情感而非逻辑，比如，这种想法假想，我们都能生活在类似英国/美国的村庄或小镇那样美好的世界。除此之外，值得注意的是很多文章关注村庄或城镇规模的问题，传统的固有城镇景观原则与如今互联网影响下的新社团全球化城市是否有关系仍是一个有待于探讨的问题。在回顾《城镇景观》(1961)之前要对问题进行全面考虑，由于这本书花了几年时间才写出来，库伦与西特(1889)之间的距离就如同他与现在的设计者之间一样。

因此，《城市景观》现在看来颇具古朴韵味，并被编辑得略显夸张，语言晦涩、杂乱、古朴，充满主观色彩，可读性不强。然而，它仍然称得上是一篇大作，清晰地展示了具有城镇基本特点的独特美景。该书符合建筑师使用的三个传统性设计策略，也就是惯性的、科学的或直觉的方法。史密斯认为，每一种方法的要素也都为另外两种所固有，因此，这些方法并非包裹在自身的逻辑之中。惯性方法无处不在，所反映的是几乎到处都有的现状，它是一种通过鼓励标准化从而减少设计和建筑费用的过程。科学方法运用理性和逻辑的规律，极大地反映了现代主义阶段的结构功能主义。直觉方法是"允许潜意识信息加工去指导有意识的解决办法"(Smith, 1974: 228)。正是直觉方法塑造了城市景观的传统特征，库伦的《城镇景观》就是很适当的例子。

该著作分为四部分，第一部分提供了很多案例研究，强调三种具体元素，即：视觉秩序、场所和文脉，西特称之为"功能性传统"，与现代主义毫无关系。整部书中的分析方法几乎都是基于这三点。在第二部分，西特对英国城镇景观要素进行了系列研究。第三部分，他研究了八个城镇，如拉德洛、什鲁斯伯里和谢普顿马利特。最后，库伦为不同背景的城镇，包括教堂周围地区、城市再开发区域、新城和其他项目，提出了设计方案，包括他主要关心的问题。他的分析方法(暗含美学和设计的方法)几乎是以景观秩序、场所和文脉为基础。库伦所采用的方法是民族的(英国的)、相对的、高度主观的和个性化的。美学体验几乎完全限制在所见之中，从这方面来说，科学作为形成视觉兴趣的方法遭到拒绝。

> 首先，我们必须摆脱这样的想法，不要认为我们寻找的兴奋和戏剧性可以从技术人员（或技术人员的半个大脑）找到的科学研究和解决问题的方法中自动生成。我们自然而然地接受这些解决问题的方法，但不要完全被其限制……这意味着科学态度也无法给我们更多的帮助，我们必须求助其他的价值观和其他的标准……我们转向视觉器官，因为我们对环境的理解几乎都是通过视觉完成的。
>
> （Cullen，1961：10）

由于提供不了足够的帮助而拒绝了科学方法后，库伦几乎完全集中于光学和视觉领域，具体讲就是在他的“景观秩序”中所暗示的方法。这样，他描述的是在很多有机城镇和城市中，即那些基本上抵制了任何形式规划的城镇，视觉体验的复杂变化。显然，这并不一定要排除其他形式的发展规划，比如奥斯曼的巴黎方案，但是库伦广泛使用的例子意味着这种情况是少见的。城市设计一定要使居民在空间上的移动会有不断的万花筒般的视觉效果，很少人会赞同这样的目标。这也意味着这种复杂性会丰富人类的体验、激发记忆、分享情感。因此，我们不时的被周围环境所吸引，使我们心态平和；或被环境所激发；或感到惊奇；或被诱惑；或受到挑战；或使我们赞叹。这种效果，一直是由空间和材料的不同组合来完成的，它们共同构成了城市环境。因此，他的基本论点在于，理解建筑和空间对人情绪的影响，就可以通过对它们的复制来建造复杂有趣的环境，而非了无生气、遍布世界各地如荒原般的城市。

在景观秩序之后，库伦从人在空间的移动感觉和位置两个方面探讨了“场所”。这个问题的关键是对空间暴露和封闭的体验，在极端情况下会导致广场恐惧症或幽闭恐惧症。虽然，如果我们身处山洞、隧道、狭小的房间或两个建筑的通道，或者在希腊、意大利、西班牙等地建于山崖上的房子，高悬几百英尺，都会产生这种恐惧体验，但是大多数城市空间是不会提供给我们对这些极端机会的体验。

> 如果我们从移动者的视角来设计城镇，（行人或坐车人）就很容易理解城市是如何给人以不同体验的，犹如在压力和真空中的旅行，在收紧和释放中，不断地体验暴露和封闭。
>
> （Cullen，1961：12）

这种方法在考虑到汽车因素时，在《路上景观》(The View from the Road)(Appleyard 等，1964)、《快车道》(Freeways)(Halprin，1966) 和《道路形式和城镇景观》(McCluskey，1979)，以及麦考利 (Macauly) 的“漫游者”(2000) 中进行了具体的叙述。以观察者所处位置的视角考虑问题是库伦的基本着眼点，与诺伯格－舒尔茨在现象学方面写的文章相呼应，“他在’它’之中，或进入’它’，或离开’它’，我们发现一旦指定一个’这里’，就必须自动造出一个’那里’，因为你无法只要一个而不要另一个”(Cullen，1961：12)。对这一观点也许格特鲁德·斯泰因在谈到加利福尼亚州奥克兰家乡时做了最凝练的表达，“那里，没有那里。”

库伦的方法中最后提到的因素是被他所称的“文脉”(content)，所指的是建筑师都熟悉的传统指示物，即，颜色、结构、规模、风格、特点、个性和独创性，是设计者灵感来源的调色板。视觉有序、场所和文脉包含了基本的元素，这些元素是由城市设计师凭直觉采用的公共的、承保的方法。尽管库伦没有给想象力留有多大的空间，但是他把设计者留在空白的画板上，并没有指明一套设计者可以参考的要素和过程。值得一提的是，凯文·林奇的《城市意象》在《城镇景观》(1960) 出版的前一年发表，对于设计者来说，在直觉耗尽时，更具有极大的指导性帮助 (Bannerjee and Southworth，1990)。林奇后来在《城市意象》中联系场地设计 (1971) 以及更广泛的城市过程 (1981) 对自己的理论进行了完善。林奇提及的五个好的城市形态的要素——路径、边缘、区域、节点和地标——是所有建筑师都熟知的主要方法，它可以产生具有可读性的城市环境。相应地，每个要素的分类方法都有学者做过研究，并引入了类型学。例如，海勒等 (Hayllar *et al.*，2008，p.41，p.54) 用在区域和旅游区的类型学方法，如下所示：

- 休闲娱乐或旅游商业区
- 旅游购物区
- 历史或遗迹区
- 民族风情区
- 文化风情区
- 娱乐表演区
- 红灯区或波希米亚风格区
- 滨水区域
- 节日市场

里奇（Ritchie）（2008）的著作也给出了城市地区发展的方法典范，表明了城市形象概念在开发过程中造成的影响程度（Ritchie，2008：168；图 8.9）。另外，按照用途和特点，他也提出了区域功能性分类：

- 聚会的场所
- 培训的场所
- 舒适的地区
- 喘息或庇护的场所
- 玩耍的空间
- 偶遇的地区
- 亲密的地区
- 真实的地区
- 独特性和反差的地区

类型学的方法起源于库伦和林奇半个世纪之前的著作。二人对语境主义方法作出的开创性的贡献，更为彼得·史密斯（Peter Smith）具有开创性的作品提供了有力的支持，《城市主义的动力》（The Dynamics of Urbanism）（1974）和《城市句法》（The Syntax of Cities）（1976）是彼得·史密斯两篇关于城市设计美学欣赏方法的作品，仍然有待完善。史密斯把环境心理学原则应用在城市景观传统，为语境学思考加入了全新的视野。《城市主义的动力》中使用的几乎全部是库伦从传统的角度注释过的实例。为了建立价值体系和设计方法的课程设置，他基于学问类型、潜意识知觉、象征和原型，对城市模式进行了剖析（Smith，1976：225—247）。有趣的是，史密斯分析库伦的观点所采用科学的方法，是被库伦本人认为无效而摒弃的。然而，整体来说，库伦的《城镇景观》和林奇的《城市意象》一直都是指导城市设计者的强大的批判理论和策略，直到最近情况才改变。尽管由于诺伯格 - 舒尔茨对结构性规则的依赖，至少有一个批评家把他的贡献看作是“失败的经典”，但是他仍然将后者作为城市设计过程的象征。大约从 1980 年始，英国的新传统主义和起源于美国的新城市主义设计方法都要归功于源自城市景观传统的文化世界观，在最近弗雷尔斯和迈耶（Frers and Meier）（2007）、沃森和本特利（Watson and Bentley）（2007）、海勒等（2008）和马绍尔（2009）的著作中提供了新的内容。《城市设计：美化与装饰》（Urban Design：Ornament and Decoration）（Moughtin 等）（1995）更是精细到细节，对建筑和空间的装饰进行

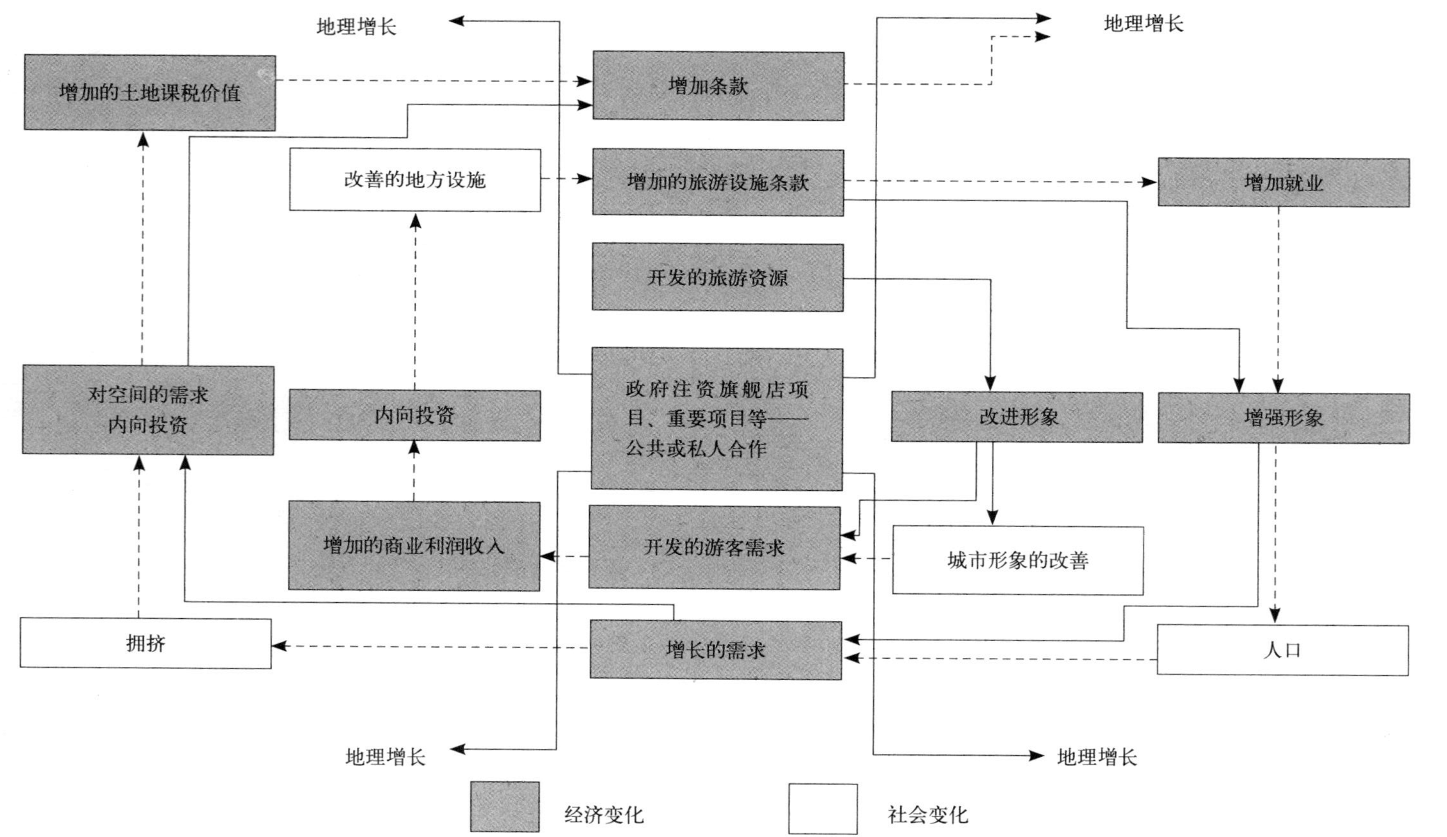

图 8.9　城市旅游发展区域建议性策略

资料来源：Redrawn by G.A.M.Suartika from B Hayllar，T.Griffin and D.Edwards(eds)，*City Spaces*，*Tourist Places*：*Urban Tourism Precincts*.Oxford：Butterworth-Heinemann，2008，p.168，Fig.8.2

了理论化，对从天际线到城市地面各个层次进行了详细探讨。因此，所运用的基本方法概括了装饰的物理变量，如统一、均衡、比例、和谐、平衡、对称、韵律和对照，成为全面应用于城市空间和场所的原则。

理性方法和美学创作

城市设计中的理性派观点融入结构主义–功能主义的概念中，在整个20世纪，它不仅在社会科学中独占鳌头，在环境学科也是如此。在政治上，它声称自己是民族社会主义，是不仅仅局限于魏玛共和国右翼工人阶级的政治运动。在人类学上，它体现在李维·斯特劳斯（Levi Strauss）的结构人类学方法，表明的是人类社会和让·皮亚杰（Jean Piaget）的结构主义语言学中神秘结构的普遍性。相对于语境主义对于人类内心的兴趣，理性主义的方法首先是对大脑、逻辑、推理思维、计算和科学等方面具有兴趣。城市设计中理性主义和语境主义的交锋，将卡米洛·西特（建筑师）和奥托·瓦格纳（工程师）之间的冲突拟人化，从19世纪末开始，大约在1900年左右，持续了近100年（FOC：55—56，184—186）。这一时期的大部分时间，建筑设计和城市设计之间的关系紧密交织，彼此区别甚少，这种情况在现在的很多圈子也是如此。即使是城镇规划（当时的称谓），也大部分是建筑师的领域，直到20世纪60年代，出现了一些社会科学家和地理学家，他们指出，规划和城市设计可能在其他方面高人一筹。

文化包含美学创造，在大多意识形态过程中，环境学科在整个体系中作出贡献，尽管其作用未必为人所知。思想意识构成了生动的价值体系，而并未牢牢地嵌入我们的显意识。比如，我们都遵守法律，但对它的实践和规章并不十分理解。美学创作也是如此，理性主义作为其中的一部分，并无不同。虽然理性主义者在20世纪发出了很多宣言（参见第九章），但是每一个体建筑师却不一定会遵照任何具体的“理性主义实践法典”，虽然实际上这些理念已渗透到他们的道德思想中。因此，理性主义实践作为一种方法到底为美学增添了什么内容？在建筑和城市设计的美学创造中，它又有意或无意地利用了哪些理论？理性主义和科学调查之间的相互依赖可以追溯到1000年以前，古希腊人为我们做出了典范。理性主义建筑在随后的2500年中不断演化，以数不清的方式借鉴其最初的细节和原则，可以说在文艺复兴时期达到高峰，它们都发生在现代主义之前的几个世纪。数学和均衡，与来自光学、视觉和其他手段的原则一起建构了建筑设计系统（图8.10）。跨领域的观察、试验、推理和假设的科学原则使理性主义影响着设计方法。早在

19 世纪中叶，在建筑学领域，戈特弗里德·森佩尔（Gottfried Semper）将功能主义作为建筑的基本前提：

> 很显然，森佩尔想把设计的过程等同于解决数学方程式的运算。“变量”代表的是建筑需要考虑的现实中的各方面：答案就是这些变量的“功能”。还原论策略从此成为建筑理论的基本框架。
>
> （Perez-Gomez，2000：469）

因此，理性主义的方法论，它的功能是直接联系方法和形式的矢量，美在美学上的投射取决于在这一过程中被实现的满意程度。

尽管理性主义的思想体系遍及整个 20 世纪，但是直到 60 年代才迅速成为设计策略。在那之前，存在着“直觉”理性主义，也就是说，没有经过任何概括性研究的理性思维，可以在科学调查的基础上对建筑理论进行整合。作为方法，其所需要的全部只不过是复原一些幸福的说教，最好的例子是 20 世纪末出自路易斯·沙利文（Louis Sullivan）的名句“形式追随功能”。之后，有史以来最富影响力的设计流派包豪斯，采用的原则就是将“形式追随功能”和装饰有罪作为基本遵守的教义。以此为基础，柯布西耶、希尔伯塞默（Ludwig Hilberseimer）、密斯·凡·德·罗和其他建筑师都曾提出过有史以来最为糟糕的城市设计项目。这样，为了追求理性建筑，对抽象和标准化进行了新的不同层次的探讨。按照今天的可持续建筑实践来说，直觉理性主义作为一种方法也产生了大量无效率的建筑。它好像冰川期的灾难地带一样前行了至少半个世纪，直到作为合法化设计的伪科学最终被废弃。

查尔斯·詹克斯将后现代主义开始时间定在了 1972 年 7 月 15 日，是以位于圣路易斯的具有现代主义风格的帕鲁伊特 – 伊戈住宅区被炸毁作为依据。将经典建筑思想作为逻辑理性主义的开始是一种尝试。1964 年克里斯托弗·亚历山大出版了《形式综合论》(Notes on a Synthesis of Form) 一书，是一部具有开创性的作品，为建筑师带来很大的启示。实际上，亚历山大在引言部分明确地把“理性的需要”作为标题。在这部成为建筑领域传奇的著作中，亚历山大把设计作为复杂的数学公式来对待。在附录中，他选择数学计算方式作为设计方法，表达了一个印度村庄式的社会结构（Alexander，1964：136—191）。亚历山大不断地运用层次理论，表明了一个理性主义方法的重要的基本原则，也就是，具有在社会学和物理学上把复杂结构分解为不同类型（格子，半格子等）的体系和层次的能力。在这个过

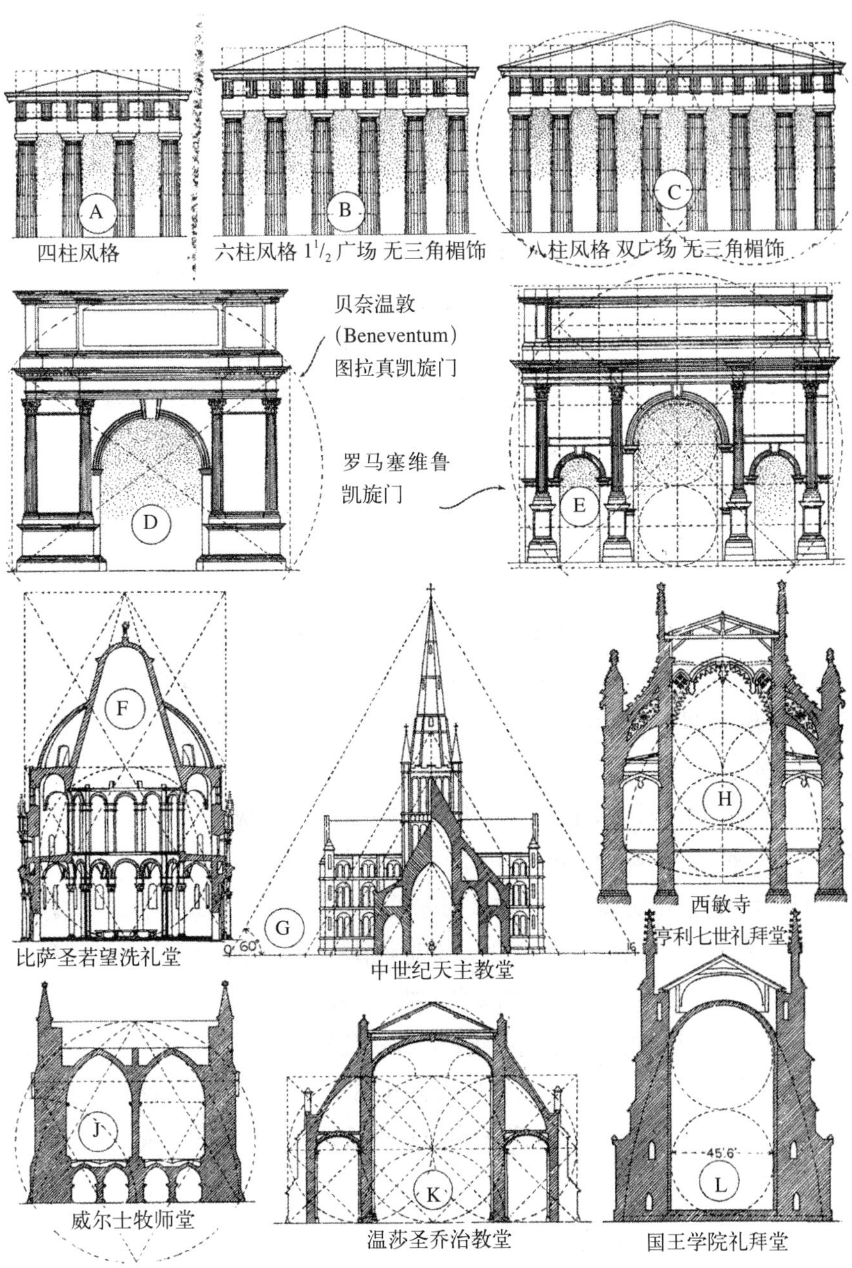

图 8.10 历史建筑设计形态中采用的比例系统：古希腊和哥特时期

资料来源：Sir B.Fletcher，*A History of Architecture on the Comparative Method*.The Royal Institute of British Architects and the University of London；The Athlone Press，1961，p.377

程中，语境主义者使用的直觉方法被科学和数学方法替代，被系统和层次理论以及来自逻辑过程的综合设计要素替代。矛盾的是，亚历山大的文字同时又赞颂了他所称之的“非自我意识过程”（unselfconscious process），是继承传统、直觉和经验的结合。他所指的是由来已久的不断创造建筑和空间的实践（不包括现代主义）。因此，他支持在设计中直觉的运用，但这种支持需要逻辑而非情感来支撑，因此在分离直觉和科学理性主义的鸿沟之间搭起一座桥梁。

> 使用逻辑结构来描述设计问题有一个严重后果，就是这会失去天真。一幅逻辑画面比含糊的画面更容易评判，因为假设已被公开地提出。精确度的提高也给了我们明确设计过程的机会。但是，一旦我们凭借直觉做的事情可以与用非直觉做的同样事情来描述和对比，我就无法天真地继续接受直觉的方法了。无论我们支持还是反对运用直觉的方法，我们这样做的原因是可以进行讨论的。
>
> （Alexander，1964：8）

亚历山大是理性主义者还是语境主义者是有争议的，很可能这个问题在他40年的职业写作背景下不值得探讨。然而，从上面的陈述可以清楚地看到，为了倡导直觉和不受时间影响的建造方法，亚历山大致力于理性主义的方法，容许逻辑胜过直觉。

同一时期的另一部典范作品，被建筑师采用并体现他们设计思想的作品，是赫伯特·西蒙（Herbert Simon）的《人为事物的科学》（The Science of the Artifical）（1969），用明确和毫无歧义的方式为人工系统（建筑）提出了规则。他指出所有的体系无论源自哪里都要服从普遍规律——无论是社会学、政治经济学、机械等等。每一种都有五个不可缩减的原则——结构、环境、资源、目的、行为。从这点出发，“设计方法”思想开始流行起来，建筑作品中充斥了科学的术语——如输入－输出、黑匣、系统理论、层级、规则体系、合成、数据记录、问题结构等等——所有这些都成为建筑和城市设计流行词汇的一部分。如彼得·史密斯所说：

> 城市设计越来越成为理性科学的分支。因为在过去，倾向于认为建筑师的行业是非科学的。为了平衡，经济学家、地理学家、观察家等现在也进入了科学的名册。城镇和城市的生命动力被分析，以便对其本质进行提取、概括，

然后散发给所有的城市设计者。规划领域被从事科学的人员垄断，他们真的认为好的设计通过对城市环境构成进行原子式的分析就可以出现。

（Smith，1974：227）

然而，对于不断加速的理性主义，是不能只责怪“他人”的。上述引言忽略了这样一个事实，理性–功能主义的建筑、规划和城市设计的方法被大部分建筑行业囫囵吞下，很多建筑师，如克里斯托弗·亚历山大、比尔·希利尔（Bill Hillier）、克里斯托弗·琼斯（Christopher Jones）等引领着行业对设计美学在逻辑和理性方法道路上的探索。如亚历山大、克里斯托弗·琼斯的《设计方法》（Design Methods）是第一本实质探求设计理性的著作（1970），22 年后的 1992 年出了修订版（Cross，1984；Oxmen，987；Albin，2003；Laurel，2003）。理性主义在设计方面的影响程度在《设计方法》杂志中显而易见，它于 1976 年发刊，现在仍在发行。另一方面，我们可以论证“万变不离其宗”，这可以在时隔 30 年的两段不同的引语中看出来：

城市几乎没有几何特点。它不像原子、橘子、桌子，也不像动物。它更像棋盘上棋子的图案，玩到了一半的棋子游戏。

（Alexander and Poyner，1976：6）

城市就像象棋游戏，每个棋子的位置都是理性决定的结果，但其整体效果看起来可能很混乱，也很难事先预测。城市规划——如同进行的象棋游戏布局——是持续变化过程的写照。

（Marshall，2009：186）

设计方法类比的运用依然经久不衰，但都没有任何实际的结论，下面的引用可能对城市设计来说更具有通用意义，在意义组织方面加强了理性和身份直接的联系，因此城市形态的美学内容就是：

我们可以说，象棋的棋子不以其制成材料决定其身份，对棋子中的国王而言也不存在必要的物理特性。在一个系统内，身份是完全不同的功能。

（Culler，1976：28）

彼得·史密斯（1976）提出了语言和句法的观点，希利尔和黎曼（1976）、赫里埃和汉森（Hellier and Hanson）（1984）把这一观点提到了新的高度，马绍尔（S. Marshell）（2009）重新对它进行了陈述。认为城市秩序的美学来自数学的观点在建筑师和城市设计师中依然根深蒂固，亚历山大的城市非树形的概念在规划词表里继续被滥用。虽然建筑中的设计方法已经讨论快半个世纪了，但是语言的问题，或者更精确地说是各种语言的问题，依然存在。建筑和城镇规划的词汇是否不足以表达城市设计的理念和观点的问题却很少有人提及，这个问题只有少数的设计者提出过，下面会详细介绍其中的一个。

法规和设计控制

城市环境的美学管理方面最为棘手的问题是设计导则概念，被公认是控制形态、作用和品位的方法（Scheer and Preiser，1994；Parfect and Power，1997）。在这方面城市行政部门完全摸不着头脑，权力、思想观念、文化、专业彼此碰撞。表面上看，需要的是一个能够保证城市美化的机制，但是有各种相关利益方存在，设计导则是否具有这样的能力控制美学或为设计制定标准，使民主化不受各方利益干涉，确实是一个问题。除了方法的局限性，更大的问题也随之出现，诸如城市到底是谁的？到底什么样才可以使之美学化？哪一种版本的美学应该得到认可？美学考虑的目标应该是什么？应该采用谁的设计利益或标准？在什么样的情况下什么样的设计方法才是最适合的？

城市美学控制并非新的观念，已经演化了几个世纪了。路易十六为巴黎再建采用了一套实践标准。1916 年，纽约为建摩天大楼必须采用一套基本规则，第一部区划法就是在这一年实行的。在英国，第一部“设计指南”是在 1973 年由埃塞克斯郡议会颁布的，依然是在这方面具有影响的文件。一年后，一部突破性的作品《城市设计公共政策》（Urban Design as Public Policy）（Barnett，1974）出现了，意味着设计指导原则有了一种新的实施方法。到目前，美国规划协会最近发表了一部 700 页的巨著《规划和城市设计标准》（Planning and Urban Design Standards），它是关于美学应该如何被管理方面的，因此为想象力留下的空间极少（Sendich，2006）。尽管看起来具有管理控制，但在发达国家的城市存在大量不同的设计导则，它们在方法上很少具有一致性，美学层面的问题是不可能与功能、思考、成本效率或其他标准相分离的。导则存在于不同的城市规模（国家、地区、地方或基于项目），折射出不同的目标（促进公共安全、提升社区功能、保护历史、持续发展、便利的设施、体现邻里特征等)，也会运用不同的法律或非法律的控制方法实现目标（区划、发展管控、设计指南、设计审查委员会、竞赛、艺术委员会等等)。还要对无处不在的“公共利益”加以考虑。尽管很复杂，约翰·德拉方斯（John Delafons）指出：

> 在英国，在巴特沃斯（Butterworth）的760页的《规划法律手册》(Planning Law Handbook)的索引中没有包含“设计”、“美学控制”或外观。在马科伦姆·格兰特（Malcolm Grant）教授的728页的著作《城市规划法》(Urban Planning Law）的索引里也没有提及。这是非常奇怪的，因为英国的《城乡规划法》(至少从1932年的规划法）包括明确的条款，要求地方规划部门控制建筑物的高度、设计和外观。
>
> （Delafons，1994：13）

美学标准失位的其中一个原因是在英国，设计导则并未转变为法规。它们并非法定的，对于如何诠释和运用，地方政府具有很大的自由决定权。德拉方斯进而认为传统的分区权利，由于不同的目的用以实施美学控制，最终反映的是一个重要的问题——财产价值的保护。他指出，在美国，美学控制是通过不同的方法实施的，并提出了一种可能的分类：

- 规章模式
- 风格需求
- 所有权强制
- 权威干预
- 竞争选择
- 设计导则

简而言之，规章模式指的是传统区划法令，显然有益于美学功能的实现，但无法包括设计目标。风格需求指的是必须使用的特定形式的语言或建筑风格。所有权强制表示的是开发商为了进一步实现利益而自我约束的一种形式。权威干预是地方政府就艺术方面事务授予专家委员会的决策权。竞争选择是采用常用的建筑竞赛的方式来为项目选择最好的设计方法，比如法国所有的公共建筑建设就是采用这个方法。设计导则通过增加法规细节补充了规章模式，通常是惯例要求（风格和细节方面的精心制作），而非具有启蒙和定性的方法，这些方法鼓励与众不同的个性、识别性和体验的提升（Delafons，1994：14—17）。

综上所述，可以说城市规划对城市环境美学的控制要比建筑师更具有控制性，这一点让建筑师每日扼腕叹息。这里的关键问题是“规划系统在什么情况下为谁代言”。不考虑规划是国家事业的本质（FOC3：75—76），显然以发展控制、设计控制和设计导则的方式，美学规章方法有着政治基础，受到经济和利益的巨大影响。很多情况下，美学控制的上层建筑深深掩盖的是经济方面的理性主义，这一过程是国家新社团主义通过与私营部门进行“公私合作”允许发展商制定自己的规则。如戴维·哈维所说：

> “公私合作”受宠是因为公共部门承担一切风险，而公司部门拿走所有的收益。利益集团可以按照有利于自身的方式立法决定公共政策。
>
> （Harvey，2007：29）

在美学控制方面，有同样的看法与之相呼应，如下：

> 美学决策的制定绝对不是建立在目标或判断的共同标准的基础上，也不是一致决定的，只不过是回到了掌权人的手中，就是那些掌控大部分公共领域的同一种力量的手中，包括政治、资本和文化精英的手中。在权力掌控之外的团体——那些被剥夺了话语权和被边缘化的人——被排除在重要决策制定过程之外。更有甚者，倾向于地域主义和民族主义同一化，倾向于通过控制手段消除地域和民族差异，都是趋向垄断。
>
> （Pouler，1994：185）

为了促进开发商所青睐的基于项目的规划，美学方面的规定倾向于更多地考虑功能和材料，因为开发商的主要目标是通过土地开发加速资金的积累。并且，方法论趋向于非单一化的设计规定，反映了朗（Lang）所说的“成为一个整体的”城市设计，与全部的哲学相一致（Lang，2005）。新城市主义所强调的设计指导正是这一立场的宣言，设计法规是由建筑师以项目的角度（project-by-project）为基础为开发商准备的。因此，大多数设计导则都倾向于更注重密度、容积率、建筑围护结构、开窗方式、色彩、使用材料、信号控制、停车规定和限制、建筑退后、视线控制、高度限制、资源运输等（Barnett，1974）。但是实际情况是设计导则通常是建议性而非法律强制的，所以实施比较灵活，为谈判留下极大空间，同时它“是新自由主义状态下的宣传口号、适应性……高呼的是竞争的口号，而实际上为集中的资本和垄断的权力打开了市场”（Harvey，2007）。这种过程很显然减缓了任何偏向定性的方法（比如语境主义），并且在很大程度上，减弱了任何对美学有影响的冲击。

问题是，尽管在发展过程中需要权宜之计，缺少对资金需求的抵制可以从社区这个神话中体现出来。为了模糊不清的“社区”利益，实施设计管理控制。虽然建立在工业资本阴谋之上的传统社区概念现在来说已经过时，在设计建设指导原则中不断使用社区神话还是非常有用的——这些指导原则是为假想的社会组织形式而写的，掩护着开发资本的利益。在《规训社会和美学正义的神话象征》（Disciplinary Society and the Myth of Aesthetic Justice）（1994）中，帕特里克·普勒（Patrick Pouler）指出外延家庭受到侵蚀并走向解体，居住邻近地区和社区也一样。

> 社区神话和真正的社区不同，区别在于由于极度渴望在混乱、没有安全感又不稳定的社会里找到统一，人为地把过气的理想复活。对神话的祈拜超越了具体的（混凝土的）生产的社会活动：试图用意象克服现实。在这方面，建筑是完美的保存支配权力结构的媒介。
>
> （Pouler，1994：177）

普勒继续指出，设计导则退守到“一种保持现状的哀婉中”，这样，“现存的特性、邻里（形态学上的错觉）和政治组织被强化，现状得以延续”（Pouler，1994：177）。并且，现存的同样的思考方式，着眼于短期利益，弥漫整个景观。因此，设计和美学控制具有同样的目标，其可能的结果屈指可数。这很容易导致场所的美学单一性，因为使用的是同一种视觉语言和结构，对历史如偶像般崇拜，这在很多新城市主义建筑项目中都会看到。

因此，作为一种方法，设计导则即使可能，也很少会产生对发展的民主控制（democratic control），但打着社区利益和理想这个想象的旗号，却满足实现了很多其他目的。充其量是回首过去，整个过程都是在追求财产价值，用住房的社区神话保持自身的利益，在设计过程中保持掌握设计控制的自治权。

结论

在所有的城市设计异源中，美学概念主导着设计师的意识。创造美好城市是设计师的使命，与之相反的是开发商对资本的专注，巨大的经济利益是不变的法则。虽然设计师们之间存在着如何“控制”美学的讨论，但是一心赚钱的道路无人可以扭转。除了令人迷糊混乱的华丽说辞，主流城市设计师的立场也被削弱了，因为知识基于直觉，并被大量的理论所统一。建筑学院很少把城市美学课程安排在城市设计课程计划中，大部分的知识基于潜移默化和模仿，但却很开明地将凯文·林奇、戈登·库伦和彼得·史密斯作为典型。“美学”一词在过程中所体现的最初的定义与道德伦理的关系，正如与美的概念的关系是一样重要的，在阶级划分的社会是需要仔细考量的（FOC8 ：173）。可以理解，在城市设计中如何对美学评判并进行控制是存在着混乱的——美学评判是有关谁的品位？谁的道德？哪个性别？谁的权利？几十年来，其选用的方法一直是依赖设计指导原则的，在这一原则下的设计过程中，被人青睐的物质属性意味着是那些能够反映改善的、基于虚构社区概念的美学观点。还有一点也很重要，设计导则很少是法律性文件，这就给“灵活”和“谈判”留了空间，这两个词是委婉语，指的是如何来满足私营部门的要求。不变的是，这个过程倾向同一性而排斥差异化，通过私营部门和商品审美不断加大社会控制。虽然设计者总是以这样或那样的形式为资本服务，或许随着从主流设计到异源的过渡，以及当设计来自那些大多数设计师认为不具有影响力的根源时，设计者的地位也会随着改善——包括弗洛伊德、杨、索绪尔、维特根斯坦和上述提到的其他人。

第九章
类型学

如果流动的空间真正是网络社会空间的主导形式，那么在未来几年建筑和（城市）设计很可能在形式、作用、过程和价值方面都要被重新定义。

——曼纽尔·卡斯特利斯（Manuel Castells）

引言：形式和过程

在这个系列的最后两章，探讨类型学的全部目的是为了巩固经济和社会发展过程与城市形态之间的关系。它们强调的是形态之所以能够产生和复制是与社会发展相一致的，而并非追逐主流提出的如城市景观元素这样的概念到死胡同，这些概念在传统上一直主导着城市设计师的主调并影响着他们对社会空间的理解（Taylor，1999）。后种方法意味着城市形状和空间在城市化过程中是独立的因素，是由历史事件和设计想象力联合制造出来的。在此基础上，受公司或个人的设计意识所支配，新的空间倾向于按照历史模板和类型翻新再建。罗布·克里尔甚至认为我们所能想到的空间形态都已经被创造了（Krier，1979），具有一种亲密的趋势（Krier，1985）。按照这个逻辑，我们已经到达了另一个"历史的终点"——建筑和城市空间的终点。这种思想不仅限制了设计者的能力，使他们无法从整体考虑去发现与城市发展相一致的东西，同时也使人愚蠢，它无法解释这样的元素（既有物体也有空间）最初是怎样出现的，也无法解释新的城市景观元素是怎样在全球政治化的城市空间和"新保守主义"政治的泥潭里露出头的。一直以来实践中的"城市景观传统"具有种族主义优越感、内向的、历史主义和受阶级限制的，这个行业是由中产阶级构成的，它的观点是保守的。并且，全部的审美观一直关注于对过去的重新表述，而不是解释现在或预测未来（Isaacs，2000）。

矛盾的是，这都无法否认这些形态要素的存在——街道、广场、拱廊、新月形街区、纪念物和喷泉等——这些都是不言自明的组成的部分，几个世纪以来构成了建筑师所认同的建筑街区。无需否认最初这些设计是具有启发性而且是有用的（参见第八章），正如类型学对街道（Rudofsky，1969；Celik *et al.*，1994；Hebbert，2005）、拱廊（Geist，1985）、广场（Krier，1979；Webb，1990；Kostoff，1992）和模式（Alexander，1997）进行的研究也是如此。然而，从空间政治经济学的立场出发，我们只剩下单一层次的解释说明城市形态是如何兴起、变异、转变和变形进入其他维度。对整个情况，主流的解释强调建筑内涵和构成要素，而并非纠结于更加复杂的社会空间和形态的问题，比如将建筑审美作为一种经济货币形态（Clark，1989），类型学理论关乎其与建筑真实性消费的关系（Goode，1992），或者确实是“全球建筑与它的政治面具”（Global Architecture and Its Political Masquerades）（Easterling，2005）。因此，由于要考虑建筑形态，包括“宏伟建筑”周围或周边地带，对城市设计复杂而全面的审美能力就要受到影响。与之相对照，城市设计真正的目标是公共范畴，它关注的是空间以及社会理论为其提供知识（Lofland，1998）。虽然它们很明显的彼此相互交叠，不能单独存在，但主流建筑、规划和城市设计视角都具有各自的矢量，在完全不同的点开始和结束。城市设计类型学方面的理论正是寻求回答这个问题，“能够使城镇景观要素如今兴起的城市过程是什么，哪些分类形式是这些过程的结果？”

在最大的范围，全球的发展不乏这样的努力，试图创造出合适的词汇，并作为一种方法来描述发展中自身的变异。将1938年算作起始日期，这一年刘易斯·芒福德在自己的著作《城市文化》（The Culture of Cities）中创造出一个新词“特大城市”（Megalopolis），此后出现众多这样的描述词汇，包括了“特大城市”的所有变体和组成部分，融入空间和场所的全新组合。后来，简·戈特曼（Jean Gottmann）写了一部书，采用的就是“特大城市”的概念（1961），用它描述美国东海岸从波士顿到华盛顿（波士华）（Boswash）的地区。大约在同一时间，希腊城市规划学者道萨迪亚斯把这些描述词扩展为“Eperopolis”（大陆城市）这样的概念，用来定义欧洲大规模的城市化，它指的是从伦敦延续到德国的鲁尔，横贯整个欧洲大陆国家。到1967年，他将所有这些大陆城市联合为一个巨大的实体，将它命名为“Ecumenopolis”，意思是世界的城市。萨迪亚斯用这个词所指的并不是今天常用的这个意义，他只是用来暗示一个具有世界级身份的城市，有着与其身份相一致的受人欢迎的具体功能。他使用这个词意味着整个星球的城市形态。从那以后，新的术语如雪崩般被创造出来，无论是在其构成方面也好，把其作为整个现象也好，都力图把城市化置于全球水平。因此，我们现在的词汇有特大工程（mega-projects）、特大城市（mega-cities）、特大地区（mega-regions）、边缘城市（edge cities）、世界城市（world cities）、多核城市地区（multinucleated urban regions）、信息城市（the informational city）、后都市（postmetropolis）、转换城市（shifting cities）、枷锁城市（carceral cities）等。因此，"城市"作为全球城市化背景下的显著单元是一个有严重争议的概念（Sudjic，1991；Swyngedouw，1996；Davis，2005；Taylor *et al.*，2007）。同时，戈特曼最初的研究又被拿出来研究，注意到内部郊区的萎缩以及更加全面的郊区化集聚、中心城市和郊区核心区之间以及郊区内部加大的两极分化、大规模移民回归，这些一个世纪以来都没有在"特大都市"中看到过（Vicino *et al.*，2007：363）。刘易斯·芒福德创造出来的"特大城市"是为了描述罗马，他把2000年前的发展和撰写《城市发展史》时他所看到发生的事情做了对比：

> 当今每一个发展过度的特大中心城市，及其生活圈以外的每一个领域，都呈现出同样的混乱征候，同时也有暴力、堕落等同样严重的病症。只有那些闭起眼睛不顾这些事实的人，才会一味重复其罗马祖先这些同样盲目的言语和行动。
>
> （Mumford，1961：239）

我们可以看到，芒福德最初的预言大部分都实现了，巨大的贫穷和道德败坏正发生在世界上的第三世界城市。这意味着类型学只能大致预测发展并且不可避免地会滞后。虽然城市不会一夜之间转变为新的形态，城市研究一成不变的具有历史性——它研究已经发生的事件。除此之外，规划者可以用来控制这些现象的工具看起来是那么可怜的缺乏，在法律层面和概念方面都是如此。前几十年的传统的"土地利用规划"甚至从一开始就无法涵盖那些具有全球资本企业特征的发展。这个星球的大面积土地根本没有任何的规划。很多国家没有规划体系，而那些有规划体系的国家在努力斗争，想要在城市化进程面前维持表面的秩序和控制。因此，代替之前试图创造新的描述词来形容全球发展带来的新形式，而应发现更为有效地理解这些形式的方法，来检验这些理论，新形式就是来源于这些理论（FOC3：72—78；FOC4：79—89）。

全球化和城市形式

全球化的文章现在很多，作为第三个千年的支配范式，它举足轻重，然而对全球化布局的实际研究相对来说还是新的领域，近 20 年来才有一些相关的作品出现（King，1990，2004；Sassen，1991；Castells，1998；Marcuse and Van Kempen，2000；Scott，2000；Minca，2001）。考虑到“全球化”定义的复杂性，可能说全球化存在于不同领域更加没有争议，如经济的、空间的、文化的和技术的，它受到性别和可持续发展领域的大幅发展变化的限定（Yang，1999）。由于资本主义固有的地区发展不平衡的存在，这一场景变得更加复杂。可以肯定的是全球化代表着资本主义社会关系和对其起必要支撑作用的意识形态的新的加深。因此，资本主义基本动力也同时扩展和巩固——商品生产、社会阶级、对自然和第三世界的开发掠夺、垄断加大、劳动力的储备（也包括中国、非洲、印度等第四世界一无所有的非劳力的储备）、社会阶级的冲突、资本内部和之间的冲突——都预示着新的剥削或优势的到来。华伦斯坦（Immannuel Wallerstein）第一个提出世界体系观点，他认为全球化代表着强迫依赖的延伸，这是帝国主义历史形式和殖民主义所固有的特点（Wallerstein，1974，1980，1988；King，1990）。因此，旧的全球压迫形式并没有消失，而是发展为更为先进的后殖民和后帝国主义的思想意识、结构、体制和空间，在最近的哈特和内格里（Hardt and Negri）（2000）以及哈维（2003）的作品中都被提到。用来实施新社团主义（既包括国家也包括私营部门）思想的机制包括发展诸如跨国公司的组织形式，这是一种新的劳动力和公共领域的国际分支，完全依赖于电子信息。同时，需要对传统的社会阶级概念重新审视（Embong，2000）。然而，通过互联网进行的资本短暂流动也强调着资本主义世界经济的不稳定，如 2008 年金融危机所显示的那样，同时还证明了这样一个不朽的原则：财富是社会创造出来的，但是被私人征用了。在写这部书的时候，全球最大的公司——通用汽车，刚刚宣布破产，欠下 880 亿美元，66% 的债务被国家购买，也就是说政府用纳税人的钱为公司的无能买单。私营部门挪用资金从来没有这样明显，在某种程度上后现代城市主义可以被描述为“私人化的”城市主义，对社会再生产的控制权被全面转到了私营部门利益手中——包括健康、教育、娱乐、住房，更重要的是公共领域。

在一个国家管理之外的象征空间运作的跨国公司，在运作上有相对的自由，能够按照自己的意愿行事。跨国公司垄断的地位和对国家管理体制强大的游说能力使情况对他们更加便利。在 2000 年世界顶级经济实体中，在实体数量上，公司属性的远远多于以国家为代表的。无需提醒这样冷酷的事实，国家作为公民社会的守护者，它的权利和义务已经受到侵蚀。毫无疑问，最近的全球经济萧条稍微改变了这种关系。然而，当国家依然拥有重大决定权的时候，其独立状态正在迅速被新社团主义的思想意识所侵蚀，将公共利益和私营利益混为一谈，其基础是国家财政危机以及遍及整个发展形式的各种公私合营公司的兴起。

> 很多后现代主义和后殖民主义所珍爱的概念在当前的公司资本和世界市场中找到完美的回应……如今的世界市场更加完善地建立起来，它有对国家的界限进行解构的趋势。在以前的阶段，国家在现代帝国主义组织形式下的全球生产和交易中是主要的参与者，但是在世界市场状况下，国家日益变为阻碍。
>
> （Hardt and Negri，2000：150）

公司不再需要等待国家制定规则体系，就能够使商业和国民社会作为显著不同的实体独立存在，因为他们现在正积极地加入环境创造中，在这种环境内使自己的作用更有成效。结果就是，政治权力也从国家转到私营部门，这种情况使私营部门深深地渗透到公共财产、公共空间和政府，并使之私有化。这种影响也渗透到地方政府日常生活的很多方面，也在全球第三和第四世界国家造成后果。在很多情况下，新的帝国形式比原有的更有毁灭性。第一世界国家沉湎于生产过剩的时候，其超出部分被新的以及不同的帝国支撑，帝国主义国家不再寻求单独占有来瓜分世界、抢夺原材料和劳力市场，作为商品倾销的垄断市场。这一切用完全不同的手段来实现，而后果可能更加恶劣。这些全球化过程中对居住和城市形态的空间影响是意义深远的。

由于社会化不是发生在“大头针头”，不言自明，全球政治经济既是经济的同时也是空间的。这种方法的主要驱动力是世界资本主义体系，这与以前的中国和苏联等社会主义在形式上不同（Sklair，2002；King，2004）。全球化有着巨大的影响，如同一种新的政治经济，把空间按完全不同的需要和日程进行重新组织。在这一过程中，电子通信的影响十分重大，给人类带来崭新的体验。卡斯特利斯在他的预见性著作《网络社会的崛起》（The Rise of the Network Society）中，认为全球化的特点是从“地域的空间”向被他所称的“流动的空间”的过渡（Castells，1996：378）。由于这一新秩序，之前人与人之间面对面交往的交流方式被现在的电子信息和图像所取代——电子邮件、skype、Facebook、Twitter、博客等，所有这些是通过电子脉冲取代了人类关系。这就造成了多种空间关系，其中有四种是非常重要的。首先，地方和地区与国家的联系被迅速侵蚀，因为虽然是在法律和政治的真空下，但是全球经济确立了更高级别的控制，“新的地方主义”破坏了传统的国家权威和其应履行的责任。新的通信网络可以无视传统的规模和等级概念，因为通信可以“从全球到地方”的任一地方发生。第二，新的空间等级被形成，经济和社会的繁荣集中在全球城市或世界城市，通过对世界经济的垄断达到掌控作用（Davis，2005）。同时，其他功能的大量分散也在发生，尤其是那些通过电子通信取代了面对面接触。这意味着全球或世界城市中高密度、多中心地区，被大量稍低级的、统一规划的低密度开发包围。而这两者间，很多城市会衰落在卡斯特利斯所说的“黑洞边缘”中（Castells，1996：379；Gospodini，2002）。第三，由于持续的向心力作用，社会资金同样集中在被佛罗里达所称的“创意阶层”手中，因为有更高端的设施，能提供更有质量的生活，这些人被吸引到城市中心（Florida，2003，2005；McCarthy，2006）。因此，多节点城市化用信息资本的形式代替了以重工业为基础并与材料生产相关的传统形式。第四，由于电子通信的即时特征，造成传统的空间—时间概念的变化，对环境设计师来说意味着流动空间倾向于消除现存的人际关系，因此也会废除一直以来支撑这些关系的空间形态。

在一篇题为“历史之末的建筑”短文中，卡斯特利斯说道：

> 如果流动空间真的是网络社会的空间主导形式，建筑和设计在未来几年很可能在形式、功能、过程和价值方面需要重新定义……我的假设是流动空间的到来会使建筑和社会之间有意义的关系变得模糊。由于主导利益的空间表现形式发生在世界各地并且是跨文化的，因此经验、历史以及特定的文化这些有意义的背景被连根拔起，导致出现普遍的无历史建筑和无文化建筑……也许这种说法看似矛盾，但这就是为什么建筑看起来被赋予了更多的意义。
>
> （Castells，1996：418）

卡斯特利斯还暗示向空间流动的转变在带来通信方面的大幅度改善以及创造财富外，也导致大量特征的消失（Castells，1997）。他强调社会比以往更需要演化出一种新的建筑空间和形态，揭示“没有来自历史故纸堆里虚假之美”的新现实（Castells，1996：420）。显然这是个巨大的任务，他列出了几种原型建筑来概括这一进化：里卡多·波菲尔（Ricardo Bofill）的巴塞罗那飞机场、拉菲尔·莫内欧（Rafael Moneo）的新马德里 AVE 车站、雷姆·库哈斯（Rem Koolhaas）的里尔皇宫会议中心，以及史蒂芬·霍尔（Steven Holl）的纽约西 57 街的 D·E·斯图尔特公司(图 9.1 和图 9.2)。卡斯特利斯认为新建筑的表现力应该在于其中立性，而其外形不应装作要说什么的样子：

> 什么也不说，它们会面对流动空间的孤寂。传递的信息是安静沉默……无论这新建筑的建成是为新主人做皇宫，因此暴露了掩藏在抽象的流动空间后面的畸形，或是根植于所建之地，因此便根植于文化，根植于人民。两种情况，不同的形态，建筑和设计或许都挖出了抵御的壕沟，在知识的产生中保存意义。或者，同样可以说是为了保持文化和科技的调和。
>
> （Castells，1996：420—423）

图 9.1 雷姆·库哈斯：里尔皇宫会议中心
资料来源：Hans Werleman (Hectic Pictures)/OMA

图 9.2 史蒂芬·霍尔：西 57 大街办公室，纽约
资料来源：© Paul Warchol

虽然新建筑的反抗可能会指向缺乏特征的新社团主义权威，其他人并不是很肯定由此造成的实际空间会有同样的效力。以连锁酒店为例，雅赫利夫（Yakhlef）倡导这样的观点，认为全球品牌脱离了文化背景会导致类属空间，这些空间受限于地点，除了商品本身，无可参照。

> 类属空间是去疆界化、非嵌入式的，并从文脉中被剔除。一旦从时间和空间脱节，它们就呈现出与流动逻辑有关的特征（如钱、机场、酒店、信息等），这些把它们变为一种方向而非一种参照，使它们无法依靠特定的组织文化或特定的国家……成为类属空间的商标并不能指代任何特定的地方（Casey，1997）或文脉。对于拉什（Lash，2002）来说，类属空间可以被看作是自然和物理空间的原型，既无语境也无身份。
>
> （Yakhlef，2004：239）

对于那些想要了解影响艺术创作元素的城市设计师来说，这些问题有着影响深远的意义。由于这种复杂状况而导致的物质形态和空间，以一种或另一种形式，直接反映了新社团主义空间议程的需求。位置、功能、维度和外观并非随意的，它们最重要的个性和特点不断地变化，设计者即使依靠最新的计算机辅助设计软件也无法完成。在这些变化的中心存在着商品的概念。过去，通过提供使用价值，商品生产集中于满足基本的人类需求，因此限制了社会必需的生产。然而在发达国家，这些基本需求已经得到满足。如今，需求已经被重新翻译成无限制的欲望，消费也成了一种自身的活动。在超越了物质功能的同时，商品已经从产品扩展到"意识"。我们是什么和我们想要什么融合为一体。因此，个体意识融入商品意识中。在这一过程中，发生了三件事情。首先，资本的潜在意识被极大地提高，因为商品生产的象征是其唯一的选区。不仅如此，资本也控制着理性和制造欲望的方法，通过设计和生产过程控制大众传媒。第二，结果就是个体的自治减少，因为需要在外面寻找食物，住所和社区的物质需求被内在的无限欲望的心理世界所取代。第三，如果没有特别设计出的大量空间和场所来实现商品转移，这些就不可能发生。虽然历史上兴建了城镇和城市这样巨大的物质工厂，它们最初功能、所有权和管理的转变，以及新的城市空间的产生，都在世界范围转变着城市面貌。因此，"设计运动的辩证法最终是和资本主义市场的发展联系在一起的"（Jenkins，2006：195）。

巨型工程和奇观

区别“传统的”巨型工程和那些新出现的后现代奇观是很重要的。因此，我们不得不审视决定城市形态设计和影响当代生活的力量，它们在奇观之前存在。随着（后）工业国家的发展，在收入和维持其社会成本的资金之间出现了鸿沟。由于税收降低，公司垄断利益限制了在社会公益方面的支出，因为市场体系所信奉的观念和所谓的“涓滴效应”要求商业扩张，而非把社会福利看作良药。西方各国财政危机逐渐加深，尤其是 20 世纪 70 年代中期以后，一直以来私人资本的寄生虫性质更是加重了这种危机（O’Connor，1971）。

由于经济压力加重，国家的财政部门继续萎缩，使私人资本有可乘之机，通过公私部门合作对国家政治施加越来越多的影响。在“新自由主义”下，“公私合作受宠，因为公共部门承担所有的风险，而公司部门卷走所有的利益。以至于商业利益插手制定法律决定公共政策以使自己获利”（Harvey，2007：26）。累积的资本池被用来资助以工程为基础的开发，使用的是国家财政、土地、社会资金，并被国家法律支持。发展资本可以通过比以前任何时期都更加精细的手段进行掌控。更为重要的是，它的“政治”权威与经济利益一起增长，这样就能对政府关于社会再生产和其他功能方面的政策、立法、公共开支等进行更大的操纵。将会使国家规划行为处于有害影响之下，原本传统上发展及规划会着眼未来 25 年，每 5 年做一次考察评估。随着对公共领域的控制，在开始实施项目和利益回收之间的发展存在滞后，这对私人资金来说是严重的阻滞，因为私人资本在投资方面总是要求更快的收益回报。在过去的 20 年，国家和私营部门中新社团主义的一致性鼓励了那些中短期的、以工程为基础的规划实践，都是以城市设计而非政策规划为基础的。至少这其中的一部分是对从 1960 年到 1990 年间土地规划产生的负面结果的回应，这些大部分是由于战后重建、再发展及出现的城市社会运动而被政府推动的，那些运动对抵制无论是来自私人资本还是类似国家的现代主义建筑和设计的压迫有着重要意义（Orueta and Fainstein，2008）。

这种私营部门利益对政府权力和控制的转变不仅是物质上的，即使是中立的也必定是利欲熏心的过程，增加股东的利益，而对成功的公司来说是增加了市场的份额。新社团主义也代表着国家和资本的勾结，他们共同利益一致后，这种交易作为人民代表的国家没有选择只能接受。在这个过程中，使城市环境商业化且对其全面控制的新方法——商业化建筑、商业化公共领域、商业化制度和商业化城市生活体验——出现了。在这个过程中，传统的社会阶级概念既被作为抵抗形式而遭到批判又在现实中得到加强，流行文化逐渐被新社团主义的思想观念所吞没，社会生活在商品生产的重锤之下轰然倒塌。更重要的是，资本作为政治力量不断得到巩固，也就是说，在它的意识形态作用下，劳动被更加地边缘化和疏远。

考虑到巨型工程可能的范围，很明显试图做出有意义的分类是一个艰难的任务，需要运用不同的方法，要考虑从纯粹的物理范畴到经济投资、所有权和资金形式、各种交织的活动和其他因素（Home，1989；Diaz and Fainstein，2009）。首先，可能不用说就知道，巨型工程首先也是规划项目，子元素基本是城市设计项目，更小的项目也是一定范围内的建筑项目。这种区分形式不存在分析价值，对我们的深入研究也没有多大用处。那么接下来，我们要问的是，按照专业的考虑，又是如何来区分项目的？规模本身是不是有意义？对巨型工程的分类也做出了其他努力，这些工程的形态和场所看起来具有区分意义：

- 滨水区改造；
- 旧的生产和仓库地区复苏；
- 新的交通设施建设或现有交通设施扩建；
- 历史城区更新，通常多为迎合中上层阶级的特殊消费需求。

（Orueta and Fainstein，2002：761）

另外，通常的城市设计项目按照城市设计者或城市设计团队的作用、设计过程的性质或项目的整个功能来划分：

- 过程城市设计。城市设计师是开发团队的一部分，从项目开始到结束一直参与。
- 整体城市设计。城市设计团队制定总体规划，设定指导范围，发展商完成部分项目工作。
- 分块城市设计。总体政策和程序应用于城市区域，能够沿特定方向指导开发。
- 插入式城市设计。设计目标是创造基础设施以便随后的开发项目可以“插入”其中，或作为选择，新的基础设施要素被插入现存的城市肌理中作为开发触媒以增加当地的舒适度。

（Lang，2005：28）

自然而然的，这种分类过程可以无休止地包括所有物质规模、类型特点和变量，因此弄清楚奇观（spectacle，作者意指可以形成壮观场面以及奇特现象的工程项目和设计——译者注）的概念与巨型工程的相关性很重要，大规划在城市设计实践中既代表着诱惑又代表着愚蠢（Kolson，2001；Moor and Rowland，2006）。奇观作为巨型工程其中的一部分，在最近几年复苏，遍及范围广泛的经济区域，尤其在欧洲和美国（Swyngedouw *et al*.，2002；Flyvbjerg *et al*.，2003；Flyvbjerg，2005），也包括所谓的"环太平洋"经济（Yeung and Li，1999；Olds，2001；R. Marshall，2003；Douglas *et al*.，2008）和澳大利亚（Stevens and Dovey，2004）。这一范围包括显著的建筑项目，比如柏林的新国会大厦（图 9.3）；所有中等地理规模项目；多伦多 46 公里长的滨水项目（Lehrer and Laidley，2009）；还有泰晤士河岸项目，从伦敦中部的金丝雀码头东部延伸 70 多公里进入埃塞克斯和肯特郡。在这些巨大宏伟的工程里还有很多规模偏小的项目，它们本身也是巨大的。例如，在靠近金丝雀码头的移民区，是伦敦 2012 年奥运会的运动员村，包括 175000 平方米的购物中心、120000 平方米的宾馆和会议空间、13 公顷的开放空间、超过 485000 平方米的办公空间，提供几千个永久工作的潜能（Fainstein，2009：776）。法因斯坦（Fainstein）还指出，只有三种建筑形式能产生较大收益，也就是豪华的居住区和旅馆、大规模的办公楼以及购物中心。她认为欧洲城市和美国城市之间在这方面具有共同点，他们在核心地区之外寻找土地，通常都有复合的公共产品，但也缺乏中心城市的活力和兴趣。

虽然规模是区分巨型工程的特征，在德波看来，它们不一定"壮观"，尽管事实上很多奇观采用的形式也属于巨型工程。在城市发展中，规模本身并不是定义奇观的特征。毫无疑问地讲，规模并不重要，由于奇观是后现代生活的一种社

图 9.3 重建的柏林议会大厦

资料来源：© Matthew Dixon/iStockphoto

图 9.4　伦敦眼
资料来源：© Emma Brown

会发展形式，具有各种功能和规模。然而，巨型工程和奇观的交集已经成为现代城市的品牌特征，如伦敦眼（图 9.4）、迪拜由 ZAS 建筑公司设计的耗资 12 亿加元的海滨项目（图 9.5），或占地相当于 48 个街区的西埃德蒙顿购物中心（图 9.6）。除此之外，巨型事件合并到整个画面也成为定义城市特征的标志。经常地，虽然并不是一定需要这样，这两种作用同时存在，如在每四年举办一次的奥运会中的大型建设工程，从快速交通系统到 6 万人体育场，都成为展现奇观物质成就和高超技艺的舞台。这个基本原则延伸到比如上海 2010 年的世界博览会、足球世界杯、一级方程式赛车大奖赛、网球大满贯赛事、国际会议及其他相似事件。在很多这些工程中，奇观具有双重作用，一是促进大规模的奢侈消费，二是塑造国家和城市的身份形象。成为奇观大型事件的东道主现在是后现代城市化中一个炙手可热的特点，被看作是一个城市经济成功的重要部分，虽然经常伴随着灾难性的后果。更重要的是，这些事件只是强调了一种过程，这种过程遍布于日常生活、购物中心、标志性建筑和空间。通过向财政拮据的地方市政缴纳“暂时”的公共空间租金，公共的使用价值就被转换成商品的交换价值。虽然缺少所有权，公共

图 9.5 ZAS 建筑公司设计的迪拜滨水项目，估价 12 亿加元

资料来源：Dubai Promenade–Marina+Beach Towers.Dubai Marina，Dubai，UAE.Architect：ZAS Architects International. Rendering：ZAS Architects Inc.

图 9.6 西埃德蒙顿购物中心，温尼伯，加拿大
资料来源：© William Manning/Corbis

领域的殖民开拓依然在继续。然而，重要的是在上述类型中，社会变化没有被看作是任何分类体系的主要特点。规模、功能和形态都被看作是城市主要的独立因素，比它们所具有的功能和追求的思想更加重要。换句话说，资本积累在历史进程中除了在土地和土地改造方面的扩张，如在巨型工程中所表明的外，到底还有什么？

德波对奇观的概念，让我们能够识别巨型工程的具体形式，它们不仅在规模上以量的积累为目标，在组织形式和功能上进行分类，并使之与全球发展相联系，更在社会控制意识形态方面把巨型工程和定性转变联系一起。因此，我们研究异源性的直接兴趣点，是那些在后现代市场中能够满足铺张消费的工程，等同是世界第一超级市场——罗马斗兽场的重生。奇观现象虽然历史悠久，但其最近的化身是在一部《奇观社会》(The Society oh the Spectacle)(Debord，1983 年，始创于 1967 年）的书中得到表达。该书 1967 年在巴黎首次出版，1970 年被翻译成英语。虽然这本书毫无疑问在攻击资本主义商品上属于感觉论者，但是德波论点的意义在于，它在 20 世纪最后 15 年，后现代开始成为主要思想之前，预示了后现代的一个重要特征。德波使用这个术语来描述私人资本对整个社会生活的钳制。因此“奇观”既是政治的也是经济的过程，是一种思想、一种审美、一种生活方式、一种城市化和领域的普遍过程，也是后现代的象征性事件，它把社会关系转变成了一种商品：

> 建立在现代工业之上的社会不是偶然的，也不是表面的奇观，它根本就是奇观。奇观也是统治经济的形象，在这其中，目标什么也不是，发展才是一切。奇观不以一切为目标，目标只是自己本身……作为如今能够创造出的无可辩驳的装饰物，作为对理性体系的普遍描述，作为前进的经济群体所直接塑造出的大量的标志性物体，奇观是当今社会的主要产物。
>
> [Debord，1983（始创于 1967 年）：14，15]

尽管德波的观点有哲学意味，但奇观的政治经济以及其在巨型工程方面的表达方式有着相当清晰的源头，在这本书写成的 10 年之后开始加速发展。虽然德波的“奇观社会”显然并没有按照他预期的速度前进，但不可否认这个过程是无处不在的：

> 奇观的出现使人们看到世界，但是它若隐若现，是一个商品主宰了一切生命的世界。商品的世界如此展现在我们面前，它的运动如同人与人之间的疏离，这与人类的全球生产有关。
>
> （Debord，1983：37）

尽管德波在他书中的 221 篇论文里清楚地阐明了观点，但他并没有探讨空间形态，把这个问题留给了其他人。20 年前，一篇具有里程碑性质的文章《作为奇观的景观：世界博览会及英雄式消费文化》(Landscape as spectacle：world' s Fairs and the culture of heroic consumption)，将 1986 年在温哥华举办的世界博览会作为无可否认的奇观时代到来的标志，代表着城市空间发展的新形式（Ley and Olds, 1988）。在这个过程中，城市品牌形象的提升和产品商标形象相一致。例如，悉尼最近授权将奥林匹克公园改成大型汽车赛的跑道，以此加强“悉尼”这一城市商标，同时，也是对汽车工业、石油公司、金融和其他机构的宣传。为了提升“悉尼”品牌利益，忽视了公众对此的不满。因此，品牌变成城市空间为政治所用的同义词，成为一条普遍原则。对形象的拥有，使得品牌和城市设计与商品生产的利益及支持这种联合的意识融合在一起（Kumic，2008）。因此，马绍尔·麦克卢汉（Marshall McLuhan）“媒介即信息”的观点变得多余，因为媒介和信息已经融合在一起了（Baudrillard，1981，1997）。

这种观点孕育了几种方法，最接近的想法是采用主题的方式来促进消费，挑战传统现实和真实的概念（Mitrasinovic，2006；Van Melik *et al.*，2007）。建立在现存的品牌之上，甚至是“古老风格”的拉斯韦加斯最近也主题化了，以仿冒起源的仿冒版本结合家庭主题做起文章，城市设计中主题化环境占有公共领域和商品流通的比例越来越多（Sorkin，1992；Chaplin，2003，始创于2002；Rothman，2002）（图9.7）。这一进程主要发生在两个维度：一是主题化的空间，二是每个构成部分的主题化。通过城市设计项目将空间主题化目前来说还是新的尝试，说这种观念与学科成为一体可能还存在争议。任何大规模设计都是“有主题的”，例如朗方（L' Enfant）的华盛顿规划或格里芬（Griffin）的堪培拉规划，都是将主题置于自然之上。差异在于两个设计都没有把促进奢侈品消费和商品崇拜作为规划策略的一部分，而在另一个例子，迪士尼把专营店开到佛罗里达和巴黎就不一样了。第二，品牌现在通过形象建筑和专营店的方式有计划地完成了。因此，以不同形式存在于历史的奇观无法表明今天的进程是与以前一样的顺序，通过一些重要特性可以区分这种差别，这些特性遍及奇观的空间规定之中：

图9.7　主题更换为以家庭为中心的拉斯韦加斯，配有类似的埃菲尔铁塔和罗马斗兽场等设施

资料来源：©Trombax – Fotolia.com

- 首先，牺牲所有以前与公共领域有关的品质来促进和销售商品，无论从购物体验、产品形象还是产品本身来说（星巴克最近刚被从北京故宫赶走）。
- 第二，品牌的概念和主题是含蓄的，比如，从拉斯韦加斯的改造到以全球为基础各个商店及其产品的特点。
- 第三，现实遭到挑战。真实的社会生活消失了，商品生产带来的模拟物左右着一切。真实性失去了绝对的品性，变成了完全有相对性的东西。
- 第四，历史停止了，时间用不断变化的商品形象来衡量。
- 第五，奇观空间内的行为大多数情况下都是在私营部门的监视和控制下。
- 第六，形象性建筑、品牌和含义模棱两可的空间都在开发奇观空间中起着主导作用。
- 第七，现实、想象、乌托邦和梦想交织在一起，从意象上取代了严酷的社会生活现实，在诺言无法实现的奇境，个体成为自己的化身。

萨拉·查普林（Sarah Chaplin）将这种空间称作异托邦（heterotopias），是从米歇尔·福柯借来的概念，他最初在自己的经典著作《言与物》（Les Mots et Les Choses）（《事物的顺序》（The Order of Things），1966；Chaplin，2003，始创于2000；FOC：26）有过探讨。福柯认为游轮，是一个漂浮水上的欲望、沉迷的、铺装华丽的娱乐表演，正是异托邦空间最好的例子，但是查普林提出：

> 与游轮相比，拉斯韦加斯看起来似乎也是异托邦的最完美例子，结合了剧场、影院、花园、博物馆、度假营地、蜜月旅馆、妓院和各类聚居地。在拉斯韦加斯，异时性存在于大量的主题度假地，它们或借自别处，或别的时间，和 Strip 大街并列存在，毫无历史和地理逻辑顺序……最近正在野心勃勃开发的度假胜地要把拉斯韦加斯再造成集体奇观或成为系列奇观之地，Strip 大街作为流动空间，行人可以在某一特定的时间穿过街道，从一个虚幻之地走到另一个虚幻之地。从恺撒广场购物中心——那里太阳每小时落山一次，雕像复活，到 Mirage 的火山喷发，然后到金银岛（Treasure Island）看海盗大战，之后去体验电脑控制的弗里蒙特街的奢侈豪华。
>
> [Chaplin，2003（始创于2000年）：344–348]

拉斯韦加斯究竟是“真实的”城镇或者仅仅是一个住着永久居民的主题公园，仍然是一个争而未决的问题（Rothman，2002），但是世界上没有哪个地方的奇观世界比迪拜2015年战略规划更显而易见。在这一过程中，世界上含碳能源——石油，转换成泛民族维度的主题奢华，这一切是为了创造“名副其实的”经济，也就是在石油被取代不再是世界主要能源之后还会继续创造税收。在巴瓦迪地区，世界最大的购物和最好客的大道正在兴建，那里有娱乐和旅游设施及51家酒店，其中一家将会有6500间客房。

然而，即使是这样的开发，也不及迪拜乐园（Dubailand）的规模，它是世界上最大的主题公园，目前正在建设中。驾车到迪拜乐园只需60分钟，耗资400亿美元翻新以提升旅游形象，它会使邻近的位于阿布扎比的2500英亩的法拉利乐园（Ferrari Land）相形见绌。迪拜乐园由45个特大型项目组成，包括主题公园、酒店、全方位服务设施，以及只有10分钟距离的国际机场。总部设在美国的六旗集团（Six Flags Inc.）是世界上最大的主题公园公司，受雇“在世界最大的旅游、娱乐休闲胜地，开发遍及阿拉伯世界的冒险刺激主题公园，并且……建立一个500万平方英尺、耗资几十亿美元的迪拉姆主题公园”（Dubai-livethedream.com）。如迈克·戴维斯所说：

> 迪拜乐园，这一世界上最大的项目，代表着在虚幻的环境中令人晕眩的新舞台。字面含义上的“主题公园的主题公园”超出迪士尼世界规模的两倍，并且雇佣了30万名工人，每年能够接待1500万名游客（每人每天至少消费100美元，不包括食宿）。如同一部超现实的百科全书，它复制的45个“世界级项目”包括巴比伦空中花园、泰姬陵、金字塔、一座配有滑雪吊椅和北极熊的雪山，一个努比亚村、“生态旅游世界”、一个巨大的安达卢西亚spa和健身设施、高尔夫球场、赛车场、跑马场、“巨人”世界、幻想曲乐园、中东最大的动物园、几个新建的五星级酒店、现代艺术馆和阿拉伯购物中心。
>
> （Davis，2006b：50）

然而，以拉斯韦加斯和迪拜为最佳例子，把奇观作为主题公园和建造壮观的标志性建筑密切相关。无论在哪里见到它们，从伦敦的千年穹顶到世界最高的建筑，都处于将不断被取代的状态。除去建筑，最重要的方面在于它们不仅仅代表着城市组织和城市空间的新形式，它们也直接指向人类的演化和人类前所未有的意识发展：

> 超级粗俗低级趣味的人类会在这种逃避主义下诞生，屈从于被神秘化的

现实所带来的幻想之中，无法面对真正城市生活经历带来的挑战和责任，更糟糕的是，在超真实的世界，并不在乎去寻找“真正的”城市体验。

（Irazabal，2007：219）

因此，为了加深我们的理解，有必要探讨标志性建筑和标志性空间的概念，这些建筑和空间是引人注目的新社团主义工程的固有成分。

标志性空间和新社团主义

今天，全球化本身是文化的创造者，基础是普遍化的产品、信息资本和大众传媒。这个过程的一个显著的特点是在很多情况下，标志性建筑和城市设计对城镇和城市品牌的巨大作用，是刺激经济发展的潜在因素。制造“品牌”本来就是新社团主义商品化的议题，是创造财富的基础，如今发生在国家层面，并且向下延伸到个体建筑和空间的建造，以及它们所容纳的活动。这种心理在下面引用的文字中被很好地展现：

一群有地位的商人，极力要求组建顾问团，向政府游说澳大利亚公司可以更积极向海外推销自己，完全不顾越来越多的人已经认识到这样的国家会冒着失去好不容易在世界舞台上争取到的全球品牌。

（《悉尼先驱晨报》，2009年6月25日：25）

新社团主义思想下，商品在城市形象和对城市形象推广中表现出的力量，其结果是设计出的环境都反射着产品的影子。这一切开始于库米奇（Kumic）所说的主打品牌，把城市建成品牌城市，其中的品牌建筑和城市设计共存。回顾一下商品拜物教，品牌代表着很多欲望被压缩在物质空间。因此，品牌和形象的符号语言渐进地控制了所有公共场所，从纽约时报广场到东京银座、世界各地的购物中心、公共建筑和空间，一年年地扩大着它的范围（Chmielewska，2005）。品牌的概念及其相应标识（想想悉尼歌剧院）已经从鞋子和香水延伸到城市，城市品牌是所有城市管理者正在追求和推广的：

将商业娱乐产品和休闲购物一同品牌化代表着城市消费空间的物质和经济象征的合二为一，现在，公众文化也对此模仿。为了打造硬件城市品牌，

> 通过文化旗舰店和举办节日已经创造出一种卡拉OK式的建筑，重点不是你唱得有多好，而是你要充满热情欢欢喜喜地去唱。
>
> （Evans，2003：417）

“硬件品牌设计”的概念是一个高度政治化的活动，其目的不宜于言明，实际上就是把私人资本的利益和大众品牌心理紧密联系一起。这一过程用心险恶，但脚步是无法阻止的，过程中个体潜意识地会把品牌的概念和归属感及个人的抱负联系起来，因此不自觉地加入这一进程，慢慢地其自我独立意识被吞没，而无法成为自由思考者。因此，随着对建造宏伟的公共领域需要，新社团主义利益带来了对所有权和/或被殖民的威胁，这对公民社会造成威胁（Cuthbert，1995；Cuff，2003）。在这条路上，文化和历史的进程、结构和事件都被打包塞进产生财富的利益之中，城市的发展通过城市设计和公共领域与品牌和品牌形象结合，取决于它们自身商品化的能力（Zukin，1995）。不仅如此，成功的城市品牌采取改进城市设计的方式，提供了奇观、艺术展览、咖啡馆以及综合设施，这都成为吸引游客钞票的磁石和创意阶层的文化资本。私营部门需要卡拉OK式建筑的场所和空间，它的目的与公共领域的政治作用相冲突，因为公共领域的目的是强化社会生活，以及由此而演绎的文化、遗产和传统。

因此，后现代城市新社团主义宣言的核心战略是城市和国家的成功取决于品牌、形象和品位推广的程度，公共领域成为有严重争议的空间。必然的结构是，那些不成功的城市几乎是一种消亡的景观——颓败的机构和基础设施以及遭到遗弃的建筑物，遭到了去别处追求收益的资本的遗弃。结果是，新社团主义通过公私合作方式控制发展，并重视能够迅速为其投资带来回报的巨型工程，城市设计走到了前沿，因为作为一门学科，它最适合提供能带来快速回报的大规模的物质规划项目。

虽然把整个国家品牌化的想法可能还是很新颖的（如澳大利亚公司的想法），一千年来，城市空间和标志性建筑一直象征着文化和国家，尽管两者之间并不一致（Betsky，1997）。标志性空间可以不需要标志性建筑而可以独立存在，反之亦然。希腊卫城帕提农神庙、罗马斗兽场、北京故宫、印度日惹的婆罗浮屠、伦敦白金汉宫、悉尼歌剧院、耶路撒冷圣殿山、纽约帝国大厦、香港汇丰银行、日本伊势神宫，不需要依赖标志性建筑空间，都有着自己非凡的意义。同样，伦敦特拉法加广场、锡耶纳坎普广场、纽约时报广场、洛杉矶的潘兴广场以及北京天安门广场，也完全不需要标志性建筑。但是当它们同时发生的时候，效果是非常惊人的，比如威尼斯的圣马可广场和总督宫、圣彼得广场和伯尔尼尼设计柱廊和大教堂、巴黎卢浮宫和蓬皮杜中心，这些建筑和空间浑然一体（Heinich，1988）。如今情况不同了，在以前的时代，标志性建筑和城市空间是教会和国家建造的，真正地属于人民和日常生活的文化实践。然而，在今天的经济形势下，有意识地创造标志性建筑和城市空间成为服务新社团主义的资本象征（McNeill，2005，2008；Jencks and Sudjic，2005）。

莱斯利·斯克莱尔（Leslie Sklair）（经济学家）这样探讨标志性建筑和跨国主义的新社团主义：

> 被限定为建筑物和场所的标志性建筑是（1）因职业建筑师和/或公共性而闻名，同时（2）它们具有与之相联系的特殊的象征/美学意义。在这种意义上，建筑师也可以成为标志性的。还有专业的和公众的标志区别（Sklair，2006）；地方的、国家的和全球标志的区别；与当代相对照的历史标志的区别。对这一问题，不同时代的探讨文章表明在全球化之前的年代（大致是20世纪50年代以前的阶段），大多数标志性建筑是由于国家和/或宗教的利益而建，但是在资本主义全球化时代，标志性建筑建设的主导动力是跨国资本主义阶级。
>
> （Sklair，2005：485）

在后现代主义出现之前，现代资本主义发展的公司阶段具有自己的标志——纽约的古根海姆博物馆（Frank Lloyd Wright）、悉尼歌剧院（Jorn Utzon）、纽约世界贸易中心（Minoru Yamasaki and Emery Roth）以及建于1977年的巴黎的蓬皮杜中心（Piano and Rogers）（它可能是那个时代的最后一个）。后现代预示着电子通信和全球化时代的到来。某种程度说我下面要讨论的标志性建筑属于这个阶段，从20世纪70年代中期一直到现在，它无处不在，世界各大城市有无数的例子（Sklair，2002，2006；McNeill，2007）。其中最为重要的一个是北京奥林匹克公园的鸟巢（Herzog and De Meuron）、中国中央电视台大楼（Rem Koolhaas）、巴林的世界贸易中心（Shaun Killa）、伦敦的瑞士再保险大厦和柏林国会大厦（Norman Foster）、洛杉矶迪士尼音乐厅和毕尔巴鄂的古根海姆博物馆（Frank Gehry）以及位于洛杉矶的盖蒂中心（Richard Meier）。这里的重大意义不在于这些建筑的外貌形式，而在于它们在跨国家的新社团主义中起到的整个作用，因为建筑和城市形态与现代主义时期截然不同。其中一个最重要的特点是作为新兴政体的一部分，出现了适合新兴阶级的建筑和空间。斯克莱尔（Sklair）描述了这个新兴阶级的四个特点：

1. 公司部分：那些拥有和/或控制跨国公司及地方分支的人。是主要的建筑工程和建筑开发房地产公司，列在《世界建筑》杂志名单中。

2. 国家部分：全球化的政客和官僚。这些政客和官僚，承担和掌管各级行政管理权和责任，他们决定建什么、在哪里建、如何对城市环境的改变加以管理。

3. 技术部分：全球化专业人员。这部分成员包括参加建筑结构设计和服务的主要技术人员（包括金融服务），也包括从事对学生和公众进行建筑教育的人员。

4. 消费部分：商人和媒体（这些人负责的是各方面建筑营销和消费）。

（Sklair，2005：486）

因此，品牌化标志性建筑的基本特点不仅仅是在经济上刺激城市品牌。它制造了一个新的打造城市品牌的社会阶级，将城市环境作为它的媒介。品牌建筑和城市设计的第二个主要方面是跨国专营店建筑形态的影响，例如麦当劳、星巴克、汉堡王等等；全球商品公司，如阿尔迪超市和宜家；高档品牌店，如著名时装店和服装店（古驰、香奈儿、阿玛尼、齐娜等）。第三，整个过程都被跨国建筑实践和公司的拥趸加强，如工程、会计、勘察、建筑服务等。

很可能品牌标志性建筑的最佳例子是弗兰克·盖里设计的毕尔巴鄂古根海姆博物馆（1997），它位于西班牙巴斯克地区一座萧条的工业城市（Del Cerro，2007）。这个建筑的建造意图是要“重新叙述这一地区”，如果说建造的过程不能对城市进行重塑的话（McNeill and Tewdwr Jones，2003）。它的设计是要打造一个重要的现代艺术馆，收藏当地的历史和文化遗产。虽然毫无疑问这个建筑是后现代主义的一件伟大杰作，但其主要目的是要把毕尔巴鄂放到地图上，用这种刺激带动城市复兴，恢复城市的经济活力：

毕尔巴鄂的古根海姆博物馆的建造并不是单纯的作为标志性建筑，它的建造是为了应对许多严重问题。那时这个城市忍受着高达25%的失业率，传统工业早已衰退，市中心有一处内河口岸，遭受着严重的水上交通堵塞。其他的问题还包括毕尔巴鄂极端分裂主义者的暴力、城市恶化、污染及可怜的公共交通系统。

（Plaza，2008：506）

无需多讲，由公众买单耗费 1.66 亿欧元的建筑是一个巨型的广告，会给私营部门带来巨大的收入。其中大部分通过旅游收入来实现，每年有来自世界各地 80 万人蜂拥而至，来凝视这个欧洲其他地方见不到的地标。不去考虑盖里设计的独到之处，因为他的设计风格在之前的作品和毕尔巴鄂项目（其中一个是为纽约设计）之后已经地位明显，这个建筑是否有能力实现其经济和政治目标的问题被提了出来（Plaza，1999，2006，2008；Gomez and Gonzales，2001）。尽管作为地标，这个博物馆是很成功的，但是它作为经济发动机的能力却是有限的，因为取代以投资策略、市场营销和交通为目标的经济管理超出了任何建筑的能力。普拉扎指出这个建筑确确实实地帮助了酒店和饭店行业，从 1995 年到 2005 年，毕尔巴鄂雇佣了 4000 名新雇员。她评论说，虽然毫无疑问文化旅游业增长了，用数据量化旅游部门的方法也涉及商务旅行，这是行业季节波动的重要原因。因此，她建议文化遗产投资必须与提高生产效率的政策结伴而行（Plaza，2008：517）。

模糊的空间和市民

如上所说，由于商品的重要性，商品原则的应用是没有限度的。商品首先也是最重要的在于它是一种买卖双方之间的社会关系，这一事实意味着对私人化商品生产的所有权、设计和控制在全球范围对人口行为产生巨大的影响力。理论的终极是全面私人化的环境，商品充斥了各行各业，生产、流通、商品交换完全掌握在公司权力控制之下（Kohn，2004）。并且，资本逐渐进入公共消费的舞台，不仅使机构和设施私有化，而这些曾一度被认为是仅仅属于国家权属范围，还消除了控制城市空间，也就是公共领域的最后一道屏障（Mitchel，2003；Low and Smith，2006；de Cante，2008）。然而，更重要在于操纵控制象征资本的能力，因而制造和操纵整个人群的心理。那种购物到累倒的消费欲望，其背后的驱动力是新社团机构巩固的地位可以创造完美的市场——通过不断加强对教育和大众传媒的控制，进而对空间、商品生产进行全面控制，直接把奢侈消费引入可以被大众接受的商业渠道。在这个过程中，个体逐渐地放弃了他们的自主权。

事实上，事情并不是那么简单。在全球经济中，存在着无数的制约和平衡，否认着完全商品化星球的效力，其中一个就是全球变暖。发展的不平衡意味着私营部门对某些地区公共领域的兴趣要比另一些大。城市社会运动还没有失去权威，地方行政部门也不是对公共利益完全不在乎。并且，由于商品交换的本质，人们必须有获得商品的途径，因此出于必要，公司必须提供人可以流动的空间，购物中心就是在类型学中私人空间具有公共通行权的一个很好例子（Kayden，2000）。然而，无论我们怎么样来润色论点，公共领域都代表着对资本积累的空间障碍，因此或直接或被动地受到国家新社团主义的威胁。这里的中心理论依附于权利的概念以及实施权利的方法，我在《城市形态》（FOC4，p.82—86）中陈述了重要的理论思考。简而言之，公共领域的权利没有在任何法案、法规和立法中得到保障。由于政治体系的多样化，公共领域的必要性没能被统一普遍地接受。1948 年联合国通过的《世界人权宣言》中规定，每个人都有在自己国家内自由移动和居住的权利。然而，如同每个宣言，其内容的采纳和实施留给了各个国家按照自己意愿诠释。更重要的是，虽然个体有自由移动的权利，但并没有说权利和所有权要一致。在这点上，公共领域、公共空间和平民的概念与公民社会保留着细微的关系（Dandeneker，1990）。

在 1995 年，我写了一篇名为《城市的权利》（The right to the city）的文章，探讨应用于中国香港的权利概念，后来在《模糊空间，模糊权利》（Ambiguous space，ambiguous rights）中又详细地阐述了这个问题（Cuthbert and Mckinnell，1997）。这些论文深度探讨了香港社会空间是怎样不受公共利益限制转化为私营部门，民众所知道的都是各种不同社团公司的品牌。一个帝国主义授权、自由放任的经济体系，没有有效政治党派的政治系统，私营部门强大地渗透到政府管理和立法部门，懒散的居民对城市政治毫无兴趣，实际上，全都是由于公共空间这个不可分割的权利根本不存在（现在也不存在）。可悲的是，在任何政治体系和任何的发展阶段，作为安排物质空间的合法权利，它几乎无可追溯。结果就是“公共空间”的基本特点恰恰是它的模糊性。你绝不会知道你站在谁的空间上，你有什么权利，或什么样的行为是被批准的。很大程度上说，同样的原则也适用于整个交通体系——收费站、隧道、桥梁、港口、地铁、机场等等，所属权已经被转让给私营部门。

在中国香港，城市中心都是由私人部门兴建和控制的，整个步行移动系统都由大公司的私人机构控制。香港置地是怡和洋行的产业，它在香港中环地区拥有 12 座摩天大楼，是最大的地主。它也设计建造了二层步道系统连接自己的这些物业并使之成为一个大型百货公司。不仅如此，现在开发中普遍惯用的操作手法也体现了这种模糊空间的概念。开发商不仅把自己的商业用地私人化，还成功地让公众为他们本来无权涉足的空间支付费用。在中国香港，花旗银行 / 亚太金融中心是鹰君物业在中环的商业地产，这个开发项目包括两栋最高高达 47 层的塔楼。作为容积率从 15 到 18 的增长的回报，开发商同意把底楼和顶楼的地面用于公共空间。然而，这个回报协议中声明回报给公众的全部面积只是作为行人通道，并且开发商保有对空间的控制权。用简单的话，就是政府为了鼓励开发商分出空间给行人通行，可以授权提高密度。为了降低国家开支，献出的空间仍由开发商维护和监控管理，而对公民来说唯一得到批准的活动是继续前进或停下购物。

还有两点对模糊空间背景下的城市设计来说是重要的。其一，通常在门禁社区、购物中心、主题公园和其他城市空间，环境行业（建筑、景观建筑、城市规划）与治安维护及城市空间设计串通一气。在商品交换的空间，设计策略不仅勾画和控制行动路线和其他一切，也会通过引导消费者所走路径，保证加强消费者对商品的关注，鼓励购买达到促进商品流通的目的。

其二，这些设计策略不仅通过私人安保措施来配合积极有效的监控，也通过在“公共”空间，比如在商场、购物中心、专营店、通道、天桥、电梯、走廊、升降梯等地方使用闭路电视（CCTV）来加强监控。在英国，政府的信息部部长表达了对英国可能会盲目走向监视社会的担忧，这个国家现在装有 500 万闭路电视摄像头，每 12 人就有一个监控摄像头。传统的城市空间设计类型，比如景观设计、公共艺术、雕塑、喷水池、瀑布、纪念物、楼梯等，在控制和引导步行流动中都身兼二职。矛盾的是，闭路电视覆盖了愉快空间，也同时覆盖了恐惧空间（Fainstein，2002；Marcuse，2006）。信息社会的演变使政府能够通过很多手段——卫星、信用卡、电子道路收费、手机、互联网和其他手段来追踪个体的活动、花销、接触、医疗记录、个人偏好和生活中很多其他方面。“9·11”事件后，物质设计、活动管制、被动监控紧密地结合在一起，更不用提建筑和周围空间的设计了（Lyon，2003；Mootch and McClain，2003）。因此，恐怖空间现在延伸到世界各处，尤其是那些可能或已经受到恐怖袭击的地区。模糊空间、模糊权利、监控和治安在公共领域的管理中起着重要作用。不幸的是，应对恐怖主义威胁可以说是一把双刃剑，也就是说，在依法保护个体安全需要的同时，也带来侵犯个体权利的风险。彼特·马库塞在阐述安全和安保的区别时这样说道，“对公共空间的处理方式刻画出这样的模式：安全在加强的同时，不安全的可能性也在加深。被操纵的虚假应对方式限制和滥用了公共空间，直接地限制政治使用，也间接地限制了正常功能”（Marcuse，2006：919）。

因此，与品牌、主题城市设计、标志性建筑、创意阶级、城市经济成功等有关的问题，与新的城市形态和新社团主义在城市空间、用地、使用和形象方面的策略是密切相关的。

隐形空间和全球移民

这部分和接下来的部分是对城市设计师提出的重大问题。我们已经看到，在前面几章中的很多城市设计实践中都提到大规模的项目，受到环境学科原则的影响，尤其是建筑和城市规划方面。问题是，在西方世界，城市设计在很大程度上就是如此定义的。目前为止，本章类型学也面对这样的问题。然而，这样的概念必须受到挑战，它对城市设计知识的定义是精英的、垄断的、有种族歧视的，因为它虽然包括了发展中世界一些历史上建成的辉煌建筑，但它排除了大部分的发展中国家。城市设计不能局限在发达的西方国家的大规模的、建筑主导的项目上，而排除这个星球的其他部分。由于这一点和其他原因（涉及社会阶级、种族主义、民族主义等），我选择将城市设计和城市形态的产生合并在一起。虽然大部分城市设计师或许没有参加过很多城市空间形式的“设计”，比如福柯的异托邦、全球移民空间、贫民区、棚户区和难民营，但我们有责任认识到所有的空间形式都是被人的活动设计的，因此，作为设计师，我们要么是沉默地，要么是有意地参与其中（Dennis，2004；Rao，2006）。

如同在很多理论和辩论的范围一样，发达国家的城市更受垂青，因为它们在经济上有巨大的优势，随之而来在政治上更有话语权。然而，全球化担负着沉重的语义学问题。整个的趋势是，在讨论全球化的时候，重点是放在富人可以积累的利益之上——不管是作为国家、地区还是个体的富有者，而不是探讨穷人遇到的阻碍——包括国家、地区以及个人。把全球化作为城市空间产生的理论来看待的问题存在着这样的想法，它认为存在全球化的不同模式。在我看来，研究全球化唯一适合的方法是与在可持续发展领域最好的分析专家所倡导的全生命周期的方式相似的方法。如果只考虑西方世界短期的利益，而不考虑全球变暖、大规模移民、难民安置、贫穷和疾病所带来的对全球潜在的灾难，全球化清晰的画面是不会出现的。就类似于 18 世纪和 19 世纪时期英国估算财富，忽视了殖民和帝国主义为自己的利益驾驭着全世界三分之一这样的现实。如今，存在着新形式的殖民和帝国主义，与后殖民主义（一种新的国际的劳动分工、全球变暖、资本主义裙带关系、独裁、艾滋病等）所引发的动力并肩而存。无论怎样，全球财富的积累是不可能不考虑全球贫困成本，我们可以毫无争议地说，所有国家在这些责任面前都曾怠慢疏忽（Smith，2001）。整体来看，我们倾向于忘记超过一半的世界人口都居住在城市中，而这些城市的一半并不是“世界级”、“全球级”或“超级”的城市。即使把研究分为城市研究和开发研究，都是在疏远发展中国家，默许地认为它们与全球化无关，并不受其影响，在不变的、循环往复的压迫和贫穷中自给自足。“全球城市模式产生了成功的高级金融场所和社团的城市生活，发展主义者方法造成所有贫困城市的基础设施薄弱，经济停滞不前，但是却（执意地）在规模上扩张”（Robinson，2002：540）。

虽然帝国主义可能已经演变为新的形态，但传统的剥削形式依然存在。新与旧的形态分享着对发展中世界而言同样需求的资源、市场和劳动力。今天，从核心经济向周边（殖民）输出人口的模式经历着巨大的反转，发达国家现在从第三世界国家输入劳动力，两个地区的工人阶级工资存在的巨大差异使这种现象成为可能（Benton-Short *et al.*，2005）。这个现象可以从不同城市在外国出生的人口数量中看出，比如纽约。据估计，2003 年出口劳动力汇往所属国的汇款高达 2000 亿美元（Sander，2003）。现在，全球城市吸收移民劳动力的程度是全球发展的广泛特征，在这种情况下，对劳动力的剥削是多样化的。例如，菲律宾（女性）劳动力向香港的输出以及印度和巴基斯坦劳动力向阿联酋的输出，劳动力不享受任何公民权。虽然劳动力合同可能续签，在工作了 20 年后，他们得到的权利并不比刚刚到达的时候多。没有公民权的一个标志也包括没有空间的占有权，成百万计的移民劳动力，出于内部的迁移（比如在中国）或作为劳动力移民到香港、迪拜、洛杉矶或其他地区，以人数巨大的优势提出了之前未曾提出的要求。反过来，这种对全球化城市的影响，无论是在居住饮食方面还是对公共领域，都表明了一个重要的但是还未被认识到的城市设计现象。

在上述的“城市的权利”中，我提到了菲律宾在香港的人口问题，这个群体现在人数达到 142000 人。菲律宾人由于讲英语（也讲菲律宾语，是基于塔加洛语的菲律宾国家语言，以及至少一种方言，比如宿雾语、卡诺卡洛语、希利盖农语、比考尔语、邦阿西楠语等，多达几百种）受到当地中产阶级的中国人家庭所青睐。这些女人只有劳务合同中的权利，如果发生问题这些权利是极难索赔的，作为明显隔离的种族，她们没有作为社区的存在空间，因为她们的食宿都是在雇主的家中。然而，她们成功地做到了一个一周一天的世界。在周日，中国香港的中心地区变成了一个不同的商业区，成百上千的单人摊位和各种各样的服务设立在高楼

图 9.8 星期日，中国香港中心地区公共空间的菲律宾人集群现象
资料来源：作者

图 9.9 中国香港：用以阻止在周日进入步行系统的胶带
资料来源：作者

大厦的间隙之间，包括现金兑换、借贷、售卖衣服、香水、美容产品，算命、美发等，都是我们上面提及的模糊空间（图 9.8—图 9.10）。然而，为了保护私有化的公共领域，很多中心区域不对行人活动开放，也就是菲律宾人，言外之意暗含着种族主义。值得称道的是，由诺尔曼·福斯特设计的香港银行，为这一天提供了方便，在街道层，超过 1000 人的妇女蹲坐在地上，在她们自己创造的具有象征性但却是暂时的城市里，证实着她们的集体体验。

今天向发达国家移民的动力与以往截然不同，是全球化和新的经济发展结构所推动的。如果移民劳动力，包括合法和非法劳动力，一夜之间撤出，美国、欧盟、中东国家以及中国香港、新加坡的经济就会受到严重的挑战。历史上说，很少有城市可以忽视这样的现象。例如，在日本占领之前，中国香港的居民数量为 100 万，加上 1937 年到 1940 年三年间另外的 80 万的人口。今天普遍存在的全球移民和空间需求的问题，反映了一种文化和需求。在迪拜，令人烦恼的移民空间问题就是一个例子。由于这种极端的情况，当移民人口对公共领域提出要求，尤其是住宅方面的要求时，会发生怎样的情况，我们可以从这张夸大的图片中了解到。可能“主题公园”的概念最好地描述出整个国家的发展状况，它不仅仅只是想成为世界最好的旅游景点。然而，人造岛、豪华酒店、小游艇码头、众多的标志性建筑、巨大的奢侈消费购物中心、世界最高的建筑（迪拜哈利法塔，由 SOM 设计）、大型主题公园能够兴建是由于对来自如印度、斯里兰卡、巴基斯坦和菲律宾的劳动移民的剥削。由于各种现实的原因，这些劳动力没有任何权利，他们的生存状态和奴隶状况唯一的区别是他们能够获取报酬，虽然很少。由于种族主义、规章制度、人身监控和距离（因为很多地方需要私人交通）的原因，他们被禁止进入模糊空间：

> 城市郊区荒凉简陋的营地，那里一个房间挤着六个、八个，甚至十二个人，通常没有空调和完善的厕所，这并不包括在没有贫穷和贫民窟的官方豪华旅游城市的形象内。
>
> （Davis，2006b：66）

在强调奢侈消费空间和旅游空间的同时，迪拜的移民人口占据了 150 万人口的 82%，栖息被称作是“短暂城市主义”（Elsheshtawy，2008）。在这个地区，30 万名建筑工人中的大多数住在城市边缘地区的劳工营地，上班由雇主运送到工作场地，50 万单身汉（包括已婚和未婚）住在城市中。伊尔萨斯特维（Elsheshtawy）

图 9.10　中国香港：正常工作日进入中心地区步行系统的入口，周日被某公司封锁
资料来源：作者

注意到在迪拜有一个真正的城市领域明显地缺席了。他研究了四个主要场所，以下是他的研究的简短总结。如预料的那样，符合移民社会交往需求的主要环境集中围绕在重要的汽车站，周围是低收入区域但有高水平的商业活动。尽管移民劳动力是国家经济的血液，但是移民没有其他地方可去，他们都栖息在萨博哈卡和哈尼亚斯广场等公共空间，“闲逛”是主要活动，虽然那里有显眼的告示告知他们禁止在那里逗留。同一个地方，移民的全球化性质因高服务水平的网吧、手机应用和外汇商店而得到强化。尽管劳动力阶级显而易见的需求在当地无法满足，但是如同那些无国家的阿拉伯人一样，飞地被建立起来。阿拉伯世界的下层阶级住在被称作“比杜尼”的金属棚屋。另一个地区叫作小奎阿坡，是根据马尼拉的一个繁华商业区命名的。伊尔萨斯特维注意到所有的这些地区都表现出同样的特点，比如男性住户占绝对优势（Karama 地区除外），见不到“本地人”，和那些毫无生气、荒凉的购物中心、商场以及那些并非为移民规划使用却被占据的空间相对比，这样的地区被描述为“真实的”。这些空间在白天的时候容易进入并很受欢迎，但是到了晚上就成为非法活动的场所——娼妓、赌博、吸毒等。这些空间，一个看不见的公共领域，展现出的一种显著特征是与场所相联系，虽然是暂时的占据。尽管所有这一切被这样占据，

> 一种微妙的抵抗出现了，在这种抵抗中，常规的城市环境遭到排斥，被另一种可以让移民和同胞聚在一起展示自己族群的公共性所替代。这些元素确实构成了跨国家主义的一个重要方面，移民可以通过行走于本地空间（所在城市）和全球空间（他们的祖国），能够给予这些空间更大的意义。
>
> （Elshshtawy，2008：985）

虽然毫无疑问迪拜是一个有点特殊的例子，但是它突出了公共空间的另一面，代表着对城市设计者的挑战，就是要扩大传统的公共领域的概念，尤其是在多文化对社会结构多有裨益的地方，比如在澳大利亚、美国和其他地区。虽然移民和非移民劳动力及其在世界各地居住的环境条件差令人沮丧，但对很多贫民窟（通常在城市里）和世界上被剥夺财产者而言，他们代表着奢华。我现在就来探讨这两个现象。

贫民区和超级贫民区空间

据大致的数据统计，当今世界的人口已接近 70 亿，世界上贫民区居住人口达到 10 亿。世界很难容纳这样规模的贫民区，但是，换一种说法，这个数字超过西班牙整个人口的 20 倍，或者澳大利亚人口的 45 倍。作为城市设计者，如果我们忽视“贫民区”或类似的概念，我们将会自动地排除了相当于大约世界 15% 人口的住所——“新千年的贫民窟栖身者不是几个迅速工业化大陆城市里的几千人。这意味着每三个城市居民就有一个住在贫民区，10 亿人，就是世界人口的 1/6”（www.unfpa.org/swp/2007）。尽管我们的设计并不延伸到贫民区环境，但在印度、孟加拉国、埃塞俄比亚的设计师无法回避贫民窟人口在大多数情况下对城市外貌有着极大影响的事实。因此，在城市里，贫民区对城市形态影响重大，有些城市几乎消除了贫民区，而在另一些城市却起着主导作用。在发达国家很少有城市可以宣布已经完全消灭了这个问题，但却演化出不同的词汇指称贫民区，比如，贫民区、棚户区、物资欠缺地区等，每个国家和地区都用自己特定的语言术语来指代贫民区：colonias populares（墨西哥）、pueblos jovenes（秘鲁）、kampung（印度尼西亚）、gececordas（土耳其），连巴黎都在用 bidonvilles（垃圾箱城镇）这个词。然而当我们考虑非洲和亚洲的时候，西方的城市就显得与这无关了。例如在非洲，埃塞俄比亚 99.4% 的人口住在贫民区，阿富汗为 98.5%，在孟买这个数字大约是 1200 万。下面节选自迈克·戴维斯的启示性文章《贫民区的星球》(Planet of Slums)，指出这个问题的严重性：

> 这已经是无法挽回了，一个后备军的劳动力在等着进入劳动过程，但却被永久地打上了多余人口的烙印，成为现在和未来的巨大负担，无法被包括在现在和将来、经济和社会中。
>
> 全球非正式劳动阶级（与贫民区人口交叉但并不相同）总共大约有 10 亿多，成为地球上增长最快的社会阶层，史无前例。
>
> 到 2015 年，非洲的贫民区居民将会出现 33200 万，这个数字每 15 年就会持续翻一倍。
>
> （Davis，2006a：198，178，19；Davis，2004）

虽然学术界对贫民区的概念和分析作了巨大的贡献，但大多数的数据是来自联合国住区报告，确切说来自《贫民区的挑战和世界贫民区》(The Challenge of Slums and Slums of the World)(2003a，2003b)，世界银行 / 联合国人类居住中心（UNCHS）的《消除城市贫民区城市联盟》(Cities Alliance for Cities Without Slums)(2000) 以及后续更新报告。然而，这些“数据”也受到怀疑，原因很简单，因为对这一现象并没有被普遍接受的定义。政治制度的多样化、现有建筑固定资本、地理、气候、可利用的建筑材料和其他因素一起造成了其他城市所没有的问题。我们如何知道一个人居住在贫民区呢？学者对这个问题的处理至少有 100 年了，从恩格斯 1892 年的开创性作品《英国工人阶级状况》(The Condition of the Working Class) 就开始了。查尔斯·阿布朗（Charles Abrams）的经典之作《城市化世界人类为居所的斗争》(Man’s Struggle for Shelter in an Urbanising World)(1964) 出版距今将近 50 年了，最近又有了新的作品，比如帕尔曼 (Perlman)(1976)、安戈蒂 (Angotti)(1993)、西布鲁克 (Seabrook)(1996) 和布雷曼 (Breman)(2003)。当然恩格斯从来没有对“贫民区”这个词的定义操过心，他直接从城市状况谈到剥削和贫困的实际原因，很显然，贫穷和贫民区的定义是密切相关的。在《布满贫民区的星球》(Planet of Slums) 中，迈克·戴维斯提出了贫民区房屋的分类学 (Davis，2006a：30)。他做了两个基本的地理区分，“地铁核心”和“周边地区”，进而把每个分为正式（F）和非正式（I），把周边地区难民营独立分类。地铁（F）一类包括租住房，租住房包括老房子和为穷人建造的房子及临时住所等。非正式一类包括擅自占地者，无论是获准或未获准的，以及住在大街上的人。周边地区 (F)

既包括私人出租房屋也包括公共住房。周边地区（I）包括两个分类：首先，他称之为“海盗住区”，包括房主自住或出租的，或擅自居住的，无论在土地使用和服务方面经过批准的或未经批准的。虽然这个划分开始是有切实可行性的，但是问题是它忽视了世界上经济状况和社会环境的多样化。因此，要利用这个体系，就要经过仔细的审查和调整才能使之行之有效。

贫民区的特点由一系列的不同状况构成，每种状况的重要性各地差异巨大：无保障租期或所有权；基础服务设施的缺失，如电、煤气、水、卫生状况、垃圾处理，包括公路、人行道、下水道和开放空间等安全基础设施；社会服务的缺失，如医院、学校、养老;犯罪活动的存在，勒索、卖淫，街头匪帮，吸毒及其他弊病。最糟糕的是，童工和儿童卖淫盛行，以及诸如在马尼拉、印度金纳伊等地人体器官的买卖。由于建造在最便宜的土地上，贫民区也更容易遭受诸如洪水、泥石流、地震及台风的巨大危害。

总的来说，试图找出对贫民区的全面定义是徒劳的。即使是相对的定义也会增加问题的复杂性，因为在很多贫民区，住户收入和居住空间质量千差万别，有些地方租期有保障，而有些则没有，有些地方有自来水供应，但是通常都没有。

在《贫民区的回归》(The Return of the Slum）一书中，吉尔伯特在语义学角度提出了贫民区的问题：

> “没有贫民区的城市”这个活动使一个古老而危险的、表达居住地的词汇得以复活。“贫民区”一词的使用会重新创造很多关于穷人的神话，对多年辛苦研究产生怀疑……这一活动暗示着城市实际上是可以使自己摆脱贫民区的，而这个想法是完全不可能实现的。这一词具有危险性，因为它把物质问题和居住那里的人的特征混淆一起。
>
> （Gilbert，2007：619）

吉尔伯特的焦虑来自城市设计者和地方政府普遍认为消除贫民区是社会发展的必要一步，而忽略了这样的事实，就是在将居民迁移的过程中，他们的经济和社会结构会遭到破坏，很难再建。很多情况下，政府做的就是把土地卖给开发商。既然贫民区，如同公共领域一样，代表着阻止从土地中积累财富的一种屏障，那么消除贫民区的做法就会普遍存在。吉尔伯特进而阐述道，很多的研究表明贫民区是可以逐渐演变成稳定的有服务保障的社区。联合国的消除城市贫民区的行动表明了“真诚的利他主义和官僚机会主义的结合……使用头条标题来为自己竞争争取资金……是通栏标题的胜利，却是小报的思维方式”（Gilbert，2007：710）。吉尔伯特和安戈蒂（2006）都对戴维斯明显对夸张的喜好和他所预言的未来进行了有力的回应。然而，戴维斯的很多论断，比如“实际上，10亿居住在后现代贫民区中的城市居民，可能会满怀嫉妒回望九千年前人类之初，建于安纳托利亚的加泰土丘（位于土耳其中部——译者注）的坚固泥土房废墟遗址”这样的词句，看起来并不比现在对全球变暖描述所用的词藻更加具有宿命论色彩，这样的力度，甚至可以把最保守的关于贫民区住屋的预测夸大到面目全非。

结论

以9000年前安纳托利亚的加泰土丘为开始，城市设计运用分类学把形态分类为街道、广场、大街、林荫大道、码头、拱廊和其他特征。随着时间的过去，演变过程通过光谱讲述了巨大的必不可少的变化，这种变化足够使至少一个学者认为所有的城市形态都已经创造出来了（Krier，1979）。我们所要做的就是要知晓每一设计表达并运用在设计中。不需要新的城市形态，新的形态或许是不可能的。与此相对，如同设计的基本原则，我认为城市形态并不是任意从尤卡里原则跳出来的。分类学的演变和社会经济学的需要相一致。举一个稍微极端的例子，一无所有者的难民营住着几百万的人，构成一种新的城市形态，这在历史上是没有的。虽然我们可以争辩说历史上城市形态的演化都会适应新的环境，因此就设计理念来说有着极大的能力，但是演变的道路是漫长的，除了可能的生态灭绝外，我们不知道未来会是什么样子。然而，无可否认，城市扩张的演变比我们能想象的速度要快的多，德波40年前对前景做出的超前预测现在看起来已经过时了，但他的预测已经成为很多人的生活方式。在充满奇观的社会，认为资本的兴趣和人民的需求是一致的想法有着足够的说服力，使新社团主义的议程演化，并把自己的观点和宣言灌输给政府。这些策略传播甚广但通常掩藏得很好，包括的范围从对媒体的直接控制垄断、创造跨国家资本主义阶级，到打造城市品牌、对第五空间主题化。然而，如果公共领域被新社团主义殖民，是不会像出卖土地那样赤裸裸，而是会用多种策略在交换过程中把国家像一个自愿的机器那样利用，这样不需要拥有所有权就可以得到占有权。除此之外，很多侵占土地的提议还会得到公众的支持，因为签署的协议容许某些形式的活动，为其他活动创造先例。所有这些都发展到了一定的水平。在其他的情况中，贫民区空间、全球移民和全球一无所有者为城市空间创造了全新的词汇。

第十章
语用学

用阿尔弗雷德·舒茨（Alfred Schutz）的话说，社会学概念是“第二层”；第一层是那些在科学调查研究之前社会活动者已经用来构建社会世界的概念。理解后者是必要的，是构建前者的出发点。

——托马斯·麦卡锡（Thomas McCarthy）

引言：辩论的力量

语用学可以被定义成是研究语言在特定的语境下用来表达真实含义的方法，尽管实际的文字可能暗示不同的意思。在更通常的上下文中，《新牛津英语词典》（The New Oxford Dictionary of English）把语用学定义为“仅通过实践的结果评价所主张的学说”，或者定义为“用实际而明智的方式而非固有的观点和理论来解决问题的思考”。在本套书的另外两卷，我集中探讨对城市设计最具实用影响的两方面。首先，是设计行业及它们与文化资本的直接联系，以行业实践的政治经济为焦点（DC2；FOC：214—245）。其次，对城市设计知识教学的高等教育评价（DC：28）。更为重要的是，最后对职业、大学内部的机构设置、教育课程内部文化资本的实际转换和积累三者之间的关系进行了详细阐述（FOC：10）。没有进行探讨的是学术和职业的思想观念来源问题。那么它们的观念起源何处？

这些机构设置并非自创，它们是长期酝酿的结果，思想观点经过充分的凝结后具有可信性，渴望它们能够形成某种形式的社会行动。它们有些昙花一现，而另一些延续了一千年或更长。因此，我使用“异源性”一词指的是“方法之后的方法”。我们需要寻求辩论和争论的起源，它们为专业行为和学术提供了知识。在这一领域，它们都被统一在实践的框架内，已经共同地影响着设计行业和知识基础至少一个世纪，起源可以追溯到两千多年前。我们把这些形式的知识称为宣言：是来自各种资源并随着时间的推移而被传承的声明——皇帝授命、政治思想意识、机构、个体和各种城市社会运动，它们对某种特定形式的压迫、生活方式、艺术、宗教、政治和社会变革有着共同的哲学看法和抱负。很难肯定地说作为社会实践形式的宣言是什么时候产生的，因为它们的形式明显取决于不同现象的组合——生产模式、劳动和国家的形式、政府性质、宗教自由或偏向的类型、流行的哲学或思想意识、法律概念、惩罚和机会。因此，我们无法确切地指出“发表第一个宣言的特定的时刻。”即使简单的研究也会发现问题的复杂性，因为宣言涉及的问题从整个政治体系的建设到细微复杂的个人利益——博客宣言、前卫流行乐、电子人、分形、自由、文化、华夫饼干、共产党、民间艺术、人文主义、浏览器、食人主义和无数的其他形式。由于种类繁多，几乎让人想起 1918 年特里斯唐·查拉（Tristan Tzara）的达达主义宣言（Caws，2001：5）：

> 我写这个宣言并不是要得到任何东西。我说的是确切的东西，我原则上是反对宣言的，我也反对原则……我写这个宣言向你表明你完全可以做相反的行为，吸一下气就可以；我也反对行动，因为不断的矛盾，也因为很肯定；我不反对也不支持，我不解释因为我憎恨常识。

“宣言”一词源自两个拉丁词，*manifestus*（显而易见）和 *manifestare*（使公开），但也用这个词代表手（*manus*），暗示是一个写下来的文件或声明，在《新牛津英语词典》中解释为“公开的政策或目标的声明，尤其是在选举前由政党或候选人做出的声明”。显然这是个极端有限的定义，被以各种不同的方式详加阐述，起源于法律文件，扩展到极多不同的诠释，如“宣言从开始就是对民意蓄意的操纵，到现在依然如此”，其他地方见到的“宣言是对适度的、健全的和文学的东西的过度行为”（Caws，2001：ix，xx）。我们还认为宣言“是一种奇怪的艺术形式，好比日本的俳句，有自己简洁的规则、智慧和适当的用词”（Jenks and Kropf 1997：6）。因此，宣言的标准定义，一直在演化并采用了如此多的形式，如果最后不是被自己击败，也是有些令人望而生畏的。把宣言作为一种起源于资本主义、启蒙运动和理性时代的社会行为可能更加富有成效，如果没有其他原因，资本主义形式下个体的言论自由比以往其他生产模式要多，在某种程度，合理性最终将胜出。

这当然遗漏了划时代的宣言《大宪章》（1215），这一文献永远地改变了英国历史进程，也通过英国的帝国主义扩展到世界三分之一的土地。《大宪章》是宪法政治的起源，延续更新至 18 世纪。它对《美国宪法》也产生过巨大的影响。

毫无疑问，20 世纪成为宣言的时代，宣言遍及人类兴趣和活动的各个领域。个体、社会运动和各种形式的机构竞相为自己呐喊并希望得到更多人的支持认可。现代主义的危机及从工业资本主义到商业和信息资本主义的转变所产生的矛盾，足以让所有人都加入其中。然而，总的来说，理性时代也带来过这样的思想，认为不受限制的权威不再是可以接受的，经济和政治权力一定要庄严地载入政府宣言和法律限令中。对权威的限制，以及随之而来的权利和义务，具体来说是公民的权利，不再是观点问题，也不是个人一时的心血来潮，而是由文件和法律使之具体化。然而，理性的时代也产生了新的非理性，资本主义的自我约束力和解决由于对劳动力和自然的剥削而带来的一系列社会问题的能力受到严重挑战。换句话说，资本主义的结构特点仍然保留，而资本主义国家无法解决自己内部的矛盾。尤尔根·哈贝马斯把他的主张集中在《合法性危机》(Legitimation Crisis)，他认为停滞不是由于在体系中缺乏信仰。恰恰相反，是因为“人们依然相信政治宣言中的承诺，但是当这些承诺无法兑现时而感到背叛”(Noble，2000：212)。

没有哪一种人类活动的领域是不受某种宣言影响的，无论是直接的还是间接的。哲学、科学、宗教、艺术、政治和文化都受到那些挑战现有秩序因而以某种方式改变其进程的宣言的影响，进而发生改变。在这种程度上说，宣言是辩证的，因为它们存在于理论和实践构成的不断变化的空间，对两方面都同时产生影响。它们也构成了思维意识概念，如果我们接受这种观点，认为所有的理论都是意识形态，开始于某些基础性但不完善的假设，进而包括对观点进行辩论，表明这些观点是能够进行辩驳的。玛丽·安·考斯（Mary Ann Caws）在她的著作《宣言》(Manifestos)（2001）中，把宣言和“主义”联系起来——在宣言里对某种新的运动发表公共声明，例如艺术方面的宣言，包括印象主义、立体主义、超现实主义、达达主义、漩涡主义画派、至上主义绘画等。建筑同样也受到不同流派的思潮所影响——构成主义、功能主义、野兽派艺术、新传统主义、解构主义、新现代主义、后现代主义，也包括那些人们知之甚少的“主义”，比如噪声主义、阿克梅派、辐射主义等等。很多这样的“主义”经常包含在其他运动中。包豪斯是 20 世纪的设计形式灵感来源之一，就是很好的一个例子。在整个以技艺为基础的师生传授的教学方法思维下，很多宣言是在这期间由导师发表的，每种宣言都表达了对当时政治和经济力量的取向。虽然我们判定宣言是否在词的后面加上“主义”这样的后缀，但还有很多的宣言省略了后缀（Caws，2001）。经典的宣言具有激励作用能引发辩论，可以陈述新的思想意识，比如“全世界工人阶级联合起来！”。

宣言形式多样，包括宪章、契约、布告、法令、教义（戒律）和其他的论述。所有这些宣言的部分问题自然是它们通常代表狭隘的派别的利益，因此，宣言倾向于为自己的利益服务。一个时代的思想意识或所采取的行动通常综合了不同的观点和原则，并不一定包含一切也未必政治上正确。环境设计专业和学术界同样受到影响，尽管如此，宣言是构成我们文化世界观意识形态的具体证据，采纳了专业要求，观念会传递到下一代理论家。

宣言的“意思”是一个受制于意义深远的仔细审阅、曲解、篡改和滥用的过程，这在可以认为是有史以来最伟大的宣言——《圣经》和《可兰经》中就可以看出来。这些文本不仅是几个世纪以来一直在发展的著作，对文本的诠释也和信奉者的数量一样多。在试图建立某种社会秩序的过程中（这里每个人都相信同一个思想观念，但是以不同的方式），它们被用来创造巨大的财富、召集大量的军队、摧毁其他文明、主宰民众、压制科学探索、压抑想象力并破坏民主，用宗教政治、国家和共同社会生活混淆个人信仰。这样把宣言本来的目标和它实际产生的后果相剥离就变得很困难，比如中国和俄国革命就是这样。这个问题的核心在于语言不仅仅是简单的交流工具，它可以表现政治，因为写下的文字会被解释成不同的含义。尤尔根·哈贝马斯使用“被扭曲的交流”来指明语言的这个特点，暗示着语言上的诠释充满主观性，几乎无法表达我们所说的“真相”（Habermas，1970）。例如，语义学问题为混淆和篡改留下了巨大的空间。“自由”、“权利”、“自治”、“民主”和“法律”这样的词汇永远也不会有统一的含义，无论什么时候使用这样的词汇，必须嵌入在整个思想体系中，甚至当它们被刻在法律和法典中的时候，也要被诠释，很可能被诠释出它们从来未曾想表达的含义。政治生涯花费太多的努力只是为了掌控含义的表达，因为这些词汇可以作为达成协议的基础。因此，宣言被高度政治化，它是对世界的主观表述，需要在当时的政治经济背景下进行解构，从而明白它们所指的志向抱负，未来潜在的效果才可以被理解。

为了表明宣言对环境专业和城市设计的异源性影响，我们必须进一步解构它们的一些本质的特征。其他因素也要考虑，不仅仅是把历史文献汇集在一起，如同至今那些可用的重要资源，即詹克斯和克罗夫（1997）、康拉茨（1970）、考斯（2001）以及 http ://manifestos.net/titles/ 网站所包含的信息。这些资料总共包含多达 680 个宣言，它们大多是关于艺术和建筑，并有一定的重叠部分。即使这样也只是潜在的可供利用的一部分。如果其他领域也被包括的话，很多社会科学和政治等方面的宣言明显缺失。虽然我已经指出宣言是极端难定义的，我更喜欢选择比考斯所采取的更有限一些的定义。在更大的层面，她书中很多的结论是非常无足轻重的，并且宣言的多样性与其他写作形式毫无分别。我喜欢把宣言看作是一种文章，其客观性在某种方式上说具有深刻的政治性目的，尽管它的焦点是艺术、建筑和城市等，并牢记哈贝马斯“扭曲的交流”的原则。因此，作为选择，我会集中在具有这样特性的宣言。

语言和交流

语言和交流不仅对于每日实际的专业运作很重要，它们对于现代社会的任何系统分析同样重要。日常的专业活动用各种各样编码系统来进行——演讲、计算机软件、绘画、性行为、肢体语言等，都是作为重要的交流工具来完成与客户做生意、洽谈合同、解决争端以及与职员、管理层、顾问等进行对话等任务。因此，商业实际上是通过各种层面的谈判、使用各种不同的媒介进行的，语言的概念在起源和应用形式中都占有支配地位。然而，由于社会教育的过程、个体、家庭、公司和其他形式的社会组织都用语言进行交流，认为语言是有标准含义的，可是在每种情况下，语言的含义是基于个体理解的。围绕着这种观点，语言和演讲两个概念对于社会的演变和由此而产生的问题就非常重要。为了理解宣言作为“方法”的意义，我们必须简要地谈一下之前没有提到的理论原则。

对于语用学来说，重要的是语言的概念及其在构建社会生活中的作用。确实，它的重要性使得尤尔根·哈贝马斯作为20世纪社会理论方面的主要人物，通过大量的写作来探讨这个过程，这一过程被他称为“普通语用学”(Habermas, 1979)。哈贝马斯在法兰克福流派的批判理论发展中起着核心作用，这个流派寻找着弗洛伊德观点和马克思主义的结合。因此，哈贝马斯对于早先存在的社会理论提出了重大挑战：马克思认为所有的社会关系都可以用生产力来解释，而弗洛伊德主张社会的基本结构是无意识心理构建的。哈贝马斯认为所有的社会进程，包括弗洛伊德的无意识心理，都取决于语言，因为没有语言，人与人之间的思想和交流是不可能的。虽然他提出令马克思和弗洛伊德难堪的理论，但是哈贝马斯依然用这两种方法了解社会，他认为自己的著作是结合了马克思和弗洛伊德的理论而不是对这两种理论的排斥。他与马克思思想的冲突在于他认同的循环论证和服务于自我的逻辑，正是这一逻辑遭到了马克思思想和其他领域的攻击：

> 最有趣的是这些攻击完全摒弃了马克思的生产范例，因为它完全停留在资本主义思维和实践的背景下。从这个视角来看，马克思的“生产意识形态”和正统的马克思历史观并不是挑战现有的剥削和异化秩序，而是在强化它。真正激进的理论会把社会变革看作是进步的，是与延续的不人道的历史完全决裂，而不是把它当成一种成就的圆满。哈贝马斯的研究就是要确认构成已知世界的普遍理解过程，即普通语用学。
>
> （Roerick，1986：152）

因此，哈贝马斯试图用交流作为经济和社会的基础来替代生产，尤其是语言和某种形式的语法。他认为涉及的所有策略行为和社会过程，包括冲突、竞争、争论和辩论（在不同的程度都是寻求理解的游戏场），由于语言所固有的能被曲解的特点，被渲染的很难，经常会变得不大可能。这发生在交流的所有层面上，从思想意识实践，可以说是最大程度被扭曲的交流，到个体心理分析疗法的过程。哈贝马斯认为，因为心理分析所采用的方法（聊天疗法）和语言紧密结合在一起，因此完全依赖于语言。事实上，它的起源必须存在于对语言的曲解和个体对意义的理解中，这个过程是雅克·拉康（Jacques Lacan）采用的重要的后弗洛伊德心理分析方法。在拉康式心理分析中，依然保持着索绪尔对“语种”（构成语言的形式体系）和“言语”（语言的个体所使用以及其所附带的含义）的区分，但认为无意识“是言语对主体的总体影响”（Turner，1996：180）。哈贝马斯因此认为普通语用学是自我和社会之间、本能世界和生产模式之间的中介过程。因此对于哈贝马斯来说，语言是社会组织的母脉，定义着我们生存的精神和物质世界。尽管语言会被曲解，但它塑造着我们的思想和现实。语言也聚集成具体的对话，体现着哲学、历史诠释、价值体系和其他的思维模式，描画着社会结构演化的轮廓。因此，宣言构成了话语实践的一种特殊形式，虽然我们无法把宣言和话语混为一谈，但显然这两个术语有着很大的重叠。

在某种程度，宣言是对某些信仰的声明，它们也是某种力量和吸引力的同义词。对于哈贝马斯来说话语作为一种控制、劝说、约束或要求的手段把语言政治化了，并把它锁在纵横交错的意识形态的网中，成为社会生活的同义词。语言作为语言学的目标有着特定的内部结构，相对独立，并有一套规则体系作为话语实践的手段。因此，语言是策略的工具和方法，通过它可以塑造和操纵信仰。因此，话语、语言和意识形态的结合在社会控制方面起着决定性作用。然而，力量源自哪里，它是怎样起作用的这些问题引起很多讨论。米歇尔·福柯和米歇尔·派彻

（Michel Pêcheux）所持的不同立场就是个很好的例子。谈到福柯，卢克斯（Lukes）指出他所称之的"怎样"的力量，是力量、权利和真理的三种关系的综合。力量由规则（权利）所描述，但也受到以"真理"为基础的观念的影响。他指出如果没有长时间的积累和具体的话语，力量是无法实施和维持的。"最终我们会由于我们所作所为受到评判，被定罪、分类和判决，注定以某种方式生存或死亡，真正的话语的运用者，是由此产生的力量后果的承受者"（Luke，1986：230）。福柯的力量的概念不能和其知识基础分离，因此他比较喜使用力量 / 知识的二分体。它也不能和由它而起的使人服从的方法相分离。这些同时也是具有多价的、非中心的、不连续的，社会领域"是由格网状的技术力量构成，它们作用于人体"（Poster，1984：52）。因此，福柯是抵制那种认为力量来自司法自由的观点，也不同意基于阶级力量的马克思主义观点，拒绝承认统治是来自根植于工业化生产和工厂制度的劳动力观点。对福柯来说，历史不含有本质的意义，它不根植于学科，无法按照任何整套的概念来理解。

从另一方面说，在一本古典研究著作《语言语义学和意识形态》（Language Semantics and Ideology，1982）中，米歇尔·派彻把话语的概念进行了同一领域的研究，但是采用完全不同的前提，结论也完全不一样。他提出，虽然语言体系对于任何人来说是一样的，但人们并不使用同样的话语。与福柯矛盾的是，他提出每一种话语过程都刻在阶级关系的意识思维里，并着手创建一种唯物主义的话语理论。由于语义来自语境，也由于这个语境反映了资本主义下的阶级斗争，话语镶嵌在构成其环境的特定的阶级、阶层、机构和其他社会组织形式中，其含义也来源于此（Bernstein，1973，1977；Atkinson，1985）。派彻主张语言调动含义为阶级统治服务。而语言含义渗透于社会和个人，它们深植于思维意识中，构成话语实践，强化着资本主义所依赖的阶级体系。马克思和恩格斯认为语言纯粹是作为一种交流手段，但是派彻认为语言既用于交流，也用于非交流。因为话语的主导形式反映了阶级实践，在阶级实践中经常发生阶级冲突，语言必须体现这些冲突和对抗，它们或消除或影响交流。显然，哈贝马斯站在所有争论的中心，共同点是历史唯物主义作为知识概念受到其他哲学的攻击，这些攻击通常具有说服力和权威性。宣言从不同方面包括了整个的概念和观点，反映着前面所述的方面——意识形态、社会阶级、压迫、冲突和欲望，其附着的含义需要被解构，以便了解其掩藏的含义。另外，理解话语含义的方法不能被简单化到用一种观点来进行，在不同程度上，马克思、福柯、弗洛伊德、哈贝马斯和其他人的思想构成了实践的框架，可以通过它们理解宣言。

语言如何被政治化是宣言的一个重要方面，巴索·伯恩斯坦（Basil Bernstein）（1973，1977）、默里·艾德尔曼（Murray Edelman）（1977）、克拉克和迪尔（Clark and Dear）（1984）的有力观察很有用处。关于修辞和文本，伯恩斯坦区分了可见和不可见教学法。前者反映了明确严格的规则实践过程，而后者中，采用了这样的标准："可见教学法反映的是，明确的等级、明确的顺序规则、明确而具体的评估标准。不可见教学法反映的是含蓄的具体评估标准、含蓄的顺序规则和含蓄的标准"（Atkinson，1985）。教学法话语可以从两个因素的混合体中收集到。伯恩斯坦进一步完善这一观点，提出教学指导话语，用以传播能力，而后者规定社会秩序和特征。艾德尔曼主要从研究对象和研究目标人口的视角，关注官僚机构和专业的语言使用情况。通过对语言的分析，他剥开了隐藏的动机和社会组织通常一贯的表里不一：

> 在政治还是在宗教上，无论是仪式化还是平淡乏味的，增强了使信仰令人宽慰的作用，无论这些信仰是否有效，它们也能阻止人询问令人不安的问题。从人类有记载的历史到如今，政府能够赢得大多数国民对其政治的支持，依靠的是迷惑：让人相信有女巫、有其实不存在的内部或外部敌人，相信法律的效力能限制个体力量、应对贫穷、承诺民权或改造罪犯，而结果通常是事与愿违。大多数人长时间地相信这个神话，他们所身处的文化不断重复这样的套语，使人相信其存在的合法性，并拒绝能对其证伪的信息，因为流行的神话可以为他们的兴趣、作用和过去的行为辩护，可以减轻恐惧。
>
> （Edelman，1977：3）

艾德尔曼关注与政府官员和专业组织所使用的表里不一的语言，以及他们用来攫取、维持和扩张权力的方法。他并不研究抵抗时所用的语言，而是考察用于劝服和控制的官方语言；他深入细致地研究了社会问题的语言结构，也包括职业帝国主义以及官僚语言；他关心所谓的"公共舆论"，指出根本不可能有这种东西，因为我们知道"公共"是多重的，这个术语只对政客有用，政客们希望通过匿名的公众来使自己的立场合法化，公众的支持是不能不被通过的。艾德尔曼在几个地方也重提了伯恩斯坦的著作，指出了以他的术语称为正式语言的用法，这些语言按照抽象概念表述事物的方式分类，以及作为分析政治语言形式表明过程的公共语言的用法，前者集中在数学中，后者出现在臭名昭著的理查德·尼克松（Richard

Nixon）的“白宫磁带”上（Edelman，1977：108）。语言结构也对辩论所进行的方式有影响。除了特定语言形式的具体用法，通常来说官僚政治，具体讲就是国家官僚，他们寻求控制辩论并使其朝着对自己有利的预期方向发展，实现自己想要的结果，大量的宣言也是遵循同样的原则写成的——如果需要进行讨论，那也是在他们能够掌控的情况下。为了促进这一进程，克拉克和迪尔（1984：96）提出了三个主要原则：

- 控制参加辩论的入门资格。比如，如果你无法说出政治上想要的语言，你就不能参加政治的过程。
- 限制辩论的性质。因为，在某些概念和范畴缺失的情况下，围绕这些概念的政治话语就是有限的甚至是不可能的。
- 限定政治结果判断的条件。比如我们都倾向于用单独的、片段的语言方式来看待政治问题。

我已经强调了语言的政治层面，原因很简单，作为普遍原则，无论它们实际上是否由政府、私人部门、个体和集体推动，所有的宣言在本质上说都是具有政治属性的。因而它们可能是令人信服的、冲突的、恶意的、令人压抑的、振奋的或具有批判性的，但是它们的目的很少是中立的。即使是对权利的基本陈述，也带着期望和责任，一般来说，人们会遵照宣言中的原则。我已经探讨过漫游者既是象征也是图符，从性别、社会阶级到对公共领域的布局和使用，体现着一系列的社会空间问题。宣言提供了相似的功能，在它的话语里表达了大量的政治化社会背景，很多与文化及空间有关，因此，代表了设计者对于动态社会运动的必要理解。在指出构成宣言的暗流之后，我现在要探讨一些对社会有普遍影响，尤其对城市发展有影响的宣言的具体例子。

起源

虽然作为宣言形式的宪法看起来和城市设计实践相差甚远，但是它们是以异源性存在的。在《城市形态》这本书里，我提出城市设计的理论目标是公民社会，它的真正目标是公共领域。因此，物质公共领域的实际构成对于社会的政治建设是重要的，是城市设计实践的核心。否则民众可以作为公众存在的权利又在哪里呢？尽管这种要求很清楚，但是在国家得以兴起的伟大宣言中，几乎没有任何的法律文字对公共领域的物质存在进行过描述。大多数情况下，物质公共领域被认为是某些人权的反映，比如自由、平等和博爱，但却没被记述下来。可以假定，兄弟姐妹之情要有空间才可以产生，实际上，公共领域一定以某种形式存在。这里，国家的概念是有问题的。在共产主义社会，理论上国家是被人民所拥有的，公共领域和国家疆界相一致。在资本主义国家，由于阶级的划分，不可能做出这种简单的假设，实际上如今它们不能够再被制造出来了。因为公共领域是理所当然的被认为而非被描述出来的，国家的作用就很重要，因为国家对私营部门和劳动力给予不同程度的支持和影响。这里，公共领域是需要谈判获得而非想当然地认为是一种权利。考虑到当前社会新社团主义的兴起，这个谈判过程也是有问题的，因为在国家政策的形成中掺入了私营部门的影响，也由于公共空间所带来的交流障碍。后面要举一些宣言的例子，这些宣言在国家建立的时候得到采纳，还要谈一下它们的局限。

无法否认西方世界的宣言起源于《大宪章》(1215)，也被称为《自由大宪章》(The Great Charter of Freedoms)。在 13 世纪它经历了几次修改，英格兰和威尔士法律上采纳的是 1297 年修订的版本。《大宪章》确立了“人身保护法”的原则和应有的法律程序概念。更重要的是，它开启了平民宪法的先河，《森林宪章》(The Charter of the Forest) 是另一部不为人知的宪法，它第一次确立了穷人的生存权。可以用两种方法来诠释《大宪章》，首先，权利来自国王，普通人被授予权利，但是第二点，实际上，它是有关人民要求公民权利，是封建社会“普通化”的过程和共同行动 (Linebaugh，2008)。因此，它代表着成就的顶峰，也就是后来所称的“民主”的确立。普通人的原则意味着对非共同拥有的土地拥有权利，“普通”一词的概念接近“利用价值”，比如所有权缺乏的情况下进入或利用土地进行放牧的权利。然而，普通人的概念来自《大宪章》，在过去的 700 年间逐渐扩展到包含公共财产的制度观念，尤其是土地作为公共财产，永远地由国家为人民掌控。起草《大宪章》之时，它只适用于英格兰和威尔士，并没有延伸到苏格兰和爱尔兰，虽然两者情况相似，但它们那时有着自己的公共土地形式。土地权利的逐渐丧失在 1945 年后开始加速：

> 第二次世界大战以后，大多数低地被忽视，因为在其他经济领域中，平民可以找到报酬更高的工作，大部分不再行使自己对土地的权利。当开放的栖息地不再被用来放牧时，灌丛开始生长，随后林地越来越茂密，而占据了这片土地好几个世纪的草地和欧石南植被消失了。
>
> (http：//en.wikipedia.org/wiki/commons)

阅读该网站会让人对于人类在17世纪以前所拥有权利的具体类型和其在今天所拥有的权利相比较，从而得到极大的启发。“公共”一词现在的用法，例如公共空间、公共领域，实际上是从“普通”一词改变而来的，起源于7世纪的《大宪章》。

《大宪章》完成的时候美洲还没有被发现，另外三个伟大的自由宣言或宪章是在美国演变的：托马斯·杰斐逊的《独立宣言》，它宣告“美国”的13个州自大不列颠王国独立（1776），以及《美国宪法》和《权利法案》，这三个宣言共同声明公民可以期待什么样的权利和义务。杰斐逊的声明中包含着具有历史意义的句子，“我们认为下述真理是不言而喻的：人人生而平等，造物主赋予他们若干不可让与的权利，其中包括生存权、自由权和追求幸福的权利。”这个宣言也容许社会革命，以便于人民在绝对独裁面前“人民就有权利也有义务推翻这样的政府，并为其未来的安全提供新的保障”。实际上，《独立宣言》的中心目标和原因是，“当今大不列颠王国的历史，就是屡屡伤害和掠夺这些殖民地的历史，其直接目标就是要在各州之上建立一个独裁暴政。”《独立宣言》发表13年后，《美国宪法》在1787年确立。宪法修正案11—27也就是我们所知道的《权利法案》在1789年产生，并于1791年实施。看似矛盾的是，美国的《权利法案》是受到英国1689年《权利法案》的影响，权利正是出自他们正要摆脱的国家。尽管起草这三个构成美国宪法的宣言时很用心，但是由于在内容和如何诠释方面有不同意见，它里面的高尚原则很显然是难以实施的。例如，南方和北方之间主要的矛盾依然存在，从1619年起奴隶制是很正常的，导致了1861—1865年的美国内战。更新一点，第二修正案中“人民有拥有武器的权利”，现在意味着，每100个公民中就会有90个人拥有枪支，是这个星球公民拥有武器最多的国家。同样，第五修正案容许目击者拒绝指证犯罪，因为他不可以被强迫“自证其罪”，但是重要的符合我们目的的是，它也规定“不给予公平赔偿，私有财产不得充作公用”。不仅是《美国宪法》参考英国的法律而建，在英国法律里平民的概念是模糊的，《新世界宪法》的很多主题也出自英国法律，因为他们是被迫离开了英格兰的土地。然而，尽管“公共空间”是一个通用的表达方式，和《大宪章》不同，《美国宪法》不包含对平民的法律保护。显然，即使是最高形式的宣言，实施起来也是非常困难的。虽然权利可能存在，想要获得它们却有很多问题。

在政治的另一个方面，世界上引起争议最大的是马克思和恩格斯的《共产党宣言》(Manifesto of the Communist Party)（1999，始创于1848年），因为它理由充分地威胁着整个资本主义生产的中心。考虑到英国工业革命的背景，以及由此产生的令人震惊的痛苦，马克思和恩格斯的宣言是他们在感受到无处不在的建立在暴力和人类痛苦之上的机制时所发出的必要的表达愤怒的方式。这种争议的逻辑是清楚而强大的，进行社会革命的冲动很难遏制。它实际上是人类历史上宣言的典范，不幸的是被一些走极端想要强迫实施宣言内容的国家亵渎了。考虑《共产党宣言》的背景，从恩格斯的《英国工人阶级现况》（1892）的文本里找出几个格言就足够了，尤其是关于“北部英格兰”（当地人用来指苏格兰人）的那部分。爱丁堡和格拉斯哥地区城市环境衰败的原因是人口密度，由于出租住房高达 7 层楼，而在英国，这是个人住房的通常标准，因此：

> 苏格兰的穷人，尤其是在爱丁堡和格拉斯哥，是三个王国中生活最糟糕的地区。
>
> 格拉斯哥的窄巷里的人口在 1.5 万到 3 万之间波动。这部分城区只有狭窄的小巷和四方形的小院，在每个院落中间都有一个粪堆……在一些睡觉的地方，我们发现地面躺满了人，通常有 15 到 20 人，男女有别，有的人穿着衣服，有的赤裸，无法区分男人和女人……似乎没人会不辞辛劳地清扫奥吉厄斯牛舍（Augean stable），这个乱糟糟的地狱魔城，这个犯罪的渊薮，肮脏的瘟疫的温床。

在爱丁堡：

> 在床柱上鸡夜里栖息，狗和马分享人类的居所，结果自然导致散发恶臭，肮脏，滋生成群的寄生虫……
>
> 在城市的这个地区，没有阴沟或下水道，各家甚至没有厕所。结果，至少 5 万人所产生的所有废物、垃圾和粪便每晚被扔到沟里，因此尽管清扫街道，还是有成堆的干赃物和难闻的气味。
>
> （Engels，1973：68—69）

因此毫不奇怪，在他们发现由于资本主义的唯一兴趣是利润，因此使他们处在令人震惊的被压迫和人类的痛苦中时，他们开始寻求另一种社会秩序。整个宣言的中心原则如下：

1. 废除土地所有权，所有土地的租金用于公共目的。

2. 高额累进或递增的收入所得税。

3. 废除所有继承权。

4. 没收所有移出或反叛者的财产。

5. 通过国家银行的国家资本和独占垄断，使信贷集中掌握在国家手中。

6. 通信和交通集中掌握在国家手中。

7. 扩大国有工厂和生产手段，开发荒地，与共同计划相一致土壤改善。

8. 所有人对工作有平等责任。建立产业大军，尤其是在农业方面。

9. 农业和制造工业相结合；通过全国人口更平均的分布逐渐消除所有城乡差距。

10. 公立学校教育对全体儿童免费。废除现今形式的童工工厂劳动，教育与工业生产相结合等。

该文献激发了很多其他的宣言，如《共产主义国际对世界工人的宣言》(the Manifesto of the Communist International to the Works of the World)(Leon Trotsky，1919)、《中国人民解放军宣言》(毛泽东，1947)，还有一些不为人知的宣言，如《自由共产主义宣言》(Manifesto of Libertarian Communism)(George Fontenis，1953)、《告俄国公民书》(the Declaration to the Citizens of Russian)(Vladimir Lenin，1917)，还有比较个体化的宣言，如《奇观社会》(Guy Debord，1983，始创于1967年)，更不用说20世纪英国的工党宣言。在俄国，1905年革命成就了两个主要的宣言,《十月诏书》(the October Manifesto)(1905)和第一部《俄国宪法》(1906)。在承诺了宗教自由、言论自由、集会结社自由后，绝对权力还是在沙皇尼古拉二世手中，直到第二次革命，通常称为“十月革命”后，列宁的社会主义再建计划才崭露头角。这些宣言持续时间都不长，因为随后就是内战，随着1922年苏维埃政权的建立，这些宣言昙花一现般结束了，但是列宁主义在约瑟夫·斯大林的统治下复苏了。在现代历史中，马克思列宁主义的影响是巨大的。我们后面会看到，20世纪艺术、建筑和城市的几个重要运动，如包豪斯、皇家城镇规划学院的创立、城市美化运动和新城镇运动，都是受到社会主义原则的影响，在包豪斯的例子中，是受到苏联共产主义的影响。

前面提到的宣言都在用寻找着自己的方式推动社会进步，尽管它们表达着一种普遍性，如《共产党宣言》，但却根植于民族主义情绪中。直到1948年，《联合国宪章》(UNC)确立。第二次世界大战的恐怖过后，联合国采纳了《世界人权宣言》

(UDHR)。其目的就是拥有一部所有会员国都同意的宣言，明确同意公正和政府的一般原则。协议的第 60 个纪念日是在 2008 年举行。建立联合国的第三个部分是创立《国际人权法案》，包括两个具有法律效力的契约，于 1966 年生效。然而，很明显，巨大的意识形态障碍在最高的层次也存在着，还存在着一个独立的《世界伊斯兰人权宣言》，于 1980 年确立，为了庆祝伊斯兰纪元的第 15 个世纪开始，由世界 54 个穆斯林国家签署。和伊斯兰版本不同，《世界人权宣言》本身没有签署国，不受国际法律约束。其主要原则如下：

- 人的生命、自由和安全的权利；
- 接受教育的权利；
- 全面参加文化生活的权利；
- 不受折磨和免受残暴、非人道待遇；
- 思想自由、信仰自由和宗教自由。

城市主义和宣言

艺术、文化和城市主义的宣言形式多样、内容广泛，即使是当中的一小部分也不可能公正评价。几个文化领域的例子可以表明这种复杂性：《黑人妇女宣言》(The Black Woman's Manifesto)(La Rue，1970)、《街道是他们的家：流浪汉宣言》(The Street is their Home：The Hobo's Manifesto)(Ward，1979)、《绿色宣言》(A Green Manifesto)(Irvine and Ponton，1988)、《后现代世界中的教学反思：后现代教育宣言》(Reflective Teaching in the Postmodern World：A Manifesto for Education in Postmodernity)(Parker，1997)、《颠覆政治：21 世纪宣言》(The Politics of Subversion：A Manifesto for the Twenty-First Century)(Negri，1989)、《可持续城市宣言》(The Sustainable Cities Manifesto)(Yanarella and Levine，1992)、《癫狂的纽约：一部曼哈顿的回溯性宣言》(Delirious New York：A Retroactive Manifesto for Manhattan)(Koolhaas，1994)、《地球宣言》(Manifesto for the Earth)(Gorbachev，2006)、《去工作：世界妇女的宣言》(Get to Work：A Manifesto for Women of the world)(Hirshman，2006)、《无神论者宣言》(The Atheist Manifesto)(Onfray，2005)、《世界团结的粉丝：(资本主义)体育消费者宣言》(Fans of the World Unite：A (Capitalist) Manifesto for Sports Consumers)(Szemanski，2008)及《反资本主义宣言》(An Anti-capitalist Manifesto)(Callinicos，2003)。种族、无家可

归者、教育、政治、可持续性、宗教、体育、反资本主义和现代文化的其他方面在宣言中都有代表。然而，没有哪个时期可以比得上 1909 年到 1919 年在艺术方面的“伟大宣言时刻”，玛丽·安·考斯把这一时期称作“十年伟大的疯狂”，宣言包括开始于玛丽内特的未来主义、立体主义、拼贴、辐射主义、至上主义、漩涡主义、意象派、达达主义、超现实主义和风格派（Caws，2001；xxii）。最近，建筑界也发表了几个一本书厚的宣言（Allen，2003；Betsky and Adigard，2000）。当我们考虑城市设计的时候，似乎艺术的伟大运动比建筑和城市设计更能迅速跟上社会变革的节拍。并且，它们看起来比建筑师的宣言更加政治化，更加声嘶力竭和更加投入。原因可能和看上去一样简单，由于建筑与国家和私营部门的联系，而项目资金是来自它们，建筑实践不得不在思想意识形态方面妥协。并且，我曾说过，绘画和其他艺术形式的活动中的时间惰性和城市结构的变化不一样。然而，由于艺术和建筑的联系是复杂而持续的，如在构成主义、风格派和包豪斯中所体现出来的那样，这个过程比我们所想的更加整体协调（FOC3；60—63）。我将用这三个例子来表达艺术、文化和政治变化之间复杂的关系，在下一部分讲它们对建筑和城市环境的联系。这里重要的是包括了风格派，它影响着并受到构成主义和包豪斯的影响，它的重要之处在于完全排除了一切社会议程，这看上去很矛盾，一方面，它对现代艺术的发展有巨大的影响，另一方面，它不具有任何社会良知。如同悬在俄国至上主义、构成主义与包豪斯的两个支柱之间绷紧的钢丝。

宣言：1900—1945 年

建筑职业化开始于英国，1837 年被皇家宪章授予，这是英国伦敦皇家建筑学院的第一个名字，后来在 1892 年去掉了伦敦。我们必须记住，当我们研究建筑、城市设计、城市规划和景观建筑的宣言的时候，在历史上看，所有四个学科在过去都包含在“建筑”一个词汇里，并从中走出来。在 19 世纪和 20 世纪一直保持这样。即使是在 1914 年皇家城镇规划学会建成之后，它依然在建筑领域占主导地位，直到 20 世纪 70 年代早期“城镇规划”——当时依然是这个名字——被社会科学迅速接管以回应现代建筑因无法超出其实际的物质存在去理解城市化而形成的巨大失败。之前建筑在长达一个半世纪里统领并代表着城市设计和城市规划。由此产生的部分问题迅速反映在下面要探讨的宣言中。

前面所提到的宣言都有同一个问题，就是它们是按照年代列出的，并非按照分类学进行进一步区分和组织，也就是按照对政治、技术、美学、文化等的回应来区分。乌里齐·康拉德（Ulrich Conrads）涉及了1903年到1963年这一阶段。整体看，20世纪充满了意义重大的细节，很有趣的是大体上这个世纪的前半部分是以宣言为特色，多数是发表的共同抗议和评论。后半世纪转到对个体建筑师的膜拜，没有包括共同声明，清楚表明了后现代无政府主义状态。詹克斯和克罗普夫解释为，缺乏团结统一和具体的对特定关键的社会发展时期的回应，是因为某种神秘的时代精神是宣言中所固有的，可以表露“危机即将到来的感觉”以及“迫近的灾难感”（Jencks and Kropt，1997：12）。

从世纪末开始，伴随着欧洲的人口从历史上最黑暗的一个时代的肮脏卑劣的环境中爬出来，有更多的物质方面的问题需要考虑。在这个背景下，出现了两个运动，一个是田园城市，一个是工艺美术运动，两个都是在19世纪最后一个十五年开始的，至今依然有回声。上面提到的工业革命扩大的荒漠遇到了各种不同形式的抵抗，从女性主义到慈善资本主义。它也滋生了对20世纪城市设计有重要影响的运动，也就是田园城市运动，由埃比尼泽·霍华德发起。他的宣言《明天：通往真正改革的和平之路》（1898）被重新命名为《明日的田园城市》后出版（1902），创造了一个回响于20世纪的概念。在伦敦之外建造了第一个新城镇莱奇沃斯（1904）之后，霍华德后来又建造了田园城市韦林（1920），他在那里一直居住到1928年去世。霍华德以及新城镇运动的影响在二战期间的伦敦再建一直持续，最后演变成新城市主义，以及如今的门禁社区。重要的是霍华德的目标不仅仅是改善公共卫生和福利，他也有去中心化的政治动机，这和他乌托邦社会主义者的信仰是一致的。

19世纪后半期在英国兴起了工艺美术运动，主要领导者是作家约翰·拉斯金（John Ruskin）和威廉·莫里斯（他是作家和设计师，也是马克思主义者和社会主义革命者，是反战运动中的主要人物）。两人都提出一种新的、将传统艺术和工艺作为方法来对抗工人与其劳动对象的异化，以及反击大规模生产造成的异化。莫里斯的宣言被称为《告英国工人书》（To the Working Men of England），满是攻击谴责，颇受马克思的影响。除了艺术和工艺领域，这个运动也渗入建筑行业，迅速扩展到北美和欧洲其他各地，影响了爱德华·勒琴斯、弗兰克·劳埃德·赖特和查尔斯·兰尼·麦金托什等建筑师，也影响到如维也纳分离派、风格派和新艺术等运动。然而工艺美术运动对建筑和城市设计的影响在哪里都不如德国来得猛烈。

包豪斯

对威廉·莫里斯的继承表现在德意志制造联盟（1906），它的主要倡导者是亨利·凡·德·费尔德（Henry van de Velde）和赫尔曼·穆特修斯（Herman Muthesius），后者负责德国政府的设计教学。1911年，他起草了联盟的第一个宣言，在宣言里他谴责建筑表达的贫乏表明了艺术文化盛行的绝望。穆特修斯在大规模生产中很有眼光的看到标准化带来的希望，用以反抗盛行的无政府混乱状态。然而凡·德·费尔德坚持自己的信仰，认为有必要回到以工艺为基础技能的中世纪的建筑和设计中，穆特修斯认识到前进的道路必须通过大规模生产，后来这种冲突在包豪斯中再次重复。魏玛的国立包豪斯设计学校（1919—1924年）的第一个宣言是由创建它的校长沃尔特·格罗皮乌斯起草的，它的第一句话是"完整的建筑是视觉艺术的最终目标！"是无需重复的评论。那时格罗皮乌斯坚持投身于工艺的培训，尽管他的课程还包括学徒、工匠和少年师傅以及全面的包豪斯批量生产训练。它在很大程度上受到表现主义、立体主义和其他同时代艺术运动的影响。由于政治原因，1925年包豪斯转到了德绍。1928年汉斯·迈耶从格罗皮乌斯手里接管了校长一职。迈耶致力于马克思的社会主义，延续了格罗皮乌斯开启的传统，但迈耶被密斯·凡·德·罗接任之后，这一传统就结束了（FOC：60—63）。除了前面描述的未来主义和风格派，对包豪斯（1919—1933年）的另一个显著影响是于1920年建立的俄国国立艺术与技术学校——弗胡捷玛斯（设计学院）。它为现代建筑提供了三个主要载体，也就是构成主义、理性主义和至上主义。现代建筑的几个标志性人物在弗胡捷玛斯任教，包括伊尔·李斯特斯基、卡济米尔·马列维奇（Kazimir Malevitch）和弗拉基米尔·塔特林（Vladimir Tatlin）。结果，布尔什维克对包豪斯开创者除了在政治上的影响外，正在建设的新社会的艺术和建筑也对他们产生了重大影响。第一次世界大战德国战败后，魏玛共和国建立的自由主义和现代文化是包豪斯成功的根基。

构成主义

构成主义大约在1913年开始于俄国，出现在两次俄国革命之间，发起者是俄国艺术家弗拉基米尔·塔特林。那时还有一点点艺术表达的自由，从那时起，它对建筑和城市设计的影响直到现在。且不去说它的名字，构成主义指的是机器技术、结构和社会发展之间相互关联的想法。它采用政治化的艺术作为手段，指向社会和经济变化，把它们作为主要目标。塔特林的俄国构成主义来自俄国的未来主义，反过来未来主义又受到其影响并和意大利的未来主义交织在一起。1909年，马里内蒂（Marinetti）写出了《未来主义宣言》（The Futurist Manifesto），攻击新古典主义是“愚蠢和无能的白痴辞藻”，并宣布他鄙视：

> 1. 所有先锋派、奥地利、匈牙利、德国和美国的伪建筑；
>
> 2. 庄重的、宗教的、布景透视的、装饰的、纪念碑的、漂亮和令人愉快的所有古典建筑；
>
> 3. 对古代纪念碑和宫殿的维护、再建及仿造；
>
> 4. 静态的、庄严的、咄咄逼人的，完全排除于我们全新的感官之外的垂直或水平线、立方或金字塔形式；
>
> 5. 巨大的、厚重的、耐用的、古旧的和昂贵的材料。
>
> （www.unknown.nu/futurism/architecture.html）

然而，1917年取得政权后，俄国开始采取更适合社会需求的未来主义自己的牌子。与构成主义一样，意大利的未来主义集中关注社会科技方面的特点——建造、技术、飞行、速度和工业化，但是并没有像苏联那样严格的意识形态方面限制。两个运动的区别可以在以下的作品中很好地表达：翁贝托·波丘尼（Umberto Boccioni）的雕塑《空间独特连续的形》（Unique Forms of Continuity in Space）（图10.1）、塔特林的《塔》（Tower）（图10.2）、安东尼奥·桑特·伊利亚（Antonio Sant' Elia）的未来主义建筑（图10.3）和卡基米尔·马列维奇的建筑，马列维奇的艺术通常被归入至上主义。其他志趣相投的艺术家包括亚历山大·罗琴科（Alexander Rodchenko）和伊尔·李斯特斯基，也包括拿姆·贾波和安东尼·佩夫斯纳（Naum Gabo and Antoine Pevsner），1920年写出了他们的《现实主义宣言》（Realistic Manifesto）。这一运动后来遭到斯大林的封杀，被认为是资产阶级，他认为这个运动没能足够和无产阶级的宣传保持一致，结果在1935年被作为反动学术遭到非难。然而，构成主义有着把艺术和共同社会生活密切相连的固有需求，它清晰的定位体现在宣言的第五和第六个论题中：

> 在政治体系中当变化来临时（集体消费者的变化），艺术总是和生活相联系并与集体和艺术家隔离，要经历严重的革命。革命可以加强创造的冲动。
>
> 创造总是集体的而非个人的冲动完成的。
>
> （Caws，2001：401）

虽然它的意图是以社会为焦点并且是真诚的，在构成主义建筑和城市主义及它们的社会目标实践之间存在着沟壑（Collins，1998）。因此，1935 年象征性地标志着他们在俄国发展的结束，可能从那时起一直到 21 世纪。差不多在同一时期，另一个对艺术和建筑产生的重大影响出现在荷兰，被称作风格派（De Stijl）。

风格派

风格派运动于 1918 年起源于荷兰的莱顿，由特奥·凡·杜斯伯格（Theo Van Doesburg）领导，其兴起很大程度上与荷兰政治有关，因为在 1914 年至 1918 年之间荷兰保持着中立，在第一次世界大战的恐怖使得它能够保持传统不受干扰。与当时的其他宣言不同，风格派没有社会目的，保持着一种隔离的、内倾性的美学意识思想，其中心人物为家具匠格里特·里特维德（Gerrit Rietweld）（图 10.4）、设计师及评论家特奥·凡·杜斯伯格和画家皮耶·蒙德里安（Piet Mondrian）。在杜斯伯格自己的宣言《走向塑料建筑》（Towards a Plastic Architecture）（1924）中，可以很容易看出他对包豪斯的影响，包豪斯对他的美学很有共鸣。尽管杜斯伯格和蒙德里安起草并提出几个自己的宣言，但是风格派集体宣言于 1918 年倡导。杜斯伯格的宣言完全集中在建筑本身和它的特性上——基本的、经济的、功能的、无形状的、开放的、反立体的这样的形容词被用来进行建筑创造，这些建筑使得“欧几里得的数学在未来都会无用”（Conrads，1970：78）。蒙德里安关心绘画中被风格派称之为的新造型主义，他的关注点集中在人与自然的异化，把审美情感和艺术观念的普遍基础作为纯粹的“可塑性”表达形式。因此，虽然风格派并不将关心社会发展作为主要的考虑，但是却把艺术与良心的成长联系一起。

在包豪斯和风格派以及俄国的构成主义发展的最后几年，一个历史时期在 1928 年到来，一群建筑师（包括迈耶）聚集在瑞士，探讨柯布西耶（虔诚的建筑师）和西格弗里德的共同思想。西格弗里德·吉迪恩（Sigfried Giedion）是一位重要的历史学家，标志性著作为《空间，时间和建筑》（Space，Time and Architecture）（1941）。勒·柯布西耶是一位多产的建筑师，他自己就可以掀起一场运动，在 1925 年，他写出了重要的文章《城市主义》（Urbanisme）（城镇规划）。然而，这次会议成为 20 世纪建筑史上最重要的事件之一，即国际现代建筑协会（CIAM）会议，这个组织在 20 世纪就为关于建筑和城市主义的重要讨论设定了国际舞台。类似事件自那以后再没有发生过，“30 多年来它一直是世界范围思想交流的媒

图 10.1 翁贝托·波丘尼的雕塑,《独特的空间连续形态》
资料来源：The Metropolitan Museum of Art/Art Resource/Scala, Florence

介。正是 CIAM 把‘城镇规划’目标纳入我们的视野”(Conrads, 1970：109)。CIAM 最初产生的宣言被称为“萨拉斯宣言”，它在三个方面具有开创性。首先，它是国际的，其范围也确实是“全球性”的，是对这个时代社会状况的回应，它试图在第一个机器时代引起人们对建筑和城市主义的关注。第二，它把建筑从个人品位和审美垄断领域带到生产领域，在这点上宣言分为四个主要部分：普通经济体系、城镇规划、建筑和公共主张、建筑及其与国家的关系。第三，它是反学术的，支持国家主义——“按照新的原则、有着坚定工作意图的现代建筑只能把官方的学院和其关注美学和形式主义的方法看作是阻碍前进道路的机构(Conrads, 1970：112)”。CIAM 在欧洲国家总共召开了 11 次会议，最后一次是在荷兰的奥特洛召开的，目的是解散这个组织。最著名的是 1933 年在意大利召开的会议，它的主要议题是“功能性城市”，后来由勒·柯布西耶编辑成厚厚的一本，也就是著名的《雅典宪章》(The Charter of Athens)(1942)。这是现代历史上第一次就规

图 10.2 弗拉基米尔·塔特林为纪念第三共产国际设计的塔（1919 年）。计划 400 米高，构成主义设计风格。此塔并未建设

资料来源：Moderna Museet，Stockholm

图 10.3 意大利未来主义建筑家安东尼奥·桑特·伊里亚：新城市愿景

资料来源：Private Collection/Bridgeman Art Library

图 10.4 风格派精神：红蓝椅子，格里特·里特维德设计，1923 年
资料来源：DeAgostini Picture Library/Scala，Florence

划和建造所谓的理性城市而达成的国际协议，三年后，当第二次世界大战结束后，这一过程具有一定的需求。

1945 年后的宣言

第二次世界大战之前的异源性可以刻画明确的未来、巨大的希望、可能性、社会良知以及尖锐的辩论活动、制度和共同行动等特征。它们被大剂量的不同形式的社会主义革命思想意识驱动。战后时期有着非常不同的知识。两次世界大战（其中一次是核战）的遗产，人口激增、城市兴起、大规模社会和政治动荡、全球化和互联网的扩散效应对于 20 世纪后期的宣言都产生了影响。然而，二战前在建筑 / 城市主义方面最显著的是普遍的个体或公司为某种运动代言、做发言人的趋势。在 20 世纪后半期，个体倾向于为自己代言。我个人更喜欢以前者的方式发出的宣言，喜欢社会事务和宣言的综合，对城市主义来说这比随后的方法更具有政治约束力。战后，再也没有可以与德意志制造联盟、风格派、包豪斯、弗胡捷玛斯和 CIAM 相媲美的，1975 年后的后现代艺术本质上似乎是在自己的不和谐中狂欢陶醉。甚至是詹克斯和克罗夫提出的分类方法都有矛盾之处，那些涉及个体建筑师的分类更是如此，有些建筑师可以同时出现在几个分类之中（Christopher Alexander，Peter Eisenman，John Hedjuk）。在世纪末，一个重要运动的出现塑造了新城市主义，1996 年其成员通过了一个章程，如同很多宣言一样，作为对危机的回应（图 10.5）。这次，危机被看作是对社区的侵蚀，从规划到建造在各个层次都需要可持续的建筑实践。

在《当代建筑的理论和宣言》（Theories and Manifestos of Contemporary Architecture）中，查尔斯・詹克斯和卡尔・克罗夫提出五个分类，即后现代、后现代生态、传统的、现代晚期和新现代（Jencks and Kropt，1997：目录）。简而言之，“传统建筑”利用古典形式和具有地方特色的建筑方法重建过去，作为目前满意的环境。某种方式上说，风格具有明显的政治性，体现在运用现代建筑方法和材料的劳动的异化得到扭转。回到手工艺为基础的建筑重新解放了工人，恢复了他们劳动的目标，并以他们的工作为荣。克里斯托弗・亚历山大、利昂・克里尔、昆兰・特里和威尔士亲王都采用这个类型。特里工作室以高质量、传统建筑、延续 1928 年以来雷蒙德・埃利斯（Raymond Erith）的传统见长。《现代晚期建筑》（Late modern architecture）把现代主义的技术层面带入新的奢华和具有表现力的领域，特点表现在阿基格拉姆（Archigram）、艾莉森和彼得・史密森（Alison and Peter Smithson）、彼得・埃森曼（Peter Eisenman）这些建筑师的作品中。《新现代建筑》（New modern architecture）“是对现代形式和观念的解构，在解码上是孤立的，形式上通常支离破碎与不和谐的，目标自相矛盾，反人文主义，空间上是有争议的爆炸式”（Jenks and Kropf，1997：10）。《后现代建筑》（Post-modern architecture）是真正的混合形态，是不加区别的从前三种形式借过来拼凑在一起，表达被隐藏的意义。它构建的是意义而不是传统，比如伯纳德・屈米（Bernard Tschumi）、扎哈・哈迪德（Zaha Hadid）和汤姆・梅恩（Tom Mayne）。《后现代生态》（Post-modern ecology）在被定义前就存在了，伊恩・麦克哈格的《设计结合自然》是这一类的开创性著作。主要关注生态和可持续原则与后现代表达方式的结合。在某种程度上，这属于如麦克哈格和安妮・惠斯顿（Anne Whiston）等景观建筑设计师的领域，但是像杨经文这样的个体也在新的高层“生物气候建筑”方面开创了新的可能性。

作者并不把这些看作是进化阶段（历时性的），而是看作一种明确分类，与

新城市主义宪章引言

新城市主义大会认为，中心城市投资停顿，地区蔓延的扩张，日益扩大的种族和贫富之间的分化，环境的恶化，农业耕地和荒地的不断减少以及对社会现存文化传统的侵蚀，这些都是相互关联的问题，是社区建筑面临的挑战。

我们支持恢复位于连续大都市区中现有的城市中心和城镇，将蔓延的郊区重新配置组合成具有真正邻里关系的多元化地区的社区，保护自然环境，保护业已存在的文化遗产。

我们认为针对形体的解决方案并不能使经济和社会问题得到解决，但是如果没有一个连贯的、能够起支持作用的形体秩序，经济的活跃、社区的稳定以及环境的健康也是不可能保持下去的。

我们提倡改善公共政策和开发实践以支持以下原则：邻里要保持多种用途和人口的多样性；社区要在考虑小汽车的同时考虑步行系统；城市和城镇形态应当由形态明确、普遍可达的公共空间与社区机构确定起来；城市场所应当由那些反映当地历史、气候、生态以及建筑实践的建筑和景观设计来塑造形成。

我们代表着一个背景广泛的市民组织，包括公众和私人部门的领导、社会活动家、多学科的专业工作人员组成。我们致力于通过公众参与规划和设计的方式来重建建筑艺术和社区建设的关系。

我们将使我们每个人致力于改造我们的家、街区、街道、公园、邻里、地区、城镇、城市、区域和环境。

我们提出以下原则来指导公共政策、开发行为、城市规划与城市设计……

图 10.5 新城市主义宪章引言
资料来源：The Congress of New Urbanism

战后时期时有重叠。奇怪的是，考虑到查尔斯·詹克斯是合编者，也是发明“后现代”术语的人，他们涵盖了整个建筑界的宣言，从 1955 年詹姆斯·斯特林（James Stirling）开始，距离 1972 年詹克斯亲自把后现代主义推到至上地位有 17 年之久。这本书的书名也引起了争议，理论是不是一种宣言，反之是否亦然？回答这一问题并不容易。然而，这是值得思考的，一种理论可能会成为宣言，取决于希望把可能性转变为政治化的程度，例如，劝人加入某种运动。宣言很少会成为理论，虽然理论里可能有最好的宣言所需要的观点。

欧洲战争刚结束的那段时期，当然是集中于修建被损毁的主要城市，伦敦、考文垂、伯明翰和其他毁坏严重的城市尤其需要重建。直到战后 10 年，第一个宣言才出现，抗议依然存在的瓦砾，继承来自工业革命的正在衰败的景观。这个宣言发在《建筑实录》(The Architecture Review) 两期特刊中，名为"愤怒"和"反击"(1956)，宣言发动了矫正城市景观的公众运动，他们的标题表明了其内部的争议。现代派的城市主义处在严重的冲突中，受到"来自外部"的几个知名人物的攻击，他们没有一个是受过专业训练的建筑师。凯文·林奇是一个规划师，曾经师从弗兰克·劳埃德·赖特，他的著作《城市意象》(1960) 为"愤怒"和"反击"的辩论在情感上取得了巨大的进展 (Nairn，1955，1956)。简·雅各布斯并没有受过专业教育，却写出了 20 世纪城市主义最值得纪念的《美国大城市的死与生》(The Death and Life of Great American Cities) (1961)。克里斯托弗·亚历山大的文章《城市并非树形》(1965) 具有革命性的影响，他最初是一个数学家。虽然把这些文章当作宣言来描述是不正确的，但是无论在理论还是实践，他们在现代城市生活的残骸上留下了一笔。他们在把建筑和城市设计的关注点从建筑形式转到社会方面的影响是相同的。实际上，正如詹克斯本人在谈及关于后现代建筑的外延方面时说过：

> 毫无疑问，现代建筑作为严肃的理论实体已经终结了——在遭到 20 年不断的攻击后没人相信了——但是由于缺少替代它的东西，它在实践领域还会继续。唯一杀死这头怪兽的方法是找到可以代替它的野兽替换它的位置，果断地让"后现代"无法再做下去。我们需要一种新的思维方式，一种基于被大多数认可的广义理论的新范例。
>
> (Jencks and Kropf，1997：6)

20 世纪 70 年代是后现代发起的时期，确立了名称并发展成为一个有影响的运动。尽管它对 20 世纪建筑来说是重要的，但是除了一些个体建筑师的个人成就之外，后现代建筑和城市设计清晰明了的方法并不常有。最著名的包括文丘里 (Venturi)、布朗 (Brown) 和依兹诺 (Izenour) 的《向拉斯韦加斯学习》(Learning from Las Vegas) (1972)、詹克斯的《后现代主义建筑语言》(The Language of Postmodern Architecture) (1977)、罗和科特的《拼贴城市》、罗布·克里尔的《城市空间》(Urban Space) (1975)、塔夫里的《建筑和乌托邦》(1976)，虽然这可能对这一时期的好的作品，比如对阿尔多·罗西、利昂·克里尔、约瑟夫·里克沃特、吉卡罗·德·卡罗和其他人的作品带来不利影响。在所有这些作品中，我挑选出塔夫里、罗和科特，因为他们最接近我对宣言的定义。两部作品都发起了对建筑社会场所的严肃攻击。在整个 20 世纪 70 年代这个时期，突出的一次运动是“现代艺术档案运动”（Archive d’ Architecture Moderne）（AAM），它是由一群欧洲建筑师发起的（Krier，1978）。1978 年，在被称作《布鲁塞尔宣言》的文件中表达了建筑师们的共同兴趣，其中主要的倡导者是莫里斯·库洛特和利昂·克里尔，他们的宣言在下文中得以最好的体现：

> （我们）谴责功能主义建筑和城市主义，因为对公共的和私营的资本主义工业目标需要的响应，它摧毁了欧洲最好的城市；（我们）同样谴责建筑师和他们的职业组织顺从地接受生产条件，这种态度极大程度地造成了现在的这种状态；（我们）认为重建欧洲城市的唯一可能的方法是发展劳动力，朝着提高专业化品质发展，并拒绝只为其倡导者会带来利润的工业方法。
>
> （Jenks and Kropt，1996：177）

《布鲁塞尔宣言》构成了共同反对现代化的宣言并寻找回归传统欧洲城市的途径。传播这一群体的基本宣言的两个主要出版物是《理性建筑》（Rational Architecture）（1978）和《城市再建》（The Reconstruction of the City）（1975）。由于 20 世纪 80 年代初重返欧洲城市传统被宣传倡导，在美国，一个新的宣言逐渐成形，提倡回归美国小城镇，表现为 1982 年在佛罗里达一个叫作海滨的小镇建设（Katz，1994）。以传统建筑和生活方式为基础，海滨提供了某种乌托邦模式，但是从一定的程度也反映了肯尼斯·弗兰姆普敦后来在自己 1983 年宣言中所称的“危险的地方主义”。海滨建成不久，美国两个资深学者——艾伦·雅各布斯（Allan Jacobs）和唐纳德·阿普里亚德（Donald Appleyard）——提出了一个城市设计宣言。这个宣言是对英国的新城镇和田园城市运动的反应，也是对欧洲《雅典宪章》和 CIAM 的回应。与欧洲学者发布的高度政治化的文件不同，艾伦·雅各布斯和阿普里亚德的宣言是独特的没有焦点议题的文献，但难以置信地充满善意。其行文如漫游，不受理论约束，是一篇没有风骨的自由思想的老生常谈之作，不与任何社会事业相关联。因此，随着居住环境的恶劣、巨型化趋势及失控、大规模私有化以及公共生活的消失，出现了一堆“现代城市设计问题”。然后它穿过“离心碎片”，以无地方性和无根基的职业化而告终，以至于“被符号学和其他抽象主题所支撑，大多数建筑已经成了业余爱好和自恋的追求”，“在社会科学实证主义的影响下，规划这一行业后退到流行时尚里使它无法再抵制资本主义经济的压力”(Jacobs and Appleyard，1987：114—115)。这个宣言到处是甜得发腻的句子，比如：

> 建筑是岛屿，无论大小。建筑可以被放置到任何地方。从外观上说，建筑像是艺术的世界，矗立在可以被观赏的地方，可以被全面地欣赏。因为它是巨大的，在远处看最好（在规模上与移动的汽车一致）。
>
> （Jacobs and Appleyard，1987：113）

这种缺乏思考、字体紧凑、超过 10 页的文本就是为什么城市设计作为一个学科在二战以后依然处在自我感觉良好的石器时代的原因。

然而，新城市主义章程依然是最新的宣言。它直接探讨城市设计问题，是一个完全不同的文献。1996 年由其成员批准以来，被世界环境实践领域采用过成百上千次（如果不是成千上万的话），在美国和其他国家和地区，被转化成不同的文化和民族类型（FOC5：122—126）。新城市主义大会的成员并不仅限于建筑师，而是包括投身于这个思想观念的不同的职业群体。在章程的第一章写道：“新城市主义大会认为，中心城市投资停顿，地区蔓延的扩张，日益扩大的种族和贫富之间的分化，环境的恶化，农业耕地和荒地的不断减少以及对社会现存文化传统的侵蚀，这些都是相互关联的问题，是社区建筑面临的挑战”（www.cnu.org/charter)。它承认了“对于形体的解决方案并不能使经济和社会问题得到解决”，答案依然毫无妥协地存在于形体设计的领域中，在三个层面清楚地对政策进行了阐述——“大都市、城市和城镇；邻里、分区和交通走廊；街区、街道和建筑物”。在某种程度说，任何宣言本身都能发生变化，《新城市主义宪章》是一个连贯如一的文件。虽然它遭到不少批评，宪章本身还是应该被积极看待，最好的观点通常值得积极对待。尽管新城市主义明显带有局限性，却是规划行业所能做出的重大改善，这个领域依赖于发展控制机制和设计简报，很显然在控制城市形态和城市设计方面任何方式都失败了。

结论

城市规划和城市社会运动在纪念物和宣言上是等同的。由于城市规划使得城市冲突不带有政治色彩，因此在战略上受到质疑，所以由国家和私营部门建立的纪念物所代表的社会历史也很有必要就其真正的意义遭到审讯。由于城市社会运动表明的是个体对规划行为的直接需求，宣言也对国家和其他公民有同样的需求，希望得到更广泛的认可。城市规划和城市纪念物在本质上是受到意识形态驱使的社会空间的建设维度。另一方面，城市社会运动和宣言，有的时候是同一件事，是不同公众对社会变化需求的直接表达方式。城市设计不可逃避地被锁定在这一关系网中。实施我们命令的能力——以某种城市形态试图表达可被接受的城市意义的象征性——完全取决于我们挖掘对意义进行考古的意愿，这个意愿存在于城市形态所表达的表面意义之下。这里，语言及其动因是重要工具。占主导地位的理论在象征意义分类上是与一些当代的社会力量联系一起的，诸如伯恩斯坦、派彻、拉康和福柯，但在这方面是最主要的是尤尔根·哈贝马斯，他的普通语用学概念和扭曲的交流占据主要地位。虽然很多的理论帮助对城市环境的象征意义进行解构，也应该注意到这个过程不是线性而是周期循环的。解构之后的理解是一种复杂的知识，这种知识需要将可以增强社会生活的具有象征意义的结构与城市空间加以融合。这个过程并非一定会产生好的设计，但是这种理解的总体效果体现在勒·柯布西耶所称的“模度”（1980）对他自己的成比例系统的分析中。当被问及模度是否能够保证好的建筑时，他回答道，不，它不会，但是它会使坏建筑的产生变得更困难。

后 记

从《城市形态》到《理解城市》的发展，运用了来自米歇尔·德·塞杜的“异源”基本概念，代表着从理论向方法的过渡，或者更精确地说是向元方法的过渡。元方法这种称谓看起来让人迷惑，因为这不是它通常的用法，尽管这个词从根本上来说是很简单的。因为“方法”和“方法论”这两个词经常地并且错误地被混淆，元方法或异源性的概念看起来就更加晦涩难懂了。我最近采用了源自《卫报周刊》的类比方法澄清对后者的困惑。每两个月，这份报纸就会有一个学习英语的专栏。显然，要教或学英语，一定要交代英语的结构和形式，可以用各种不同的教学和学习的技巧，弄清句法、语义和符号，要解释方言、言语和写作等方面的问题。这与主流的城市设计相类似，存在着基本物质关系。而报纸的大部分其他内容，关注的完全是“其他方面”的知识体系，充斥着这些领域的基本技术、方法以及社会背景。例如，有些文章包括多语言对创作力的贡献、政治语言和政府的关系、欧元区英语语言学位、电脑对语言流利度的评估、种族主义和方言的关系以及其他各种话题。简而言之，后面提到的都是对前面所说的（方法和技术）的异源性，为整个语言熟练领域提供了一种富有洞察力的评判基础。前者是城市设计主流的特色，而后者是“新的城市设计”的特点。因此，主流城市设计代表着发展的进化阶段，超越了其本身的实效，虽然新的异源性吸收并对主流知识进行了新的定义，但却没有对之摒弃。幸运的是，尽管一直以来还没有得到完善的表述，还不足以占据主导话语，但至少在近十年来，在城市设计意识中所需要的范式的转移已经逐步成型。

《理解城市》为始于 2002 年的三部曲画上了句号。我的任务是为城市设计勾画出一个统一场。不管是对还是错，我认为这一学科正处在全面解体状态。过时的概念、一直以来重要理论的缺乏、如患了关节炎一样依赖于物质决定论、凌越原则的个人崇拜、在环境教育文化中停滞不前，全都是由于这种解体状态。城市设计依然被认作是建筑学和城市规划之间共同分享的殖民地，资源任其掠夺，这似乎就是城市设计灭亡的根源。一方面，国家规划体系，也就说规划法律法规，在考虑自己存在的理由的时候，也不能不考虑城市设计，没有城市设计，规划方面的法律是无法存在的。在这个背景下，对城市设计是无法给出固有定义的，它只有在城市规划实践的规章中起到作用才意味着它的存在，也就是说，它在管理取自土地的资本积累的过程中，以及在社会再生产中所起到的越来越小的作用的过程中。这样城市设计在开发管理控制规章和设计导则方面的作用被有效地确立起来，而这些规章和导则大多数情况下是私营部门为自己制定的。另一方面，建筑行业具有设计和建造建筑物的能力，这使其不仅在单体建筑，也在整体城市建造形态方面拥有话语权。顺理成章地，这也包括城市设计。总体来说，建筑学是嵌入在资本主义企业的总体框架内作为一种垄断实践而存在的。因此，为了能在这些规则下运转，城市设计必须与建筑设计合并，这是署名建筑师、事务所、公司和法律支持的产物，有着自己的正在演变中的跨国阶层结构。只有在建筑师们强调设计意味着既有著作权又有所属权的时候，城市设计才能保持商品化并在它的应用范围之内。

随着时间的推移，与大多数殖民地所发生的情形一样，上述两个方面对城市设计的联合影响使得城市设计的地位被质疑、资源被掳夺、重建能力被严重破坏。我感觉备受吹捧的观点认为城市设计不需要有自己的行业，同时也认为城市设计如此开放的可参与（“怎么都成”）的体系实际上丰富了这一“学科”，它们其实都是机会主义和智力怠惰的后果。这一切看起来毫无道理。更有甚者，如此慷慨的民主和泛滥自由的理念下的一致与完整早将城市设计带入几近崩溃之地。主流的立场似乎已经接近最低谷。

正如所有后殖民环境一样，已有的思想观念必须被摒弃，新的规范必须重新确立。因此我认为前进的唯一道路是重建城市设计领域，将它作为一个独立的知识“领域”，这就需要对如今盛行的准则进行严肃认真的净化和重建。第三个千禧年应该比第二个做得更好。很明显，要实现这样的任务，就不得不承认这个学科是跨领域的，并承认和环境有关的各个学科必定是彼此界限模糊的。然而，我不认为这种状况下就必须继续把城市设计定义为建筑或城市规划或其他更小领域（比如景观建筑）的一个附属。如果界限必须模糊，城市设计就必须以平等的、而非从属的地位起步。因此，涉及的问题是“这个地位是什么”。

为了回答这个问题，我需要不被原有的观念所拖累，相对来说不被过去的历史所束缚。聚积起来的变化是不起作用的，需要的是范例的根本变化。因此，第一步是要从第一批原理出发对问题进行思考，而不是追随那些由看似不相干的碎片构成的所谓的学科“历史”。写书时，我正好完成了伦敦政治经济学院的博士学位，这对我的研究有极大的帮助，我对我的这段经历永远是满心感激。这期间，我的思想从我以前“传统”的建筑、城市设计和城市规划领域的学术和专业思想，转了 180° 。我不再封闭在孤寂的自私自利的专业领域，而是能够以政治经济学、批判理论、文化研究及人类地理学所赋予我的洞察力来重新审视城市设计的物质领域是如何随着人类关系的社会领域而变化。从这个视角来看，所有的一切看起来和过去都不一样了。因此，在《设计城市》(2003) 这一书中，我为城市设计勾画出一种新的理论框架，用了很多这些学科的文章来进行阐述。随后有大约 12 本左右的城市设计读物出版，迄今为止，这也是唯一的一本从开始就提出了扩展性理论和组织框架的书，而不是留给读者去发明自己的理论。这部书由 10 个不可或缺的范畴构成，列举了来自不同作者就这些范式所写的文章。所以，我最初的构想就是完成一个有着特定构成元素的理论框架，并在随后的两卷仔细阐述。这一读本的最主要特点表明社会和经济力量造成了空间政治经济学，反过来它设定了城市和领域的形态，也就是我们所说的城市设计。

显然，城市设计和建筑设计并不是一回事。从整体上看城市从来不是被任何人“设计”出来的，那些被认为是设计出来的城市通常也仅限于一些基础组织框架（通常是基础设施的设计）。这些最初的构想在随后实现的过程中加入了大量不同的人类发明（比如，巴黎、堪培拉、巴西利亚和坎伯诺尔德等），通常与最初的设计蓝图大相径庭。从意大利山城翁布里亚和希腊的基克拉迪群岛，到被卡米洛·西特具体化了的中世纪城市，以及宏伟的非洲黏土坯聚居地（如尼日利亚的卡诺和西亚的也门的萨那），显然，那些被誉为环境经典杰作的城市设计并没有明确的设计师。得到世人包括建筑业界人士赞誉的伟大杰作威尼斯圣马可广场，它的演化经历了 600 年。巴黎，世界最美丽的城市之一，也是城市设计的杰作，有着很多宏伟的不朽建筑，我这里要解释一下，这两个城市彼此没有任何必要的联系。巴黎很大程度上是在中世纪城市的基础上，被暴君（拿破仑三世）和煽动家（奥斯曼男爵）所造就。其中原因不是由于美学的考虑，而是与法国经济每况愈下，其竞争对手英国蒸蒸日上有很大关系。在中世纪乱糟糟的大街小巷，巴黎的商品流通停滞不前。由林荫大道描绘的新巴黎及其可出租住宅建筑是以一些简单的规则为基础演化而来的，这些规则涉及建筑的高度、流行的建筑风格、建筑材料的使用（石头、石板和木头）以及法国的文化习惯。因此，巴黎不是按照任何指定的建筑和规划“设计”出来的，而是由当时的政治经济情况所产生的结果。作为“城市”的设计和作为“建筑”的设计这一让人烦恼的问题需要另外加以阐释。

我在其他文章中提及过，城市和乡村是人类的行为方式设计的，一般说来，这也是我对于城市设计所持的立场。虽然这种说法看起来很笼统，似乎使得城市设计完全无法定义，但我希望我的其他著作足够清晰明确，不至于引起误会。在这个三部曲中，交点是如何着手处理城市设计中的问题，它们是怎样构成的，答案是如何被推广的，而不是它们是如何被构建的。此外，虽然个体、国家、私营部门和诸如城市社会运动等其他方面都做出无数不同的决策，但这并不会暗示它的设计过程是混乱的、随意的或失控的。这也并不会暗示设计过程是缺失的。情况恰恰相反，即使是在城市贫困地带、棚户区和难民营也是依照基于恐惧、腐败、可利用资源、权宜的便利、社会关系、防御及其他这样的因素而“设计”的。一个好的城市设计师理解为什么情况是这样的，可能也看出采用拟定的建筑规划去解决问题是徒劳的，尽管在不同的情况下预先的规划可能是解决问题的正确答案。因此，成熟的“设计”特点是如何出现的，这取决于各种因素的长时间作用，并不取决于绘图板上的某一个重要概念。

这种方法，可以概括城市空间和场所的产生，与主流观点背道而驰。它颠覆了城市设计是建筑行业唯一领域的观念，这一观念也认为全球发展所有其他方面的行为虽然有趣但并不属于设计活动。这一立场与传统的建筑想象力关系甚少，与规划实践中官僚主义程序也没多大关系，而是与社会空间结构在时间的推移中如何兴起和转化具有很大关系。无可避免地，城市设计和城市演化存在着必然的巧合，一种建筑设计无法容纳的关系。实际上，将“演化”和“设计”针锋相对并不仅仅是因为争论的需要，它也为建筑行业的存在架构了必要的思想观念。再者，只有坚持这一立场，城市设计的所属权才会一直保存下去。因此，在建筑和城市设计之间存在着很大的差异，体现在它们对于四个综合过程——设计、演化、预想和控制——不同认可和/或接受程度。这些问题处在建筑设计和城市设计各奔前程的交合点，需要仔细阐述。

对大多数建筑师来说，“设计”的关键词是“预想”，意味着拟定出一些预想的建造计划或概念，或人们的生活方式。由于对事物的预想和事物的演变是彼此相互对立的，因此，在建筑词汇中确实存在着断层。建筑设计是“智能设计”的尘世表达形式，因为它意味着造物主的终极计划，对人类行为有着预期并进行着管理。在这些术语中，作为建筑设计成果的个体建筑必须被看作是整体的一部分，除了衰败，并不含有任何的进化前景。这个观点扩展开来说就是，尽管城市设计的中心是公共领域而不是建筑本身，但由于城市设计是由建筑物构成，它也必须有一个设计者，并且应该被看作是大型建筑设计。因此，“建筑”设计的固有本质否定了对“城市”设计来说至关重要的转化概念。然而，如果抛开进化的观念，很多建筑师承认其他设计形式的存在。这就把建筑设计和产品设计合并到了一起，在最大的物质规模上，反映了与手表设计、汽车设计、家具设计、飞机设计等同样的世界观，偶尔也包含来自这些学科的技术。即使存在这样简单的事实，显而易见，是否有可能把城市设计作为演化过程来进行自由探讨，也是严肃的问题——这种演化过程对城市设计的形成具有重要作用。

在这个范例下，预想和控制显然是强制的。由于控制是建筑设计的主要特征，城市空间的演化不可避免地一定会被看作是一种随意的过程，其结果也是无法预料的，因此无法以任何形式构成设计。再者，城市演化是一个积累的过程，涉及大量迥然不同的因素、组织和个体，它们的行为在理论上是不可预测的，这样的事实也支持着这种立场。基于这样的事实，由于设计取决于这一范式内的确定性因素，因此城市设计不可能对城市演化有任何关系。因此，能得出的无情假设就是城市设计是大规模的建筑，必须服从于设计者的个体身份。陷在创造和控制的双重概念中，建筑师因此把项目设计和城市设计合并起来，被困在由自己创造的难解的戈尔迪之结（Gordian knot）中。

然而，解开这个结的方法非常简单。仅仅需要承认建筑设计的对象是物体（建筑），而城市设计的对象是空间和地点——公共领域，这个领域不可能被视作是一次性的活动，却可以包括所有的实质性工程。同样，城市设计从根本上说涉及演变过程。例如，由于历史上的偶发事件，个体建筑可能被移作他用，但这并不是其设计初衷。把城市空间作为整体考虑，建筑形态的变化是社会发展的结果，无法在个体项目中预料，让人觉得矛盾的地方是，它在城市设计中起到的作用比个体建筑创作者联合起来的作用还要大。比如爱丁堡，我在那里上过大学，整个乔治新城的建筑都经历过功能的转换，而最初的建筑功能是用来居住的。城市设计的核心部分涉及扩展和变化，演变是固有的。很不幸，有些建筑师可能不喜欢“设计”一词被应用得太过笼统，而我的三部曲，一直是要解放这一观点。

虽然建筑设计是城市空间演变出来的一部分这一观点是无可辩驳的，但是无论是否有无建筑师，城市设计都构成了一种现象。这并不意味着我们一定要相信“智能设计”，在这个信仰下，演化需要造物主，但是，如果按照有些人建议的那样，把演化作为“非设计”从城市设计中摒除，我们会得到荒谬的结果，即所有的城市设计必须由一个设计师来构想与建造。而一万年的城市演化证据否认了这个观点。不幸的是，很多建筑师对城市设计之外的预想、控制和所属观念的抵制是限制城市设计理论思想体系健康有力发展的重大因素。事实上，把城市设计这个概念试图从建筑学中全面去除，用更加合适的术语——项目设计——取而代之，这种想法对我而言还是颇有诱惑力的。如我在《城市形态》中所写的那样，把如此盲目的思想抛在身后，才可能毫无阻碍地对这一学科重新定义。

想要理解看起来如此混乱、随意和毫无联系的城市发展和设计过程，根本之处在于对空间政治经济学的理解，这一点不同程度贯穿了我的三部曲的整个三个部分。从此点出发，城市设计领域才能够找到重大的社会理论，才能从盛行的物质决定论和环境学科的设计思想中抽身。以此为基础，才可以重建各种现存关系，才能在重新定义的知识和责任的基础之上，确认各学科之间彼此的尊重。作为“新的城市设计”的必要基础，需要对空间是如何来自具体的生产方式有良好的理解，包括社会和财产关系的固有结构、思想观念和历史，以及配置在城市领域的阶级、种族和性别斗争。这样产生的空间结构每天都在变化，以适应社会和环境的影响，这种影响是逐步积累起来的，有时是令人痛苦的，但其结果是设计了城市。不言自明，对于重建的城市设计来说，对城市设计师的教育过程必须与对建筑师的教育有极大的不同。它需要包括设计，但不是设计本身。

我需要澄清，在面对我的长篇大论之时，我仍然对建筑科学和艺术怀有深深的敬意和极大的信念。我个人曾朝拜了四大洲的历史建筑名胜和今人的建筑杰作，经常被建筑的宏伟和建筑师的想象和天才所折服。但其重点不在此，建筑行业肩负着城市设计知识守护者的责任，直到 20 世纪 70 年代早期，它还守护着城市规划，一直到后来被社会科学所击败。在新理论产生的过程中，旧有理论的精华得到进一步讨论，这从城市设计方面的主要建筑论著中可以看出。毫无疑问，我们需要社会能够培养最好的建筑师，那么伟大的建筑才能被重建，才能成为伟大城市的显著特点。然而，随着这一学科去殖民化过程的发展，由于“新的城市设计”不断兴起，它所占据的空间势必会排挤其他环境学科领域。这意味着建筑师会关注他们的专长——设计建筑；而规划师会从事他们的专长——实施国家和地方政策；景观建筑师会继续将自然融入城市空间中以加强城市景观设计（现在被看作是价值几个亿的服务产业）。虽然名称还是一样，但是会出现一个新的设计范畴，拥有自己的领域，这个领域就是“新的城市设计”。

最后，城市设计如同科学一样，海森堡（Heisenberg）的理论都生效：一切都在观察的过程中变化，无论是观察者还是被观察者。毫无疑问，在完成这三部作品的过程中我也是这样。实际上，我用来概括城市设计领域的这 10 个方面，每一个方面都可以加写一卷。我也知道还应该再写一些个案研究来仔细阐述每一方面的实践问题。虽然我坚信我所列出的总体方法既十分必要又很有效，但是我也承认我还只是勾画出了整个城市设计领域的一个粗糙的轮廓。我承认还可以有很多其他方法来完成这一工作。如果我再从头开始这个工作，我可能会以完全不同的方法进行。我很清楚尽管用了1000页的文字来阐述这个问题，但是这三本书中依然存在着很多不足。新的知识总是伴随着创造性的毁灭，我真诚地希望会有人在我思考的基础上，肩负挑战，完善我的思想理论。

——亚历山大·R·卡斯伯特

甘达普拉，巴厘

2010年6月

参考文献

Abel, C. 2003: *Sky High: Vertical Architecture*. London: The Royal Academy of Arts.

Abrams, C. 1964: *Man's Struggle for Shelter in an Urbanising World*. Cambridge, MA: MIT Press.

Adams, A. and Tancred, P. 2000: *Designing Women: Gender and the Architectural Profession*. Toronto: University of Toronto Press.

Adorno, T. and Horkheimer, M. 1979: *The Dialectic of Enlightenment*. London: Verso, p. 163. (Originally published as *Dialektik der Aufklärung*. Amsterdam: Querido, 1947.)

Agrest, D., Conway, P. and Weisman, L. (eds) 1996: *The Sex of Architecture*. New York: Harry N. Abrams.

Akkerman, A. 2006: 'Feminism and masculinity in city-form: philosophical urbanism as a history of consciousness'. *Human Studies*, 2(29): 229–316.

Al Hindi, K.F. and Staddon, C. 1997: 'The hidden histories and geographies of neo-traditional town planning: the case of Seaside, Florida'. *Environment and Planning D: Society and Space*, 15(3): 349–72.

Albin, S. 2003: *The Art of Software Architecture: Design Methods and Techniques*. Hoboken, NJ: Wiley.

Alexander, C. 1964: *Notes on a Synthesis of Form*. Cambridge, MA: Harvard University Press.

Alexander, C. 1973: 'A city is not a tree'. In John Thackaray (ed.), *Design After Modernism*. London: Thames and Hudson, pp. 67–84.

Alexander, C. 1977: *A Pattern Language*. Oxford: Oxford University Press.

Alexander, C. and Poyner, B. 1967: *The Atoms of Environmental Structure*. London: Ministry of Public Buildings and Works.

Alexander, E.R. 2000: 'Rationality revisited: paradigms in a postmodernist perspective'. *Journal of Planning Education and Research*, 19(3): 242–56.

Allen, J. 2003: *Parasite Paradise: A Manifesto for Contemporary Architecture*. Rotterdam: NAI Publishers.

Alonso, W. 1965: *Location and Land Use*. Cambridge, MA: Harvard University Press.

Althusser, L. 1965: *For Marx*. London: Allen Lane.

Althusser, L. 1984: *Essays on Ideology*. London: Verso.

Althusser, L. and Balibar E. 1970: *Reading Capital*. London: New Left Books.

Andrew, C. and Milroy, B.M. (eds) 1988: *Life Spaces, Gender, Household, Employment*. Vancouver: University of British Columbia Press.

Angotti, T. 1993: *Metropolis 2000: Planning, Poverty and Politics*. New York: Routledge.
Angotti, T. 2006: 'Apocalyptic anti-urbanism: Mike Davis and his planet of slums'. *International Annual Review of Sociology*, 19(3): 301–20.
Anthony, K.H. 2001: *Designing for Diversity. Gender, Race and Ethnicity in the Architectural Profession*. Urbana, IL: University of Illinois Press.
Appleyard, D., Lynch, K. and Myer, J. 1964: *The View from the Road*. Cambridge, MA: MIT Press.
Arato, A. and Gebhart, E. 1982: *The Essential Frankfurt School Reader*. New York: Continuum.
Ardener, S. (ed.) 1981: *Women and Space*. London: Croom Helm.
Arendt, H. 1958: *The Human Condition*. Chicago, IL: Chicago University Press.
Arrighi, G. 1994: *The Long Twentieth Century*. London: Verso.
Ashcroft, B. and Ahluwalia, P. 1999: *Edward Said: The Paradox of Identity*. London: Routledge.
Asihara, Y. 1983: *The Aesthetic Townscape*. Boston: MIT Press.
Atkinson, P. 1985: *Language, Structure and Reproduction*. London, Methuen.
Audirac, I. and Shermyen, A.H. 1994: 'An evaluation of neo-traditional design's social prescription: postmodern placebo or remedy for suburban malaise?'. *Journal of Planning Education and Research*, 13(3): 1161–73.
Azarayahu, M. 1986: 'Street names and political identity: the case of East Berlin'. *Journal of Contemporary History*, 21(4): 581–604.
Azarayahu, M. 1996: 'The power of commemorative street names'. *Environment and Planning D: Society and Space*, 14(3): 311–30.
Bacon, E. 1965: *The Design of Cities*. New York: The Viking Press.
Bakker, N., Dubbeling, S., Sabel Koschella, U., Gundel, S. and Zeeuw, H. (eds) 2000: *Urban Agriculture in the Policy Agenda*. The German Federation for International Development. Feldalig: DSE.
Balaben, O. 1995: *Politics and Ideology: A Philosophical Approach*. London: Avebury Press.
Ballard, J.G. 1973: *Crash*. London: Vintage.
Ballard, J.G. 2006: *Kingdom Come*. London: Harper Collins.
Banai, R. 1996: 'A theoretical assessment of "neotraditional" settlement form by dimensions of performance'. *Environment and Planning B: Environment and Design*, 23(2): 177–90.
Banai, R. 1998: 'The New Urbanism: an assessment of the core commercial areas with perspectives from (retail) location and land-use theories, and the conventional wisdom'. *Environment and Planning B: Environment and Design*, 25(2): 169–85.
Bannerjee, T. and Southworth, M. (eds) 1990: *City Sense and City Design: The Writings and Projects of Kevin Lynch*. Cambridge, MA: MIT Press.
Barnacle, R. 2001: *Phenomenology*. Melbourne: RMIT University Press.
Barnett, J. 1974. *Urban Design as Public Policy: Practical Methods for Improving Cities*. New York: The Architectural Press.
Baron-Cohen, S. 2004: *The Essential Difference*. London: Penguin.
Battle, G. and McCarthy, C.: www.battlemccarthy.com/Sustainable%20Towers%20Website/sustainable%20towers%20_%20Definition.htm.
Baudrillard, J. 1981: *For a Critique of the Political Economy of the Sign*. St Louis, MO: Telos Press.
Baudrillard, J. 1990: *Cool Memories*. London: Verso.
Baudrillard, J. 1996: *Cool Memories II*. Cambridge: Polity Press.
Baudrillard, J. 1997: *Cool Memories III: Fragments*. London: Verso.
Baum, A. and Epstein, Y. 1978: *Human Response to Crowding*. New York: Halstead Press.

Baum, H.S. 1996: 'Why the rational paradigm persists – tales from the field'. *Journal of Planning Education and Research*, 15(4): 263–78.
Beatley, T. 2008: 'Green urbanism: a manifesto for re-earthing cities'. In T. Hass (ed.), *The New Urbanism and Beyond: Designing Cities for the Future*. New York: Rizzoli, pp. 190–6.
Bell, D. and Jayne, M. 2004: *City of Quarters: Urban Villages in the Contemporary City*. Aldershot: Ashgate.
Benedict, M.A. and McMahon, E.T. 2006: *Green Infrastructure: Linking Landscapes and Communities*. Washington, DC: Island Press.
Benevolo, L. 1967: *The Origins of Modern Town Planning* (Vols 1–7). Cambridge, MA: MIT Press.
Benevolo, L. 1980: *The History of the City*. Cambridge, MA: MIT Press.
Benevolo, L. 1993: *The European City*. Oxford: Blackwell.
Benjamin, W. 1997: *Charles Baudelaire*. London: Verso.
Benjamin, W. 1999: *The Arcades Project*. Cambridge, MA: Harvard University Press.
Benton-Short, L., Price, M.D. and Friedman, S. 2005: 'Globalisation from below: the ranking of global immigrant cities'. *International Journal of Urban and Regional Research*, 29(4): 945–59.
Bergren, A. 1998: 'Female fetish, urban form'. In D. Agrest, P. Conway, and L. Weisman (eds), *The Sex of Architecture*. New York: Harry N. Abrams, pp. 73–92.
Berlant, L. and Warner, M. (eds) 1993: 'Sex in public'. In S. During (ed.), *The Cultural Studies Reader*. London: Routledge, pp. 271–91.
Berleant, A. 2007a: 'Cultivating an urban aesthetic'. In A. Berleant and A. Carlson (eds), *The Aesthetics of Human Environments*. Sydney: Broadview Press, pp. 79–91.
Berleant, A. 2007b: 'Deconstructing Disney World'. In A. Berleant and A. Carlson (eds), *The Aesthetics of Human Environments*. Sydney: Broadview Press, pp. 139–49.
Berman, M. 1982: *All that is Solid Melts into Air*. Harmondsworth: Penguin.
Bernstein, B. 1973: *Class Codes and Control: Theoretical Studies Towards a Theory of Language* (Vols 1 and 2). London: Routledge and Kegan Paul.
Bernstein, B. 1977: *Class Codes and Control: Theoretical Studies Towards a Theory of Language* (Vol. 3). London: Routledge and Kegan Paul.
Betsky, A. 1997: *Icons: Magnets of Meaning*. San Francisco: Chronicle Books.
Betsky, A. and Adigard, E. 2000: *Architecture Must Burn: A Manifesto for an Architecture Beyond Building*. London: Thames and Hudson.
Blaikie, N. 1993: *Approaches to Social Enquiry*. Cambridge: Polity Press.
Blake, P. 1964: *God's Own Junkyard. The Planned Deterioration of America's Landscape*. New York: Holt, Rinehart and Winston.
Blanco, H. 1984: 'Comment'. *Journal of Planning Education and Research*, 3(2): 91.
Bleier, R. 1986: *Feminist Approaches to Science*. London: Pergamon.
Blum, D. 1997: *Sex on the Brain*. New York: Viking Press.
Boardman, P. 1944: *Patrick Geddes, Maker of the Future*. Chapel Hill, NC: University of North Carolina Press.
Bocock, R. 1976: *Freud and Modern Society*. Wokingham, Berkshire (UK): Van Nostrand Reinhold.
Bohl, C.C. 2000: 'The New Urbanism: potential applications and implications for distressed inner city neighbourhoods'. *Housing Policy Debate*, 11(4): 761–801.
Borisoff, D. and Hahn, D.F. 1997: 'The mirror in the window: displaying our gender biases'. In S.J. Drucker and G. Gumpert (eds), *Voices in the Street: Explorations in Gender, Media and Public Space*. Cresskill, NJ: Hampton Press, pp. 149–63.
Bosselman, P. 1998: *Representation of Places: Reality and Realism in City Design*. Berkeley, CA: University of California Press.
Bottomore, T. 1983: *A Dictionary of Marxist Thought*. Oxford: Blackwell.

Bourdieu, P. 2000: *Pascalian Meditations*. Cambridge: Polity Press.
Bowlby, S., Lewis, J., McDowell, L. and Ford, J. 1989: 'The geography of gender'. In R. Peet and N. Thrift (eds), *New Models in Geography*. London: Routledge, pp. 157–75.
Boyer, M.C. 1983: *Dreaming the Rational City: The Myth of American City Planning*. Cambridge, MA: MIT Press.
Boyer, M.C. 1994: *The City of Collective Memory*. Cambridge, MA: MIT Press.
Boyle, D. 2003: *Authenticity: Brands, Fakes, Spin, and the Lust for Real Life*. London: Flamingo.
Boys, J. (1985) 'Women and public space'. In Matrix (ed.), *Making Space: Women and the Man-made Environment*. London: Pluto Press, pp. 37–54.
Bracken, I. 1981: *Urban Planning Methods: Research and Policy Analysis*. London: Methuen.
Breman, J. 2003: *The Labouring Poor in India*. Oxford: Oxford University Press.
Bressi, T.W. 1994: 'Planning the American dream'. In P. Katz, *The New Urbanism*. New York: McGraw-Hill, pp. xxv–xlii.
Britz, R. 1981: *The Edible City*. Los Angeles: Kaufmann Inc.
Brizendine, L. 2006: *The Female Brain*. New York: Morgan Road Books.
Brower, S. 2002: 'The sectors of the transect'. *The Journal of Urban Design*, 7(3): 313–20.
Browne, J. (ed.) 2007: *The Future of Gender*. Cambridge: Cambridge University Press.
Browne, K., Lim, J. and Brown, G. (eds) 2007: *Geographies of Sexualities*. Aldershot: Ashgate.
Bubner, R. 1988: *Essays in Hermeneutics and Critical Theory*. New York: Columbia University Press.
Burgess, E.W. 1925: 'The growth of the city'. In R.E. Park, E.W. Burgess and R. McKenzie (eds), *The City: Suggestions of Investigation of Human Behaviour in the Urban Environment*. Chicago, IL: University of Chicago Press, pp. 47–62.
Burke, G. 1976: *Townscapes*. London: Penguin.
Calhoun, C. (ed.) 1992: *Habermas and the Public Sphere*. Cambridge, MA: MIT Press.
Callinicos, A. 2003: *An Anti-capitalist Manifesto*. Oxford: Blackwell.
Camus, A. 1965: *The Plague*. New York: McGraw-Hill.
Camus, A. 2000: *The Rebel*. London: Penguin.
Camus, A. 2006: *The Fall*. London: Penguin.
Cannadine, D. 2002: *What is History Now*? Hampshire: Palgrave McMillan.
Canovan, M. 1983: 'A case of distorted communication: a note on Habermas and Arendt'. *Political Theory*, 2(1): 105–16.
Casey, E.S. 1997: *The Fate of Place: A Philosophical History*. London: California University Press.
Castells, M. 1976: 'Is there an urban sociology?'. In C. Pickvance (ed.), *Urban Sociology: Critical Essays*. London: Tavistock, Chapter 1, pp. 27–42.
Castells, M. 1977: *The Urban Question*. London: Arnold.
Castells, M. 1983: *The City and the Grassroots: A Cross-cultural Theory of Urban Social Movements*. Berkeley, CA: University of California Press.
Castells, M. 1990: *The Shek Kip Mei Syndrome: Economic Development and Public Housing in Hong Kong and Singapore*. London: Pion.
Castells, M. 1996: *The Rise of the Network Society*. Oxford: Blackwell.
Castells, M. 1997: *The Power of Identity*. Oxford: Blackwell.
Castells, M. 1998: *End of Millennium*. Oxford: Blackwell.
Castells, M. 2000: 'Toward a sociology of the network society'. *Contemporary Sociology*, 29(5): 693–9.
Caws, M.A. (ed.) 2001: *Manifesto: A Century of Isms*. Lincoln, NB: University of Nebraska Press.
Celik, Z., Favro, D. and Ingersoll, R. (eds) 1994: *Streets: Critical Perspectives on Public Space*. Berkeley, CA: University of California Press.

Cenzatti, M. 1993: *Los Angeles and the L.A. School: Postmodernism and Urban Studies*. Los Angeles, CA: Los Angeles Forum for Architecture and Urban Design.

Cervero, R. 1998: *The Transit Metropolis: A Global Inquiry*. Washington, DC: Island Press.

Chalmers, A.F. 1999: *What is This Thing Called Science?*. Indianapolis, IN: Hackett.

Chapin, S. and Kaiser, E.J. 1979: *Urban Land Use Planning*. Urbana, IL: University of Illinois Press.

Chaplin, S. 2003 (orig. 2000): 'Heterotopia deserta: Las Vegas and other places'. In A. Cuthbert (ed.), *Designing Cities: Critical Readings in Urban Design*. Oxford: Blackwell, pp. 340–61.

Childe, V.G. 1935: *Man Makes Himself*. London: Watts.

Chmielewska, E. 2005: 'Logos or the resonance of branding: a close reading of the iconosphere of Warsaw'. *Space and Culture*, 8(4): 349–80.

Cinar, A. and Bender, T. (eds) 2002: *Imaginaries: Locating the Modern City*. Minneapolis, MN: University of Minnesota Press.

Clark, G.L. and Dear, M. 1984: *State Apparatus: Structures and Language of Legitimacy*. London: Allen and Unwin.

Clarke, P.W. 1989: 'The economic currency of architectural aesthetics'. In M. Diani and C. Ingraham (eds), *Restructuring Architectural Theory*. Evanston, IL: Northwestern University Press, pp. 48–59.

Clarke, V. and Peel, E. (eds) 2007: *Out in Psychology: Lesbian, Gay, Bisexual, Trans and Queer Perspectives*. Chichester: Wiley.

Cohen, G.A. 1978: *Karl Marx's Theory of History*. Oxford: Clarendon Press.

Collins, G.R. and Collins, C.C.C. 1986: *Camillo Sitte: The Birth of Modern City Planning*. New York: Dover.

Collins, P. 1998: *Changing Ideals in Modern Architecture 1750–1950*. Montreal: McGill–Queens University Press.

Colomina, B. (ed.) 1992: *Sexuality and Space*. New York: Princeton Architectural Press.

Comte-Sponville, A. 2005: *The Little Book of Philosophy*. London: Vintage.

Conrads, U. 1970: *Programs and Manifestos on 20th Century Architecture*. Cambridge, MA: MIT Press.

Conzen, M.P. and Greene, R.P. 2008: 'All the world is not Los Angeles or Chicago: paradigms, schools, archetypes and the urban process'. *Urban Geography*, 29(2): 27–100.

Cosgrove, D. 1984: *Social Formation and Symbolic Landscape*. Madison, WI: University of Wisconsin Press.

Cross, N. (ed.) 1984: *Developments in Design Methodology*, Chichester, NY: Wiley.

Cuff, D. 2003: 'Immanent domain: pervasive computing and the public realm'. *Journal of Architectural Education*, 57(1): 43–9.

Cullen, G. 1961: *The Concise Townscape*. London: The Architectural Press.

Culler, J. 1976: *Saussure*. Glasgow: Collins.

Cuthbert, A.R. 1984: 'Conservation and capital accumulation in Hong Kong'. *The Third World Planning Review*, 6(1): 102–12.

Cuthbert, A.R. 1995: 'The right to the city: surveillance, private interest and the public domain in Hong Kong'. *Cities*, 12(5): 293–310.

Cuthbert, A.R. (ed.) 2003: *Designing Cities: Critical Readings in Urban Design*. Oxford: Blackwell.

Cuthbert, A.R. 2006: *The Form of Cities: Political Economy and Urban Design*. Oxford: Blackwell.

Cuthbert, A.R. 2007: 'Urban design: requiem for an era – review and critique of the last 50 years'. *Urban Design International*, 12(4): 177–223.

Cuthbert, A.R. and McKinnell, K. 1997: 'Ambiguous space, ambiguous rights?: corporate power and social control in Hong Kong'. *Cities*, 12(5): 295–313.

Dalton, L.C. 1986: 'Why the rational paradigm persists: the resistance of professional education and practice to alternative forms of planning'. *Journal of Planning Education and Research*, 15(4): 279–88.
Dandeneker, C. 1990: *Surveillance, Power and Modernity*. New York: St Martin's Press.
Davis, D.E. 2005: 'Cities in global context: a brief intellectual history'. *International Journal of Urban and Regional Research*, 29(1): 92–109.
Davis, M. 1990: *City of Quartz*. London: Verso.
Davis, M. 2004: 'Planet of slums'. *New Left Review*, 26(1): 5–34.
Davis, M. 2006a: *Planet of Slums*. London: Verso.
Davis, M. 2006b: 'Fear and money in Dubai'. *New Left Review*, 41(1): 47–68.
Davison, G. 2005: 'Australia: the first suburban nation', *Journal of Urban History*, 22(1): 40–74.
Dawkins, J. and Searle, G. 1995: *The Australian Debate on Urban Consolidation 1985–1994: A Selective Bibliography*. Sydney: Faculty of Architecture, Design and Building, University of Technology.
Day, K. 1997: 'Better safe than sorry? Consequences of sexual assault prevention for women in urban space'. *Perspectives on Social Problems*, 9: 83–101.
Day, K. 1999: 'Embassies and sanctuaries: women's experiences of race and fear in public space'. *Environment and Planning D: Society and Space*, 17: 307–28.
Day, K. 2000: 'The New Urbanism and the challenges of designing for diversity'. *Journal of Planning Education and Research*, 23(1): 83–95.
De Beauvoir, S. 1972: *The Second Sex*. Harmondsworth: Penguin.
De Botton, A. 2002: *The Art of Travel*. London: Penguin.
De Botton, A. 2004: *Status Anxiety*. London: Hamish Hamilton.
De Cante, L. 2008: *Heterotopia and the City: Public Space in a Post Civil Society*. Oxford: Routledge.
de Certeau, M. 1984: *The Practice of Everyday Life*. Berkeley, CA: University of California Press.
de Certeau, M. 1988: *The Writing of History*. New York: Columbia University Press.
de Certeau, M. 1993: 'Walking in the city'. In S. During (ed.), *The Cultural Studies Reader*. London: Routledge.
Dear, M. 2000: *The Postmodern Urban Condition*. Oxford: Blackwell.
Dear, M. 2002: 'Los Angeles and the Chicago School. Invitation to a debate'. *City and Community*, 1(1): 5–32.
Dear, M. 2003: 'The Los Angeles school of urbanism: an intellectual history'. *Urban Geography*, 24(6): 493–509.
Dear, M. and Dishman, J.D. (eds) 2002: *From Chicago to L.A.: Making Sense of Urban Theory*. Thousand Oaks, CA: Sage.
Dear, M. and Flusty, S. 1998: 'Postmodern urbanism'. *Annals of the Association of American Geographers*, 88: 50–72.
Debord, G. 1983 (orig. 1967): *The Society of the Spectacle*. London: Practical Paradise Publications.
Del Cerro, G. 2007: *Bilbao: Basque Pathways to Globalisation*. London: Elsevier.
Delafons, J. 1998: 'Democracy and design'. In B. Scheer and W.F.E. Preiser (eds), *Design Review: Challenging Urban Aesthetic Control*. New York: Chapman and Hall, pp. 13–19.
Demeterio, F. 2001: www.geocities.com/philodept/diwatao/critical_hermeneutics.htm.
Dennis, R. 2004: 'Slums'. In S. Harrison, S. Pile and N. Thrift (eds), *Patterned Ground: Entanglements of Nature and Culture*. London: Reaktion Books.
Diaz, O.F. and Fainstein, S. 2009: 'The new mega-projects: genesis and impacts'. *International Journal of Urban and Regional Research*, 32(4): 759–67.

Diesendorf, M. 2005: 'Growth of municipalities: a snapshot of sustainable development in China'. In C. Hargroves and M. Smith, *The Natural Advantage of Nations*. London: Earthscan, pp. 303–6.

Douglas, M., Ho, K.C. and Ooi, G.L. 2008: *Globalisation, the City and Civil Society in Pacific Asia: The Social Production of Civil Spaces*. London: Routledge.

Downey, J. and McGuigan, J. (eds) 1999: *Technocities*. Thousand Oaks, CA: Sage.

Drucker, S.J. and Gumpert, G. (eds) 1997: *Voices in the Street: Explorations in Gender, Media and Public Space*. Cresskill, NJ: Hampton Press.

D'Souza, A.D. and McDonough, T. 2006: *The Invisible Flâneuse*. Manchester: Manchester University Press.

Duany, A. 2000: 'A new theory of urbanism'. *The Scientific American*, 283(6): 90–1.

Duany, A. 2002: 'Introduction to the special issue: the transect'. *The Journal of Urban Design*, 7(3): 251–60.

Duany, A. and Talen, E. (eds) 2002: 'The transect'. *The Journal of Urban Design* (Special Issue), 7(3).

Duany, A., Plater-Zyberk, E. and Speck, J. 2000: *Suburban Nation: The Rise of Sprawl and the Decline of the American Dream*. New York: North Point Press.

Duany, Plater-Zyberk and Co. (2000) *The Lexicon of the New Urbanism*. C3.1–C3.2.

Dunleavy, P. 1981: *The Politics of Mass Housing in Britain 1945–75*. Oxford: Clarendon.

During, S. (ed.) 1993: *The Cultural Studies Reader*. London: Routledge.

Eagleton, T. 1990: *The Ideology of the Aesthetic*. Oxford: Blackwell.

Easterling, K. 2005: *Enduring Innocence: Global Architecture and Its Political Masquerades*. Cambridge, MA: MIT Press.

Eaton, R. 2001: *Ideal Cities*. New York: Thames and Hudson.

Eco, U. 1986: *Travels in Hyper-reality*. London: Picador.

Edelman, B. 1977: *Political Language: Words that Succeed, Policies that Fail*. New York: Academic Press.

Eichler, J. (ed.) 1995: *Change of Plans: Towards a Non-sexist Sustainable City*. Toronto: Garamond Press.

Ellis, C. 2002: 'The New Urbanism: critiques and rebuttals'. *The Journal of Urban Design*, 73(3): 261–91.

Elsheshtawy, Y. 2008: 'Transitory sites: mapping Dubai's "forgotten" spaces'. *International Journal of Urban and Regional Research*, 32(4): 968–88.

Embong, A.R. 2000: 'Globalisation and transnational class relations: some problems of conceptualisation'. *The Third World Quarterly*, 21(6): 989–1000.

Engels, F. 1973 (orig. 1892): *The Condition of the Working Class in England*. London: Lawrence and Wishart.

Eran, B.J. and Szold, T.S. 2005: *Regulating Place: Standards and the Shaping of Urban America*. London: Routledge.

Evans, G. 2003: 'Hard branding the city: from Prado to Prada'. *International Journal of Urban and Regional Research*, 27(2): 417–40.

Fainstein, S.S. 2002: 'One year on: reflections on September 11th and the "war on terrorism": regulating New York City's visitors in the aftermath of September 11th'. *International Journal of Urban and Regional Research*, 26(3): 591–5.

Fainstein, S.S. 2009: 'Mega-projects in New York, London and Amsterdam'. *International Journal of Urban and Regional Research*, 32(4): 768–85.

Fainstein, S.S. and Servon L.J. 2005: *Gender and Planning: A Reader*. New Jersey: Rutgers University Press.

Falconer, A.K. 2001: 'The New Urbanism: where and for whom? investigation of a new paradigm'. *Urban Geography*, 22(3): 202–19.

Fann, K.T. 1969: *Wittgenstein's Conception of Philosophy*. Berkeley, CA: University of California Press, p. 37.

Fanon, F. 1965: *The Wretched of the Earth*. Farringdon, London: Macgibbon and Kee.
Fanon, F. 1967: *Black Skin, White Masks*. New York: Grove Press.
Farr, D. 2008: *Sustainable Urbanism: Urban Design with Nature*. Hoboken, NJ: Wiley.
Fauque, R. 1986: 'For a new semiological approach to the city'. In M. Gottdiener, P. Alexandros and A. Lagopoulos, *The City and the Sign: An Introduction to Urban Semiotics*. New York: Columbia University Press, pp. 137–60.
Fernandez-Armesto, F. 2002: *The World, a History* (Vol. 1). Upper Saddle River, NJ: Prentice Hall.
Feyerabend, P. 1975: *Against Method*. London: Verso.
Feyerabend, P. 1987: *Farewell to Reason*. London: Verso.
Feyerabend, P. 1995: *Killing Time: The Autobiography of Paul Feyerabend*. Chicago, IL: University of Chicago Press.
Fishman, R. 1987: *Bourgeois Utopias: The Rise and Fall of Suburbia*. New York: Basic Books.
Fletcher, Sir B. 1961 (orig. 1897): *A History of Architecture on the Comparative Method*. London: B.T. Batsford and New York: C. Scribner's Sons.
Florida, R. 2003: *The Rise of the Creative Class*. Melbourne: Pluto.
Florida, R. 2005: *The Flight of the Creative Class*. New York: Harper Collins.
Flyvbjerg, B. 2005: 'Machiavellan megaprojects'. *Antipode*, 37(1): 18–22.
Flyvbjerg, B., Bruzelius, N. and Rothengatter W. 2003: *Megaprojects and Risk: An Anatomy of Ambition*. Cambridge: Cambridge University Press.
Fogelson, R.E. 1986: *Planning the Capitalist City: The Colonial Era to the 1920's*. Princeton, NJ: Princeton University Press.
Ford, L.R. 1999: 'Lynch revisited: New Urbanism and theories of good city form'. *Cities*, 16(4): 247–57.
Foucault, M. 2002 (orig. 1966): *The Order of Things: Archaeology of the Human Sciences*. London: Routledge.
Frampton, K. 2000: 'The status of man and the status of his objects: a reading of the human condition'. In M. Hays (ed.), *Architecture Theory Since 1968*. Cambridge, MA: MIT Press, pp. 362–77.
Franck, K. and Paxson, L. 1989: 'Women and urban public space'. In I. Altman and E. Zube (eds), *Public Spaces and Places*. New York: Plenum, pp. 121–46.
Frankel, B. 1983: *Beyond the State*. London: Macmillan.
Franklin, B. and Tait, M. 2002: 'Constructing an image: the urban village concept in the U.K.' *Planning Theory*, 1(3): 250–72.
Fraser, N. 1990: 'Rethinking the public sphere: a contribution to actually existing democracy'. *Social Text*, 25/26(1): 56–9.
Frers, L. and Meier, L. (eds) 2007: *Encountering Urban Places: Visual and Material Performances in the City*. Aldershot: Ashgate.
Fritzsches, P. 2004: *Stranded in the Present*. Cambridge, MA: Harvard University Press.
Fukuyama, F. 2006: *The End of History and the Last Man*. New York: The Free Press.
Fulbrook, M. 2002: *Historical Theory*. London: Routledge.
Fulton, W. 1996: 'New Urbanism as sustainable growth?: a supply side story'. *Environment and Planning D: Society and Space*, 15(3): 349–72.
Gadamer, H.G. 1989: *Truth and Method*. New York: Crossroad.
Galinsky.com: www.galinsky.com/buildings/marseille/index.htm.
Gans, H. 2005 (orig. 1962): 'Urbanism and suburbanism as ways of life'. In J. Lin and C. Mele (eds), *The Urban Sociology Reader*. London: Routledge, pp. 42–50.
Garde, A. 2004: 'New Urbanism as sustainable growth: a supply-side story and its implications for sustainable growth'. *Journal of Planning Education and Research*, 24(2): 154–70.

Gardiner, C.B. 1989: 'Analysing gender in public places: rethinking Goffman's vision of everyday life'. *American Sociologist*, 20(1): 42–56.

Garreau, J. 1991: *Edge City: Life on the New Frontier*. New York: Anchor.

Geary, D. 1998: *Male, Female: The Evolution of Human Sex Differences*. New York: The American Psychological Association.

Geddes, P. 1997 (orig. 1915): *Cities in Evolution: An Introduction to the Town Planning Movement and the Study of Civics*. London: Routledge.

Geist, J.F. 1985: *Arcades. The History of a Building Type*. New York: Oxford University Press.

Gibberd, F. 1953: *Town Design*. New York: Praeger.

Gibson-Graham, J.K. 1996: *The End of Capitalism (as we knew it): A Feminist Critique of Political Economy*. Oxford: Blackwell.

Giddens, A. 1974: *Positivism and Sociology*. London: Heinemann.

Giedion, S. 1941: *Space, Time and Architecture*. Cambridge, MA: Harvard University Press.

Gilbert, A. 2007: 'The return of the slum: does language matter?'. *International Journal of Urban and Regional Research*, 31(4): 697–713.

Gindroz, R. 2003: *The Urban Design Handbook: Techniques and Working Methods*. New York: W.W. Norton.

Girardet, H. 1999: *Creating Sustainable Cities*. Dartington: Green Books.

Gleber, A. 1999: *The Art of Taking a Walk; Flânerie, Literature, and Film in Weimar Culture*. Princeton, NJ: Princeton University Press, pp. 3–63.

Goakes, R.J. 1987: *How to Design the Aesthetics of Townscape*. Brisbane: Boolarong Publications.

Golanyi, G.S. 1996: 'Urban design morphology and thermal performance'. *Atmospheric Environment*, 30(3): 455–65.

Gomez, M.V. and Gonzalez, S. 2001: 'A reply to Beatriz Plaza's "The Guggenheim Bilbao museum effect"'. *International Journal of Urban and Regional Research*, 25(4): 898–900.

Goodchild, B. 1997: *Urban Planning*. Maiden, MA: Blackwell Science.

Goode, T. 1992: 'Typological theory in the United States'. *The Journal of Architectural Education*, 46(1): 2–14.

Gorbachev, M.S. 2006: *Manifesto for the Earth: Action Now for Peace, Justice and a Sustainable Future*. Forest Row: Clairview.

Gordon, D.L.A. and Tamminga, T. 2002: 'Large scale traditional neighbourhood development and pre-emptive ecosystem planning: the Markham experience'. *Journal of Urban Design*, 7(3): 321–40.

Gosling, D. 2003: *The Evolution of American Urban Design: A Chronological Anthology*. Hoboken NJ: Wiley-Academy.

Gospodini, A. 2002: 'European cities in competition and the "uses" of urban design'. *Journal of Urban Design*, 7(1): 59–73.

Gottdiener, M. 1977: *Planned Sprawl: Private and Public Interests in Suburbia*. Beverly Hills, CA: Sage.

Gottdiener, M. 1985: *The Social Production of Urban Space*. Austin, TX: University of Texas Press.

Gottdiener, M. 1986: 'Recapturing the centre: a semiotic analysis of the shopping mall'. In M. Gottdiener and A. Lagopoulos (eds) 1986: *The City and the Sign: An Introduction to Urban Semiotics*. New York: Columbia University Press.

Gottdiener, M. 1994: *The New Urban Sociology*. New York: McGraw-Hill.

Gottdiener, M. 1995: *Postmodern Semiotics*. Oxford: Blackwell.

Gottdiener, M. 1997: *The Theming of America: Dreams, Visions and Commercial Spaces*. Boulder, CO: Westview.

Gottdeiner, M. and Klephart, G. (eds) 1991: 'The multinucleated metropolitan region'. In R. Kling, O. Spencer and M. Poster (eds), *Postsuburban California: The Transformation of Orange County since World War II*. Berkeley, CA: University of California Press, pp. 31–54.

Gottdiener, M. and Lagopoulos, A. (eds) 1986: *The City and the Sign: An Introduction to Urban Semiotics*. New York: Columbia University Press.

Gottdiener, M., Collins, C. and Dickens, D. 1999: *Las Vegas: The Social Production of the All-American City*. Maiden, MA: Blackwell.

Gottmann, J. 1961: *Megalopolis: The Urbanised North-Eastern Seaboard of the United States*. New York: Twentieth Century Fund.

Graham, G. 1997: *Philosophy of the Arts: An Introduction to Aesthetics*. London: Routledge.

Grant, J. 2002: 'Exploring the influence of New Urbanism'. *Journal of Planning Education and Research*, 20(3): 234–53.

Grant, J. 2005: *Planning the Good Community: New Urbanism in Theory and Practice*. London: Routledge.

Grant, J. 2008: 'Planning the new community: the New Urbanism in theory and practice'. *Planning Theory*, 7(1): 103–15.

Grant, L., Ward, K.B. and Rong, X.L. 1987: 'Is there an association between gender and methods in sociological research?'. *American Sociological Review*, 52(6): 856–62.

Gray, J. 2002: *Straw Dogs*. London: Granta.

Greed, H. 1994: *Women and Planning: Creating Gendered Realities*. London: Routledge.

Greenberg, M. 2003: 'The limits of branding: the world trade centre, fiscal crisis and the marketing of recovery'. *International Journal of Urban and Regional Research*, 27(2): 386–416.

Guhathakura, S. 1999: 'Urban modelling and contemporary planning theory: is there a common ground?'. *Journal of Planning Education and Research*, 18(4): 281–92.

Gutkind, E.A. 1964: *The International History of City Development* (8 vols). New York: The Free Press of Glencoe.

Gwyther, G. 2004: 'Paradise planned: community formation and the master planned estate'. *Urban Policy and Research*, 23(1): 57–72.

Haas, T. (ed.) 2008: *The New Urbanism and Beyond: Designing New Cities for the Future*. New York: Rizzoli.

Habermas, J. 1970: 'Towards a theory of communicative competence'. *Inquiry: An Interdisciplinary Journal of Philosophy*, 13(1): 360–75.

Habermas, J. 1971: *Towards a Rational Society*. London: Heinemann.

Habermas, J. 1972: *Knowledge and Human Interests*. Cambridge: Polity Press.

Habermas, J. 1979: *Communication and the Evolution of Society*. Toronto: Beacon Press.

Habermas, J. 1989: *The Structural Transformation of the Public Sphere*. Cambridge: Polity Press.

Hacking, I. 1983: *Representing and Intervening: Introductory Topics in the Philosophy of Natural Science*. Cambridge: Cambridge University Press.

Haggerty, E.H. and McGarry, M. (eds) 2007: *A Companion to Lesbian, Gay, Bisexual, Transgender and Queer Studies*. Oxford: Blackwell.

Hall, K. and Porterfield, G. 2000: *Community by Design: New Urbanism for Suburbs and Small Communities*. New York: McGraw-Hill.

Hall, P. 1982: *Great Planning Disasters*. Harmondsworth: Penguin.

Hall, P. 1988: *Cities of Tomorrow: An Intellectual History of Urban Planning and Design in the Twentieth Century*. Cambridge, MA: Basil Blackwell.

Hall, P. 1998: *Cities in Civilization*. London: Weidenfeld and Nicholson.

Hall, S. and Gieben, B. (eds) 1992: *Formations of Modernity*. Cambridge: Polity Press.

Halprin, L. 1966: *Freeways*. New York: Reinhold.

Hamm, B. and Pandurang, K.M. (eds) 1998: *Sustainable Development and the Future of Cities*. London: Intermediate Technology Publications.
Hammond, M., Howarth, J. and Keat, R. (eds) 1991: *Understanding Phenomenology*. Oxford: Blackwell.
Hanson, J. 2003: *Decoding Home and Houses*. Cambridge: Cambridge University Press.
Haraway, D.J. 1991: *Simians, Cyborgs, and Women. The Reinvention of Nature*. London: Routledge, pp. 271–91.
Haraway, D.J. 1993: 'A cyborg manifesto'. In S. During (ed.), *The Cultural Studies Reader*. London: Routledge, pp. 271–92.
Harding, S.G. (ed.) 1987: *Feminism and Methodology*. Bloomington, IN: Indiana University Press.
Harding, S.G. 1991: *Whose Science, Whose Knowledge? Thinking for Women*. Ithaca, NY: Cornell University Press.
Harding, S.G. 1998: *Is Science Multicultural?: Postcolonialisms, Feminisms and Epistemologies*. Indianapolis, IN: Indianapolis University Press.
Harding, S.G. (ed.) 2004: *The Feminist Standpoint Reader: Intellectual and Political Commentaries*. London: Routledge.
Hardt, M. and Negri, A. 2000: *Empire*. Cambridge, MA: Harvard University Press.
Hardt, M. and Negri, A. 2005: *Multitude*. London: Penguin.
Hargroves, C. and Smith, M. 2005: *The Natural Advantage of Nations*. London: Earthscan.
Harloe, M., Issacharoff, R. and Minns, R. 1974: *The Organisation of Housing*. London: Heinemann.
Harrill, R. 1999: 'Political ecology and planning theory'. *The Journal of Planning Education and Research*, 19(1): 67–75.
Harris, C.D. and Ullman, E.L. 1945: 'The nature of cities'. *Annals of the American Academy of Political and Social Science*, 242: 7–17.
Harris, N. 1990: *The End of the Third World*. London: Penguin.
Hartsock, N.C.M. (ed.) 1991: *The Feminist Standpoint Revisited, and Other Essays*. Oxford: Westview Press.
Harvey, D. 1973: *Social Justice and the City*. London: Arnold.
Harvey, D. 1979: 'Monument and myth'. *Annals of the Association of American Geographers*, 68(3): 362–81.
Harvey, D. 1982: *The Limits to Capital*. Oxford: Blackwell.
Harvey, D. 1985: *The Urbanisation of Capital*. Oxford: Blackwell.
Harvey, D. 1989: *The Condition of Postmodernity*. Oxford: Blackwell.
Harvey, D. 2003: *The New Imperialism*. Oxford: Oxford University Press.
Harvey, D. 2007: *Spaces of Global Capitalism: Towards a Theory of Uneven Geographical Development*. London: Verso.
Hashimoto, K. 2002: 'The new urban sociology in Japan: the changing debates'. *Journal of Planning Education and Research*, 26(4): 726–36.
Hawken, P., Lovins, A. and Lovins, L. 1999: *Natural Capitalism: The Next Industrial Revolution*. London: Earthscan.
Hay, I. (ed.) 2005: *Qualitative Research Methods in Human Geography*. South Melbourne: Oxford University Press.
Hayden, D. 1976: *Seven American Utopias: The Architecture of Communitarian Socialism 1790–1975*. Cambridge, MA: MIT Press.
Hayden, D. 1980: 'What would a non-sexist city be like? Speculations on housing, urban design and human work'. In C. Stimpson, E. Dixler, M. Nelson and K. Yatrakis (eds), *Women and the American City*. Chicago, IL: Chicago University Press, pp. 266–81.
Hayden, D. 1981: *The Grand Domestic Revolution: A History of Feminist Designs for American Homes, Neighbourhoods and Cities*. Cambridge, MA: MIT Press.

Hayden, D. 1984: *Redesigning the American Dream: The Future of Housing, Work and Family*. New York: W.W. Norton.
Hayden, D. 2003: *Building Suburbia: Green Fields and Urban Growth 1820–2000*. New York: Pantheon.
Hayles, K. 1999: *How We Became Posthuman. Virtual Bodies in Cybernetics, Literature, and Informatics*. Chicago, IL: Chicago University Press.
Hayllar, B., Griffin, T. and Edwards, D. (eds) 2008: *City Spaces, Tourist Places: Urban Tourism Precincts*. Oxford: Butterworth-Heinemann.
Hays, M. 2000 (ed.): *Architecture Theory since 1968*. Cambridge, MA: MIT Press.
Hebbert, M. 2005: 'Street as a locus of collective memory'. *Environment and Planning D: Society and Space*, 23(4): 581–96.
Hegel, G.W.F. 1977: *The Phenomenology of Spirit*. Oxford: Oxford University Press.
Heidegger, M. 1952: *Being and Time*. New York: Harper.
Heinich, H. 1988: 'The Pompidou Centre and its public. The limits of a utopian site'. In R. Lumley (ed.), *The Museum Time Machine*. London: Comedia.
Held, D. 1980: *Introduction to Critical Theory: Horkheimer to Habermas*. Berkeley, CA: University of California Press.
Hesse-Biber, S., Gilmartin, C. and Lydenberg, R. (eds) 1999: *Feminist Approaches to Theory and Methodology: An Interdisciplinary Reader*. Oxford: Oxford University Press.
Highmore, B. 2006: *Michel De Certeau: Analysing Culture*. London: Continuum.
Hilberseimer, L. 1955: *The Nature of Cities*. Chicago, IL: Paul Theobald.
Hillier, W. and Hanson, J. 1984: *The Social Logic of Space*. Cambridge: Cambridge University Press.
Hillier, W. and Leaman, A. 1976: 'Space syntax'. *Environment and Planning B*, 3(2): 147–85.
Hines, M. 2004: *Brain Gender*. Oxford: Oxford University Press.
Hirshman, L.R. 2006: *Get to Work: A Manifesto for Women of the World*. New York: Viking.
Home, R. 1989: *Planning around London's Megaproject: Canary Wharf and the Isle of Dogs*. Oxford: Butterworth.
Howard, E. 1898: *Tomorrow: A Peaceful Path to Real Reform* (1898), reissued as *Garden Cities of Tomorrow* (1902). Original publisher unknown.
Hoyer, M. 2008: 'See why McNeil's so hot right now'. *The Sunday Telegraph*, Sydney, 15 June: 6.
Hoyt, H. 1933: *One Hundred Years of Land Values in Chicago: The Relationship of the Growth of Chicago to the Rise of Its Land Values, 1830–1933*. Chicago, IL: University of Chicago Press.
Hoyt, H. 1939: *The Structure and Growth of Residential Neighborhoods in American Cities*. Washington, DC: United States Federal Housing Administration.
Huang, E. and Yeoh, S. (eds) 1996: 'Gender and urban space in the tropical world.' *Singapore Journal of Tropical Geography* (Themed Issue).
Huang, M. 1996: *Walking Between Slums and Skyscrapers*. Washington, DC: University of Washington Press.
Hudson, B.M. 1979: 'Comparison of current planning theories. Counterparts and contradictions'. *Journal of the American Planning Association*, 45(4): 387–98.
Hulser, K. 1997: 'Visual browsing: auto flâneurs and roadside ads in the 1950's'. In Lang and Miller (eds), *Suburban Discipline*. New York: Princeton Architectural Press, pp. 26–39.
Husserl, E. 1969: *Ideas: General Introduction to Pure Phenomenology*. London: Allen and Unwin.
Huxley, A. 1960: *Brave New World*. London: Chatto and Windus.

Huxley, M. 1988: 'Feminist urban theory: gender, class and the built environment'. *Transition*, Winter: 39–43.
Huxley, M. 2000: 'The limits to communicative planning'. *Journal of Planning Education and Research*, 19(4): 369–77.
Illich, I. 1983: *Gender*. London: Marion Boyers.
Ince, M. 2003: *Conversations with Manuel Castells*. London: Wiley.
Irazabal, C. 2007: 'Kitsch is dead, long live kitsch: the production of hyperkitsch in Las Vegas'. *Journal of Architectural and Planning Research*, 24(3): 199–219.
Irvine, S. and Ponton, A. 1988: *A Green Manifesto: Policies for a Green Future*. London: Optima.
Isaacs, R. 2000: 'The urban picturesque: an aesthetic experience of urban pedestrian places'. *Journal of Urban Design*, 5(2): 2000.
Jacobs, A. and Appleyard, D. 1987: 'A manifesto'. *American Planning Association Journal*, November.
Jacobs, J. 1961: *The Death and Life of Great American Cities*. New York: Random House.
Jaekel, M. and van Geldermalsen, M. 2006: 'Gender equality and urban development: building better communities for all'. *Global Urban Development Magazine*, 2(1).
Jefferson, C., Rowe, J. and Brebbia, C. (eds) 2001: *Street Design and Management*. Michigan: WIT Press.
Jellicoe, S. and Jellicoe, J. 1987: *The Landscape of Man: Shaping the Environment from Prehistory to the Present*. London: Thames and Hudson.
Jencks, C. 1977: *The Language of Postmodern Architecture*. London: Academy.
Jencks, C. 1993: *Heteropolis: Los Angeles, the Riots, and the Strange Beauty of Hetero-architecture*. New York: St Martin's Press.
Jencks, C. 2005: *The Iconic Building: The Power of Enigma*. London: Francis Lincoln.
Jencks, C. and Kropf, K. (eds) 1997: *Theories and Manifestos of Contemporary Architecture*. Sussex: Wiley.
Jencks, C. and Sudjic, D. 2005: 'Can we still believe in iconic buildings?'. *Prospect*, June: 22–6.
Jenkins, B. 2006: 'The dialectics of design'. *Space and Culture*, 9(2): 195–209.
Jenks, J., Williams, B. and Burton, W. (eds) 1996: *The Compact City: A Sustainable Urban Form?* London, Melbourne: Spon.
Jenks, M. and Burgess, R. 2000: *Compact Cities: Sustainable Urban Form in Developing Countries*. London: Spon.
Jenks, M. and Dempsey, N. (eds) 2005: *Future Forms and Design for Sustainable Cities*. Oxford: The Architectural Press.
Jensen, O.B. 2007: 'Cultural stories: understanding urban branding'. *Planning Theory*, 6(3): 211–36.
Johns, E. 1965: *British Townscapes*. London: Arnold.
Johnson, N. 1994: 'Cast in stone: monuments, geography and nationalism'. *Environment and Planning D, Society and Space*, 14(1): 51–65.
Johnson, P. 1984: *Marxist Aesthetics: The Foundations Within Everyday Life for an Emancipated Consciousness*. Boston: Routledge and Kegan Paul.
Jones, J.C. 1992(1970): *Design Methods: Seeds of Human Futures*. New York: Wiley-Interscience.
Jordanova, J.L. 2000: *History in Practice*. New York: Oxford University Press.
Joyce, J. 1960(Orig. 1922): *Ulysses*. London: Bodley Head.
Joyce, J. 1992(Orig. 1939): *Finnegan's Wake*. London: Penguin
Kagan, R. 2008: *The Return of History and the End of Dreams*. New York: Knopf.
Katz, C. 2006: 'Power space and terror: social reproduction and the built environment'. In S. Low and N. Smith, *The Politics of Public Space*. London: Routledge, pp. 105–21.

Katz, P. 1994: *The New Urbanism*. New York: McGraw-Hill.
Kayden, J.S. 2000: *Privately Owned Public Space*. New York: Wiley.
Keil, R. 1998: *Los Angeles: Globalisation, Urbanisation and Social Struggles*. New York: Wiley.
Kennicott, P. 2007: 'The meaning of a marker for 100 million victims'. *The Washington Post*, 13 June: CO1.
Kimmel, M.S. 2008: *The Gendered Society*. Oxford: Oxford University Press.
Kimura, D. 1993: *Neuromotor Mechanisms in Human Communication*. New York: Oxford University Press.
Kimura, D. 1999: *Sex and Cognition*. Cambridge, MA: MIT Press.
King, A. 2004: *Spaces of Global Cultures: Architecture, Urbanism, Identity*. London: Routledge.
King, A.D. 1990: *Urbanism, Colonialism and the World Economy: Cultural and Spatial Foundations of the World Urban System*. London: Routledge.
Kitchen, P. 1975: *A Most Unsettling Person: An Introduction to the Ideas and Life of Patrick Geddes*. London: Gollancz.
Klein, H. 2007: *Project Planning*. Zurich: Birkhauser.
Knaap, L., Hopkins, D. and Kieran, P. 1998: 'Do plans matter? A game-theoretic model for examining the logic and effects of land use planning'. *Journal of Planning Education and Research*, 18(1): 25–34.
Kogler, H.H. 1996: *The Power of Dialogue: Critical Hermeneutics after Gadamer and Foucault*. Cambridge, MA: MIT Press.
Kohn, M. 2004: *Brave New Neighbourhoods: The Privatisation of Public Space*. London: Routledge.
Kolson, K .2001: *Big Plans: The Allure and Folly of Urban Design*. Baltimore, MD: Johns Hopkins University Press.
Koolhaas, R. 1994: *Delirious New York: A Retroactive Manifesto for Manhattan*. New York: Monacelli Press.
Korn, A, 1953: *History Builds the Town*. London: publisher unknown.
Kostoff, S. 1991: *The City Shaped*. London: Thames and Hudson.
Kostoff, S. 1992: *The City Assembled*. London: Thames and Hudson.
Krampen, M.K. 1979: *Meaning in the Urban Environment*. London: Pion.
Krier, L. 1975: *The Reconstruction of the City*. Brussels: Archives d'Architecture Moderne.
Krier, L. 1978: *Rational Architecture: The Reconstruction of the European City*. Brussels: Archives d'Architecture Moderne.
Krier, L. 1985: *Houses, Palaces, Cities*. London: Academy/St Martin's Press.
Krier, R. 1979: *Urban Space*. New York: Rizzoli.
Kuhn, T. 1962: *The Structure of Scientific Revolutions*. Chicago, IL: University of Chicago Press.
Kumic, I. 2008: 'Revealing the competitive city: spatial political economy and city brands'. Doctoral thesis, Faculty of Architecture, Design and Planning, The University of Sydney, Australia.
Kundera, M. 1985: *The Unbearable Lightness of Being*. London: Faber and Faber.
La Rue, L. 1970: 'The black movement and women's liberation'. *The Black Scholar*, 1: 42.
Lagopoulos, A. 1986: 'Semiotic urban models and modes of production'. In M. Gottdiener, P. Alexandros and A. Lagopoulos, *The City and the Sign: An Introduction to Urban Semiotics*. New York: Columbia University Press, pp. 176–202.
Lamarche, F. 1976: 'Property development and the economic foundation of the urban question'. In C. Pickvance (ed.), *Urban Sociology*. London: Methuen, pp. 45–68.
Landry, C. 2000: *The Creative City*. London: Earthscan.

Lang, J. 2005: *Urban Design: A Typology of Procedures and Products*. New York: Elsevier.
Lang, J.T. 1994: *Urban Design the American Experience*. New York: Van Nostrand.
Lang, R., LeFurgy, J. and Nelson, A.C. 2006: 'The six suburban eras of the United States'. *Opolis*, 2(1): 65–72.
Lash, S. 2002: *Critique of Information*. London: Sage.
Latham, R. 2001: 'A journey towards catching phenomenology'. In R. Barnacle, *Phenomenology*. Melbourne: RMIT Press, pp. 45–57.
Lather, P.A. 2007: *Getting Lost: Feminist Efforts toward a Double(d) Science*. Albany: State University of New York Press.
Laugier, M.A. 1985 (orig. 1763): *Essay on Architecture*. New York: Hennessy and Ingalls.
Laurel, B. (ed.) 2003: *Design Research: Methods and Perspectives*. Cambridge, MA: MIT Press.
Lay, J. 2004: *After Method: Mess in Social Science*. London: Routledge.
Le Corbusier 1980: *Modulor 1 and Modulor 2*. Cambridge, MA: Harvard University Press.
Lechte, J. 1994: *Fifty Key Contemporary Thinkers from Structuralism to Postmodernity*. London: Routledge.
Lefebvre, H. 1976: *The Survival of Capitalism: Reproduction of the Relations of Production*. London: Alison and Busby.
Lefebvre, H. 1991 (orig. 1974): *The Production of Space*. Oxford: Blackwell.
Lehrer, U. and Laidley, J. 2009: 'Old mega-projects newly packaged? Waterfront redevelopment in Toronto'. *International Journal of Urban and Regional Research*, 32(4): 768–803.
Leslie, D. and Reimer, S. 2003: 'Gender, modern design and home consumption'. *Environment and Planning D: Society and Space*, 21(2): 293–314.
Lewis, J. 2002: *Cultural Studies: The Basics*. Thousand Oaks, CA: Sage.
Ley, D. and Olds, K. 1988: 'Landscape as spectacle: worlds fairs and the culture of heroic consumption'. *Environment and Planning D: Society and Space*, 6(2): 191–212.
Light, A. and Smith, J. (eds) 2005: *The Aesthetics of Everyday Life*. New York: Columbia University Press.
Lin, J. and Mele, C. (eds) 2005: *The Urban Sociology Reader*. London: Routledge.
Linebaugh, P. 2008: *The Magna Carta Manifesto: Liberties and Commons for All*. Berkeley, CA: University of California Press.
Lippa, R. 2002: *Gender, Nature, Nurture*. Mahwah, NJ: Lawrence Erlbaum.
Little, J., Peake, L. and Richards, P. 1988: *Women in Cities: Gender in the Urban Environment*. New York: New York University Press.
Llosa, M.V. 2003: *The Way to Paradise*. London: Faber and Faber.
Loevinger, R., Rahder, B.L. and O'Neill, K. 1998: 'Women and planning: education for social change'. *Planning Research and Practice*, 13(2): 247–65.
Lofland, L. 1998: *The Public Realm: Exploring the City's Quintessential Social Theory*. New Jersey: Transaction Publishers.
London Planning Aid Service 1987: *Planning for Women: An Evaluation of Consultation in Three London Boroughs*.
Low, S. 2000: 'How private interests take over public space'. In S. Low and N. Smith, *The Politics of Public Space*. London: Routledge, pp. 81–103.
Low, S. and Smith, N. (eds) 2006: *The Politics of Public Space*. Oxford: Routledge.
Lucarelli, M. 1995: *Lewis Mumford and the Ecological Region: The Politics of Planning*. New York: Guildford Press.
Lukes, S. 1986: *Power*. New York: New York University Press.
Lynch, K. 1960: *The Image of the City*. Cambridge, MA: MIT Press.

Lynch, K. 1971: *Site Planning*. Cambridge, MA: MIT Press.
Lynch, K. 1981: *A Theory of Good City Form*. Cambridge, MA: MIT Press.
Lyon, D. 2003: 'Technology vs "terrorism": circuits of city surveillance since September 11th'. *International Journal of Urban and Regional Research*, 27(3): 666–78.
Lyotard, J.F. 1991: *Phenomenology*. New York: State University of New York Press.
McCann, E.J. 1995: 'Neo-traditional developments: the anatomy of a new urban form'. *Urban Geography*, 16(2): 210–33.
MacCannell, D. 1992: 'The Vietnam memorial in Washington DC'. In D. MacCannell, *Empty Meeting Grounds*. London: Routledge, pp. 280–2.
McCarthy, J. 2006: 'Regeneration of cultural quarters: public art for place image or place identity?'. *Journal of Urban Design*, 11(2): 243–62.
Macauley, D. 2000: 'Walking the city: peripatetic practices and politics'. *Capitalism, Nature, Socialism*, 11(1): 3–43.
McCluskey, J. 1979: *Road Form and Townscape*. London: The Architectural Press.
McDonough, W. and Braungart, M. 1998: 'The next industrial revolution'. *The Atlantic Monthly*, 282(4): 82–92.
MacGregor, S. 1995: 'Deconstructing the man-made city: feminist critiques of planning thought and action'. In J. Eichler (ed.), *Change of Plans: Towards a Non-Sexist Sustainable City*. Toronto: Garamond Press, pp. 25–49.
McHarg, I.L. 1969: *Design with Nature*. Garden City, NY: The Natural History Press.
Mackenzie, S. 1988: 'Building women building cities: towards gender sensitive theory in environmental disciplines'. In C. Andrew and B. Milroy (eds), *Life Spaces: Gender, Household, Employment*. Vancouver: University of British Columbia Press, pp. 126–48.
Mackenzie, S. 1989: 'Women in the city'. In R. Peet and N. Thrift (eds), *New Models in Geography*. London: Winchester, pp. 109–26.
McKeown, K. 1987: *Marxist Political Economy and Marxist Urban Sociology: A Review and Elaboration of Recent Developments*. Basingstoke: Macmillan.
McLoughlin, J.B. 1970: *Urban and Regional Planning: A Systems Approach*. London: Faber and Faber.
McLoughlin, J.B. 1991: 'Urban consolidation and urban sprawl: a question of density'. *Urban Policy and Research*, 9(3): 148–56.
McNeill, D. 2005: 'In search of the global architect: the case of Norman Foster (and partners)'. *International Journal of Urban and Regional Research*, 29(3): 501–15.
McNeill, D. 2007: 'Office buildings and the signature architect: Piano and Foster in Sydney'. *Environment and Planning A*, 39(2): 487–501.
McNeill, D. 2008: *The Global Architect: Firms, Fame and Urban Form*. London: Routledge.
McNeill, D. and Tewdwr-Jones, M. 2003: 'Architecture, banal nationalism and re-territorialisation'. *International Journal of Urban and Regional Research*, 27(3): 738–43.
Madsen, K. (ed.) 1994: 'Women, land, design'. *Landscape Journal* (Themed Issue), 13(2).
Mairet, P. 1957: *Pioneer of Sociology: The Life and Letters of Patrick Geddes*. London: Lund Humphries.
Makarova, E. 2006: 'The New Urbanism in Moscow: the redefinition of public and private space'. Paper presented at the Annual Meeting of the American Sociological Association, Montreal Convention Center, Montreal, Quebec, Canada. University of Virginia: Department of Sociology.
Mandelbaum, S.J., Mazza L., Burchell, R.W. (eds) 1996: *Explorations in Planning Theory*. New Jersey: Rutgers, State University of New Jersey: Centre for Policy Research.

March, L. 1976: 'A Boolean description of a class of built forms'. In L. March (ed.), *The Architecture of Form*, Cambridge: Cambridge University Press, pp. 41–73.

March, L. and Steadman, P. (eds) 1971: *The Geometry of Environment*. London: Methuen.

Marcuse, H. 1978: *The Aesthetic Dimension: Toward a Critique of Marxist Aesthetics*. Boston: Beacon Press.

Marcuse, P. 1962: *Eros and Civilisation: A Philosophical Enquiry into Freud*. New York: Vintage Books.

Marcuse, P. 1968: *Negations: Essays in Critical Theory*. New York: Beacon Books.

Marcuse, P. 2006: 'Security or safety in cities? The threat of terrorism after 9/11'. *International Journal of Urban and Regional Research*, 30(4): 919–29.

Marcuse, P. and Van Kempen, R. (eds) 2000: *Globalising Cities: A New Spatial Order?* Oxford: Blackwell.

Marshall, R. 2003: *Emerging Urbanity: Global Urban Projects in the Asia Pacific Rim*. London: Spon.

Marshall, S. (ed.) 2003: 'New Urbanism'. *The Journal of Urban Design*, Themed Issue, 29(3): 185–271.

Marshall, S. 2009: *Cities, Design and Evolution*. London: Routledge.

Martin, L. and March, L. (eds) 1972: *Urban Space and Structures*. Cambridge: Cambridge University Press.

Martin, R. and Marden, T. 1999: 'Food for urban spaces'. *International Planning Studies*, 4(3): 389–412.

Marx, K. 1959: *Capital* (Vol. 3). London: Lawrence and Wishart.

Marx, K. and Engels, F. 1999 (orig. 1872): *The Communist Manifesto with Related Documents*. Boston: Bedford/St Martin's Press.

Massey, D. 1984: *Spatial Division of Labour: Social Structures and the Geography of Production*. London: Methuen.

Massey, D. 1994: *Space, Place and Gender*. London: Wiley.

Mazlish, B. 1994: 'The *flâneur*: from spectator to representation'. In K. Tester (ed.), *The Flâneur*. London and New York: Routledge.

Meller, H.E. 1990: *Patrick Geddes: Social Evolutionist and City Planner*. London: Routledge.

Mendez, M. 2005: 'Latino New Urbanism. Building on cultural preferences'. *Opolis*, 1(1): 33–48.

Merleau-Ponty, M. 1962: *Phenomenology of Perception*. London: Routledge.

Merrifield, A. 2002: *Metromarxism*. London: Routledge.

Miliband, R. 1973: *The State in Capitalist Society*. New York: Basic Books.

Milicevic, A.S. 2001: 'What happened to the new urban sociology?'. *International Journal of Urban and Regional Research*, 25(4): 759–83.

Miller, D.W. 2000: 'The new urban studies'. Research and Publishing section: A15. Available online at: http://chronicle.com.

Millet, J.M. (ed.) 2004: *Research Methods: A Qualitative Reader*. Upper Saddle River, NJ: Prentice Hall.

Millett, K. 1971: *Sexual Politics*. London: Rupert Hart-Davis.

Minca, C. 2001: *Postmodern Geography: Theory and Praxis*. Oxford: Blackwell.

Mitchell, D. 2003: *The Right to the City: Social Justice and the Fight for Public Space*. New York: Guilford Press.

Mitrasinovic, M. 2006: *Total Landscape, Theme Parks, Public Space*. New York: Ashgate.

Modlich, R. 1994: 'Women plan Toronto'. *Women and Environments*, 14(Spring): 27–8.

Moholy-Nagy, S. 1968: *The Matrix of Man*. London: Pall Mall.

Molotch, H. 2002: 'Schools out: a response to Michael Dear'. *City and Community*, 1(1): 39–43.

Molotch, H. and McClain, N. 2003: 'Dealing with urban terror: heritages of control, varieties of intervention, strategies of research'. *International Journal of Urban and Regional Research*, 27(3): 679–98.

Moor, M. and Rowland, M. 2006: *Urban Design Futures*. Abingdon: Routledge.

Morgan, G. (ed.) 1983: *Beyond Method*. Beverly Hills: Sage.

Morris, A.E.J. 1979: *History of Urban Form: Before the Industrial Revolutions*. London: Godwin.

Moser, C. and Levi, C. 1986: 'A theory and methodology of gender planning: meeting practical and strategic gender needs'. *World Development*, 17(1): 1799–825.

Mougeot, J.A. (ed.) 2000: *Agropolis: The Social, Political and Environmental Dimensions of Urban Agriculture*. London: Earthscan.

Mougeot, J.A. 2006: *Growing Better Cities*. Ottawa: The International Development Centre.

Moughtin, J.C. 2004: *Urban Design: Green Dimensions*. Boston: The Architectural Press.

Moughtin, J.C., Oc, T. and Tiesdell, S. 1995: *Urban Design: Ornament and Decoration*. Oxford: The Architectural Press.

Moughtin, J.C., Cuesta, R., Sarris C.A. and Signoretta, P. 2003: *Urban Design, Method and Techniques*. Oxford: The Architectural Press.

Mulvey, L. 1996: *Fetishism and Curiosity*. Bloomington, IN: Indiana University Press.

Mulvey, L. 2006: *Death 24X A Second: Stillness and the Moving Image*. London: Reaktion Books.

Mumford, L. 1938: *The Culture of Cities*. Basingstoke: Macmillan.

Mumford, L. 1952: *Art and Technics*. New York: Columbia University Press.

Mumford, L. 1961: *The City in History*. New York: Harcourt, Brace and Jovanovitch.

Mumford, L. 1962 (orig. 1922): *The Story of Utopias*. New York: Viking Press.

Mumford, L. 1965: 'Utopia, the city and the machine'. In F.E. Manuel (ed.), *Utopias and Utopian Thought*. Boston: Houghton Mifflin, pp. 10–32.

Munro, M. 2005: 'Does it pay to maintain New Urbanist infrastructure? A fiscal comparison of alternative community forms'. *Plan Canada*, 44(1): 25–8.

Nairn, I. (ed.) 1955: 'Outrage'. *The Architectural Review* (Special Issue).

Nairn, I. (ed.) 1956: 'Counter Attack'. *The Architectural Review* (Special Issue).

Nash, C. 1993: 'Renaming and remapping'. *Feminist Review*, 44(1): 39–57.

Negri, A. 1989: *The Politics of Subversion: A Manifesto for the Twenty-First Century*. Cambridge: Polity Press.

Negt, O. and Kluge, A. 1993: *Public Sphere and Experience: Toward an Analysis of the Bourgeois and Proletarian Public Spheres*. Minneapolis, MN: University of Minnesota Press.

Neuman, W.L. 2003: *Social Science Methods: Qualitative and Quantitative Approaches*. Boston: Allyn and Bacon.

Newman, P. 2006: 'The environmental impact of cities'. *Environment and Urbanization*, 18: 275–95.

Newman, P. and Kenworthy, J. 1989: *Cities and Automobile Dependence*. Aldershot: Gower.

Newman, P. and Kenworthy, J. 1999: *Sustainability and Cities: Overcoming Automobile Dependence*. Washington, DC: Island Press.

Newman, P. and Kenworthy, J. 2006: 'Urban design to reduce automobile dependence in centres'. *Opolis*, 2(3): 35–52

Nightingale, A. 2006: 'The nature of gender: work, gender and environment'. *Environment and Planning D: Society and Space*, 24: 165–85.

Noble, T. 2000: *Social Theory and Social Change*. Basingstoke: Palgrave.

Norberg-Schulz, C. 1965: *Intentions in Architecture*. Cambridge, MA: MIT Press.
Norberg-Schulz, C. 1971: *Existence Space and Architecture*. London: Studio Vista.
Norberg-Schulz, C. 1979: *Genius Loci*. New York: Rizzoli.
Norberg-Schulz, C. 1985: *The Concept of Dwelling*. New York: Rizolli.
Norberg-Schulz, C. 1988: *Architecture, Meaning and Place*. New York: Rizzoli.
O'Connor, J. 1971: *The Fiscal Crisis of the State*. New York: St Martin's Press.
O'Neill, P. 2002: 'Taking the flâneur for a spin to the suburbs: the auto-flâneur and a way of looking at the subject in suburban culture'. Available online at: www.slash seconds.org/issues/002/002/articles/poneill/index.php.
Olds, K. 2001: *Globalisation and Urban Change: Capital, Culture and Pacific Rim Mega-Projects*. Oxford University Press: Oxford.
Olofsson, J. 2008: 'Negotiating figurations for feminist methodologies – a manifest for the fl@neur'. Available online at: www.gjss.nl/vol05/nr01/a05.
Olsen, D.J. 1986: *The City as a Work of Art: London, Paris, Vienna*. New Haven, CT: Yale University Press.
Onfray, M. 2005: *The Atheist Manifesto*. Melbourne, Victoria: University of Melbourne Press.
Orr, D. 2002: *The Nature of Design: Ecology, Culture, and Human Intention*. Oxford: Oxford University Press.
Orueta, F.D. and Fainstein, S. 2008: 'The new mega-projects: genesis and impacts'. *International Journal of Urban and Regional Research*, 32(4): 759–67.
Orwell, G. 1992 (orig. 1933): *Nineteen Eighty-Four*. New York: Knopf.
Oxman, R. 1987: *Urban Design Theories and Methods*. Sydney: University of Sydney, Department of Architecture.
Parfect, M. and Power, G. (eds) 1997: *Planning for Urban Quality: Urban Design in Towns and Cities*. London: Routledge.
Parker, S. 1997: *Reflective Teaching in the Postmodern World: A Manifesto for Education in Postmodernity*. Buckingham: The Open University Press.
Parkhurst, P. 1994: 'The *flâneur* on and off the streets of Paris'. In K. Tester (ed.), *The Flâneur*. London: Routledge, pp. 16–38.
Parsons, D. 2000: *Streetwalking the Metropolis: Women, the City and Modernity*. Oxford: Oxford University Press.
Pearsall, J. (ed.) 2001: *The New Oxford Dictionary of English*. Oxford: Oxford University Press.
Pêcheux, M. 1982: *Language Semantics and Ideology*. London: Macmillan.
Perez-Gomez, A. 2000: 'Introduction to architecture and the crisis of modern science'. In M.K. Hays, *Architecture Theory since 1968*. Boston, MA: MIT Press.
Perlman, J. 1976: *The Myth of Marginality*. Berkeley, CA: University of California Press.
Perry, B. and Harding, A. 2002: 'The future of urban sociology: report of joint sessions of the British and American Sociological Associations'. *International Journal of Urban and Regional Research*, 26(4): 844–53.
Phillips, D.L. 1973: *Abandoning Method*. San Francisco: Jossey-Bass.
Pickford, R.W. 1972: *Psychology and Visual Aesthetics*. London: Hutchinson.
Pickvance, C. (ed.) 1976: *Urban Sociology: Critical Essays*. London: Methuen.
Platt, R. (ed.) 1994: *The Ecological City*. Amherst, MA: University of Massachusetts Press.
Plaza, B. 1999: 'The Guggenheim-Bilbao museum effect: a reply to Maria V. Gomez' "Reflective images: the case of urban regeneration in Glasgow and Bilbao"'. *International Journal of Urban and Regional Research*, 23(3): 1999.
Plaza, B. 2006: 'Return on investment of the Guggenheim museum Bilbao'. *International Journal of Urban and Regional Research*, 30(2): 452–67.

Plaza, B. 2008: 'On some challenges and conditions for the Guggenheim museum Bilbao to be an effective economic re-activator'. *International Journal of Urban and Regional Research*, 32(2): 506–17.

Popper, K.R. 1957: *The Poverty of Historicism*. London: Routledge and Kegan Paul.

Popper, K.R. 1959: *The Logic of Scientific Discovery*. London: Hutchison.

Porteous, D.J. 1996: *Environmental Aesthetics: Ideas, Politics and Planning*. London: Taylor and Francis.

Portes, A. and Stepick, A. 1993: *City on the Edge: The Transformation of Miami*. Berkeley, CA: University of California Press.

Poster, M. 1986: *Foucault, Marxism and History*. Cambridge: Polity Press.

Poulantzas, N. 1973 'The problem of the capitalist state'. In J. Urry and J. Wakeford (eds), *Power in Britain*. London: Heinemann, pp. 291–305.

Pouler, P.J. 1994: 'Disciplinary society and the myth of aesthetic justice'. In B. Scheer and W.F.E. Preiser (eds), *Design Review: Challenging Urban Aesthetic Control*. New York: Chapman and Hall, pp. 175–87.

Powell, R. 1994: *Rethinking the Skyscraper: The Complete Architecture of Ken Yeang*. London: Thames and Hudson.

Preson, J.M. 1998: 'Science as supermarket: "post-modern" themes in Paul Feyerabend's later philosophy of science'. *Studies in the History and Philosophy of Science*, 29(1): 34–52.

Preziosi, D. 1979a: *The Semiotics of the Built Environment*. Indiana: Indiana University Press.

Preziosi, D. 1979b: *Architecture, Language and Meaning: The Origins of the Built World and Its Semiotic Organization*. The Hague: Mouton.

Quon, S. 1999: 'Planning for urban agriculture: a review of the tools and strategies for urban planning – cities feeding people'. Report 28. Ottawa: The International Development Research Centre.

Rao, V. 2006: 'Slum as theory. The South/Asian city and globalization'. *International Journal of Urban and Regional Research*, 30(1): 225–32.

Raphael, M. 1981: *Proudhon, Marx, Picasso: Three Essays in Marxist Aesthetics*. London: Lawrence and Wishart.

Rappoport, A. 1977: *Human Aspects of Urban Form*. Oxford: Pergamon.

Reeves, D. (ed.) 2003: *Gender Mainstreaming Toolkit*. London: The Royal Town Planning Institute. Available online at: www.rtpi.org.uk.

Register, R. 2002: *Building Cities in Balance with Nature*. Berkeley, CA: Berkeley Hills Books.

Relph, E. 1976: *Place and Placelessness*. London: Pion.

Rendell, J., Penner, B. and Borden, I. 2000: *Gender, Space, Architecture*. London: Routledge.

Reps, J.W. 1965: *The Making of Urban America*. Princeton: Princeton University Press.

Ricoeur, P. 1981: *Hermeneutics and the Human Sciences*. Cambridge: Cambridge University Press.

Riegl, A. 1982 (orig. 1903): 'The modern cult of monuments: its character and its origin'. *Oppositions*, 25(1): 21–51.

Rifkind, J. 1995: *The End of Work: The Decline of the Global Work-Force and the Dawn of the Post-Market Era*. New York: G.P. Putnam's Sons.

Ritchie, B.W. 2008: 'Contribution of urban precincts to the economy'. In B. Hayllar, T. Griffin and D. Edwards (eds), *City Spaces, Tourist Places: Urban Tourism Precincts*. Oxford: Butterworth-Heinemann, pp. 151–82.

Roberts, M. 1997: 'Future cities, past lives: gender and nostalgia in three contemporary planning visions'. *Planning Practice and Research*, 12(2): 109–18.

Roberts, M. 1998: 'Urban design, gender and the future of cities'. *The Journal of Urban Design*, 3(2): 133–5.

Roberts, M. and Greed, C. 2001: *Approaching Urban Design: The Design Process*. Harlow: Longman.
Robinson, J. 2002: 'Global and world cities: a view from off the map'. *International Journal of Urban and Regional Research*, 26(3): 531–54.
Roderick, R. 1986: *Habermas and the Foundations of Critical Theory*. New York: St Martin's Press.
Rome, A. 2001: *The Bulldozer in the Countryside: Suburban Sprawl and the Rise of American Environmentalism*. New York: Cambridge University Press.
Roseneau, H. 1983: *The Ideal City*. London: Methuen.
Rothman, H. 2002: *Neon Metropolis: How Las Vegas Started the Twenty-First Century*. New York: Routledge.
Rothschid, J. (ed.) 1999: *Design and Feminism: Re-Visioning Spaces, Places and Everyday Things*. New Jersey: Rutgers University Press.
Rowe, C. and Koetter, F. 1978: *Collage City*. Cambridge, MA: MIT Press.
Roweis, S.T. 1983: 'The professional mediation of territorial politics'. *Environment and Planning D, Society and Space*, 1(3): 139–62.
RTPI Working Party 1985: *Women and Planning in Scotland*. London: Royal Town Planning Institute.
Ruchelman, L.I. 2000: *Cities in the Third Wave: The Technological Transformation of Urban America*. Chicago, IL: Burnham.
Ruddock, S. 1996: 'Constructing difference in public spaces: race, class and gender as interlocking systems'. *Urban Geography*, 17(2): 132–51.
Rudofsky, B. 1969: *Streets for People*. Garden City, NY: Doubleday.
Rutheiser, C. 1997: 'Beyond the radiant garden city beautiful: notes on the New Urbanism'. *City and Society*, 91(1): 117–33.
Rykwert, J. 1976: *The Idea of a Town: The Anthropology of Urban Form in Rome, Italy and the Ancient World*. London: Faber and Faber
Saab, J.A. 2007: 'Historical amnesia: New Urbanism and the city of tomorrow'. *Journal of Planning History*, 6(3): 191–213.
Saarikoski, H. 2002: 'Naturalized epistemology and dilemmas of planning practice'. *Journal of Planning Education and Research*, 22(1): 3–14.
Said, E. 1978: *Orientalism*. London: Routledge and Kegan Paul.
Sander, C. 2003: *Migrant Remittances to Developing Countries: A Scoping Study*. London: Bannock Consulting.
Sandercock, L. and Forsyth, A. 1992: 'A gender agenda: new directions for planning theory'. *Journal of the American Planning Association*, 58(1): 49–60.
Saraswati, T. 2000: *Modernisation, Issues of Gender and Space*. Jogyakarta: Jurusan Teknik Arsitektur, Facultas Teknik Sipil dan Perencanaan, Universitas Kristen Petra, pp. 17–23.
Sartre, J.P. 1949: *Nausea*. Norfolk, CN: New Directions.
Sartre, J.P. 1992: *Being and Nothingness: A Phenomenological Essay on Ontology*. New York: Washington Square Press.
Sassen, S. 1991: *The Global City*. New York, London, Tokyo, Princeton, NJ: Princeton University Press.
Sassen, S. 2000: *Cities in the World Economy*. Thousand Oaks, CA: New York Press.
Satterthwaite, D. (ed.) 1999: *Sustainable Cities*. London: Earthscan.
Saunders, P. 1976: *Urban Sociology: Critical Essays*. London: Methuen.
Saunders, P. 1986: *Social Theory and the Urban Question*. London: Hutchinson.
Sayer, A. 1976: 'A critique of urban modelling'. *Progress in Planning*, 6(3): 187–254.
Sayer, A. 1984: *Method in Social Science*. London: Hutchinson.
Scheer, B.C. and Preiser, W.F.E. 1994: *Design Review: Challenging Aesthetic Control*. New York: Chapman and Hall.

Schorske, C.E. 1981: *Fin de Siècle Vienna*. New York: Vintage.
Schottler, P. 1989: 'Historians and discourse analysis'. *History Workshop Journal*, 27: 37–65.
Scott, A.J. 1980: *The Urban Land Nexus and the State*. London: Pion.
Scott, A.J. 1993: *Technopolis: High Technology Industry and Regional Development in Southern California*. Berkeley, CA: University of California Press.
Scott, A.J. 2000: *The Cultural Economy of Cities*. London: Sage.
Scott, A.J. and Roweis, S.T. 1977: 'Urban planning in theory and practice: a reappraisal'. *Environment and Planning D: Society and Space*, 9(4): 1097–119.
Scott, A.J. and Soja, E.W. 1986: 'Los Angeles: capital of the late 20th century'. *Environment and Planning D: Society and Space*, 4(3): 249–54.
Scott, J. 1999: *Gender and the Politics of History*. New York: Columbia University Press.
Scruton, R. 1974: *Art and Imagination*. London: Methuen.
Scruton, R. 1979: *The Aesthetics of Architecture*. Princeton: Princeton University Press.
Seabrook, J. 1996: *Cities of the South*. London: Verso.
Searle, G.H. 2007: 'Sydney's urban consolidation experience: power, politics and community'. Research Paper 12, Urban Research Program, Griffith University, Urban Research Program, Griffith University, Brisbane.
Sebald, W.G. 1995: *The Rings of Saturn*. London: The Harvell Press.
Sendich, E. 2006: *Planning and Urban Design Standards*. New York: Wiley.
Sennet, R. 1986: *The Fall of Public Man*. London: Faber and Faber.
Serres, M. and Latour, B. 1995: *Conversations on Science, Culture and Time*. Ann Arbor, MI: University of Michigan Press.
Sharpe, W. and Wallock, L. 1994: 'Bold new city or build up "burb": redefining contemporary suburbia'. *American Quarterly*, 46(1): 1–30.
Short, C.R. 1982: *Housing in Britain*. London: Methuen.
Silverman, D. 2001: *Interpreting Qualitative Data: Theory and Method in Qualitative Research*. Thousand Oaks, CA: Sage.
Simkin, C.G.F. 1993: *Popper's Views on Natural and Social Science*. New York: Leiden.
Simmel, G. 2000 (orig. 1903): 'The metropolis and mental life'. In M. Miles, T. Hall and I. Borden (eds), *The City Cultures Reader*. London: Routledge, pp. 12–19.
Simon, H. 1969: *The Sciences of the Artificial*. Cambridge, MA: MIT Press.
Sitte, C. 1945 (orig. 1889): *The Art of Building Cities: City Building According to its Artistic Fundamentals*. New York: Reinhold.
Sklair, L. 2002: *Globalisation: Capitalism and its Alternatives*. Oxford: Oxford University Press.
Sklair, L. 2005: 'The transnationalist capitalist class and contemporary architecture in globalising cities'. *International Journal of Urban and Regional Research*, 29(3): 485–500.
Sklair, L. 2006: 'Do cities need icons – iconic architecture and capitalist globalisation'. *City*, 10(1): 21–47.
Slater, D.C. and Morris, M. 1990: 'A critical look at neo-traditional town planning'. PAS Memo.
Slater, P. 1977: *The Origins and Significance of the Frankfurt School: A Marxist Approach*. London: Routledge.
Smith, D. 2001: *Transnational Urbanism*. Oxford: Blackwell.
Smith, N. 1996: *New Urban Frontier: Gentrification and the Revanchist City*. London: Routledge.
Smith, N. 2002: 'New globalism, New Urbanism: gentrification as global urban strategy'. *Antipode*, 34(3): 434–57.

Smith, P. 1974: *The Dynamics of Urbanism*. London: Hutchinson.
Smith, P. 1976: *The Syntax of Cities*. London: Hutchinson.
Soja, E.W. 1986: 'Taking Los Angeles apart: some fragments of a critical human geography'. *Environment and Planning D: Society and Space*, 4(3): 255–72.
Soja, E.W. 1996: *Thirdspace: Journeys to Los Angeles and Other Real-and-Imagined Places*. Oxford: Blackwell.
Soja, E.W. 2000: *Postmetropolis*. Oxford: Blackwell.
Sorensen, A., Marcotullio, P. and Grant J. (eds) 2004: *Perspectives on Managing Urban Regions*. Aldershot: Ashgate.
Sorkin, M. (ed.) 1992: *Variations on a Theme Park: The New American City and the End of Public Space*. New York: Harper Collins.
Spain, D. 1992: *Gendered Spaces*. Chapel Hill, NC: University of North Carolina Press.
Sprieregen, P. 1965: *Urban Design: The Architecture of Towns and Cities*. New York: McGraw-Hill.
Stanley, B. 2005: 'Middle-East city networks and the New Urbanism'. *Cities*, 223: 189–99.
Steadman, P. 2001: 'Binary encoding of a class of rectangular built-forms. Proceedings'. Paper presented at the 3rd International Space Syntax Symposium, Atlanta, GA: 1–15 September.
Steadman-Jones, G. 1981: 'Utopian socialism reconsidered'. In R. Samuel (ed.), *People's History and Socialist Theory*. London: Routledge and Kegan Paul.
Stein, S.M. and Harper, T.L. 2003: 'Power, trust, and planning'. *Journal of Planning Education and Research*, 23(2): 125–39.
Stephenson, B. 2002: 'The roots of the New Urbanism: John Nolen's Garden City ethic'. *The Journal of Planning History*, 1(2): 99–123.
Stephenson, N. 1992: *Snow Crash*. London: Penguin.
Stevens, Q. and Dovey, K. 2004: 'Appropriating the spectacle: play and politics in a leisure landscape'. *Journal of Urban Design*, 9(3): 351–65.
Stillwell, F. 2002: *Political Economy: The Contest of Economic Ideas*. Melbourne: Oxford University Press.
Stretton, H. 1970: *Ideas for Australian Cities*. Melbourne: Georgian House.
Stretton, H. 1996: 'Density, efficiency and equality in Australian cities'. In M. Jenks, E. Burton and K. Williams (eds), *The Compact City: A Sustainable Urban Form?* London: Spon, pp. 45–52.
Sudjic, D. 1991: *The Hundred Mile City*. New York: Andre Deutsch.
Sulaiman, A.B. 2002: 'The role of streets in creating the sense of place of Malaysian cities'. Paper presented at the Great Asian Streets symposium on Public Space, 25–26 July 2002. NUS Singapore.
Sutton, S. 1996: 'Resisting the patriarchal norms of professional education'. In D. Agrest, P. Conway and L. Weisman (eds), *The Sex of Architecture*. New York: Abrams, pp. 287–94.
Swyngedouw, E. 1996: 'The city as hybrid: on nature, society and cyborg urbanisation'. *Capitalism, Nature, Socialism*, 7(2): 65–80.
Swyngedouw, E., Moulaert, F. and Rodriguez, A. 2002: 'Neoliberal urbanisation in Europe: large scale urban redevelopment projects and the New Urban policy'. In N. Brenner and N. Theodore (eds), *Spaces of Neoliberalism: Urban Restructuring in North America and Europe*. Oxford: Blackwell.
Szelenyi, I. 1983: *Urban Inequalities under State Socialism*. Oxford: Oxford University Press.
Szemanski, R. 2008: *Fans of the World Unite: A (Capitalist) Manifesto for Sports Consumers*. Stanford, CA: Stanford Economics and Finance.

Tafuri, M. 1976: *Architecture and Utopia: Design and Capitalist Development*. Cambridge, MA: MIT Press.
Tafuri, M. 1980: *Theories and History of Architecture*. New York: Harper and Rowe.
Talen, E. 2000: 'New Urbanism and the culture of criticism'. *Urban Geography*, 21(4): 318–41.
Talen, E. 2002a: 'Help for urban planning: the transect strategy'. *Journal of Urban Design*, 7(3): 293–312.
Talen, E. 2002b: 'The social goals of New Urbanism'. *Housing Policy Debate*, 13(1): 165–88.
Talen, E. 2006: *New Urbanism and American Planning: The Conflict of Cultures*. London: Routledge.
Talen, E. 2008: 'New Urbanism, social equity, and the challenge of post-Katrina rebuilding in Mississippi'. *Journal of Planning Education and Research*, 27(3): 277–93.
Tarkovsky, A. 1986: *Sculpting in Time*. London: Bodley Head.
Taylor, B. 1981: 'Socialist feminism, utopian or scientific'. In R. Samuel, *People's History and Socialist Theory*. London: Routledge and Kegan Paul, pp. 158–73.
Taylor, N. 1999: 'The elements of townscape and the art of urban design'. *Journal of Urban Design*, 4(2): 195–209.
Taylor, P.J., Derudder, B., Saey, P. and Witlox, F. (eds) 2007: *Cities in Globalisation. Practices, Policies and Theories*. London: Routledge.
Tester, K. (ed.) 1994: *The Flâneur*. London: Routledge.
Therborn, G. 1980: *The Ideology of Power and the Power of Ideology*. London: Verso.
Thomas, R. (ed.) 2003: *Sustainable Urban Design: An Environmental Approach*. London: Spon.
Thompson, J.B. 1981: *Critical Hermeneutics: A Study in the Thought of Paul Ricoeur and Jürgen Habermas*. New York: Cambridge University Press.
Thompson, E.P. 1963: *The Making of the English Working Class*. London: Gollancz.
Thompson, H. 2000: 'The female impressionist as *flâneuse*'. Available online at: http://prized writing.ucdavis.edu/past/1999–2000/pdfs/thompson.pdf.
Tiesdell, S. 2002: 'The New Urbanism and English residential design guidance: a review'. *Journal of Urban Design*, 7(3): 353–76.
Tisdell, C. 2010: 'World Heritage Listing of Australian natural sites: effects on tourism, economic value and conservation'. In *Working Papers on Economics, Ecology and the Environment*. Paper No. 72. Australia: The University of Queensland.
Tisdell, C. and Wilson, C. 2011 (forthcoming): *The Economics of Nature Based Tourism and Conservation*. Cheltenham, UK: Edward Elgar.
Tolba, M.K., Abdel-Hadi, A. and Soliman, S. 2006: 'Space and memory in contemporary gated communities: the New Urbanist approach'. Environment Health and Sustainable Development. 11–16. IAPS 19 Conference Proceedings. Vienna Agreement on Monuments 1973.
Troy, P. 1996: *The Perils of Urban Consolidation*. Sydney: The Federation Press.
Troy, P. 2004: 'The structure and form of the Australian city: prospects for improved urban planning'. Griffith University, Urban Policy Program. Issues Paper No. 1.
Tugnutt, A. and Robertson, M. 1987: *Making Townscape*. London: Mitchell.
Tunnard, C. 1953: *The City of Man*. New York: Charles Scribners.
Tunnard, C. 1963: *Man-Made America: Chaos or Control?* New Haven, CT: Yale University Press.
Turner, B.S. 1996: *The Blackwell Companion to Social Theory*. Cambridge, MA: Blackwell.
Turner, B.S. 2000: *The Blackwell Companion to Social Theory*. Oxford: Blackwell.
United Nations–Habitat 2003a: *The Challenge of Slums: Global Report on Human Settlements*. Nairobi: UN.

United Nations–Habitat 2003b: *Slums of the World: The Face of Urban Poverty in the New Millennium*. Nairobi: UN.
Valentine, G. 1990: 'Women's fear and the design of public space'. *Built Environment*, 16(2): 288–303.
Valentine, G. 1995: 'Out and about: geographies of lesbian landscapes'. *International Journal of Urban and Regional Research*, 19(1): 96–111.
Van Melik, R., Van Aalst, I. and Van Weesp, J. 2007: 'Fear and fantasy in the public domain: the development of secured and themed urban space'. *Journal of Urban Design*, 12(1): 25–42.
Vazquez, A.S. 1973: *Essays in Marxist Aesthetics*. London: Monthly Review Press.
Venturi, R., Brown, D.S. and Izenour, S. 1972: *Learning from Las Vegas*. Cambridge, MA: MIT Press.
Vicino, T.V., Hanlon, B. and Short, J.R. 2007: 'Megalopolis 50 years on: the transformation of a city region'. *International Journal of Urban and Regional Research*, 31(2): 344–67.
Vijoen, A. *et al*. 2005: *Continuous Productive Urban Landscapes*. Burlington, MA: The Architectural Press.
Volk, L. and Zimmerman, K. 2002: 'American households on (and off) the urban to rural transect'. *Journal of Urban Design*, 7(3): 341–52.
Von Ankum, K. 1997: *Women in the Metropolis: Gender and Modernity in Western Culture*. Berkeley, CA: University of California Press.
Walkowitz, D.J. and Knauer, L.M. (eds) 2004: *Memory and the Impact of Political Transformation in Public Space*. London: Duke University Press.
Wallerstein, I. 1974, 1980, 1988: *The Modern World System* (3 Vols). New York: Academic Press.
Walton, J. 1993: 'Urban sociology: the contribution and limits of political economy'. *The Annual Review of Sociology*, 19(2): 301–20.
Ward, J. 1979: *The Street is Their Home: The Hobo's Manifesto*. Melbourne: Quartet Australia.
Warner, M. 1985: *Monuments and Maidens: The Allegory of the Female Form*. London: Picador.
Warner, M. 2002: *Publics and Counterpublics*. London: Zone.
Watson, B.G. and Bentley, I. 2007: *Identity by Design*. Oxford: Elsevier.
Watson, S. 1988: *Accommodating Inequality: Gender and Housing*. Sydney: Allen and Unwin.
Webb, M. 1990: *The City Square*. London: Thames and Hudson.
Weber, R. 1995: *On the Aesthetics of Architecture: A Psychological Approach to the Structure and the Order of Perceived Architectural Space*. Brookfield Aldershot: Avebury.
Weddle, S. (ed.) 2001: 'Gender and architecture'. *Journal of Architectural Education* (Themed Issue).
Weinberg, D. 2002: *Qualitative Research Methods*. Malden, MA: Blackwell.
Weisman, L. 1992: *Discrimination by Design: A Feminist Critique of the Man-Made Environment*. Urbana, IL: University of Illinois Press.
Welter, V.M. 2006: *Biopolis: Patrick Geddes and the City of Life*. Cambridge, MA: MIT Press.
White, E. 2001: *The Flâneur*. London: Bloomsbury.
Williams, M., Burton, E. and Jenks, M. (eds) 2000: *Achieving Sustainable Urban Form*. London: Spon.
Wilson, E. 1995: 'The invisible *flâneur*'. In S. Watson and K. Gibson (eds), *Postmodern Cities and Spaces*. Oxford: Blackwell, pp. 59–79.
Wirth, L. 1938a: 'Urbanism as a way of life'. In R.L. LeGates and F. Stout (1996), *The City Reader*, pp. 97–106.

Wirth, L. 1938b: 'Urbanism as a way of life'. *The American Journal of Sociology*, 44(1): 1–24.
Wittgenstein, L. 1970: *Zettel*. Berkeley, CA: University of California Press.
Wittgenstein, L. 1974: *Philosophical Grammar*. Oxford: Blackwell.
Wolch, J. 1996: 'Zoopolis'. *Capital, Nature, Socialism*, 7(2): 21–47.
Wolch, J. 2002: 'Anima urbis'. *Progress in Human Geography*, 26(6): 721–42.
Wolff, J. 1985: 'The invisible *flâneuse*: women and the literature of modernity'. *Theory, Culture, Society*, 2(1): 37–46.
Wolff, J. 1981: *The Social Production of Art*. London: Macmillan.
World Bank/UNCHS (Habitat) 2000: *Cities Alliance for Cities without Slums*. Available online at: www.citiesalliance.org.
Yakhlef, A. 2004: 'Global brands as embodied "generic spaces": the example of branded chain hotels'. *Space and Culture*, 7(2): 237–48.
Yanarella, E.J. and Levine, R.S. 1992: 'The sustainable cities manifesto: pretext, text and post-text'. *Built Environment*, 18(4): 301–37.
Yang, M.M. (ed.) 1999: *Women's Public Sphere in Transnational China*. Minneapolis, MN: University of Minnesota Press.
Yeang, K. 1987: *Tropical Urban Regionalism: Building in a South-East Asian City*. Singapore: Concept Media.
Yeang, K. 1994: *Bioclimatic Skyscrapers*. London: Ellipsis.
Yeang, K. 1995: *Designing with Nature: The Ecological Basis for Design*. New York: McGraw-Hill.
Yeang, K. 1996: *The Skyscraper Bioclimatically Reconsidered. A Design Primer*. London: Wiley.
Yeang, K. 2002: *Reinventing the Skyscraper: A Vertical Theory of Urban Design*. Chichester: Wiley-Academy.
Yeung, Y.M. and Li, X. 1999: 'Bargaining with transnational corporations: the case of Shanghai'. *International Journal of Urban and Regional Research*, 23(3): 513–33.
Zetter, R. and Watson G. 2006: *Designing Sustainable Cities in the Developing World*. Aldershot: Gower House.
Zis, A. 1977: *Foundations of Marxist Aesthetics*. Moscow: Progress.
Zukin, S. 1995: *The Culture of Cities*. Oxford: Blackwell.

内容简介

《理解城市》(Understanding Cities) 架构丰富，是一部极具复杂性和挑战性的著作。它创建了城市设计理论和现实之间至关重要的联系，开启了全新城市设计以及城市设计统一场理论所必需的方法之门。长久以来，城市设计一直被认为是建筑和城市规划的附属领域，属于“真空地带”，这也阻止了它应有的独立性。于是卡斯伯特 (Cuthbert) 开始对这一假设进行了挑战。

此外，卡斯伯特摒弃城市设计中仍然具有另一理论的设想，取而代之选择构建被他称为“新的城市设计”的知识性和概念性框架。通过使用空间政治经济学作为重要的参考点，卡斯伯特质问并挑战了主流的城市设计，同时为新的研究成果提供了可供替代和可行的综合框架。通过暗示的方式，这种必须的批判涵盖了所有环境学科，这些学科也不可否认的会涉及重构过程中的学术争论。

以米歇尔·德·塞杜 (Michel de Certeau) 的异源性概念——“关于思考的思考” (thinking about thinking) 和卡斯伯特的《设计城市》(Designing Cities) 与《城市形态》(The Form of Cities) 两本著作作为为基础，卡斯伯特此书沿用了他之前两本书中所采用的框架——历史、哲学、政治、文化、性别、环境、美学、类型学和语用学。总之，三部曲使得城市设计出现了一个新的领域，它们融合了先论和新知，《理解城市》是其中的巅峰之作。

亚历山大·R·卡斯伯特 (Alexander R. Cuthbert) 是悉尼新南威尔士大学规划与城市发展专业的名誉教授。他本人具有建筑学、城市设计和城市规划学位，并获得伦敦经济学院的博士学位。他先后在希腊、英国、美国、中国香港和澳大利亚任教、工作和居住。迄今为止已发表学术文章 100 余篇。

卡斯伯特将城市设计置于城市政治经济学的环境中：如此大师般的著作，将不仅成为学习建筑学、规划以及城市设计专业的学生的重要教材，还为社会各个广阔领域的学者提供了参考。对从事设计的专业人员而言，卡斯伯特提供了一个强大的新型知识框架。对社会科学家而言，卡斯伯特展示了将城市设计与发展理论化的重要性。

——保罗·诺克斯（Paul Knox），弗吉尼亚理工特聘教授

在他重要三部曲的最后一部，亚历山大·卡斯伯特呈现给我们一个对城市设计师极为重要的知识框架。这本著作对城市设计领域，这一断然充分拒绝物质决定论以及持有城市设计只是大规模建筑观念的领域，无疑是个重要的知识贡献。卡斯伯特在解构了旧有范式的同时，巧妙地重构了一个更为强大的新范式，这一缘自社会科学和空间政治经济学的新范式增强了我们对城市及其设计的理解。

——阿娜斯塔莎·卢凯特－赛德瑞斯（Anastasia Loukaitou-Sideris），
加州大学洛杉矶分校城市设计与规划专业教授

凭借他的三部代表作，卡斯伯特对城市设计的统一场理论的概括作出了开创性的贡献，由此确立了城市设计在城市环境学科中的位置。《理解城市》将使学者和实践者理解并以这些塑造了新的城市设计话语的知识体系作为基础。所有的城市环境学科也会由于这一贡献而变得丰富。

——塔那·欧克（Taner Oc），城市设计与规划专业名誉教授，《城市设计》编辑